海洋与人类社会

高 抒 著

上海科学技术出版社

图书在版编目（CIP）数据

海洋与人类社会 / 高抒著. -- 上海 : 上海科学技术出版社, 2023.10
ISBN 978-7-5478-6349-7

Ⅰ. ①海… Ⅱ. ①高… Ⅲ. ①海洋－社会学－高等学校－教材 Ⅳ. ①P7-05

中国国家版本馆CIP数据核字(2023)第189318号

绘图：蔡康非

海洋与人类社会

高 抒 著

上海世纪出版(集团)有限公司
上 海 科 学 技 术 出 版 社 出版、发行
(上海市闵行区号景路159弄A座9F-10F)
邮政编码 201101 www.sstp.cn
上海盛通时代印刷有限公司印刷
开本 787×1092 1/16 印张 23.25 插页 2
字数 360千字
2023年10月第1版 2023年10月第1次印刷
ISBN 978-7-5478-6349-7/P·52
定价：79.00元

前　言

"海洋与人类社会"是南京大学开设的一门本科生通识课程，按授课 20～30 学时设计。通识课的目标是培养学生全面掌握人类知识的能力，在课程设计上是将整个知识体系划分为一系列不同的模块，每个模块包含多门课程并且将所在模块的核心理念贯穿于其中的每一门课程。学生们只要选修每个模块中的一两门课，就能收到举一反三的实效，并在较短时间内完成所有模块的学习。

如果将地球科学（含地质学、地球物理学、地球化学、地理学、海洋科学、大气科学等学科）视为一个模块，则其中的各门课程都有以下共同点：① 时间和空间尺度跨度大，且不同尺度上的主控机制是不同的；② 地球系统影响因素多、各种现象具有多解性；③ 野外或现场观测工作具有独特的价值。本课程作为地球科学模块的组成部分，以海洋科学及应用为载体，用各种海洋现象来说明时空尺度、系统特征和现场工作的重要性。

海洋科学本身也构成一个复杂的知识体系。因此，本课程力求涵盖海洋科学的重要知识点和理论体系。在历史的长河中，人们先是将物理学、化学、生物学、地质学的原理移植到海洋探究，形成物理海洋学、海洋化学、海洋生物学、海洋地质学等分支学科，再融合为以地球系统演化、全球气候变化、生命体系演化、数据分析方法论为特征的现代海洋科学。

除海洋科学外，还可从工程、历史、经济、社会的视角来看待海洋，涉及海洋经济与社会发展、资源环境和生态、应对全球气候变化、海洋国土和权益、海洋法等问题，只有将海洋科学融合到这些领域中，才能获得解决问题的办法。

由于选修通识课的学生来自多个院系，先前的相关学科基础参差不齐，因此，难以预设一个确定的起点。这一点与专业课有很大不同，但不能将通识课等同于一般性的知识普及课、"营养学分"课，如何达到"海洋与人类社会"的教学目的，是一个极大的挑战。可行的方法之一，是采用"主题式"教学模式，对海洋知识体系在宏观结构上进行规划，选择部分重要论题作为讲授重点，以保持知识结构与分析深度之间的平衡。

关于具体教学过程，首先，需阐明基本概念和理论体系。例如，有关"物理海洋学"的部分包含潮汐、洋流、厄尔尼诺和南方涛动、波浪、风暴潮等主题，涉及不同的刻画方法，但可以通过能量来源及其传输方式来构成一个相对容易理解的体系。能量来自天体引潮力和太阳辐射，前者导致潮汐，后者导致不同时空尺度的热能传输和海气相互作用。

其次，选择一系列典型案例来强化说明地球科学研究的特点。例如，在叙述人类与海洋的关系时，采用时间尺度迥然不同的两个案例，即全新世海面变化与人类文明演化进程加速的关系，以及人类与海洋更早时期的联系（从哺乳类的祖先追踪到海洋鱼类的历史），前者涉及千年到万年时间尺度，而后者涉及亿年尺度。尽管供分析之用的数据、信息均来自地层记录，但由于时间尺度的差异，因此所关注的问题、数据采集方式、分析方法都有很大不同。

再次，以海洋科学应用为例，说明学科融合的重要性。海洋科学的应用性很广：古海洋学可厘清铁矿等矿产资源的形成演化，海洋生命起源研究与现代医学相关联，陆海相互作用对海岸带经济发展影响巨大，生态系统多样性事关人居环境质量，气候变化引发的灾害加剧需要新的防灾减灾技术，而国际海洋法的完善需要科学的支撑。此外，人类与海洋的未来还涉及价值取向、生活方式转变、社会管理等问题，因而历史和人文学科的融合也很重要。针对人类社会的可持续发展问题，本课程选择海岸带经济社会发展、环境与生态保护、应对气候变化作为论述的要点。

最后，考虑到选课学生的特点，本课程没有预设地球科学的知识起点，每一个概念、术语的介绍都力求完备，各章内容的衔接力求循序渐进，并将数学表达减少到最低限度。如今网上查询、课外阅读的便利条件非常有利于学生自学，为了鼓励学生们通过钻研形成自己的知识体系，本课程提供海洋研究领域的基本文献，包括主要的经典文献。此外，每一部分都含有“延伸阅读”文章，目的是帮助学生贴近研究者和他们的工作。本课程的考试方式，重在培养刻画特征、比较异同、分析问题、讨论逻辑关系等方面的能力，同时也要使学生们意识到，科学探究的基本性质之一是问题的答案具有不确定性，因而本课程的许多内容是可以质疑、商榷、讨论的。

时光荏苒，从 2011 年课程的立项算起，已经过去了 12 年。在此期间，南京大学教务处对课程建设给予资助；选课的同学们反馈改进意见；南京大学海岸海洋科学系张继才、刘绍文、杨旸、高建华、于谦等先后参与本课程讲授，并提出有益的建议；海洋科研机构的朋友们提供珍贵的现场照片；上海科学技术出版社包惠芳老师对本教程的出版提供编辑帮助。谨此致谢。

高　抒
南京大学昆山楼
2023 年 6 月 30 日

目 录

第一章
绪论：人类与海洋的渊源

第一节　海洋资源开发与经济发展

海洋覆盖着地球表面面积的71%，平均深度约为3 800 m。如果把海洋面积(约 362×10^6 km^2)缩小为一张 A4 大小的纸，那么海洋的平均水深就会小于这张 A4 纸的厚度。可见，与其水平尺度相比，海洋的垂向尺度是很小的。然而，就是这一薄层海水的覆盖，使地球环境有了独特的面貌，孕育了包括我们人类自己在内的地球上所有的生命。人类生活与海洋的关联性，最初是渔业、盐业、航海资源的开发。

渔业与食物

渔业有着悠久的历史。史前人类通过采集、狩猎和捕捞获取食物，就捕鱼而言，捕捞湖泊、河流的淡水鱼在先，海鱼在后，这是因为人类的栖息地是从陆地向海洋扩展的，而且海洋捕捞依赖于渔船，这样的大型工具要到较晚时候才能被制造出来。尽管如此，捕获海鱼在数千年前就已普遍，希腊克里特岛上3 500年前米诺斯王国时期的壁画《渔夫》，表现的是一个健壮的小伙子双手各提着一大串海鱼的生动画面；我国古代有夏王“东狩于海，获大鱼”的文字记载

(王冠倬,2000)。目前已有的最早记录,是在澳大利亚以北、太平洋和印度洋交界处的东帝汶岛东部发现的(O'Connor et al., 2011)。该遗迹位于海岸边的一个石灰岩洞穴,曾经是人类生活的场所,在丢弃物的堆积层里出现了金枪鱼和鲣鱼骨骼,年代测定数据显示为4.2万年前。能够捕获大型鱼类,说明当时人类已经具备航海和捕捞技术能力。

海鱼并不是海洋渔业的全部。其他的海洋生物,如贝、螺、虾、蟹、乌贼、鱿鱼、章鱼、海蜇等也是重要的捕捞对象。贝类动物生活于近岸水域和潮间带,无须航海技术就能获取,因此记录的时间更为久远。在16.4万年前智人出现的非洲,在人类居住地堆积层里发现了大量贝壳,表明贝类对早期人类生存的至关重要性(Marean et al., 2007)。当时全球环境处于冰期,非洲大部分地区变得凉爽、干燥,不利于食物的获取,因此人类将家园范围扩大到海岸区域,使得海贝成为重要的食物来源。随着时间的演进,人类生存范围不断扩大,在世界各地形成了大量与贝类有关的遗迹。12.5万年前,定居在非洲红海北部的人们食用一种属于巨型双壳类的砗磲,甚至导致了资源的衰竭(Walter et al., 2000)。这个物种体型庞大,又生长在人们容易接近的地方,是导致过度捕捞和自然种群崩溃的客观因素。目前在当地双壳类的存量不到1%,且贝壳明显变小,但在贝壳堆积层中却占到80%,说明过度捕捞造成了很大影响(Richter et al., 2008)。古代人类居住遗址的贝壳堆积物称为贝丘(shell mound),我国海岸贝丘遗址也很多,分布于辽东半岛、长山群岛、胶东半岛及庙岛群岛,以及河北、江苏、福建、台湾、广东、广西的沿海地带。这些遗址提供了丰富的环境考古数据(中国社会科学院考古研究所,2007)。

在人类历史上,渔业逐步发展成一项大规模的产业。如今生活在法国和西班牙的巴斯克人在很长一段时间里以捕获大西洋鳕鱼为生(Kurlansky, 1997)。虽然北欧的维京人可能是最早捕获鳕鱼的人,但巴斯克人最先在中世纪将鳕鱼商业化。鳕鱼有10科200多种,市场价值最大的是大西洋鳕鱼,它体型最大,肉质呈纯白色。有趣的是,巴斯克人生活的区域附近并没有大西洋鳕鱼,但他们却是抓捕鳕鱼的能手。到了20世纪30年代,冷冻鳕鱼成为北美移民的重要营养来源,可以说,鳕鱼深刻影响了美国、加拿大等国的发展历史。

明代人王士性在《广志绎》中记述,每年农历五月浙江宁波、台州、温州的渔民前往宁波附近海域捕获小黄鱼，渔船数以千计。小黄鱼的头骨内有一块与骨骼分离的硬骨，因而是“石首鱼”的一种，这种结构的功能是产生敏锐的听觉。石首鱼约有160个物种，包括我们熟悉的大黄鱼、小黄鱼。渔民根据石首鱼在生殖期发声的习性找到鱼群，然后张网捕捞。穆盛博在《近代中国的渔业战争和环境变化》中提到，广东、海南岛沿海的许多渔民全家终日生活在船上，称为疍民，而东海舟山渔场周边的渔民则定居在岸上的渔村，男人们每年花费半年多的时间出海捕鱼(Muscolino, 2009)。

海鲜不仅营养丰富，而且美味可口，炒、煮、蒸、烤皆宜。世界各地渔业食品加工深深融入当地的文化。在我国，海鲜菜肴制作方式的丰富自不必说，仅仅一道普通的地方美食，像上海的野生黄鱼煨面、青岛的鲅鱼水饺、盐城的东台鱼汤面，也足以勾起游子的家乡记忆。2011年的纪录片《寿司之神》展现了厨师小野二郎追求完美寿司的75年历程，他谙熟各种海鲜的色香味特色，将其发挥到极致，每件寿司都成为精品。戴维森在《北大西洋海产》(Davidson, 2012)中不仅介绍欧式烹饪方法，而且阐述北大西洋环境、经济鱼类和甲壳类经济物种，讲清餐桌上每道海鲜的来龙去脉。

进入20世纪，全球海洋捕捞渔业规模快速增长，1980年代年产量达到约8 000万吨(Pauly, Zeller, 2016)。费根的《捕鱼：海洋如何哺育文明》(Fagan, 2017)以生动的笔触赞美了渔业对人类社会的贡献。但问题的另一面是目前渔业产量呈现下降趋势，实际上对全球海洋渔业资源的关注早就开始了(Gulland, 1971)。从20世纪中期起，联合国粮农组织每年发布全球海洋渔业和资源状况的统计数据，并分析变化趋势、提出应对措施。而学者们认为原始数据的可靠性需要进行独立调查，在此基础上得到了比联合国粮农组织报告更加严峻的结论(Pauly, Zeller, 2016)。为了保护渔业资源，研究者们重新总结了全球海洋的环境状况(Sheppard, 2019a,b,c)，以便采取针对性的管理措施。

盐业发展

盐业的发展稍晚于渔业。狩猎时代的人类从猎物和周围环境天然地取得食物中的盐分，但自从有了农业，情况就不同了。食物结构发生改变，人口增加，盐的用途不断扩展，对盐的需求也日益增加(Kurlansky, 2002)。从生理角度看，盐提供了维持人体健康所需的矿物质，而盐的咸味与人的生理需要简直是天配，盐是不可缺少的调味品，没有了它，什么食物都会食之无味。腌制的蔬菜、肉类食物不仅可以长久保存，而且还能变成独特的美味，如四川泡菜和咸鸭蛋。最初人们从居住地周边寻找盐的来源，如岩盐沉积区的盐湖或泉水，四川自贡市就是一个内陆地区的盐都。后来，人们用海水来制盐，而海水资源几乎是取之不尽、用之不竭的。

随着海盐的开发，古代曾经非常昂贵的盐逐渐变得普通。如今，我国沿海分布着大片的盐场，海盐的年产量达数千万吨。渤海西岸河北、天津境内的长芦盐场，台湾岛西南部的布袋盐场，海南岛南部的莺歌海盐场等都是有名的生产地。然而，就在并不久远的明清时期，官府还沿袭历史传统，严格控制海盐生产。盐的繁体字是“鹽”，表示制盐是将卤水置于器皿，而整个制盐流程都是官员督办的。

明清时期江苏沿海的盐业具有典型性。江苏生产的海盐称为“淮盐”，有两千多年的历史。当时江苏是全国四大海盐产区之一，以盐城为核心，所在海盐生产区称为“两淮盐场”。生产方式是大潮期间将海水引入人工整理过的滩涂，经日晒蒸发后产生卤水，然后用锅煮使氯化钠结晶而出。这种生产方式效率较低，因而盐的价格不菲；为了保证生产，官府对盐业实施准军事管制，所有的芦苇都要收割用于煮盐，而生长芦苇的土地不允许开垦为农地（鲍俊林，2015）。淮盐通过一个复杂的人工运河体系输往扬州，再行销至外省区。淮盐运输的运河有四个级别，分别为运盐河、串场河、场河和灶河。串场河是贯穿各个盐场所在区域的河道，串场河再连接到运盐河，最终通往扬州。场河沟通盐场与串场河，而灶河是运河体系的“毛细血管”，它将煮盐地点连接到场河。随着江苏海岸环境变迁和生产方式转变，昔日两淮盐场已成为历史记忆（Bao et al.，2019）。

现在，全世界海盐年产量已达到约 3 亿吨，盐的主要用途转化为盐化工的原料，超市里供应的食盐的占比已经微不足道。与渔业资源的危机不同，海盐生产的资源保障具有可持续性。全球海洋的平均盐度（salinity）约为 35，即海水是 1 kg 水和 0.035 kg 盐的混合物。由于海水总体积达到约 1.4×10^{18} m^3 之巨，其中所含的盐达到 5 亿亿吨，比海盐年产量高出 8 个数量级，因此盐场对海水盐度变化影响甚微。

海上丝绸之路开启航海时代

有史以来，大航海时代被认为是人类文明进程中最重要的事件之一，以 15 世纪末到 16 世纪初欧洲人横渡大西洋到达美洲、绕道非洲南端进入印度洋以及第一次环球航行成功为标志。然而这一事件不是偶然的，而是人类长期探索未知世界的必然结果(Paine，2013)。

从远古时代起，人们就试图发展造船技术、开发航海通道。前述的东帝汶岛早期人类 4.2 万年前已经能够出海捕获金枪鱼，说明他们已具备海上长途旅行的能力(O'Connor et al.，2011)，尽管他们可能只有木筏、独木舟之类的工具。原先生活在南亚的波利尼西亚人，也是依靠木筏、独木舟，从公元前 2500 年起向东拓展，从一个岛屿到下一个岛屿，至公元 900 年已抵达太平洋最东侧的岛屿。

在我国，造船技术从公元前 2100 年出现木板船起发展加快(王冠倬，2000)，到公元前 219 年徐福东渡日本时航船已有较大规模，西汉时期中国帆船船队沿海上丝绸之路到达斯里兰卡，而明代郑和领导的印度洋航行，在世界航海史上占有辉煌的一页。明代在南京建造了庞大的船队，其中最大者长度近百米，是当时世界上最大的航海船只(南京郑和宝船遗址公园是当年船厂的遗址)。1405—1433 年间，郑和的船队七下南洋，最远处到达了非洲南部的莫桑比克海峡，航行活动中绘制的《郑和航海图》和保留下来的一大批文献(《西洋藩国志》等)表明当时中国在航海技术上已达到了相当的高度。但是，明朝却在郑和航海之后下令禁海并销毁航海记录，其前因后果成为学者们研究的课题(Levathes，1994)。

海上丝绸之路可能是大航海时代之前全球最重要的航线。海上贸易由于航海发展而繁荣，这得益于平坦的海面，避免了陆地上翻山越岭的劳累。中国的养蚕缫丝技术，在公元前 1 000 多年就已出现。丝绸逐渐传入朝鲜、越南、泰国、马来半岛、缅甸等地，通商的路线被称为丝绸之路。1903 年，法国汉学家沙畹(E. Chavannes)在《西突厥史料》中指出，“丝路有陆、海两道，北道出康居，南道为通印度诸港之海道”，而日本学者三杉隆敏(1968)首次使用“海上丝绸之路”这一名称(陈炎，1996)。

地中海各国为了争夺与海上丝绸之路联通的控制权而发生激烈竞争，13—16世纪达到高潮(Crowley，2008)。早在公元166年，罗马帝国打通了直达中国的航路，让丝绸之路连通到了地中海(陈炎，1996)。此前，地中海的航海其实已有突出表现。公元前600年，腓尼基人建立地中海的贸易航路，他们还通过直布罗陀海峡进入大西洋，到达了英国海岸；公元前450年左右，希腊人希罗多德(Herodotus)绘制的地图将地中海置于中央位置，其西面连接广大的大西洋，而北、东、南三面则被欧洲、亚洲和非洲大陆所包围；公元前3世纪，繁盛时期的古希腊文明在很大程度上依赖于海洋，皮西亚斯(Pytheas)实现了环绕英伦三岛的航行，他还发现了大西洋海平面有规则的潮汐涨落及其与月相的关系(Pinet，1992)。在北欧，维京人有不寻常的举动，公元前9世纪他们已经能够利用星座进行导航，依照事先预定的航线航行，频频入侵欧洲其他国家，还进入了冰岛、格陵兰岛、巴芬岛，直至今天加拿大的纽芬兰岛(Jones，1968；Brownworth，2014)。

有了海上丝绸之路，地中海的重要性急剧上升。13—16世纪冲突的各方主要有拜占庭帝国、奥斯曼土耳其帝国、西班牙哈布斯堡王朝。这一时期威尼斯崛起为西方世界最富庶城市。各国为争夺地中海爆发激烈战争，土耳其人、希腊人、意大利人、西班牙人、北非人和法国人卷入其中，发生了攻城战、海战、海盗、贩奴等，同时带来了思想和贸易的交流(Crowley，2008)。

地中海大战时期，葡萄牙起初处于配角地位，但在1480—1520年的40年间崛起为海洋强国(Crowley，2015)。葡萄牙国王觊觎东方的财富，但从地中海通往海上丝绸之路的航路已被他人所占，于是转而探测沿非洲西海岸南下，绕过非洲大陆进入印度洋的航路。1483年葡萄牙船队到达安哥拉海岸(此时距郑和航海结束已过去了50年)，1487年越过好望角到达非洲东南海岸，他们终于发现非洲大陆向南是有尽头的。再往后，葡萄牙航海家达·伽马(Vasco da Gama)率船队再度出发，1498年2月到达莫桑比克，然后抵达印度。1499年返回里斯本，带回丝绸、瓷器、香料和宝石。1500—1520年，葡萄牙不断发动海上战争，封锁红海，控制马六甲海峡，侵占印度的果阿为殖民地，1513年更是到达中国广东。葡萄牙就这样在印度洋地区站稳了脚跟，将大量财富运回里斯本，把城市修建得更加宏伟，如热罗尼莫斯修道院，并在其附近修建了达·伽马纪念塔。

达·伽马的航海战果刺激了西班牙国王。其结果是，1492年哥伦布跨越大西洋，踏上了美洲的土地；麦哲伦率领的船队则在1519—1522年间真正完成了环球航行。自此，西方海洋大国的竞争从地中海转到了大西洋、印度洋、太平洋，地中海之战就像是练兵阶段。全球的航路被不断开拓（宫崎正胜，2012），航海技术被不断更新（Hewson，1951；Collinder，1955），由此上演了6个世纪的国际贸易和海战大戏。

如今的海洋经济已经远远超越渔业、盐业和海上贸易，油气、矿产、旅游、土地和空间资源等，无不与海洋相联系。人类社会发展要依靠科学技术解决海洋的问题，这反过来为科学技术发展提供了动力。

第二节　人类文明发展加速与全新世海面变化

渔业、盐业、航海资源影响人类的日常生活，而如果把时间尺度拉长一些，海洋环境变化与人类文明的进程关系很大，海面变化就是如此。地质历史上的第四纪（距今200万年以来的时期）是人类出现的时期，也是以冰期-间冰期交替变化为特征的气候变化时期。

全新世海面变化事件

气候变化伴随着海面变化，寒冷时冰雪堆积在陆地，海面就下降，而温暖时冰雪融化，水体进入海洋，海面就上升。最近一次的大规模海面上升发生在全新世（距今12 000年以来的时期）：前一个冰期最盛的时候，海面达到最低点，比现在要低130 m，而到了全新世，气候回暖，海面上升，大约在7 000年前接近于现今的位置。无独有偶，人类文明的发展也在同一时期加速。全新世海面上升与人类文明加速发展，两者之间是否具有关联性？研究者们通过海面变化过程、人类演化过程的分析，倾向于肯定的看法（Day et al.，2007）。

海面（sea level）是海水与陆地交界处所在位置的地面高程。海面变化，顾名思义，是指海面随时间发生的变化，这种变化是有不同时间尺度的。在前述的全新世时间尺度上，海面变化的幅度为 130 m；而如果我们观察一天时间里的海面变化，潮涨潮落，也有几米的幅度。因此，全新世海面变化是趋势性的，是去除了潮涨潮落短时间尺度周期性变化之后的结果。在一些文献中，海面变化经常表达为“海平面变化”，以示有别于短周期变化，实际上这是不必要的，海面变化当然有不同的尺度。在空间意义上，海面也不是一个平面，其英文术语中并没有“平”的意思，删除这个“平”反而更加有利于人们的正确理解。

人们如何知道海面是变化的？在过的 100 多年时间里，沿着海岸线建立了大量的验潮站，以记录水位随时间的变化。从水位时间序列中去除潮涨潮落的短周期变化，就能得到长期变化趋势，其方法是求取水位的多年平均值，进而构成新的平均水位时间序列(Pugh，1987)。海洋部门公布的海面变化数据就是基于验潮站记录分析的结果，目前全球海面处于上升状态，每年的幅度约为 3 mm。然而，在器测时代之前，验潮站还不存在，海面变化要从沉积记录分析中获得。沉积物堆积的位置必定是当时的地面，其高程信息如果能够获取，那么只要找到海面附近的沉积层及其时间，海面位置就能确定下来。具体的分析步骤如图 1－1 所示。

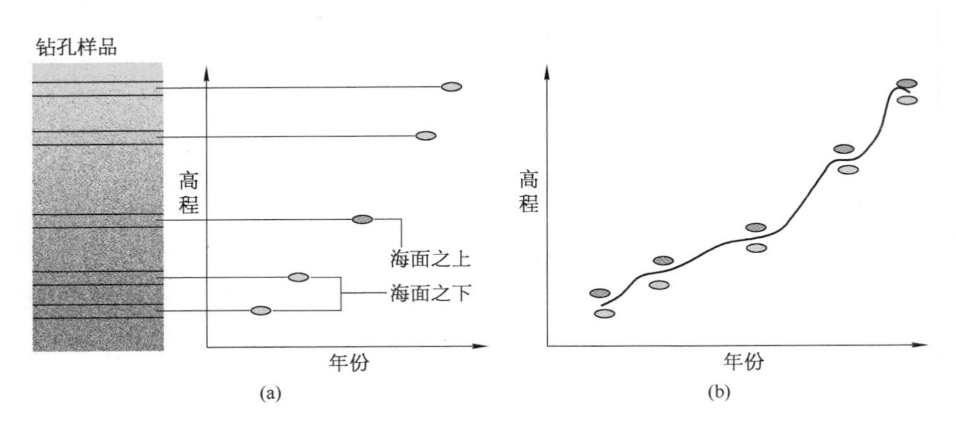

图 1－1　获得区域性海面变化曲线的原理

(a) 判定钻孔中各个层位的物质是位于海面之上或海面之下；(b) 确定各个层位的堆积时间，在时间-高程坐标系中展示物质的层位和海面属性

首先，进行地层钻探，取得不同层位的柱状样，如能不间断连续采集则更佳，记录各个层位的深度或高程。然后，在实验室测定每一层样品的年龄(即沉积的时间)。接下来，建立一个坐标系，以深度或高程为纵坐标，时间为横坐

标，确定每一层样品在高程-时间坐标中的位置，再确定每一层物质是形成海面之上或之下，分别用不同的符号表示。如有必要，需在一个区域的不同地点进行多个钻探，直到高程-时间坐标系中有足够多的数据点。最后，可以勾画或计算出一条介于“海面之上”和“海面之下”数据点之间的曲线，它显示不同时间的海面高度，也就是海面变化曲线。

在上述分析中有两个关键技术。首先是沉积层的年龄测定，最直接的方法是放射性同位素分析。有些化学元素具有放射性同位素，例如，碳的同位素^{12}C是稳定同位素，而^{14}C是放射性的。放射性同位素的基本性质是会发生衰变，转化为其他同位素甚至其他元素，在此过程中释放出能量，核武器就是根据这个原理制造的。衰变的速率可表达为(Libes，2009)：

$$dN/dt = -\lambda N \qquad (1-1)$$

式中：N为放射性同位素原子的个数；λ为衰变系数，不同的放射性同位素具有不同的衰变系数，对应着不同的衰变速率。衰变快的同位素对短时间敏感，而衰变慢的同位素要花费较长的时间才能看出变化。由于^{14}C在1 000～40 000年范围内可看出显著变化，因此适合于测定全新世海面变化时期的沉积物年龄。在操作层面上，可根据释放能量的大小计算原子个数，再与初始原子个数相对比，最后利用式(1-1)推算堆积发生的时间。

其次是如何确定沉积是位于海面之上或海面之下。一方面，可根据沉积层中所含的生物体来判断，例如，我们已经知道互花米草生长于平均海面之上的环境，因此地层中的埋藏互花米草植株指示了“海面之上”，而珊瑚只能生活在低潮位以下的环境，因此地层中的珊瑚礁体指示了“海面之下”(图1-2)。另一方面，根据沉积物颗粒大小、排列方式、其中所含的化学元素信息等，可以判别沉积层所在的水深条件，这是沉积学研究的一个课题(Reading，1986)。

根据上述方法，全球许多区域的海面变化曲线相继被绘制出来。图1-3显示我国黄海、渤海区域的新世海面变化曲线，以及渤海西部的曲线，前者的空间范围较大，记录了海面上升的全过程，而后者范围较小，9 000年前海水尚未到达，故此前的曲线缺失。如果把空间范围扩大，可看到不同区域或地点的曲线形态有不小的差异，我国的海面变化记录不仅有南北差异，而且在同一区域(如广东、广西和海南岛)的不同地点差异也很明显(国际地质对比计划第

图 1-2　沉积特征所含的海面位置信息

(a) 江苏海岸沉积中的埋藏互花米草植株(2007 年 4 月 24 日);(b) 互花米草生长于平均海面之上的环境(2007 年 8 月 3 日);(c) 海南岛小东海目前暴露于海面之上的珊瑚礁(2013 年 8 月 17 日);(d) 珊瑚生长于平均海面之下的环境(2007 年 1 月 31 日)

200 号项目中国工作组,1986; Zhao, 1993)。美国的大西洋、太平洋沿岸,以及两个大区域的南北海岸,其记录似乎有更大的差异性(Davis, FitzGerald, 2004)。由此可见,区域性或局地的海面变化记录并不能代表全球的状况。为了区分这两种情形,将前者定义为"相对海面变化",将后者定义为"全球海面变化"。人们曾经试图从相对海面变化中去除局地性因素如地壳运动、沉积物压实等的影响,以获得全球一致的海面曲线(Lisitzin, 1974)。但是,很快发现海面与地球重力场有关,而重力场导致全球大地水准面的动态变化,因此并不存在全球一致的绝对变化曲线(Tooley, Jelgersma, 1992)。

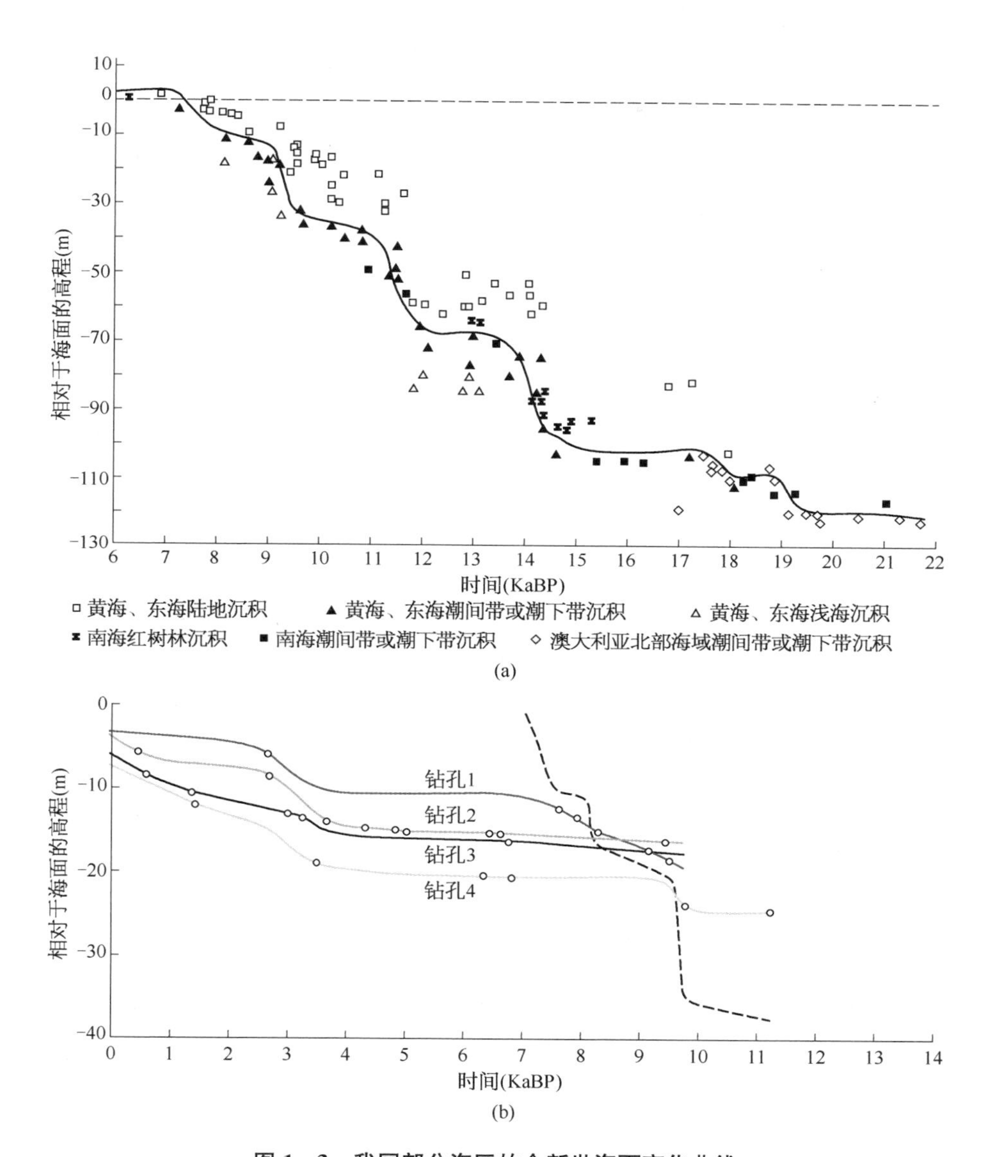

图 1-3　我国部分海区的全新世海面变化曲线

(a) 黄海、渤海区域(Liu et al., 2004)；(b) 渤海区域(自然资源部中国地质调查局田立柱博士惠赠)，图中显示部分钻孔及其样品(曲线上的圆点)，以及所获的海面变化曲线(图中虚线)(关于本区域的海面变化历史，参见 Li et al., 2021)。

海洋水量变化会导致海面变化，但海面变化的影响因素远不止这一项。从海水体积、洋盆容量、海面动态等角度，长时间尺度海面变化受到多个因素的影响，区域和全球范围均是如此，例如：

- 气候变化导致的两极冰盖和高山冰川变化：影响海洋水体的质量。
- 气候变化导致的温度变化：影响海洋水体的体积。
- 地壳构造运动：地球表面地层的升降和水平运动造成洋盆形状变化，可能影响洋盆和水面面积的大小，以及海陆交界处的地面高程。
- 沉积物压实：改变沉积层的体积，进而改变地面高程。
- 地下水减少或人为抽取：造成地面沉降。
- 地球内部物质分布：影响重力在地表的分布，导致大地水准面的动态变化。
- 地形和洋流流量：影响水流的运动，可造成局部水位上升或下降。

一方面，这些因素的影响程度在各地有所不同，甚至差异不小，因而导致相对海面变化曲线的差异。现有海面变化曲线的平均形态可近似代表全球海面变化曲线。另一方面，这些因素在不同时间尺度上的表现也不一样，因此，全球海面变化的幅度和周期性也会体现出时间尺度的差异。全新世海面上升的幅度为 130 m 量级，主要发生于距今 18 000—7 000 年间，主控因素是气候变化。在地球历史上还有其他幅度和周期性的变化，后面将进一步阐述。

海面上升与人类文明发展的加速

在第四纪的大部分时间里，人类的生存依赖于森林的各种果实和可供捕猎的动物。事实上，那时我们也是动物世界中的一员，在生态系统中充当捕食与被捕食的一环，只是可能在智力上比别的动物稍高一点而已。但接下来发生了一个重要的事件，那就是人类逐渐向森林之外的地方扩张，那里的环境与森林很不相同，人类的生活开始依赖于农业，土地被开垦出来，种上庄稼。那时的人们没有意识到，新的环境其实与海面上升有关。

始于 18 000 年前的海面上升，导致大片平原地区的形成。以长江为例，海面上升迅速淹没长江中下游区域以及邻近海岸区域，入海口向内陆退缩，所携带的沉积物在中下游河谷中堆积了新的河流阶地，也就是今天的长江中下游平原的雏形。河流阶地是从河漫滩转化而来，沉积物首先堆积于河谷两侧，每发一次洪水，地面就淤高一点，日积月累，堆积了淤泥的地面越来越难以被淹没，这时河漫滩就成了阶地平原，这里土地肥沃，十分适合于耕种。在河口区，陆地淡水和海洋咸水的交汇处，河流携带的细颗粒沉积物沉降到水底，慢慢堆成河流三角洲。长江三角洲就是在过去的几千年里堆积而成的，最初由于海岸附近水深较小，沉积作用使得岸线快速向海推进。后来随着三角洲前缘水深的加大，同样数量的沉积物只能造成岸线的缓慢推进。因此，三角洲的生长开始时较快，海面上升后不久就形成了大面积的海岸平原，目前长江三角洲陆地面积已超过 25 000 km^2（Gao，2007）。长江三角洲平原的气候、水文、土壤条件特别优越，又有渔盐之利，为农业文明提供了天然的环境条件，后来成为全球闻名的鱼米之乡。新石器时代河姆渡文化和良渚文化在这里形成，不是偶然的。

关于海面上升与人类文明发展在时间上的关联性，有一个问题需要回答：第四纪有过多个海面升降变化周期，为何更早的时候没有触发文明加速？以往的海面上升确实也能改变环境，但在长江自身演化的早期，输入到河流下游的物质量还有限，大量的沉积物充填到河谷的低处，不能形成所需的大片平原，而最近一次海面事件中，先前输入的物质已经奠定了基础，因此能够淤长出大片平原。此外，人类本身也有一个准备阶段，较早的时候人类的体格和心智还不足以创造出农业，文明快速发展需要人类自己的内在条件，外部环境条件是辅助性的。

从机制上说，海面上升造成环境突变，而人类社会需要适应新的环境，许多应对措施具有紧迫性，若无新想法、新技术则难以应对。反过来，如果环境稳定，那么生活状况也会稳定，社会变化就相对缓慢。关于海面上升事件的影响机制可以考虑多个方面，举例如下。

首先，海面上升导致环境的巨大变化，使得人们被迫迁徙，变换居住地。现在的东海区域，陆架有超过 600 km 的宽度，面积大于 50 万 km^2，而这片土地在海面上升之前是干出的土地。还有原先的河谷区域，面积也很大。海面逐年上升，所在的生活环境被淹没，迁徙成为无奈之举，可以想象，这是一个多大的挑战。不仅原有的生活方式难以持续，而且还会与新到地方的原住民发生冲突，争夺物质和空间资源成为常态，冲突不可避免，需要有可行的应对办法。其次，淹没达到最大范围之后，生活也不会稳定，因为新的环境变化又开始了。新淤长的平原地区适合于农业发展，所以人们有拓展生存空间的动机。这与被迫迁徙不同，开发新土地是人们的主动行为，目的是获取更多资源。河流阶地和三角洲平原虽然有较高的产量，但这个新环境需要新的生存技能。例如，低地平原极易被洪水或风暴潮淹没，能否抵御自然灾害侵扰、保障居住建筑安全，是低地平原生存的关键点。此外，争夺资源的冲突也必然延伸到新地方，如何解决需要智慧。再次，建筑和交通运输日益成为必要条件。经常搬家到新地方，要更加频繁地设计、建造村落和住房，产生更多提升工程技能的机会。为了方便迁徙，交通工具被改造得更快捷、更有效率，道路建设的要求也随之提高，如车轮的使用带来道路的加宽和顺直化。艺术品和农业生产的增加，也需要交换和流通，这也会刺激交通发展。最后，不同部落的交往和冲突可能引发战争。人类社会的早期，还缺乏管理、谈判、妥协等措施，或者经验尚不丰富，战争更加可能成为解决问题的选项。为了打赢，人们不惜投入一切力量，制造和改进武器，投入更多的人力参战，其结果是新技术首先被用于战争，而且供养武装力量需要更高的生产力，直到 20 世纪人类的行为仍然如此。上述几个方面，在河姆渡、良渚及其他新石器时代遗址都有不同程度的发现。

第三节　人类演化的地球历史追踪

如果把 46 亿年地球历史看成为 1 天，那么人类出现于最后 1 分钟（第四纪，200 万年），文明社会出现在最后 1 秒钟（全新世，12 000 年时间）。在地球历史上，人类如何达到现在的地位，在生命的谱系树上，人类的位置又在哪里，生物进化论给出了线索。

达尔文理论的暗示

达尔文提出生物进化论，认为人类之前有如此长的时间，足以形成很多代人类的祖先。根据解剖学和基因的证据，再加上地层中化石的先后次序，现在人们倾向于认为人类与哺乳类有共同祖先，哺乳类与爬行类有共同祖先，而爬行类与海洋鱼类有共同祖先。这样，人类与 4 亿至 5 亿年前出现的古老鱼类相关联。这个看法早就有人提出，现代的鱼类绝大多数是硬骨鱼类（bony fish），而最早的海鱼是软骨鱼类（gristly fish），因此猜测软骨鱼类应是人类与现代硬骨鱼类的共同祖先（Taylor，1952）。

长期以来，对达尔文理论人们反复提出一点质疑：从一种生物进化到另一种生物，应该有一系列的中间环节，这一点如何证明？达尔文本人解释说，中间环节的生物当然是曾经存在过的，但是由于沉积记录本身的性质，其化石不易找到(Darwin, 1859)。他指出，沉积记录的缺失有多种情形。首先，中间环节生物的化石根本就没有保存在沉积记录里，因为沉积记录是不完整的。例如，山坡上虽然生活着许多生物，但这里不是堆积环境，生物遗体无法被掩埋起来。沉积学研究(Reading, 1986)证实，在大部分地点，沉积的连续性很差，地质历史上有过的事物，绝大多数都不能被保存下来；只有在被称为“沉积盆地”(sedimentary basins)的地方，才有较厚的沉积层序。其次，有些地方即便生物遗体得以掩埋，但由于后续发生的侵蚀作用而被破坏。地壳的升降运动经常发生，如果地面抬升，就会被侵蚀，就像如今黄土高原发生的水土流失一样。有的地方没有地面抬升，但地表水动力作用也能造成侵蚀，如海岸边波浪冲刷而成的悬崖、河流的边滩崩塌。最后，即便处于一个沉积较连续的地方，化石记录也不一定是完整的。地球表面的环境处于不断的变化之中，例如陆生动物不能在海洋中生活，那么当海面上升，被淹没范围内的生物不得不迁徙到他处生活；气候变化的效应也很明显(详见第九章)，当气候变冷时，生物被迫转移到别的地方，否则就不能继续生存。生物的生存和繁殖需要特定的环境条件，而在历史的长河中环境一直保持稳定的概率很低，也就是说，生物、过渡状态的生物、进化后的生物生活在同一地点的可能性很小。再说，如果环境很稳定，生物也无须进化。

达尔文的解释非常合理。在逻辑上，他的论证是正确的，发现过渡生物的存在是进化论的证据，但没有发现，并不能否定进化论，简言之，有是“有”的证据，没有却不一定是“没有”的证据。他同时暗示，过渡生物是曾经存在的，但如何找到，需要新的方法；要有过渡物种的判据，还要发现合适地点的沉积记录。后人遵循达尔文的思路进行了长期探索，其中美国芝加哥大学舒宾的研究是有代表性的。

寻找生物进化中的过渡物种

美国古生物学家舒宾发现了从鱼到爬行动物的中间环节，确认人类与硬骨鱼类的直接共同祖先不是软骨鱼类，而是硬骨鱼类。他在《你体内的那条鱼》(Shubin，2009)一书里介绍了这一重要发现的全过程。

舒宾是古生物学家，却在医学院工作，主讲“人体解剖学”课程。他向学生解释，人类与其他动物的联系可以从基因和解剖形态两个角度加以考察。古生物现场调查时，解剖形态是更易识别的特征，因此可以根据骨骼特征分析中间环节动物的可能形态。即便是很简单的解剖特征，也能提供很有价值的线索。以人类手臂为例，从肩部到手指，其骨骼组成结构是，靠肩部处有一根大骨，在小臂处是两根平行的骨，在手掌处有多块小块的骨头，在手指处则是一节节相连的小骨。与我们人类共享以上特征的动物很多，哺乳类的动物无一例外，爬行动物中的鳄鱼、乌龟也是如此，鸟类的翅膀和脚也有这一结构，这说明我们人类与这些动物有着共同的祖先。古生物学研究表明，在这些动物出现的先后次序上，爬行动物是最早出现的，然后出现鸟类和哺乳类。更早的动物没有上述骨骼特征。如果中间环节动物是来自鱼类，那么其骨骼形态必然介于鱼类和爬行类之间，这就是达尔文所指的过渡物种判据。

接下来的问题是，合适的沉积记录在哪里？似乎应符合以下两个特征：在同一个地点的地层，其上部含有爬行类化石，下部含有鱼类化石，两者之间有连续的沉积层(图 1－4)；气候条件相近、沉积环境缓变，这可以使动物生活的环境在短时间尺度上是稳定的，无须迁徙，而在长时间尺度上是变化的，从而提供进化所需的环境刺激，低纬或高纬地区可能存在此类环境，因为中纬度地区气候变化的效应最为明显。舒宾在全世界范围内寻找所在时间段内沉积环境缓变的地层，结果发现加拿大北部埃尔斯米尔岛(Ellesmere Island)有这样的地层，它位于高纬地带，下部为海洋沉积，含鱼类化石，上部过渡为陆地沉积，有淡水鱼和爬行类化石。

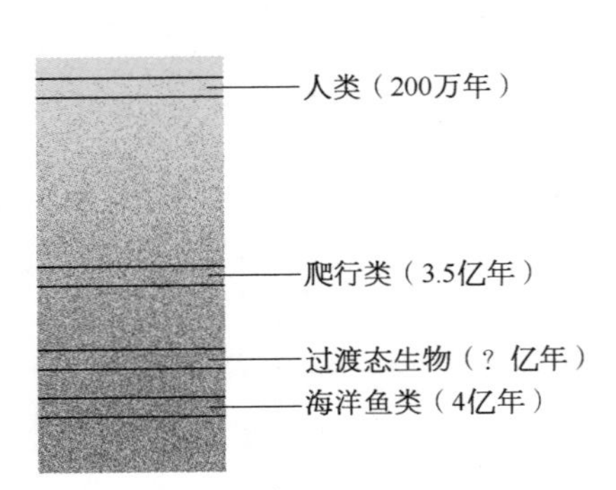

图 1－4　地层中过渡物种可能出现的层位，其上部含有爬行类化石，下部含有鱼类化石

于是，舒宾从自然科学基金会申请到了科研经费，1999 年出发去埃尔斯米尔岛做野外工作。但事情并不顺利，正如项目申请书的评审人所指出的，要在一个近 20 万 km^2的范围找到这个化石，如同大海捞针。1999—2003 年，五年的野外工作季节过去了，虽然海洋鱼类化石和淡水鱼化石都在现场出露，但要找的化石却始终不见踪迹。转机出现在2004年，如果此次再无收获，项目经费将会用尽，只得终止探险活动。幸运的是，舒宾和他的助手在岩层剖面上挖到了一个扁平形状的头骨化石，经过小心翼翼地清除岩屑后，露出一副完整的骨骼化石，而且与此前多次见到的鱼类化石不同。舒宾仔细比较鱼和爬行动物的解剖学特征，心情激动地描绘了确凿无误的过渡动物(Shubin, 2009)：

> 2004年秋天我们亲眼看到，从岩层中一点一点显现的是一种介于鱼类和陆地生物之间美丽的中间环节动物。鱼类和陆生动物有许多不同点。鱼的头是圆锥形的，而后者几乎都有鳄鱼模样的头，扁平，眼睛位于上方。鱼没有颈部，肩膀由一系列骨板直接连到头部。而爬行类动物及后代有脖子，因而它们的头可以独立于肩膀而扭动。
>
> 差异还不止于此。鱼全身都是鳞片，陆生动物则不然；鱼有鳍，而陆生动物有手指、脚趾、手腕和脚踝。诸如此类的比较可以列出一长串不同之处。
>
> 但我们的新发现打破了这两种不同动物之间的区别。它的背部有鳞片和带蹼的鳍，像鱼一样。但是，它又有扁平的头和颈，像早期的陆地动物。鱼鳍内部，显出了对应于上臂、前臂甚至手腕部分的骨骼。当然还有关节：这条鱼有肩、肘关节、腕关节，隐藏于带蹼的鳍。

舒宾等人的新发现发表于*Nature*杂志(Shubin, 2006)，证实了达尔文的先见之明。可以预见，类似的中间生物化石也可能在今后更多地被发现。其实，现在的环境中有些动物就有一些中间生物的迹象，生活在潮间带的弹涂鱼(图1-5)，它用鳍撑住身体在滩面上爬行，长在头顶的两只大眼瞪得很圆，是不是要上岸的样子？

图1-5　江苏海岸潮间带的弹涂鱼，它可以在低潮地面干出时脱离水体活动

重要之点是，爬行类的直接祖先确实是海洋鱼类，因此我们人类与海洋的关系可以追溯到4亿年前。如今人们开始接受鱼类祖先的看法，以至于当发现新的鱼类化石时(Zhu et al., 2022)，媒体上的报道就会联系到“人类的祖先是鱼”的概念。我们1万年前的祖先，新石器时代的人类，他们也会思考谁是他们的祖先这个问题吗？

第四节　人类探索海洋的历程

人类生活与海洋密切相关，探索海洋是与开发海洋同步发展的。在科学的各个分支中，海洋科学是较年轻的，但也有一个悠久的过去(Schlee, 1973; 宇田道隆，1980；海洋科学战略研究组，2012)。

人类对海洋的早期探索

潮汐是海洋环境中水位以半日或全日周期发生涨落的现象，它伴随着海水的水平流动，在陆架和海岸水域尤为显著。生活在海岸附近的人们很容易观察到潮汐，并且与月圆月亏的周期相联系。因此，无论在古代的中国、欧洲，还是其他地方，人们开始试图描述潮汐的基本特征并解释潮汐的成因，用以指导海岸带的生产活动和生活安排。地中海的面积较小，潮汐现象不太显著，因此古希腊人公元前3世纪进入大西洋时对潮汐很感兴趣，发现了大西洋规律性的潮汐涨落及其与月相的关系(Pinet, 1992)。我国唐代窦叔蒙所著的《海涛志》出现于8世纪中叶，是我国现存最早的关于潮汐研究的专著。作者论述了潮汐与月球运动的联系，给出了潮汐的半日周期、大小潮周期和年周期，并提出潮汐循环相位推迟的时间为50分28秒，计算非常准确(陈宗镛等，1979)。

到了自然科学大发展的时代，一些物理学家也对海洋现象进行了理论分析。牛顿在他的《自然哲学的数学原理》一书中就研究了潮汐现象，他根据万有引力定律，提出潮汐是由于天体的引潮力作用而形成的，从而建立了平衡潮理论。后来，拉普拉斯(De Laplace)于1776年在《宇宙体系论》一书中进一步提出了潮汐现象形成的动力学理论。这些研究具有物理学的基础，经过历代学者修改、补充后形成了完整的潮汐学理论体系（Cartwright，1999）。

对海洋的探索促进了现场观察、取样工作，以获得第一手的数据。在英国，早期的海洋科考活动中最著名的是1831—1836年间进行的考察，它是在菲茨洛伊（R. Fitzroy）指挥下的"贝格尔号"军舰上进行的。最有亮点的是达尔文作为博物学家参加了这次科考活动，他克服了严重的晕船和疾患，勤奋地收集海岸、海底的各种生物标本和岩石样品，并考察了全球航行中停靠的许多岛屿。根据这些材料的分析，达尔文后来完成了一系列生物学和地质学的学术专著，其中最有名的是1859年问世的《物种起源》，它奠定了生物进化论的基础。此后，由于皇家学会的推动，英国海洋调查领先于世界各国得到了发展，1768—1779年，考察船队在库克（J. Cook）船长率领下进行了三次远洋考察，在1768年进行的第一次考察中，到达了新西兰和澳大利亚，测量了新西兰沿岸的水深，发现了澳大利亚东岸的大堡礁。1772—1775年，他率领两艘考察船进行了环球考察。1778—1779年的第三次考察也是针对太平洋区域的，到达了许多从前未知的太平洋岛屿。

在美国，莫里（M. F. Maury）从1842年开始组织海洋水文气象条件的调查，编制全球风场和流场图。他发表的《海洋自然地理》（Maury，1855）专著详细刻画了美国海域的海洋水文条件，由此赢得"美国物理海洋学之父"的声誉。

英式海洋学：站在陆地看海洋

上述的早期研究具有零星、缺乏计划的特点，虽然也产生了一些成果，但是难以构筑海洋科学的理论大厦，这样的状况在1872—1876年得到了根本的转变，所发生的事件是英国皇家学会组织的大规模多学科环球考察。考察是在苏格兰爱丁堡大学的汤姆森（C. W. Thomson）率领的"挑战者号"考察船进行的，周密的科学考察计划使这次航行大有收获，考察报告整理后分为50卷出版，被认为是现代海洋科学的开端。考察报告是按照物理海洋学、海洋化学、海洋生物学、海洋地质学编排的，反映出自然科学理论和方法论体系在海洋领域的移植。由于现场采集的大多为动物标本，因此50卷报告大多数是报道海洋动物的。经过17—19世纪的科学发展，英国在物理学、化学、生物学、地质学上处于领先地位，因此，将已经建立起来的科学原理应用于海洋，是顺理成章的；考察报告是英式海洋学的代表，其特征是站在陆地看海洋。此后70年，海洋的各个分支学科发展很快，奠定了我们今天所见海洋科学的基础。

到20世纪，由于海洋科学研究规模的扩大，多个研究和教学机构被建立起来，美国是这个方面走在前列的国家。1903年，美国在西海岸的加利福尼亚成立了斯克里普斯海洋研究所，从海洋生物学研究开始，逐渐发展为一个综合性的大型海洋研究所。1930年，一部分人员离开该所，到美国东部新建了伍兹霍尔海洋研究所，目前它已成为世界上规模最大的海洋研究所。1949年，美国哥伦比亚大学又成立了拉蒙特地球调查所，主要进行海洋地质的调查工作。同时，美国还在许多所大学开办了海洋学院系，培养了大批海洋科学人才。20世纪中期，美国斯克里普斯海洋研究所的学者完成了总结英式海洋学成就的巨著《海洋：其物理学、化学和综合生物学》(Sverdrup et al.，1942)，使美国成为世界海洋科技强国。

欧洲和其他国家也在美国模式的引领下成立了国家级的海洋机构。英国成立了国立海洋研究所，1994年成为英国国家海洋中心。苏联则在“苏联科学院”旗号下成立了大型海洋科学研究所，在冷战时期崛起成为海洋研究大国。我国最早的海洋研究机构是厦门大学的海洋学系，成立于1946年(袁东星，李炎，2021)。中国科学院成立后，建立了“海洋研究所”和“南海海洋研究所”。后来又在政府机构中成立了国家海洋局，下辖多个综合性的海洋研究所和专业研究所(现在隶属于自然资源部)。此外，还有自然资源部下属的海洋地质调查局。在高等教育方面，成立了青岛海洋学院(现中国海洋大学)，在多所高校建设海洋科学的院系。这个时期见证了全球高等学校海洋课程建设的快速发展，涌现多本重要教材，其中有的多次修订再版(Ingmanson，Wallace，1989；Pinet，1992；Garrison，1993；Thumann，1994；冯士筰等，1999；Kershaw，2000；Sverdrup et al.，2005)。

海洋学的英文名称“oceanography”是由希腊语的两个词根“okeanos”和“graphia”所构成的。okeanos是传说中的海洋神，graphia意为记录和描述。有时，人们也用oceanology来代表海洋科学，在俄罗斯至今仍使用，在我国，早期受到苏联影响的一些机构也使用该词，如中国科学院海洋研究所的英文译名是“Institute of Oceanology，CAS”。在西方国家，一般沿用早期的oceanography一词，如美国伍兹霍尔海洋研究所的名称是“Woods Hole Oceanographic Institution”。我国在晚些时候成立的机构也倾向于使用它，如自然资源部“第二海洋研究所”的英文名称是“Second Institute of Oceanography”。

按照英式海洋学的框架，海洋学被划分为四个分支学科，即物理海洋学、海洋化学、海洋生物学和海洋地质学。我国教育部将其列为本科教育的主干课程。在内涵上，物理海洋学并不研究海洋环境中的所有物理现象，而是研究海水的运动，也就是说主要是海洋水动力学或水文学；海洋化学研究海水的化学组成和物质循环方式；海洋生物学研究海洋环境中生物的组成和生态系统特征；而海洋地质学研究海底的地质条件和演化过程。对这种学科划分，存在着不同意见，如认为“物理海洋学”应该用“海洋物理学”来取代，研究的范围还包括光、声、电、热学现象等（Apel，1987），而其他三门学科应分别用化学海洋学、生物海洋学和地质海洋学来取代，其内涵为“用化学、生物和地质学方法来研究海洋环境的问题”。此外，学科发展中增加了海洋工程学、海洋社会科学等学科，以专门探讨应用性的问题和涉及海洋立法、管理等方面的问题。

海洋科学研究的范围很广，可以说，对陆地环境建立的分支学科在海洋研究领域都存在（Dietrich，1963），如海洋地质学可进一步划分为地球物理学、海洋地球化学、古海洋学等。有相关学科背景的人员都可以通过对某个海洋分支学科的研究，或者与他人合作探讨海洋环境中的多学科交叉问题而成为一名“海洋学家”。正因为如此，国内外许多海洋科学研究机构在补充人员时并不强求应聘人员必须获得海洋科学学位，大学在招收研究生时也不把“海洋学本科学位”作为必要条件。

这个时期的海洋数据采集主要依赖于航行，其次是岸基台站。所需的仪器设备陆续被研制出来，但直到20世纪初期主要是手工操作或机械装置（McConnell，1982）；至20世纪中期，设计制造了各种基于声学、光学、电学原理的观测和分析仪器（Langeraar，1984），主要的海洋研究强国都建立了海洋调查船队和台站。

英式海洋学时代，考察船是最重要的数据采集平台，它的机动性强，可以通过航行到达不同的地点。现代海洋考察船装备有先进的导航、定位设备和甲板设备，能够运行各种观测和采样设备。另外，船上还有实验室，可以对样品进行初步分析，或对数据进行实时处理。考察船可以在航行中或在固定站位上实施观测采样，其方式是通过甲板作业而实现的。利用声学原理制的许多设备，如地层剖面仪、旁视声呐、多波束扫描仪、声学多普勒流速剖面仪（ADCP），能够在走航条件下获取数据。生物样品，尤其是体型较大的海洋动物样品，如鱼、虾、蟹等，常可以采用拖网方式获取。考察船航行时，在一定层位上布设拖网，就能收集生物标本和样品。

其他的观测、采样作业需要在停航的状态下进行。当进行一个站位的潮周期水文观测时，考察船被固定在一个站位上，用流速仪测定水流的流速、流向在水层中的分布；用温盐深仪（CTD）测定温度、盐度、水深；其他传感器，如海水悬浮体浓度、海水溶解物质（营养盐、氧等）的浓度的探头，也可以一起使用。采水器是一个可以在所需层位和时间上开启和关闭的容器，是船上采集水样的主要工具。获取海底沉积物样品的设备有底质采集器、箱式采样器和柱状采样器等，它们的重量较大，要借助于船上的吊杆和绞车设备才能进行作业。抓斗式采泥器是常用的表层底质样品采集设备，箱式采样器是用于获取近底部样品的，获得的样品的原始结构能够得到保存，获取柱状样的设备有重力取样管和振动活塞取样管等。

海岸和浅水区可以建立岸基的海洋台站，用以观测海洋要素的时间序列，如使用潮位计记录水位，用波浪仪记录岸外的波浪的波高、波长、波周期等信息。观测也可利用布设在海底的小型平台来进行，如海底三脚架，在平台上可安装各种仪器，可以采取数据自记方式，也可以通过无线传输方式把数据发送到岸上。

现场作业完成后，实验室的样品分析和数据处理是一项重要的工作，通过这道“工序”把原材料加工为供研究用的基础数据。例如，分析水样，可获得溶解物、悬浮物浓度，以及浮游生物的个数；对沉积物样品，在实验室可以进行地球化学组分、粒度组成、矿物组成、微体生物介壳含量和种属组成、沉积构造（原理、生物扰动构造）等的分析，提取环境信息；对浅地层剖面图像、多波束扫描图像等地球物理数据，可进行计算机处理和图像解译，转化为可与钻探资料对比的地质数据。

在物理学、化学等领域，实验室工作的主要形式是“可控制实验”，就是事先设定实验的控制因素，以弄清这些因素的作用方式。这类实验在海洋科学领域内较少进行，但并非不重要。在物理海洋学领域，人们以水槽实验了解水流作用于海底的情况，尤其是浪、流共同作用下的底部动力过程；为了解潮流和波浪对海岸的改造作用，可以建造地形模型并产生流和浪，以观测和观察水动力作用下的沉积物冲淤变化及相应的地形变化，这样的模型称为物理模型。在海洋生物学领域，也通常在实验室条件下观察生物的觅食、繁殖和生态竞争过程。

美式海洋学：立足海洋看全球

第二次世界大战结束后，美国主导的海洋科学开始脱离英式海洋学的框架，更多地关注全球性的大问题，如板块构造理论、全球气候模型、全球海洋观测体系等，以多学科交叉、广泛国际合作的研究方式构建了美式海洋学。如果说英式海洋学是“站在陆地看海洋”的话，那么美式海洋学就是“立足海洋看全球”。

20世纪60年代的海底扩张说拉开了序幕。《海洋：物理学、化学和综合生物学》一书(Sverdrup et al., 1942)总结了英国框架下的海洋学进展，虽然其中有关海洋地质的内容稍显薄弱，但很快由于《海底地质学》(Shepard, 1948)和《海洋地质学》(Kuenen, 1950)等著作的出版而得以补全。美国人发表海底扩张主题的论文(Dietz, 1961; Hess, 1962)，复活了德国学者魏格纳(A. Wegener)于1915年首次提出、1929年全面阐述的大陆漂移说(Wegener, 1915, 1929; 魏格纳，1986)，板块假说、莫霍面钻探设想等被提了出来。在魏格纳生活的时代，他的理论争议很大，但新证据的涌现使得20世纪60年代的研究者越来越多地发表了支持的意见。

美国科学研究有一个显著的特点，就是由国家科学基金会组织科学家定期研讨，提出新的科学设想或创意。新的创意很快得到支持，深海钻探计划(Deep Sea Drilling Program, DSDP)于1968年开始实施，使用“格洛玛·挑战者”号(Glomar Challenger)深海钻探船，该船长122 m，排水量10 500 t，设计最大工作水深6 096 m，设计最大钻探深度7 615 m。获取的深海岩芯分析数据验证了海底扩张说、板块构造理论，为转换断层、洋中脊与海底火山、全球地震带、边缘海、主动与被动大陆边缘等重要现象提供了解释机制。在板块构造理论之下，大陆边缘沉积过程与产物、海底金属矿产资源、海洋油气资源、海洋生态系统、生物地球化学过程、海洋碳循环格局等研究领域也突然被一条无形的链条串接在一起，显得秩序井然。

1975年，该项目扩大为国际合作项目，改称为“国际大洋钻探计划”(International Drilling Program)，设备更加先进，所用的钻探船是乔迪斯·决心号(Joides Resolution)，长143 m，持有10.5 km总长度的钻杆，取芯能力大为提高。这个计划的实施为板块学说的确立、地球环境的演化和地球系统行为的研究提供了极其丰富的资料。参加这个计划的国家最初有法国、英国、苏联(俄罗斯)、日本和德国，当然还有发起国美国，我国于1996年成为会员国，在南海的钻探项目执行中发挥了主导作用。后来，这个计划又有了进一步扩大，先后发展为“综合大洋钻探计划”(Integrated Ocean Drilling Program)和“综合大洋发现计划”(Integrated Ocean Discovery Program)，各成员国加大了投入，世界最大深海钻探船“地球”号投入使用(图1-6)，形成了在任何海区实施钻探的能力。要获得海底以下较深处的物质样品，就必然采用钻探技术，其关键之点是多节钻杆相接，从钻探船提取样品时，要进行拆卸，取到样品后再将钻杆接起来，回到钻探的孔口再继续下钻。以这种方式能够获得数千米的柱状样品，“大洋钻探计划”就是依赖于钻探新技术而得以成功实施的。

稍后，美国又主导了全球气候系统研究，着力建立全球气候模型。像气候这样复杂的问题，仅靠陆地上的气象观测站数据是远远不够的，只有深入思考大气海洋耦合的问题，才能提高气候系统模拟的可靠性。在这个框架下，全球大洋环流、海气相互作用、海面变化、冰盖与冰川动力学、极端气候条件与天气事件等研究方向实现了融合，再加上碳循环等研究成果，迎来了气候变化研究的计算机模拟时代(Winsberg, 2010)。按照美国科学基金会的资助方式，气候模拟以通用模型(community model)的形式来研制，避免了力量分散的缺陷。全球气候模型不仅被用来预测不同时间尺度的气候变化、评价其经济社会、影响，而且可作为气候变化过程和机制的研究工具(Alcamo, 1994; Neelin, 2010)。气候问题不仅涉及海洋和大气科学，而且几乎与地球系统研究的其他所有学科甚至社会科学都有关系，需要真正的多学科交叉，这一点是美式海洋学的特点。

20世纪中期之后，国际合作研究十分活跃，对海洋科学的发展起了很大的推动作用，如“国际地球物理年”(1957—1958)、“国际印度洋考察”(1959—1965)，“国际海洋调查十年计划”(20世纪70年代后期)等。美国科学基金会推动和参与了许多合作项目，并使国际合作朝着大规模、多学科交叉的方向发

图 1-6　“地球”号深海钻探船(2010 年 12 月至 2011 年 1 月)

(a) 停泊于钻探船母港；(b) 竖管钻探系统；(c) 船上实验室；(d) 钻探船内部机舱

展，如美国全球变化研究计划(USGCRP)、国际地圈生物圈计划(IGBP)、世界气候研究计划(WCRP)等。国际地圈生物圈计划的核心子计划中有半数涉及海洋科学，涵盖了地球与环境科学的所有其他学科，还有经济、管理等学科。正是通过国际合作和学科交叉，才使得全球气候模型和生态系统动力学模型的研制取得快速进展。

与深海钻探技术一样，全球气候系统研究需要前所未有的数据支撑。为此，重点建设了对地观测和大洋、近岸观测体系。

在现场数据采集技术中，遥感技术占有十分重要的地位。从 20 世纪 50 年代末第一颗地球卫星发射以来，卫星图像成为遥感数据的主要来源，以前这个领域的数据则要依赖于航空摄影、雷达探测等。这个变化是革命性的，它大大提高了遥感资料的空间覆盖程度、时空分辨率和数据采集效率，因而促进了“卫星海洋学”的发展。如今，结合现场观测数据，卫星遥感资料可用以分析海表面温度、盐度、悬浮物浓度、叶绿素、海面高程、水深、水流流速、波浪、海冰分布、雨雪、风暴等参数，在海气相互作用、海洋环流、生态系统过程、沉积动力过程、海岸环境演化等研究中发挥关键作用(Stewart, 1985; Martin, 2004; Robinson, 2004)。

20世纪后期以来，现场工作的自动化设备的研制取得了很大进展(陈鹰等，2018)，自持式仪器设备(AUV、ROV、Sea Gliders)、水下机器人、深潜器等新设备进入使用阶段。这些设备可以在无人现场操控的情况下，按照计算机的指令，在规定的地点、层位进行观测和取样作业，将有关的信息实时传输。自动化设备的运行无须大型船只，只要有小型辅助船就能布设、检测、维护，因此使数据采集的成本大大降低，因此海洋考察船功能的一大部分已被替代。

仪器设备的新进展使得自动观测站网的建立成为可能，用以获取长时间序列数据的采集。美国参与国际合作建立了全球海洋观测系统，我国也逐渐加入观测系统建设的行列，它将遥感、锚定和移动浮标、无人船、波浪和水下滑翔器、水下机器人、水下自动船、深潜器、实时地转流观测阵列(即Argo浮标)、海底缆接观测站集成为一个体系(Lin, Yang, 2020)。此外，美国还构建了近岸海洋观测系统，由独立的数据采集队伍来运行。未来，新型观测设备可能全面取代常规考察船。那时，除了大洋钻探船、极地水域破冰船等特殊船载平台，通过航行来获取资料的方式将一去不复返，人们将只有在博物馆才能看到这些大型科学考察船。

综上所述，通过全球尺度的科学问题、国际合作及多学科交叉、观测和数据采集能力提升，形成了美式海洋学。深海钻探技术、全球观测系统(由遥感、水层和海底监测站网、自控式走航测量设备等构成)与板块构造、全球气候主题研究共同得到了同步发展。我国制定的海洋科学发展规划，也提出要主动参与这些研究的国际合作和竞争(海洋科学战略研究组，2012)。

未来的海洋探索

科学史表明，研究框架一旦建立，就会延续相当长的时期。英式海洋学的各个分支学科都有尚未完全解决的问题，美式海洋学也是如此，全球尺度的地质演化和气候变化问题远未彻底解决。问题的关键是，任何一个国家，即便在现有的理论框架内贡献再大，也难以达到领先地位，因为这样的工作只是对原有框架的修补而已。只有突破现有的理论和方法论体系，就像当年美式海洋学对英式海洋学所做的那样，才能真正领先。因此，在推进遗留问题研究的同时，也需要开辟新的领域。遥感、海底和水层立体观测体系要继续建设，地震、生命系统、长期气候和天气预报的目标要继续追求，金属、天然气水合物、硫化矿床等海底矿产资源的开发技术也要继续发展。与此同时，一些新的机遇也正在到来。

首先，要以人工智能方式破解海洋系统行为和演化机制。现代海洋科学已经发展了150年，建立的理论、方法、技术很多，新进入该领域的人员甚至很难再有新发现，即便有，与前人的时代也有不小差距。而且，面对全面刻画海洋系统的任务，以个人之力完成的工作必然是过于细微了。出路在哪里？发展人工智能技术，让人工智能取代人力做研究。

其次，应关注人类自身的影响。“以海洋视角关注人类对地球影响”似乎是英美学派以外的新框架。到目前为止，尽管对人类活动的影响已开始进行研究，但是从动力过程与大数据融合的角度来探讨人类活动过程的长期效应，并运用数学工具将其定量化，这种研究还较少。例如，人类可能任性地改变海洋环境，也可能竭力保护海洋，此类行为的定量刻画本身也是一个难题。长远来看，全球海洋似乎正在脱离自然演化的轨道而进入人类活动主导的新阶段，人类在地球演化中的作用的研究需要新思路。

最后，海洋研究的空间范围需要拓展。有了地球海洋的案例，进一步探究太阳系其他行星、卫星的海洋，说不定会有意想不到的收获。木卫二就有更大的海洋（Hand，2011），研究地外海洋要有新手段，但无论如何我们已经持有地球海洋这个样本，况且地外海洋也可能提供观察地球海洋的新视角。从人居条件角度，说不定未来人类有能力开发地外海洋，建成新的定居点和城市。

第五节　课程的目标、内容和学习方法建议

本课程的目标有两点：一是传达通识课的核心理念；二是介绍海洋科学

的重要知识点和理论体系。

通识课的设计首先要对知识体系进行分类，每一个类型具有其独特的核心理念。“海洋与人类社会”作为地球与环境科学通识课，有以下三点核心理念（Kastens et al.，2009）：野外或现场观测工作具有独特的作用；地球系统影响因素多、各种现象具有多解性；时间和空间尺度跨度大，且不同尺度上的主控机制是不同的。本课程作为地球科学与环境模块的组成部分，要用各种海洋现象及其研究来说明时空尺度、系统特征和现场工作的重要性。

海洋科学自身也是一个复杂的知识体系。在历史的长河中，人们先是将物理、化学、生物学、地质学的原理移植到海洋探究，再融合为以地球系统演化、全球气候变化、数据采集能力提升为特征的现代海洋学。海洋科学各个分支和重要研究领域的基础理论和方法论，是学习的要点。

本课程的内容主要有两部分。第二至第六章主要是自然科学内容，包括物理海洋学、海洋化学、海洋生物学、海洋地质学和海洋演化史，第七至第九章主要是与应用有关的主题，从工程、历史、经济、社会的视角来看海洋科学，涉及海洋经济与社会发展、资源环境和生态问题、海洋国土和权益、海洋法、应对全球气候变化等问题。

学习一门通识课，必须要有好的策略才能有所收获。第一，可用自然科学的基本概念（物质、能量、信息）来理顺逻辑，例如，针对潮汐、洋流、厄尔尼诺和南方涛动、水面波浪、风暴潮等主题，可以通过能量来源及其传输方式来构成一个相对容易理解的体系。第二，注意各个主题的典型案例，考察其与本领域核心理念的关系，例如，人类与海洋的关系涉及不同的时间尺度，而由于时间尺度的差异，所关注的问题、数据采集方式、分析方法都有很大不同。第三，在海洋科学应用上，可从资源、环境、生态、灾害、人海关系予以关注，此外也要关注与历史和人文学科的融合。最后，应重视学习方法，遇到重要概念、术语、知识点，勤于网上查询、课外阅读是有益的。此外，也要掌握文献阅读的方法，培养获得细节、刻画特征、比较异同、追踪科学思想史、分析问题、讨论逻辑关系和质疑现有理论局限性等方面的能力。本课程引用了本领域的基本文献，阅读此类文献，需要熟练掌握索引的使用方法，以便迅速找到正文的相关内容，并且训练快速阅读能力，以提高学习效率。

《海洋与文明》概览

美国学者林肯·佩恩的《海洋与文明》(Paine, 2013)从海洋的视角讲述世界历史，展示海洋对人类历史上贸易、文化传播、政治、军事、科技等方面的深刻影响。他在引言中写道，直到19世纪之前，海洋一直是人类活动传播的主要通道，因此世界史不能只以陆地的视角来阐述。本书主要从航海、海上贸易、海军与战争的角度，将涉海活动放入6 000年历史中来叙述，清晰地阐述了由地中海争夺到海上丝绸之路开通，再到全球大洋航行的历史一幕。现代社会与那时相比已有很大不同，如何和平利用海洋资源、保护全人类的共同家园成为国际社会的主题。

古代人类的海洋活动

公元前4200年，挪威的岩画里已经出现船的图案。早在35 000年前，太平洋岛屿上就有了人类，他们的活动与船的发明有关。在看得见岛屿的地方，那里的人们的航海好奇心显然会被激发出来。15 000年前，已有人类到达北美洲，他们以渔业为生。公元前900—前200年，人们的生活用品有不少来自海洋，如贝壳、工具和饰品。太平洋区域的历史记录十分丰富。

然而地中海有后来居上的势头。尼罗河是航海的摇篮，4 500年前古埃及人就已建成了长达44 m的船，陶罐上的图案记录了船的使用；贸易使得人们通过航海到达希腊半岛、红海，经亚丁湾与阿拉伯海、波斯湾相连。5 000年前的埃及是地中海大国，并保持此地位达2 000年之久。

波斯湾的美索不达米亚人是制定海洋法、商法的先驱，他们在公元前3200年居住于此，《吉尔伽美什》(*Gilgamesh*)史诗中记载了大洪水和船的故事。公元前2500—前1700年，霍尔木兹海峡以东贸易繁荣，通往印度的沿程有很多港口城市。公元前1595年巴比伦帝国被灭亡，此后与印度的贸易中断了上千年。

腓尼基人和希腊人海上商业活跃，公元前 8 世纪的《荷马史诗》记载了船只航海、修船造船的故事。公元前 7—前 5 世纪，他们向地中海之外的范围扩展。腓尼基人出直布罗陀海峡，探索大西洋沿岸；希腊人则向北到达黑海，与黑海沿岸部落发生了冲突，公元前 630 年希腊人前往北非，在与埃及人的冲突中受到后者的文化影响。

公元前 1000—前 400 年，地中海一带已将战船与商船加以区分，最大者为“三桨座”战船，配有桨手 170 人，航速可达 7 节。公元前 499 年发生了波希战争，波斯人有 600 艘战舰，伊奥尼亚人有 353 艘，波斯人胜出；此后波斯人三次攻打希腊，但都是大败而归，其中第三次行动甚至动用了 1 207 艘战船、1 800 艘运输船。公元前 460—前 404 年发生伯罗奔尼撒战争，强大的希腊海军被斯巴达击败。接下来斯巴达与波斯频繁交战，而希腊站到了波斯一边。

迦太基、罗马、希腊各城邦之间摩擦不断。到了公元前 357 年，马其顿崛起，亚历山大继承王位后击败了波斯，占领了埃及，建成亚历山大城。公元前 306 年，又发动针对迦太基的萨拉米斯战役。这段时期称为希腊化时代。与此同时，罗马也在慢慢崛起。很长一段时间里，罗马主陆，迦太基主海，相安无事，但公元前 264—前 202 年间发生了战争，最终迦太基失败，罗马控制了地中海。此后，罗马还发动对马其顿的战争，再次胜出，称霸地中海。

纵观公元前约 4000 年的历史时期，太平洋沿岸虽然早就出现了海洋活动，但可能是由于地广人稀，部落之间没有到达发动战争的地步，航海技术也长期停留在较原始的状态。地中海就不同了，在狭小的海域里，为争夺海上贸易的主导权，古埃及、腓尼基、斯巴达、波斯、迦太基、罗马、希腊相互之间战争频发。航海技术得到刺激，最大的船吨位达到了 1 000 t 量级。此时，印度洋海上贸易规模还相对较小，等到海上丝绸之路形成之时，地中海和欧洲的争霸就进一步白热化了。

印度洋海上贸易与海上丝绸之路

海上丝绸之路的形成有一个历史过程。印度洋不像地中海那样狭小，航海需要有应对季风的能力。公元 6 世纪，印度货物才经由波斯湾运往地中海沿海港口。罗马人征服埃及后，对红海也有兴趣，从那里获得了粮食、宝石、珍珠、象牙、香料等物品；到了公元7世纪，希腊、罗马、阿拉伯、波斯人已在印度洋地区落户，最远到达孟加拉湾。

印度洋海上贸易中的中国影响是逐渐显现的。中国首先治理内陆河流，然后就慢慢通往海洋。东南亚各国出现早期海上贸易，中国出货物，外国出人出船。佛教则从海上传到中国，再到朝鲜、日本。公元前后，中国商人在本区域出现。3—6世纪，南海贸易繁荣，有不少使团前往中国。

中世纪的地中海，仍是战争不断，不仅有基督教与伊斯兰教之间的，也有教派内部的。公元293年，罗马分裂为东西两部分。公元648年，穆斯林海上扩张；10世纪初，伊斯兰国家的发展达到顶峰。商业方面，6—8世纪拜占庭有《罗德海商法》，许多法律条款反映在《船舶租赁及契约各方权利条约》中，海商法对促进那个时代的海上贸易起了积极作用。

12世纪之前，北欧大部分地区很落后，维京人航海的目的主要是抢夺财富。793年维京人袭击英国修道院之后，侵扰欧洲几个世纪，最终接受了南欧的生活模式。维京人最勇敢之处是航海前往冰岛、格陵兰、北美。

与欧洲形成强烈对比的是，公元7世纪之后海上丝绸之路的快速发展。7世纪初，西南亚有拜占庭和萨珊王朝两大帝国。634年大马士革成为阿拉伯首都，751年与唐朝发生冲突，陆上丝绸之路的阻塞迫使商人们取道海上丝绸之路。8世纪初，阿拉伯国家向东扩展到印度河三角洲，与波斯人发生冲突，波斯人于761—762年建巴格达城，替代大马士革成为新首都。9世纪初，长安为世界第一大城，巴格达则为第二大城，两地之间经由印度洋相通，开往中国的船称为“中国船”。除南亚出产的香料和农产品，中国的丝绸和瓷器显著提升了海上贸易的规模。11世纪的印度文献有《论造船》，其中叙述的造船方式受到了中国的一些影响。中国水手在宋代的960—1279年往来于印度南部与中国东部沿海。自唐朝以后，中国从海上贸易走向世界，在海军力量上超过日本和朝鲜。

世界持续变化

在海上丝绸之路发展的同时，中世纪的地中海与欧洲局势剧烈动荡。总体上，地中海传统海洋强国之间继续竞争，海上贸易和军事冲突向欧洲北海周边国家扩散，德、英、法等国的实力增强。在海上丝绸之路的东端，马可·波罗到访泉州等地，成为欧洲对东方兴趣的象征，但原本占据海洋优势的中国，宋元时期遭遇了多次海上失利，明清时期则干脆选择放弃海洋，只有郑和下西洋是唯一例外。

威尼斯在公元1000年主导了亚得里亚海区域，造船业发达，贵族们雇佣骑士攻城略地，形成了“诺曼王国”。1095年，应拜占庭帝国要求，罗马天主教教皇乌尔班二世发动第一次东征，热那亚、比萨、威尼斯人均参战，由此获胜。1147—1149年又发动了第二次东征，在东线失败，但在波罗的海的进展开启了此后的百年东扩。第三次东征未使用舰队，在陆地进行。1198年发动第四次东征，进攻埃及。

12世纪末诺曼王国终结，1257年威尼斯与热那亚发生冲突。1283—1305年间，阿拉贡王国与法国人海战不已，阿拉贡获得了6次海战的胜利。13世纪蒙古人入侵地中海，热那亚欲联合蒙古人攻打埃及，于1347年将瘟疫带到欧洲，此后导致欧洲2 500万人死亡，瘟疫扩张路线也正好是贸易扩张路线，从地中海向大西洋、北海、波罗的海方向扩散。

13世纪逐渐形成的汉萨同盟是德国北部城市之间形成的商业、政治联盟，1370年战胜丹麦，订立《斯特拉尔松德条约》，此后垄断波罗的海地区的贸易，并在西起伦敦，东至俄罗斯诺夫哥罗德的沿海地区建立商港。15世纪汉萨同盟的实力开始转衰，最后于1669年解体。

与地中海相比，北海区域的海军冲突非常罕见，但1337—1453年发生的英法百年战争中，也有4次大规模海战。英国在整体上处于守势，1420年尝试在英国南部海港城市南安普顿建立海军基地和兵工厂，但不久又放弃了。从此时情况看，难以想象英国后来会成为欧洲的海洋霸主。

经略海洋，本来可以是亚洲的黄金时代。南宋时候，泉州成为国际港口，瓷器是出口贸易的主要商品，其生产集中于明州(今宁波)、温州、泉州和广州。1276年南宋灭亡，元朝继承了海洋贸易，威尼斯人马可·波罗于1270年代到访泉州，所著《马可·波罗游记》记载了这里贸易的盛况。皇帝忽必烈发动海外远征，1231—1270年征服朝鲜半岛，但1274年、1281年元军两度攻打日本，均失利。1289年，忽必烈又发动进攻爪哇，先胜后败，2万名兵士留在了东南亚。此后，明朝选择了放弃海洋，使得闭关锁国之策几乎延续6个世纪。唯一的例外是，明太祖及其继承者下令建造了3 500艘船，用以对付海盗，又让郑和七下西洋，1405—1411 年间 3 次远航，到达了印度西南的“古里国”，航程超过 7 200 km。1413—1433 年的 4 次航行到了更远的非洲东岸。

全球大洋使世界连成一片

15 世纪，葡萄牙亨利王子资助航海，尤其是沿非洲西海岸的航行，是为了另辟与印度洋联系的通道，避免与地中海诸强的冲突。这无意中开启了哥伦布、达·伽马、麦哲伦的大航海时代，葡萄牙、西班牙成了海上强国，1490 年，两国签订《阿尔卡索瓦斯条约》，确定两国瓜分世界海洋的范围。

哥伦布生活在里斯本，向葡萄牙国王寻求资助未成，1485 年转而去西班牙；1492 年，西班牙国王同意资助其首次航行，船队由 3 条船长为 21～27 m 的小船组成。持续 7 个月的首航始于 1492 年 8 月 3 日，10 月 12 日到达巴哈马群岛，然后到了被哥伦布误认为是日本的古巴。此次航行引发了葡、西两国争议，因为此前的《阿尔卡索瓦斯条约》规定，有些岛屿应属于葡萄牙。1494 年两国补充签订《托德西利亚斯条约》，葡萄牙获得对巴西的占有权。再往后，哥伦布又组织了 3 次航行，先后到达古巴、牙买加、委内瑞拉、巴拿马。同一时期，葡萄牙打通了前往印度洋的航路。另一位葡萄牙人麦哲伦也从西班牙国王那里获得资助，1519 年底出发，先到南美，向西进入太平洋，1521 年 3 月 6 日到达马利亚纳群岛的关岛，之后一周又到了萨马岛。1521 年 4 月 27 日，麦哲伦死于与马克坦岛民的冲突。之后，船队继续西行，跨越印度洋，绕过好望角，最后于 1522 年 9 月 6 日回到西班牙，这是第一次真正的环球航行。

这一成就引发两国势力范围的再次争论，1529 年签订《萨拉戈萨条约》，以解决太平洋的问题。此后一段时间，西班牙对东方的关注加强，1525 年占领菲律宾群岛，又引发了与葡萄牙的冲突。随后法、英、荷加入竞争，最终的结果是，1750 年，《阿尔卡索瓦斯条约》《托德西利亚斯条约》《萨拉戈萨条约》被一并废除。

15—16 世纪，海洋由葡、西两国掌控。可能与以前的条约有关，大西洋南部多为葡萄牙的殖民地，而中部、中北部则西班牙占上风。印度洋、非洲沿岸也大多归属于葡萄牙，虽然有威尼斯、奥斯曼、马穆鲁克与之对抗。16 世纪后期，英、荷也进入了地中海贸易，欧洲出现了国家现代化格局下的海军；1585

年，西班牙无敌舰队进攻英国，但被打败。

16—17世纪是欧洲海洋强国扩张的时代。荷兰人提出航海自由的主张，英国人则提出罗马教皇的海域划分不合法，主张英国要拥有海洋主权，并开始尝试在北美建立殖民地。此时法国人和荷兰人已经到了北美，英国和荷兰1618年之前还是盟友，一起对付西班牙，但因在北美和印度的事态逐渐转变为敌对状态。英国在与西班牙、荷兰、法国竞争中占了上风，大规模向北美移民。

18世纪是帆船军舰主导的最后一个世纪。以前的航海，船员常因传染病和营养不良致死。但这个问题到了18世纪中后期已得到解决。洁净饮用水、维生素C是关键，船员的餐饮条件在海军中首先被改进，再将之推广至商船。1730年代起，英国拥有全球最强大的海军，但此后引发与美国、法国的矛盾：由于贸易问题引发美国独立战争；1778年美、法签订《友好通商条约》，法国站在美方一边，引发英法海战。1789—1815年法国大革命时期，1793年法国向英国宣战；1805年，英军在纳尔逊指挥下在特拉法尔加海战中击败法国舰队，此后英军没有再遇到过真正的对手。

俄国彼得大帝获得波罗的海、黑海港口，勉强跻身于海上强国之列。1715年打败瑞典，签订《尼斯塔德条约》，利奥尼亚、爱沙尼亚等割让给俄国。1770年6月25日，俄国打败奥斯曼帝国海军，签订《库楚克-凯纳吉条约》。

这一时期，海洋探险的重点是绘制太平洋海图，尤其是寻找南方大陆、西北航道的西端出口。探险被认为是一门独特的学科，早期使用军舰实施作业。英国人在探寻中到了塔希提岛，考察时加入了博物学内容；1768—1771年首航到塔希提岛，1712年考察船越过南极圈南乔治亚、南桑威奇群岛；1776年发动的第三次考察，目标是西北航道，1778年1月到达夏威夷岛，穿过白令海峡到达阿拉斯加。考察结果使一批海图得以绘制，欧美走上世界舞台的中心，这段时间也是中国因进步动力缺乏与世界拉大距离的时期。

进入19世纪，海上交通获得大发展。1838年4月22日一家报纸的报道标题是“时间与空间湮灭了”，横渡大西洋只需要十几天，这得益于蒸汽航运的发展。在美国，1840年新奥尔良成为世界第四大港口。为保障航行安全，人们进行了与航路相关的洋流研究，绘制了墨西哥湾流图。1780—1783年，英国人制定了风速等级表。

与此同时，帆船技术也在同步发展，1880年左右达到了最高峰。此后，英国在发动机改进上取得进展，1905年开始用于军舰。海底电缆开始铺设，促进了电报业的发展。1815—1930年，共有5 600万欧洲人移居国外。进入20世纪，出现了豪华型客轮，促进了娱乐性的游艇、快艇的发展。

先进的船舶制造业导致捕鲸业的发展，结果很快招致资源破坏，最终于1937年订立国际捕鲸管理协定来加以限制。其实，与鲸有关联的制品，如精油、蜡烛、紧身衣、雨伞、刷子、金牙、工艺品、润滑剂、肥皂、香水、人造黄油，都有可替代物质，捕鲸现在看来是不必要的。1859年美国宾夕法尼亚州发现了大油田，随后石油工业时代开始，船舶动力进一步得到改进，也使海军进入了新时代。

近现代海洋状况

蒸汽与钢铁时代的海上强国快速发展，又缺乏制约，终于导致两次世界大战的爆发。此前，19世纪英、法之间的海军军备竞赛就已经很激烈。关于海军的技术和战略思想发生很大变化，美国海军学校马汉提出“海权论”，而法国“青年学派”不赞同巨舰大炮模式，提出“小艇论”，但中日甲午战争、美西战争、日俄战争的结果似乎支持了马汉的说法。

第一次世界大战主要在英、德之间进行，潜艇作用凸显。德国战败，于1922年制定《华盛顿海军条约》，规定美、英、日、法、德五国的战列舰吨位之比为5∶5∶3∶1∶1，但此后1930年伦敦海军会议上法国和意大利拒绝签字，4年后，日本也拒绝接受。潜艇、航母的快速发展使得战列舰成为过时。二战实战显示，最有用的是航母、潜艇、驱逐舰、护卫舰或船和登陆艇。二战的海战规模很大，仅英国海军损失的战舰就高达1 674艘。美、日之间在西太平洋的海战是有史以来规模最大的。

20世纪50年代以来，海上贸易和海军是反映国家实力的晴雨表。航海方面，如今有120万船员，运送全球90%的货物。集装箱的使用带来船舶大型化，港口、码头实现了作业自动化，1979年日本曾建“海上巨人号”船，载重55.5×10^4 t，长458 m。

船舶大型化引发的海上事故也触目惊心。1967年，超巨型油船“Torry Canyon”号触礁沉没，12.3万t原油泄漏，类似事件多次发生。1973年订立

《国际防止船舶造成污染公约》,此后又多次修订。核动力用于海军潜艇和航母所带来的安全问题,引发全球关注。在过去的70年里,海战很少,只有1982年英国对阿根廷的小规模战争。自然因素方面,全球气候变化可能导致北极航道开通,而海面上升将对世界港口码头和军事设施产生影响。

大航海时代最初只是为了走出地中海,但后来发生的一切却改变了世界,给全球海洋带来新的难题。海上丝绸之路引发的竞争推动了航海技术、科学考察、海军武器的进步,而拥有悠久历史的太平洋区域的原住民社会在同一时期却几乎原地踏步,家园被殖民者占据,这一点非常值得深思。

第二章
洋盆形态及其影响因素

第一节　海洋沉积物与地壳运动

海陆分布为何是我们现在看到的模样？洋盆底部起伏状况如何？各处水深有何不同？洋盆如何随时间而变化？为何变化？这些关于洋盆形态的问题是海洋地质学的研究对象。

对自然现象的科学理解，通常是从物质（mass）、能量（energy）、信息（information）入手，这三点早期曾表述为物质、能量、思想（Taylor，1952）。思想具有信息的属性，但不能涵盖信息，如生物基因属于信息，但不属于思想。物理世界的刻画主要是针对物质、能量，而当涉及生命时，信息就非常重要。对于洋盆形态，沉积物（sediment）和岩石（rock）是主要物质，而能量则是来自地球内部的热能和来自外部（天体引潮力和太阳辐射）的能量。

海洋沉积物特征

地球表面大约 75％的面积被松散沉积物或沉积岩（sedimentary rocks，沉积物固结而成的岩石）所覆盖，尽管其总质量只占地壳的 5％（Davis，1983）。在日常语言中，沉积物常被称为沙或泥沙，我们周边到处都有。目前情况下截留在陆地上的沉积物只是少部分，大部分沉积物堆积在海底；地质历史上，许多海洋沉积所在地点后来变成了陆地，所以如今在陆地也能见到它们（详见第六章）。

沉积物颗粒的大小通常用其长径来表示，称为粒径（grain size）。粒径被用来定义不同类型的沉积物：砾（gravel）的粒径大于 2 mm，砂（sand）的粒径为 0.062 5～2 mm，粉砂（silt）为 0.004～0.062 5 mm，粘土（clay）的粒径小于 0.004 mm[有一个容易混淆的字是“黏”，有一类矿物称为黏土矿物（clay minerals），与表达颗粒粒径大小的“粘土”不同]。有时人们会问，为什么有沙和砂这两个不同的字？答案是，沙（或泥沙）是沉积物的统称，而砂是沉积物中根据粒径大小划分出来的一个类型。

还有一个疑问，为什么上述分类中粒径的范围会采用 0.004、0.062 5 这样奇特的数字？其理由是，沉积物颗粒的物理、化学性质与粒径有关，而且粒径越小，物理、化学性质变化越大。例如，粒径为 30 mm 和 31 mm 的两种颗粒性质相近，而 0.1 mm 和 0.01 mm 的两种颗粒的物理性质差别很大，尽管其粒径差异远小于 1 mm。在质感上，砾像是黄豆，砂像是小米粒，粉砂像是绵白糖，粘土像是面粉，差别不小。因此，粒径的分类通常采用对数尺度而非算术尺度，此时粒径以对数变换后的粒径 $D\varphi$ 来表示：

$$D\varphi = -\log 2Dm \tag{2-1}$$

式中：Dm 为以 mm 为单位的粒径；$D\varphi$ 为对数变换的粒径，它是无量纲的，通常称为“粒径的 φ 值”。按照 φ 值，上述四类沉积物的粒径界限 0.004 mm、0.062 5 mm 和 2 mm 就转化为 8、4、−1。在沉积地质学里，人们更习惯于使用 $D\varphi$。

在实际的地表环境中，沉积物通常是以集合体的形式存在的，从东海的海底采集一个样品，可能其中既有砂，也有粉砂和粘土，甚至还有几颗砾石，如何称呼这样的物质，也有相应的分类方案和描述性术语（Shepard，1973）。如果集合体中以某种颗粒占绝对优势，可以径直用此颗粒的名称，例如，若样品中粉砂占绝大部分，就称其为“粉砂”；如果集合体中还有另一种比例不小的颗粒，例如，若样品中粉砂占 65%，砂占 35%，可称其为“砂质粉砂”；如果集合体中除主要组分外还有占比很小的其他组分，例如，若样品中粉砂占 65%，砂占

30%，还有5%的砾，可描述为"含砾砂质粉砂"。还有一种办法，将粉砂和粘土合称为"泥"(mud)，于是就出现泥、砂质泥、泥质砂等术语。要注意的是，在此分类体系中，有些术语具有双重含义，如"砂"可能是指颗粒类型，也可能是指集合体类型。

沉积物从何而来？岩石风化是主要来源。陆地和海洋环境均有风化过程(weathering)，热胀冷缩使得岩石裂解，空气、水和生物物质加入引发化学反应，植物生长、动物钻穴等生物过程导致岩石结构瓦解。坚硬的岩块由此变成松散碎屑，风化产物含有许多新生成的密度较小组分，例如黏土矿物(主要有高岭土、蒙脱石、伊利石、绿泥石等类型)，因此松散沉积物的密度低于原先岩石的密度。

生物生长形成的颗粒物也属于沉积物。植物来源的有机颗粒物、动物身体中的骨骼、贝壳碎屑、生物礁上的碳酸钙等，这些颗粒都是沉积物，其中含有碳。海洋中生物礁形成的碳酸盐沉积是其最大的部分(Fagerstrom, 1987)。全球碳酸盐沉积含有 50×10^{15} t 碳(Libes, 2009)。总体上岩石风化来源占80%，生物来源物质居次要位置，占20%；全球现存沉积物及其固结而成的沉积岩中，泥质、砂质、碳酸盐颗粒各占约50%、30%、20%(Davis, 1983)。

沉积总量有多少？可以根据文献给出的数据作出大致估算。例如，沉积总量占地壳物质的5%(Davis, 1983)，并且由于地壳平均厚度为17 km，总面积5.1亿 km^2，平均密度约为3 000 kg/m^3，因此总量约为 1.3×10^{18} t。又如，碳酸盐沉积共有 50×10^{15} t 碳(Libes, 2009)，假设其组成主要为碳酸钙，那么其质量有 4.2×10^{17} t，这部分物质是总量的20%，因此沉积总量约为 2.1×10^{18} t，与前一个估算值略有差别，但处于同一数量级。这就是说，地球自从有了风化和生物作用，沉积物不断产生，尽管部分物质后来被损耗了(如碳酸盐物质的溶蚀、海沟俯冲带过程返回地壳深部等，见下述)，但年复一年的累积效应使得地壳中的沉积总量达到了 10^{18} t 量级。

洋盆几何形态变化的能量来源

宏观表达洋盆几何形态的方法之一，是绘制全球范围的高程-面积曲线(hypsometric curve)。其纵坐标为地表高程，横坐标为一定地表高程之上的区域面积所占的百分比，也就是地表面积的累积百分数(图2-1)。该曲线表明：① 以平均海面为界，全球分为陆地和海洋两个部分，陆地最大高程超过 8 000 m（珠穆朗玛峰，约 8 848 m），海洋最深处超过 10 000 m（马里亚纳海沟，接近于 11 000 m）；② 陆地部分的平均高程为 840 m，在此高程之下面积快速增加，而在其之上累积百分数呈指数式下降；③ 海洋部分的平均水深为 3 729 m，此深度到 6 000 m 深度范围内面积快速增加，水深＞2 000 m 的深海约占全部海洋面积的 87％，浅海部分约占 13％；④ 如果把高处的地形削平，则全球将被 2 403 m 后的水层所覆盖。

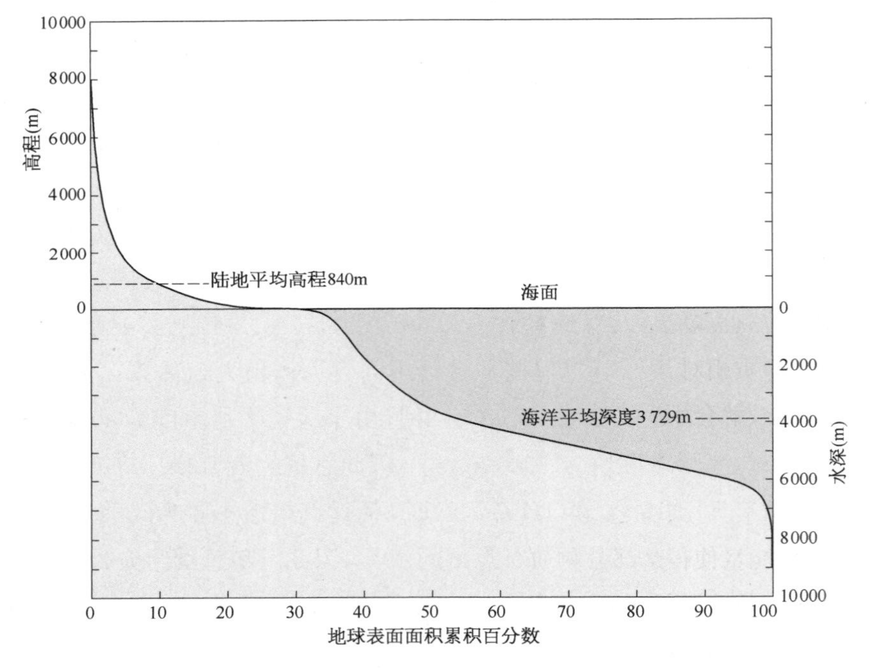

图 2－1　全球高程-面积曲线（据 Sverdrup et al.，2005 改绘）

全球高程-面积曲线带来两个问题：首先，该曲线代表地表高程的现状，但是否会随时间发生变化？其次，地表为何会有近 20 km 的起伏？答案是由于地球内部热能和地外太空能量的输入，地表物质处于运动之中，因此高程-面积曲线会随时间而变化，只是时间尺度较大，短期内发生的变化不易被人们觉察；另外，地表较大的起伏说明地表物质运动的剧烈程度，具体而言，造成几何形态变化的方式有以下 5 种：垂直升降、水平位移、内部形变、冲淤变化和大气沉降物质堆积（图 2－2）。

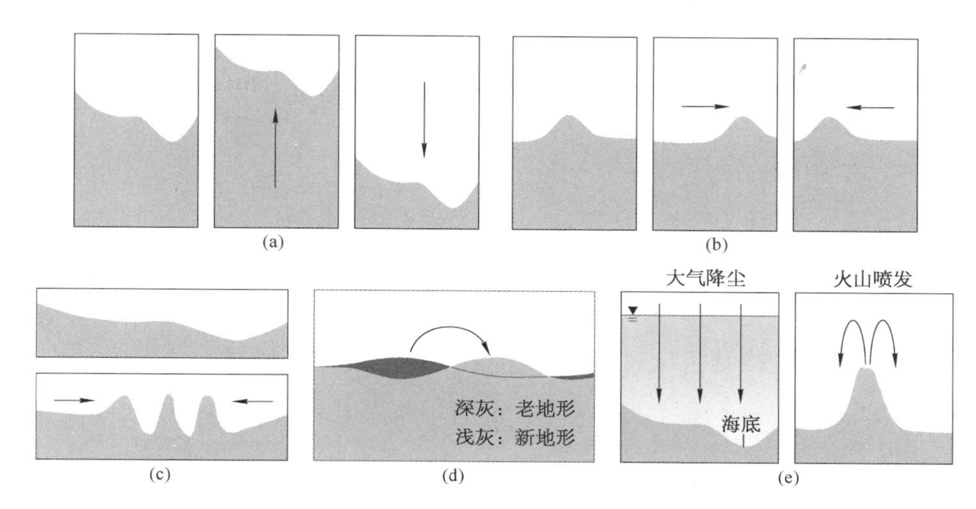

图 2-2　几何形态发生变化的 5 种方式

(a) 垂直升降；(b) 水平位移；(c) 内部形变；(d) 冲淤变化；(e) 大气沉降物质堆积

地壳可能垂直升降而不发生内部形变[图 2-2(a)]。冰山漂浮在水面上，其最高点的高程取决于冰山的密度和形状，地壳位于地球表面，地表高程也决定于地壳物质相对于地球内部物质的密度，还有地壳的厚度。如果这两个变量发生变化，就会引发整体抬升或下沉，这种现象称为“地壳均衡”(isostasy)，本质上是重力作用的结果。然而，垂直升降还有一种地球内部热能(thermal energy)驱动机制，可能更为显著。地热主要来自地球内部放射性同位素热核反应，这一能量使得地球深处部分物质处于高温熔融状态，且由于热能分布的空间差异而导致深部物质运动，地壳受其影响而发生垂向位移。

同样由于地球内部热能，地壳也会发生水平位移，整体改变平面位置[图 2-2(b)]。这是伴随着垂向位移所必然发生的。在历史上，人们对水平和垂向位移哪个更加显著的问题有不同看法，曾经有一段时间热能垂向位移远比水平位移重要的看法占了上风，而大量观察事实表明水平位移更为重要。

地壳既然有位移，那么位移的速率在三维空间内不可能保持不变的大小和方向，因此内部形变就成为必然。在挤压、拉升等作用下内部物质的相对位置发生变化[图 2-2(c)]，其结果是揉面团时所见到的那样，弯曲、翻卷甚至断裂。如果沉积层经受此类作用，可形成褶皱、断层。在这里，地热的影响是间接的，地热首先引发地壳位移，然后由于差异性位移而导致形变。

冲淤变化是地球表面的常态过程，水流冲刷底床，产生的沉积物被输运到他处发生堆积，冲刷之处床面下降，堆积之处创面抬高[图 2-2(d)]。水流的能量有多个来源，主要是来自潮汐动能和太阳辐射驱动的洋流（详见第三章）。陆地河流也有显著作用，河流入海的沉积物通量达到 10^{10} t a^{-1} 量级（Milliman, Farnsworth, 2011），河流水体来自降水，属于太阳辐射驱动全球水循环的组成部分。物质输运还能以沉积物重力流（sediment gravity flow）（Middleton, Hampton, 1976）的形式进行，如果坡度足够大，沉积物可以顺坡而下，堆积到床面最低之处，这是由于重力做功而将势能转化为动能（Pickering et al., 1989; Shanmugam, 2021）。虽然重力是直接的作用，但最初势能的获得很可能是缘于地壳运动，其能量来自地热。

来自大气的物质沉降到底部，可导致床面抬升，如大气降尘、火山喷发等产生的颗粒进入海洋，继而堆积到海底[图 2-2(d)]。伴随这些现象的能量有多个来源。大气粉尘是由于内陆荒漠地区风的作用，而大气运动是太阳能驱动的。火山喷发则不同，它是地壳之下熔岩沿裂隙或断裂上涌喷出的结果，与地热相关联。

洋盆几何形态长期变化的结果是形成洋中脊、平顶山、大陆边缘（包括海沟、大陆坡和大陆架）等海底地形的重要单元。洋中脊（mid-ocean ridges）是深海的一种独特的地貌形态（Nicolas, 1995），它连续地分布于太平洋、大西洋和印度洋的中心位置，除少数支汊外，几乎全部表现为单一的线状、链状形态，总长度超过 70 000 km（图 2-3）。但是，洋中脊并不一定处于大洋的正中或轴线位置，在大西洋它几乎位于轴线，但在太平洋，它位于洋盆的东南部，因而被称为“东太平洋隆起”。洋中脊轴部是地势最高的地方，但各处高程并不一致，与洋盆底部的高差为 1～3 km。洋中脊横截面上可以看到轴部有裂谷，自裂谷向两侧高程逐渐降低，因此洋中脊的宽度是较难定义的。一般以两侧地形拐点的大致位置之间的范围作为洋中脊的宽度，有 10^2 km 量级。

洋中脊是大型的海底山脊，而它到大陆之间的海域也可能并不平坦。海底平顶山（guyot）就是太平洋区域常见的海底山体，有的是孤立的山峰，有的集聚为山峰群，经常呈队列式分布。海底平顶山顶部较为平坦，淹没在海面之下不同深处，且在离开洋中脊的方向，顶部高程有下降趋势；通常是死火山，最上部也有曾经生长过珊瑚礁的。

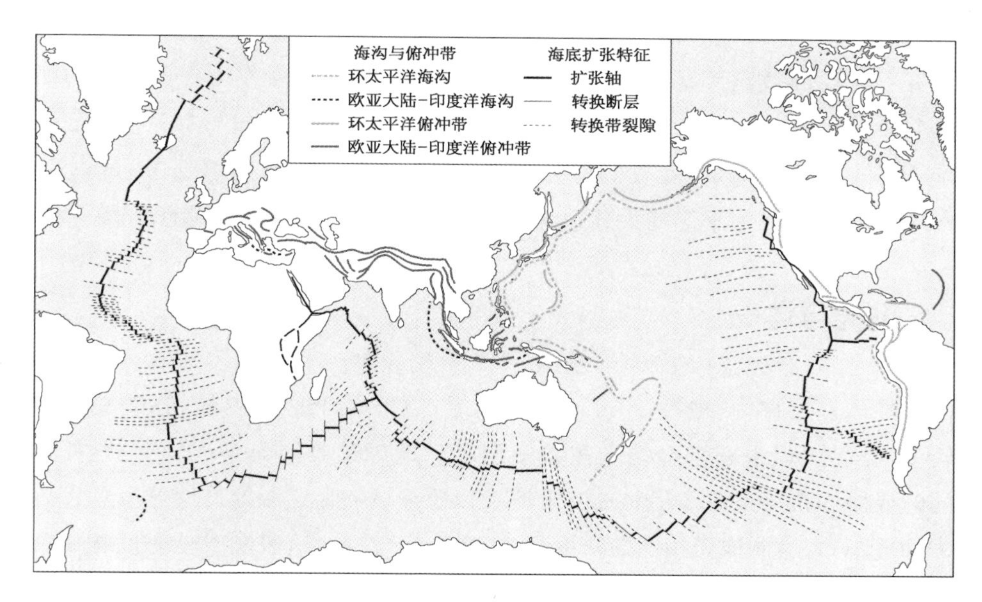

图 2-3　全球大洋底部的洋中脊分布(据 Strahler et al.,1998)

跨过洋盆的主要部分，就来到大陆边缘(continental margin)，即海洋的浅水区域或靠近陆地的区域(图 2-4)。如果沿着垂直于岸线的方向绘制高程、水深的剖面图，可以看出一个明显的地形特征：连接陆地的是最大水深在 100～200 m 的水域，底床坡度很缓，称为大陆架(continental shelf)。其外缘是一个

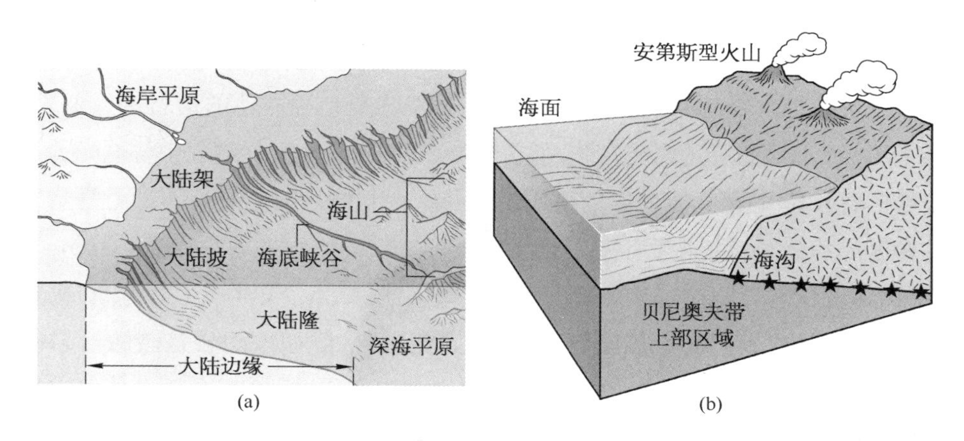

图 2-4　大陆边缘的两种特征(据 Strahler et al, 1998)

(a) 大陆坡、大陆架的位置(以大西洋沿岸为代表)；(b) 海沟、大陆坡、大陆架的位置(以太平洋沿岸为代表)

坡度急剧增大的拐点，再向外坡度较大，是前述的沉积物重力流易于发生的地方，称为大陆坡（continental slope）。由于重力流的反复作用在此形成海底峡谷（submarine canyon）（Shepard，1973）。顺坡而下的沉积物有时会在底部堆积呈一个隆起地带，但有的地方缺失，这是因为沉积物充填到了海沟（sea trench）。海沟在太平洋的大陆边缘较为普遍，但在大西洋两岸没有形成。

陆壳与洋壳

地球外层称为“地幔”（mantle）的圈层，温度低于地球内核，物质总体上转变为固体，但也有熔融物质在其中运动。地球最外层是地壳，它与地幔之间的界面称为莫霍面（Moho），位于地表以下 8～40 km 深处。地球平均密度为 5.5 g cm^{-3}，而地壳物质的密度为 3.0 g cm^{-3}左右，这表明较低密度物质倾向于漂浮在表层，与我们日常生活的经验相符。

密度受物质组成控制。水、石英、铁的密度分别为 1.0 g cm^{-3}、2.6 g cm^{-3}、8.0 g cm^{-3}，而水的分子式是 H_2O（H 原子量为 1，O 原子量为 16），石英的分子式是 SiO_2（Si 原子量为 28），铁元素的原子量为 56，由此可看出密度与原子量的关系。地球内核的密度最高，主要组分是重金属。地壳则是由 5％的沉积物、沉积岩，再加上 95％的其他岩石所构成的。沉积物中的砂，主要成分是石英，泥质沉积含有大量的黏土矿物，其密度大多为 2.2～2.9 g cm^{-3}，碳酸盐岩的密度约为 2.9 g cm^{-3}。占主导地位的其他岩石主要是岩浆岩（igneous rocks），另有少量的变质岩（metamorphic rocks）。岩浆岩是地壳之下的熔岩侵入地壳，甚至喷发出地面之后冷凝的产物，如花岗岩、玄武岩。在上涌过程中将地壳的部分物质卷入其中，因而岩浆岩的物质组成及密度与原始熔岩有所不同。岩浆岩的密度与其金属元素含量有关，大致在 2.6～3.5 g cm^{-3}，平均约为 3.0 g cm^{-3}。岩浆岩、沉积岩可能受到热力、压力、与外部物质交换等影响，发生物理、化学性质的改变，如果改变非常显著，就转化为变质岩，例如大理岩是碳酸盐岩的变质岩。可以想见，变质岩的组分并未发生大的变化，因此其密度也与变质作用影响之前相近。

从元素组成的角度看，研究者们调查地壳元素的丰度（abundance），即各种元素的质量占比，发现氧和硅（构成石英的两种元素）各占 47％和 28％，排名第3～8的元素为铝(8.1%)、铁(5.0%)、钙(3.6%)、钠(2.8%)、钾(2.6%)、镁(2.1%)，其他元素合起来共占0.8%，对于生物生长最为重要的营养元素碳、氮、磷、硫都排在第10位之后。这就解释了地壳物质密度为何只有3.0 g cm^{-3}左右。

对地壳物质的进一步研究表明，陆地和海洋部分的地壳有很大不同。陆地上虽然也有一些岩浆岩，但是以硅铝质物质为主，硅是砂的主要成分，而铝是黏土矿物的主要成分。海洋大陆边缘部分有来自陆地的堆积物，也属于硅铝质物质，洋底大部分地层却是岩浆岩，铁、镁含量较高，如橄榄石(olivine)是洋壳岩石中的主要矿物之一，密度为3.3 g cm^{-3}。这两类地壳分别被命名为"陆壳"(continental crust)和"洋壳"(oceanic crust)。总的特征是，陆壳是硅铝质的，平均密度约为2.8 g cm^{-3}；洋壳是铁镁质的，平均密度大于3.0 g cm^{-3}。

需要说明的是，洋壳的性质较为单一，各处的厚度也较均匀，但陆壳有所不同，物质变幅较大，厚度的空间差异也大。有些地方，陆壳的上部是硅铝质物质，但下部却出现了洋壳特征的地层，可以看成是陆壳叠复于洋壳之上的复合型地壳。由于地壳既可发生垂直升降，又可发生水平迁移，因此陆壳经过水平运动覆盖到原先的洋壳之上，应该是可能的。此外，碳酸盐沉积大多属于海洋地层，但在陆地上也有大面积的分布，说明海洋转变为陆地的确是发生过的，而且大量的密度较高的碳酸盐岩(石灰岩等)加入也会对陆壳密度产生一定的影响。

第二节　从大陆漂移说到板块构造理论

基于地壳物质、能量的预备知识，可对洋盆特征和演化问题进行分析、推论，从而理解大陆漂移、海底扩张、板块构造等理论的由来。库恩在其《科学革命的结构》中提出，科学的快速进步往往是由于研究范式的改变。板块构造经常被作为20世纪后半叶的"地学革命"案例，也是当时海洋地质学的主要成就。

大陆漂移说

大陆漂移(continental drift)概念是德国学者魏格纳(A. Wegener)首先提

出的。我们习见的世界地图以太平洋为中心，然而，如果以大西洋为中心，就会更容易地看到大西洋的一个有趣特征：两边的大陆有明显的对应性，西侧凹入的地方正好是东侧突出的地方，而西侧突出的地方正好是东侧凹入的地方；如果把大西洋扣除掉，两边的陆地几乎能拼合到一起。1910 年的一天，魏格纳的灵感由这幅地图而激发，大西洋是因为两侧大陆相向移动而形成的吗？大陆可以在地球表面移动而改变海陆分布格局吗？寻找这些问题的答案，成为魏格纳毕生的使命。

1912 年 1 月，魏格纳连续两次在专业学会举行的会议上宣读学术论文[论文题目分别为"在地球物理学基础上论述地壳大单元(大陆和海洋)的生成"和"大陆的水平移动"]，首次提出大陆漂移问题。随后，他很快发表了《大陆和海洋的形成》(Wegener，1915)的第一版，阐述他的主张。此后，本书到 1936 年间出版过 5 个更新版本，其中以第四版(Wegener，1929)最为重要。不同的版本在世界范围传播开来，被译成英、法、日、俄等多国文字。在我国，中译本最早的有 1937 年的《大陆移动论》(沐绍良由日译本转译)；1964 年出版《海陆的起源》(李旭旦根据第三版的英译本转译)。1980 年德国费韦格出版社出了一个纪念版，包含原著的第一版和第四版，另外还收入了他人写的短文，附加了一些历史文献，此版本的中译本为《大陆和海洋的形成》(张翼翼译，商务印书馆 1986 年出版)。

魏格纳的专业是气象学，具有地球物理学背景。在《大陆和海洋的形成》第一版里，他以地质学的视角阐述了他的观点：① 海底出露的是洋壳，陆地出露的是陆壳，在高程-面积曲线上陆地、海洋各有不同的高程出现频率分布(峰值出现在 4 700 m 水深处和 100 m 高度处，参见图 2-1)，所以海陆的变化不大可能是由于海洋抬升变成了陆地、陆地下沉变成了海洋这样的机制。陆地和海洋是两个不同的地质单元，其空间位置的相对变化，主要不是由于升降造成的，而是水平移动的结果。② 如果假定硅铝壳是叠覆在洋壳物质之上，且在两者界面上存在着应力的话，那么就能造成水平的移动。大西洋两侧的陆地宏观形态符合此类移动所应该形成的表象，他特别提到南极和南美大陆之间的德雷克海峡，岛屿和陆块的分布都完美地符合上述的受力结果。③ 像大西洋这样大规模的水平移动，最初很可能是从巨大断裂的产生开始的。可以想象，如果出现像红海这样的大裂谷，而这个裂谷又继续张开，那么经过很多年之后就可能形成一个宽阔的大西洋似的海洋。④ 同理，用大陆移动观点来看，地质学家发现的冈瓦纳古陆、极地位置变化都能这样解释，比升降造成海陆变换的解释更有说服力。例如，南美和南非的地质构造和植物区系非常相近，说明过去是连在一起的，现在为何互相远离？说中间的一大块陆地下沉变成海洋，这个解释远不如大陆移动来得合理。⑤ 陆地和海洋水平移动的作用力来自哪里？在魏格纳的时代，尚未充分考虑到地球内部能量，于是他从自己的专业出发，提到了天体引潮力和太阳辐射，但从这两个角度未能找到可以使陆地或海洋发生水平移动的力。这是他本人在文中写到的局限性，但是后来却成为他人对他进行批评的理由。⑥ 为了进一步弄清事实，魏格纳认为应该实测陆地移动的速度，为此做了不小的努力，但由于当时技术水平的限制，精确测定地块水平移动的速率还存在诸多困难，因此没有合适的数据来论证这一点。

魏格纳坚持不懈地继续寻找证据。14 年后，在《大陆和海洋的形成》第四版里，他汇总了更多证据，包括大地测量、地球物理、地质、古生物和动植物区系、古气候变化等多学科的调查结果。他尤其关注三个方面的进展：① 移动速率的测量，由于测绘技术的发展，可以天体（如月球）为参照物，获取特定区块的位置随时间变化的信息，由此测定了格陵兰岛等地的水平移动速率，经过地质时间尺度的积累确实可达到很远的距离。② 陆地移动的长时间尺度信息，可以根据特征地带（与气候、生物等条件相联系），再加上地层年龄信息来估算移动速率，例如在垂向地层剖面中，如果底部地层年龄为 1 000 万年，生物化石指示热带环境，而顶部地层已经远离 700 km，则水平移动的速率至少为 70 mm a^{-1}。③ 水平移动的能量来源，除总结潮汐研究资料外，还考虑了地球自转、洋壳之下的热对流等效应，其中深部热对流已开始触及问题的实质，不过此时他的结论是：移动已被证实，但能量来源还要继续探讨。不幸的是，魏格纳在 1930 年北极科考中遇难。但是，大陆漂移说仍然被人们所关注和争论，20 世纪 60 年代初，海底扩张说的提出为大陆移动现象的解释提供了新思路。

海底扩张说

大西洋的特别之处在于洋中脊两侧的对称性（图 2－5）。如果大陆以洋壳为参照物是移动的，那么相对于中央的裂缝，两侧大陆相向而行，后退的速度应该很相近才能保持上述的对称性，这是很苛刻的条件，很难达到。如果换个思路，无须让陆壳在洋壳上方滑动，而让洋中脊涌出的物质向两侧推挤，新生的洋壳不断长大，与此同时陆地部分从上到下整个地壳一齐向外移动，便能合理解释。这一新假说被表述为海底扩张(sea floor spreading)，发表于20世纪60年代初(Dietz，1961；Hess，1962)。它的信息量比大陆漂移说更大，不仅包含大陆移动现象，还涉及海洋自身演化模式；海洋面积的扩大导致陆地的移动，而且扩大的原因是洋中脊物质增生，若追索能量来源，必然导向地球内部，可以避免潮汐和地球自转解释的困难。

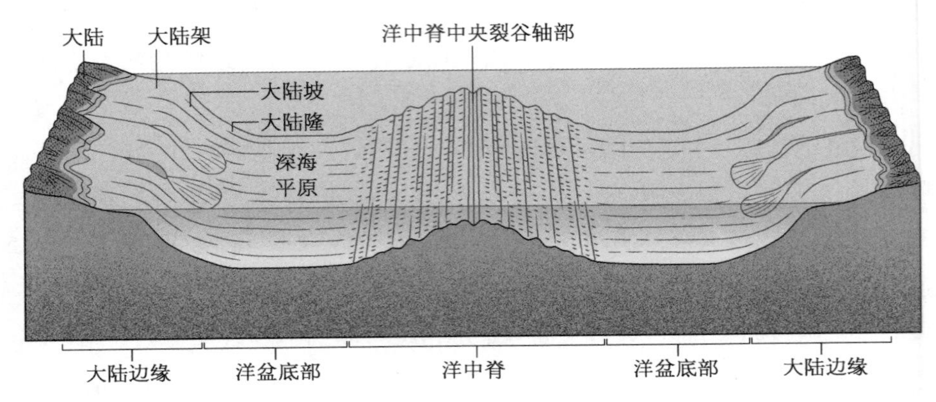

图2-5 大西洋的海底扩张示意图：洋中脊地形、两侧对称的洋壳和被动大陆边缘(据Strahler et al.，1998)

横跨大西洋的断面以高耸的洋中脊地形、两侧形态对称的洋壳、两侧地貌相似的大陆边缘为特征(图2-5)，这一切都完美地符合海底扩张的图景。然而，形态的证据只是辅助性的，还需要获取更关键的证据：① 沿着洋中脊有最新的熔岩涌出；② 洋壳年龄向两侧变老，且最老的洋壳与扩张开始时的两侧陆地同龄；③ 洋壳之上堆积的沉积物向两侧增厚，是为接收沉积物的时段加长的结果；④ 大陆边缘坡度较大，引发沉积物重力流，这是陆地地面与洋底的高差造成的必然现象；⑤ 大陆边缘陆地移动与邻近洋壳是亦步亦趋的关系，不存在相对运动，即专业术语所指的“被动边缘”(passive margin)特征；⑥ 存在熔岩涌出后被侧向推挤的动力。

海底扩张说不能只针对大西洋，比如，如何解释太平洋的情形？太平洋的洋中脊偏于东侧，其北端甚至很靠近北美大陆，两侧的洋壳很不对称（图 2－3）。此外，两侧大陆的地貌形态差异很大，不像大西洋那样。太平洋东岸是连绵的高山，有北美的洛基山脉和南美的安第斯山脉，而太平洋西岸以深海沟、弧状向外突出的系列岛屿（称为岛弧，如日本列岛形态）、岛屿内测的小海盆（如日本海、东海）为特征。西太平洋的沿岸形态被称为"沟-弧-盆体系"（sea trench, island arc and marginal basin systems）。

太平洋的表现可解释为海底扩张的演化阶段不同：初期的图景应与大西洋一致，后来则发生了进一步的变化。由于地球的表面是球面，总面积是一定的，因此"海底扩张"不能理解为海底面积变得越来越大了。洋壳既有新生的地方，也有消亡的地方。海底扩张必然使其他某个地方面积缩小，由此造成挤压变形，最终反过来抵抗海底扩张。目前的大西洋尚未达到这种状态，但太平洋则是早已如此。洋中脊的熔岩继续涌出，海底扩张在继续，但洋壳所占面积却不能再扩大，所以必然有一部分海底由于别处的抵抗而消失了。海底的消失发生在哪里？应该是在与两侧陆地的交界处。以何种方式消失？很可能是较重的洋壳俯冲到较轻的陆壳之下，使得大陆边缘的地貌发生变化。例如，洋壳俯冲使地壳加厚，水平挤压力造成地层褶皱、隆起，引发地震，甚至联通地幔物质，引起火山喷发。太平洋周边大陆的实际情形也是如此，其大陆边缘被称为"主动边缘"（active margin），表示大陆与邻近洋壳发生了剧烈冲突。为了论证上述解释，除前述的 6 点证据外，还需要增加针对太平洋的证据：① 太平洋最老的洋壳显著地老于大西洋；② 洋壳俯冲发生的地方，越靠近洋中脊，则海陆交界处的洋壳年龄越新；③ 海陆交界处的地壳之下，存在因俯冲而进入的较老洋壳物质；④ 海陆交界处的火山和地震与俯冲相关联。

印度洋的洋中脊两侧的大陆也不像大西洋那么齐整。其北侧的大洋洲、印巴地大陆等向北移动是有证据的，印巴地大陆最后与欧亚大陆碰撞，造成了青藏高原的隆升，此前，欧亚大陆与大洋洲、印巴地大陆之间有一片巨大的海洋，称为特提斯洋（Tethys Ocean）。现在的地中海是特提斯洋关闭后的遗留物。印度洋的扩张造成另一个大洋的消失，这是海底扩张说带来的惊奇。如果大西洋、太平洋海底扩张的证据能够坐实，则印度洋演化也能得到解释。

美国科学基金会于 1968 年启动深海钻探计划，同时又大力发展地球物理和地球化学方法，为的是寻找上述海底扩张的证据。这成为 20 世纪 60—70

年代激动人心的科研活动。

大洋钻探与地球物理探测

大洋钻探的主要目的是获得洋壳和沉积物样品，其方式是利用钻探船上的井架，在钻杆底部的钻头之处安装取样管，随着钻杆的深入，底质样品就进入取样管，然后将钻杆提上甲板，取出柱状样品；由于钻探的层位是在海底之下，因此每次钻进都要连接和拆卸无数根钻杆，重复作业后能获得连续岩心（关于钻探现场工作情况，参见高抒，2018）。对于前述的 10 个方面的证据，现场是关键性的，样品给出直接的物质证据，经过实验室物理、化学、地质分析，可获得更多的数据、资料。例如，利用岩石、矿物和地球化学分析，对样品中橄榄石等物质的分析，可以了解岩浆岩来自地壳之下的具体部位。

然而，单靠钻探还不能获得所需的全部证据。地球物理探测也同样重要，它主要通过现场观测地震波、重力异常、磁异常和地热通量等物理量来进行数据采集（Jones，1999），可简称为“震重磁热方法”。

地震波利用声学原理获取地层信息，天然地震是常用的数据源，莫霍面就是分析一次大地震的记录时发现的。此外，为了更加主动地获得信息，人们发明了人工地震方法：从船上发送具有一定能量的声波，然后接受声波在遇到不同地层界面时返回的反射或衍射信号，最后对信号进行分析，得到有关地层的岩性、物质组成、层序特征等资料或数据。在早年的工作中，声波的发生是在船上点燃炸药，这种危险的办法如今已被电学的方法所取代。具体而言，从一条船上发送的一定频率的声波信号在遇到海底、地层中的界面时被向上反射，回声信号被拖在船尾、离开船身适当距离（为避免船行噪声的干扰）的“水听器”所接收。由于船以一定的航速前行，每过一段时间（如 1 s）发送一次声波，就可以获得沿测线地层的图像。图像的分辨率和最大穿透深度均与声波频率有关，频率为 3.5 kHz 的声波能够达到几十米的深度，而且分辨率可达 0.1 m 量级，由此设计的反射地震仪器被称为“浅地层剖面仪”，用于陆架、海岸带的上部沉积层的探测；频率较低的仪器通过加大能量可穿透数公里，常被用来进行深海探测。图像质量（清晰度）的提高还可以通过增加水听器的数量来实现，在船尾使用一系列以一定间距排列的水听器，每个水听器都独立地接收信号，这样就提高了信噪比。这种仪器被称为多道地震剖面仪。声波也能返回衍射信号，但其测量需要两船在不同地点同步作业；衍射地震法可以穿透更大的深度。

重力异常测定的仪器称为“重力仪”。由于地球表面的起伏和内部不同密度物质的非均匀分布，重力加速度精确地说不是一个常数，我们平时所用的数值 9.8 m s^{-2} 只是一个平均值。由于地球不完全是一个球体，在不同纬度上的值也不同。同样道理，在高空和在地面也有差异。人们把标准高度上不同纬度的重力加速度作为标准值。重力仪测定的值与此标准值的差异称为重力异常值。要注意的是，如果所测之值直接与标准值进行对比，则所获之差异称为“自由空气”异常；如果所测之值经地形（如受横向的山峰或谷地的影响）等校正之后再进行对比，这样的值称为“布格异常”。重力异常值指示了所在地点的地壳物质的物理特征（空间分布、密度等）。

地球有磁场是我们熟知的现象，一般以磁场强度、磁倾角和磁偏角来表征。为了确定磁场特征，早在 19 世纪中叶之前人们就在航行的船上进行了大量的测量，给出了磁场强度、磁倾角和磁偏角的大致分布格局。如今，更是利用飞机和遥感卫星进行了更加精确的测量。现在我们知道，地球磁场主要是由于地球内部的因素而产生的，磁场有长周期的缓慢变化。在地球表面，地层形成时的物质颗粒排列会受到当时磁场的影响，因而记录下历史上的磁场变化。地层中的磁性颗粒排列也会对当今的磁场强度观测值造成影响，导致磁异常。因此，如果磁场变化的时间序列为已知，那么地层中自上而下的磁异常数据序列，或者洋中脊两侧水平方向的磁异常数据序列就能与此相对照。

地球内部的热能通过传导过程而输向地表，其输运通量为传输方向上温度梯度的函数。全球地表的平均热能通量为 80 mW m^{-2}。测定海底热能通量的方法通常是在不同深度（如钻孔孔壁上不同位置）处放置温度探头，这样可以获得温度梯度的现场观测资料。全球海底的热能通量测定结果表明，各地的通量值有很大的不同，在许多地方，有小面积分布的高热流值，称为“热流高值点”（hot spots），往往与海底的火山喷发口相联系。热流数据对于了解洋壳以及地幔过程是很重要的，在进行洋盆演化模拟时，地热通量是必要的边界条件。前已述及，洋盆地形的空间变化与地球热能有关，热平衡控制洋壳的升降、水平迁移过程。

板块构造理论

大洋钻探和地球物理探测的结果极大地支持了海底扩张说，比如：

- 重力异常、热能通量观测均显示洋中脊是地热集中之处，现场观测获得熔岩涌出的图景，且洋中脊热能输入、熔岩流动频繁引起火山喷发和地震。
- 获取的磁异常值构成平行于多道磁异常条带，其年龄向两侧变老，且大陆边缘的洋壳代表扩张开始时的物质；根据磁异常条带的平面分布，推算出太平洋和大西洋的扩张速率为 $1\sim10\ \mathrm{cm\ a^{-1}}$。
- 钻探和地震波数据显示，大西洋沉积层厚度随着离开洋中脊的距离而增加，且底部的沉积物年龄也增加。
- 钻探和地震波数据揭示大陆边缘沉积物重力流形成的巨大海底扇沉积。
- 不同时间尺度的大地测量结果显示，被动大陆边缘的陆地和洋壳移动都是相对于洋中脊而言的，它们之间没有相对运动。
- 洋中脊熔岩涌出处地形为最高点，受到不断喷发的新熔岩挤压，较老熔岩向下方（即离开脊线方向）运动，而由于物质守恒的制约，涌出的熔岩必须有持续的补给，说明洋中脊下方深处有热能驱动的物质对流。
- 太平洋区域出露的最老洋壳年龄为 2 亿年（并非太平洋形成的年龄，更早的洋壳可能已经由于俯冲而消失了），而大西洋最老洋壳为 1 亿多年。
- 钻探和磁异常值分析表明，太平洋的洋壳磁异常条带也对称式地分布于洋中脊两侧，靠近大陆缺失的洋壳是年龄较老的。
- 钻探、地震波、重力异常、热能通量观测表明海陆交界处的地壳之下俯冲带的存在（俯冲的角度各地有差异），俯冲带又称为“贝尼奥夫带”（Benioff zone，以其发现者美国地震学家 Hugo Benioff 的名字命名），是震源集中的地带。
- 沿着俯冲带应力集中、熔岩活动强烈，引发比洋中脊更加剧烈的火山和地震。

此外，还有一些与海底扩张相关的其他现象，如沿着洋中脊的轴线，如果出现岩浆上涌强度和遭遇大陆边缘抵抗程度的不一致，则可在横切轴线的方向上形成洋壳的巨大断裂带，称为“转换断层”（transform fault）；又如海底平顶山，其顶部高程随着远离洋中脊而下降，年龄变老。转换断层和海底平顶山也是岩浆活动活跃的地方。

如果将海洋和大陆移动方向和速率大小相近的平面范围识别出来，那么全球可以分割为若干大小不一的“板块”(图2-6)。有趣的是，板块的边界主要是洋中脊和主动大陆边缘，因而是地热能量集中的地方。板块能够解释的现象超过海底扩张，还能提出更多的问题，因而被总结为板块构造(plate tectonics)理论(McKenzie, 1972; Le Pichon et al., 1973; Uyeda, 1978; Kennett, 1982; Seibold, Berger, 1990)。其要点概括如下：

- 板块是具有内部刚性的块体，与外部的物质、能量交换主要在板块边缘进行，通过碰撞、俯冲、断裂、岩浆活动、地震等过程，板块的未来演化可以由此预测。
- 所有的大洋底部都曾经位于洋中脊位置，因此，只要了解了板块内各处地壳的特征，就可能反演洋中脊一定时段的变化历史。
- 洋中脊形成演化信息反映了地球内部动态，因而成为了解地幔物质、能量循环格局的窗口。
- 除太平洋、印度洋、大西洋，新的洋中脊又可能在别处生成，所以地球上有生命周期、存在时段、空间范围不同的板块，不断生成和消亡。
- 目前海洋板块中，已知的洋壳最老的年龄约为2亿年，也就是说，利用洋壳及其上伏的沉积记录不能获得此前的地球即海洋历史信息，更早的历史可能要到陆地上去寻找，那里保留了更早期的信息。

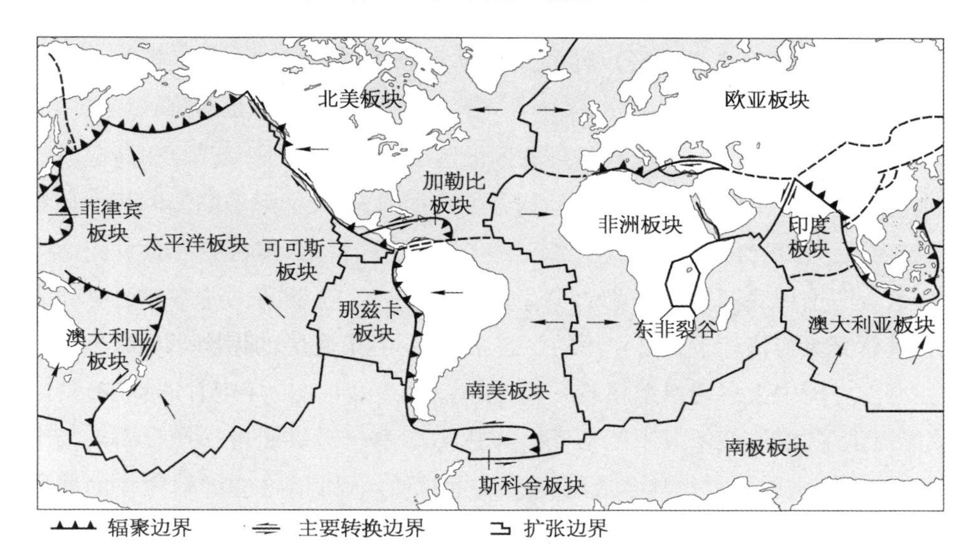

图2-6　全球板块划分(Sverdrup et al., 2005)

板块构造理论给地球表层的许多现象提供的解释，远远超过了历史上的任何理论；火山和地震带分布、绵延的山脉、海洋的深度、海陆之间的过渡地带等，这些困扰人们多年的问题，只用一个理论就得出了答案。板块构造理论还是一个新的研究范式，引导着对更多问题的质疑和探究，如地幔对流与近地表结构、地球物理观测和地球化学分析数据的关系（Keith，2001）、2 亿年前的地球海洋板块构造的起始时间（Palin et al.，2020）、板块构造行为演化和太阳系其他行星比较（Palin，Santosh，2021）等。

洋中脊热液喷口

洋中脊上的热液喷口不仅在地质上是一个重要现象，更是地球生命世界中的一个奇观。在太平洋东部加拉帕戈斯群岛附近的洋中脊地区（Galapagos Ridge），1977 年在超过 2 500 m 水深的热泉喷口发现存在着个体密集的底栖生物群落，其中的生物包括管状蠕虫、贻贝、双壳类、蟹类等，且体型巨大。在这样一个黑暗的、缺乏光合作用的世界，食物网是如何形成的？生态系统又如何维持？这成了一个轰动一时的问题。1979 年，再次组织了包括生物学家在内的考察队，调查这种异常的热液喷口生物群落，确认这是一个独特的底栖群落，其中含有一些首次发现的无脊椎动物物种。之后在其他洋中脊热液喷口，甚至在洋中脊以外的硫化物和烃类物质喷口，也相继发现了生物群落。

根据水温的不同，热液喷口可分为温暖喷口（水温最高 23℃）和高温喷口（水温可达 270～380℃），后者的动物分带性很明显，最能忍耐高温的物种分布在最内圈。在已经衰亡的热液喷口，没有活的生物群落，但留有死亡贝壳的碎屑，这表明这种底栖生物群落的生存是依赖于热液喷发的。进一步的研究表明，其营养级与依赖于光合作用的生态系统不同，最底层的生物不是绿色植物（在海洋环境中大多为浮游植物），而是喷口处生成的自养细菌。热液喷口的热能提供了能量，就像太阳能为光合作用生态系统提供能量一样。而热液中的硫化氢等物质则为化学合成细菌提供了物质基础，以这些细菌为食的底栖生物生长迅速，其体型较海底其他地方的同类物种为大。

热液喷口生态系统的发现引起了生物学家和地质学家的极大兴趣。生物学家想要从这些物种的分子生物学等方面探讨其独特性以及可能的开发为海洋药物等产品的潜力。很快，人们就发现这些物种与它们在浅海等环境中的同类相比，其基因更加简单，如果把它们置于浅海环境，则可能很快会患上各种疾病而难以生存。而且，由于深海环境的独特性，它们的许多器官大大退化了，例如喷口附近生活的鱼、虾、蟹，它们的视力都很差，与别的环境中的同类相比，它们的进化较慢。尽管如此，从生态学的角度，还是有许多值得研究的问题，如种群是如何迁移到一个新生热液喷口的。

地质学家从中想到了早期生物的起源问题，在地球演化的早期阶段，也有一个氧气缺乏、光合作用产生有机质的时代尚未到来的阶段，如果在这样的环境中也能产生生命，那就会给早期生命的起源提供研究的线索。的确，人们已经从生命起源的化学条件、无机质向有机质的转化、有机质又如何产生生命特征等方面进行了长期的研究，提出了各种假说。如果海底热液喷口的食物网底层的细菌如何在这样的环境中生成，以及这类细菌的演化历史等问题能够得到深入研究，那么获得有用的信息是可能的。但是，如果认定研究生命起源的问题就必须到环境恶劣的地方去，则是对这个问题的误解。热液喷口的生物在年代上都是很新的，它们大多或全部是在较“好”的环境中生活的物种，由于环境演化的原因，它们入侵到热液喷口并逐渐适应了那里的生活，这不等于说这些物种当年一定产生于“恶劣”或“严酷”的环境。在有些情形下，生物物种可以形成于较好的环境，当它们的生存能力充分提高之后，它们又能够在严酷的条件下生存和繁殖，其实我们人类就是这样，我们的祖先生活在环境较为舒适的森林地带，而现在我们甚至可以在祖先从未达到的地方生活。

第三节　内动力过程及其环境效应

板块构造理论在地震、火山喷发、海底滑坡、海啸等灾害防治方面有重要应用前景。这些现象主要集中于板块的边界地带，少部分是由于大陆边缘的沉积物运动，明确这一点，灾害防治规划就有了科学依据。

环太平洋和特提斯洋地震带

根据板块构造理论，洋中脊是地震和火山喷发频繁发生的地方，但由于这里的熔岩上涌是常态化的，不易造成能量聚集，而且是发生在深层海水之下，因此强度相对较低。洋中脊的地震属于浅源地震，地震监测网站每天都接收大量的天然地震信号，所获得数据表明大多数地震源自洋中脊轴部，或者转换断层的直立断层面上。转换断层上的地震强度高于洋中脊轴部。板块构造理论揭示，全球尺度上，主要的地震、火山喷发灾害集中在环太平洋地震带和特提斯洋地震带（Sverdrup et al.，2005，图 2－7）。

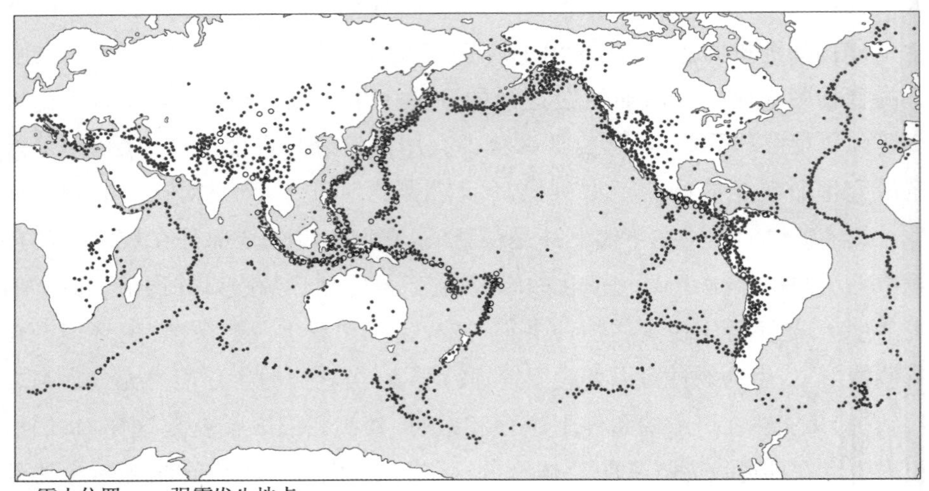

图 2－7　环太平洋地震带、特提斯洋地震带（Sverdrup et al.，2005）

环太平洋地震带位于现代的太平洋板块活动大陆边缘，伴随着强烈的板块俯冲，也是强震发生的区域。日本到北美洲、南美洲西海岸的情形最为严重。地震带的揭示促使东京、旧金山等城市加强了防范措施。大洋钻探研究也继续在这个方向上发展，例如针对强震发生机制主题，在菲律宾海实施了一系列 IODP 航次，项目名称为“地震带实验”（高抒，全体船上科学家，2011）。此类研究的方式通常是提出一个工作假说，然后用钻探取得地层材料，再进行样品分析和数字模拟，以验证这个工作假说。在菲律宾海北部，板块俯冲非常活跃，目前开始进入俯冲带的洋壳，过去曾经位于俯冲带南面数百公里远的地方。将要进入俯冲带的洋壳质地坚硬，表面崎岖不平，所以航次首席科学家提出的工作假说是，俯冲洋壳的特征是强震机制所要考虑的因素。如果俯冲板片含有大量的松散沉积物和孔隙水，那么这些物质就会起到润滑剂的作用，俯冲就会顺利进行，而由于应力难以集中，强震就不会发生了。但是，如果洋壳上的沉积物覆盖较薄，而且洋壳表面起伏大，俯冲就会受阻，造成非常大的应力集聚。此时，如果应力达到一定的极限，俯冲板块突然长距离移动，引发强震。这项研究目前仍在进行之中。

特提斯洋地震带的基本特征与环太平洋地震带所处的活动大陆边缘不同。它是2亿年前就开始的古大洋关闭过程的产物。特提斯洋的规模曾经很大，两岸的陆地原来是相互远离的，而现在碰撞在一起(详见第六章)。虽然缺乏活动大陆边缘那样的俯冲带，但碰撞的激烈程度足以造成强烈的地震。现在的地中海，也就是特提斯洋的残留部分，其周边区域经常发生强烈地震。从地中海向东延伸，直到我国云南，均属于该地震带的范围。

我国的地震集中于两个区域。北方的地震是与西太平洋板块有关的。太平洋洋中脊的东侧早已转为活动大陆边缘，而其西侧洋壳面积巨大，表明在很长的一段时间内其边缘都是属于被动大陆边缘，而后转化成了以沟-弧-盆体系为特征的活动大陆边缘。这里集聚的热能是区域性强震和火山的动因，华北唐山、邢台等地的地震是这个强震带的表现。另一个区域，即我国西南的地震区域，属于特提斯洋地震带，四川省汶川和康定-泸定、云南省嵩明-杨林等地的强震为典型案例。

在任何一个具体的地点，强震发生的频率较低，如日本四国附近8.5级以上的强震每400年左右发生一次。地震发生的强度和频率之间有一定的统计关系，强度越高的地震事件，其发生频率越低。然而，强震和影响经常被历史记载，留下深刻记忆，如葡萄牙里斯本1755年、四川康定-泸定磨西镇1786年、四川康定-泸定1833年的大地震。但在两个地震带的全部范围内，强震却是经常发生，近年来人们就见证了印度尼西亚苏门答腊(2004)、中国四川汶川(2008)、日本神户(2011)等地震事件，造成的损失巨大。因此地震预测问题一再被人们提起。然而，目前的研究水平还不足以预测地震，除地震发生的随机性之外，其困难还在于观测资料的缺乏。地震带的范围那么大，哪里正在发生应力集中、何时何地将会达到临界点？实测的数据并不足以支撑人们的分析和判断。未来如果对地震发生的机制有更深入的认识，并且有针对性地采集关键数据，地震的预报也许可以实现。目前，应对措施主要是防范性的，如东京、旧金山等地提出的强震应对方案重点强调了城市设计和紧急处理预案。

地震带伴随着火山喷发，当岩浆沿着地壳中的裂缝向上流动而喷发出地面，就形成火山。火山喷发物富含气体物质和火山灰，可进入大气层，飘落到较远的地方，而熔岩喷出后可在地面形成各种形态的堆积物。火山口和火山岩柱状节理往往成为旅游区的亮点。火山喷发也可造成灾难，如公元 79 年 8 月 24 日意大利庞贝古城被维苏威火山爆发所毁的事件。维苏威火山位于特提斯洋地震带。在我国，东北的五大连池等火山，还有南京地区的火山，属于环太平洋地震带，而云南腾冲火山、海南岛北部火山群等属于特提斯洋地震带。两大地震带之外也有一些火山，分布于热流高值的地方，太平洋区域的海底平顶山就是火山的产物，有些可以从数千米的洋底堆积到海面之上。夏威夷岛的莫纳罗亚(Mauna Loa)火山是世界上规模最大的单体火山，从海底算起总高度超过 9 km(海面之上 4 169 m)，火山堆积玄武岩体积超过 4 万 km^3，是在过去 100 万年时间里面逐渐形成的(Tarbuck，Lutgens，2006)。在大陆内部，有一些年龄更老的遗留火山，说明当时也有地震带，甚至洋中脊和热流高值点！

大陆边缘浊流和海底滑坡

在主动或被动大陆边缘，陆地和洋底的高差达到数千米，因此沉积物重力流易于发生(Pickering et al.，1989；Hodgson，Flint，2005；Shanmugam，2021)，其实质是重力做功，以物质势能减小换来堆积位置的变化。重力流有多种类型，浊流(turbidity currents)是最早被关注的一类，沉积物颗粒被紊动的流体所顶托作下坡运动而形成(Middleton，Hampton，1976；Stow，Bowen，2006)。浊流的长期作用是海底峡谷的形成机制(Shepard，1973)。关于浊流的灾害，1929 年因强震触发一股高流速浊流冲断海底电缆的事件堪称经典。这次发生在北美大陆岸外的大浅滩(Grand Banks)的地震引发的浊流运动距离大于 600 km，最大速度超过 7 m s^{-1}，横跨大西洋的海底通信电缆被拉断(Heezen，Ewing，

1952；Heezen，Hollister，1971)；堆积的体积为 175 km^3(Piper，Aksu，1987)，沉积物在水体中的体积浓度达 2.7%～5.4%(Stevenson et al.，2018)。如今，跨洋通信已不再依赖于电缆，但浊流关系到重力流在海底的堆积产物，因此仍然受到关注。

另一种灾害性的重力流是海底滑坡(submarine landslides)(Anderson，1986)，与浊流的差别在于，海底滑坡体内颗粒间有相互支撑，运动中相对位置虽有变形，但不像浊流处于剧烈变形的状态。陆地上的滑坡很常见，大陆边缘也是如此。海底滑坡的规模可以很大，其强度超过浊流的影响，例如，南海北部陆坡在 54 万年前的一个滑坡体，其体积达 839 km^3，移动距离为 10^2 km 量级(Sun et al.，2022)。研究者还发现了一个年龄更老、规模更大的滑坡体：它在欧洲北海 6 000 万年前碳酸盐台地上发生，体积超过 1 450 km^3(Soutter et al.，2018)。目前已知的最大滑坡体是 8 200 年前发生在挪威近海的滑坡事件产物，体积超过 3 000 km^3(Haflidason et al.，2005)；在千年尺度上，海底滑坡体规模可达 100 km^3 量级(Talling et al.，2014)，而在年际到年代际尺度，其规模下降至 10^4 m^3 量级(Kelner et al.，2016)。

重力流受哪些因素影响？重力和坡度是基本条件，地震和火山的激发作用也常有报道，但要注意的是，地震和火山并非必要条件，输运到大陆坡上方的沉积物日积月累，逐渐达到地层失稳的临界状态。重力流发生之后，下一个堆积-坡度增加-失稳的周期重新开始，这是一种系统的自组织现象。大陆边缘的沉积物来源于大陆，通常是由河流将沉积物首先携带到近岸水域，然后逐渐扩散到陆坡上部。由于全球每年河流入海沉积物总量为 10 km^3 量级(Milliman，Farnsworth，2011)，因此任何一个具体的地点沉积物的年淤积量均不足以支撑浊流或海底滑坡事件的频繁发生，这可以解释为何要在 10^3 a 尺度上才能出现大规模重力流事件。

沉积物重力流最显著的环境影响是大规模沉积层的形成。大陆边缘区域的沉积层厚达 10^3～10^4 m。地球上现存的沉积层物质总量为 10^{18} t 量级，其中大部分位于现在的海洋，主要堆积在大陆边缘的深海部分，可见重力流的重要性。根据板块构造理论，所有现今分布于陆地的沉积物是 2 亿年前形成的，而占据大部分的现今海洋物质是过去 2 亿年的产物，因此，沉积的产出和保存在时间上是很不均衡的，从地球诞生到此后的 44 亿年，留存的物质相对较少，也许过去产出过更大量的物质，但在漫长的岁月中被严重消耗了。

海底峡谷是重力流物质传输的主要通道，与大型河流联通者尤其重要。世界上最大的海底扇（图 2－8）位于印度洋孟加拉湾，长约 3 000 km，宽约 1 000 km，最大厚度 16.5 km，总体积达到 10^7 km^3 量级（Curray et al.，2002），比长江三角洲沉积物体积（1.8×10^3 km^3）高出 4 个量级。如此巨量的沉积物来自恒河和布拉马普特拉河流域，其堆积始于 5×10^7 a 以前，那时特提斯洋已经关闭，青藏高原隆升，从此欧亚大陆的物质经由陆地河流注入印度洋。在缺乏大量物质供给的地方，虽然也有重力流沉积，但规模较小，分布比较分散。重力流输运物质中的部分极细颗粒会随着大洋环流（详见第三章）运动，以“等深线流沉积”（contourites）的形式堆积于洋底（Rebesco et al.，2014）。

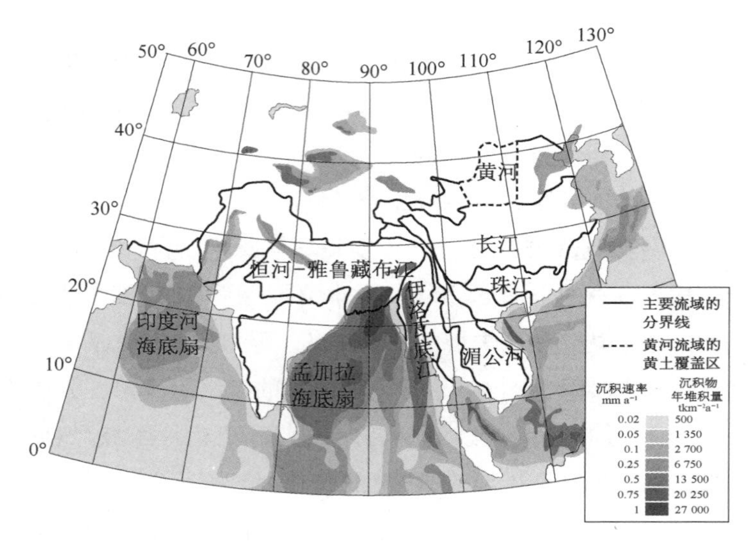

图 2－8　孟加拉海底扇所在地理位置（转引自 Allen et al.，2005）

海啸及其成因机制

除地震、火山、滑坡外，海啸也是海岸带的一种严重自然灾害，而且是与这三种现象相关的（Joseph，2011）。海啸是波长大、波高很小的波动，所以在大洋传播的时候，看不出海面有多大的变化。然而当传播到近岸的时候，由于海底摩擦增大、水深减小，海啸波高急剧增大，可以达到 30 m 以上的高度。如此大的波涛的冲击，海岸带可能有大片的范围被淹没，造成人员伤亡和基础设施财产损失。相比之下，海风作用下形成的海浪规模要小得多（详见第三章），传到岸边的时候，波浪只有 10^0 m 量级的高度，因此，砂质海滩往往成为天然海滨浴场，具有重要的旅游价值；有些地方，波浪稍大一些，非常适合于冲浪运动。但海啸不是这样，由于它的规模很大，每次传来一系列的波动，使得一个地区的地面短时间内多次出现干出又淹没的周期，灾害影响很大。

谢帕德是美国著名的海洋地质学家。他有一次在夏威夷岛亲眼见到了一次海啸事件，于是将其生动地表述了出来（Shepard，1977）。他看到海啸来临的时候，首先是近岸的水位大幅度下降，底栖生物、海水中的鱼都留在了滩面上，活蹦乱跳。然而在几分钟的时间内，海水暴涨，淹没非常大的范围。过了一会儿，海水又退下去了。从海面下降到上升，再到后退，一个周期的时间，差不多是几分钟至十几分钟。然后下一个周期又开始了，一共重复了多次。在此过程中，海滩的地貌变得面目全非，原先在海滩上的沉积物被冲走了，覆盖上了一些新的沉积物，其粒度和组分与原先有很大的不同。

海啸经常由地震和火山喷发而引起，后两者本身就是严重的自然灾害，造成海啸是灾上加灾。说起海啸的驱动力，人们首先会想到地震海啸，如 1755 年葡萄牙里斯本（Parker，2010）、2004 年印度尼西亚和 2011 年日本的海啸事件。1755 年的强震在葡萄牙首都里斯本造成大片房屋倒塌，人们纷纷逃出街区，来到海岸边空旷的地方寻找庇护，然而这时海啸冲了上来，遭受了非常大的损失。2004 年 12 月 26 日印度尼西亚发生了 9.3 级的强震并引发了巨大海啸，激起的潮头最高超过 30 m，人员伤亡惨重。这次由于地震的震中就在附近，所以当地的人没有撤退的时间。2011 年的日本神户大地震，先是损毁了建筑，然后巨大的海啸冲击了核电站，造成核废料泄漏，至今还有影响。

地震是难以预报的，但海啸发生在地震之后，在有些情形下有可能发出预警。海啸的传播速度是 10^2 m s^{-1} 的量级，因此一个小时能传播 10^2～10^3 km。如果海啸发生在比较远的地方，那么发出警报后就能有一定的时间来应对。即使在很近的距离之内，比如 10 km，也有 1.5 min 的时间间隙，若及时行动能极大地减少损失。

相对于地震，火山喷发引发的海啸事件较少发生，但历史上也有影响较大的事件。如印度尼西亚是一个多火山的国家，400 座火山中有 130 多座活火山，历史上最大的火山引起的海啸发生在1883年，喀拉喀托火山喷发产生的碎屑流快速冲向大海，产生了高达41 m的海啸，造成3.6万人死亡（Mutaqin et al.，2019）。较近的一次于2018年12月22日发生在印度尼西亚巽他海峡，火山碎屑物质冲出250 m深的火山口，生成的大海啸在苏门答腊岛和爪哇岛附近海岸高达13.5 m，造成437人死亡，波动由火山物质崩塌而形成，其机制与滑坡有关（Grilli et al.，2021）。火山海啸还可以通过大气运动而形成，2002年南太平洋汤加火山爆发，引发了大气压力波，压力波传播通过日本海沟后发生分裂，产生海啸重力波，由于从火山喷发地到海啸登岸处，有一大段时间压力波是通过大气传播的，因此比完全由海洋重力波传播的速度要快得多（Ho et al.，2023）。

根据主要地震带的地质、地球物理学特征角度分析，我国海区似乎不易发生海啸，沿海地震和火山成因的海啸出现频率较低，但海底滑坡引发的海啸近年来受到了很大的关注。海底滑坡是地震、火山之后的第三种海啸形成机制（Lynett，Liu，2002）。海底滑坡发育在大陆边缘，如我国南海北部陆坡区就有大型海底滑坡体。针对南海北部珠江口盆地0.54 Ma BP（BP意为“距今”）时期发生的白云滑坡体，以模拟方式复演了滑坡引发海啸的过程。当时正处于低海面时期，南海北部陆架几乎全部暴露在海面之上，古白云滑坡发生时，滑坡体积达到839 km^3量级，在古海岸线附近造成约23 m高度的海啸，从滑坡发生地点到最近古海岸线的传播为5 min（Sun et al.，2022）。

南海有一个南澳岛，宋代曾经非常繁荣，但在公元1400年毁于一次巨大的海啸（杨文卿等，2019）。这次海啸登陆的地方，海水冲到了几十米的高度，所到范围内的村庄被夷为平地，在海啸堆积的碎屑中，留下了不少宋代居民的用品，如陶瓷碎片等。这次海啸发生之后的400年间，人们都没有重建岛上的村庄，可见当地人对此事件记忆的深刻。

第四节　洋盆周边环境

洋盆外围，靠近陆地之处，所占面积虽小，但影响因素复杂，自然现象在空间上变化大，加上与人类居住地的密切关系，因而受到了不亚于深海大洋的关注。这个区域的环境以边缘海、大陆架、海岸带、河口湾-三角洲为特征。

西太平洋深水边缘海

“边缘海”(marginal seas)的定义最早是荷兰海洋地质学家奎年提出的(Kuenen, 1950)，即大陆附近的海域。他将边缘海分为两类，第一类是浅水的边缘海，其水深很少超过 200 m，实际上是大陆架水域，我国的渤-黄-东海和欧洲的北海就是典型的例子；第二类是深水的边缘海，它与大洋之间有海底山脊或岛链相隔，西太平洋地区为典型实例。他还把所有离陆地周围水深较浅的水域称为“陆缘海”(epicontinental seas)。因此，我们今天有狭义和广义的两种定义，狭义的边缘海是指与大洋之间有海脊、海岛相隔的深海盆，其底部可有洋壳出露；广义的边缘海就是狭义边缘海和大陆架海域的总和，后者水深较小，海底出露的是陆壳。

从全球范围看，边缘海有若干显著的特征。首先，在地理分布上，70%以上的边缘海分布在东亚地区或太平洋西侧。太平洋西岸串珠状地排列着一系列边缘海盆(图 2－9)，从北到南为白令海、鄂赫次克海、日本海、冲绳海槽(东海的一部分)、南海、苏禄海、苏拉威西海等，成为世界上的地质奇观之一。其中冲绳海槽地形狭窄，虽然水深较大(2～5 km)，但尚未张开海盆，属于正在形成中的边缘海盆。其他体系则都有宽大的海盆，与浅海之间有大陆坡作为过渡带。世界其他地方的边缘海，如大西洋沿岸的边缘海，大多是孤立分布的，不具有串珠状的形态。

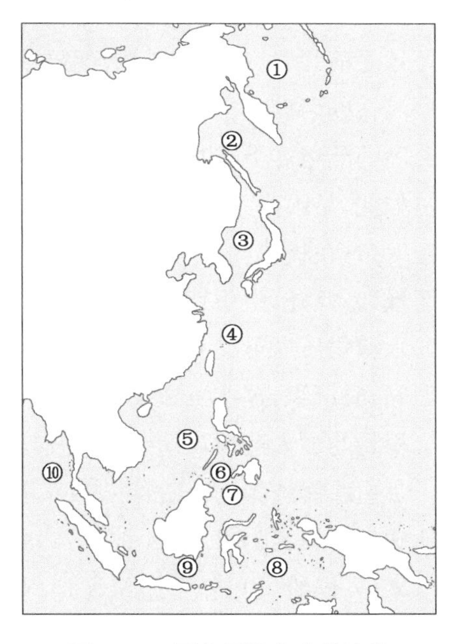

图 2－9　西太平洋串珠状边缘

① 白令海；② 鄂赫次克海；③ 日本海；④ 冲绳海槽(东海的一部分)；⑤ 南海；⑥ 苏禄海；⑦ 苏拉威西海；⑧ 班达海；⑨ 爪哇海；⑩ 安达曼海(底图引自：《世界地图集》，中国地图出版社，2004)

其次，边缘海的周围坡度较大，与陆地或岛链相连，而底部除海山地区外较为平坦，其上覆盖的沉积物厚度远大于大洋地壳上的沉积层，而在沉积层之下则出露洋壳，经常可见磁异常条带，说明这里的洋壳也有着类似于洋中脊扩张的过程，只是空间规模较小。当沉积物盖层很厚时，磁异常会显得比较模糊，而海盆狭窄时就更加难以测到了。此时，获取洋壳的证据可以用钻孔来实现，在松散沉积之下应直接得到洋壳岩石样本。

再次，边缘海与外侧大洋之间以岛弧和海沟相隔，形成沟-弧-盆体系。深水边缘海实际上就是其中所指的“盆”。例如，日本列岛是日本海东侧的岛弧，而琉球群岛是冲绳海槽之外的岛弧。岛弧的外侧为水深相对较大的海沟，其中有较厚的沉积物充填。日本海沟处震中点位置显示，毕尼奥夫带向岛弧方向延伸至250 km深度。有趣的是，在边缘海盆，虽然磁条带的存在暗示着地壳的扩张，但这里很少发生较大的地震，海底地震仪的监测结果表明即使是弱震也很少发生。

最后，东亚边缘海的形成年代研究结果显示，这些海盆的形成年代为数千万年之前，其年龄小于外侧洋壳的年龄(最老者为2亿年)。这说明太平洋板块演化的后期才出现了东亚边缘海，而此时东太平洋板块的大部分早已进入美洲的陆地之下，边缘海发育之前西太平洋大陆边缘应属于被动型的。之所以如此，是因为本区域位于欧亚板块、太平洋和印度洋板块的交汇处，动力过程复杂，在板块构造理论提出之前，奎年(Kuenen, 1950)就关注了这个“三通区域”。此外，由于特提斯洋关闭、青藏高原隆起等因素，这里接收了全球85%的入海物质通量(Milliman, Farnsworth, 2011)，还有巨量的生物礁(主要是珊瑚礁)沉积，这些沉积物不仅是环境变化的记录者，也是环境变化的参与者。沉积物的加入造成均衡升降运动，对区域的地形变化有很大的影响。

边缘海独特的地质特征和环境影响引起了科学家的很大兴趣，自从美国地球物理学家D. E. Karig(1971)发表西太平洋边缘海盆形成演化的著名论文以来，人们纷纷开展了边缘海地球物理场特征、岩石圈结构及深部动力学过程、沟-弧-盆体系形成演化、大陆边缘张裂和海盆演化、特提斯构造带分布、沉积盆地形成及其资源效应等主题的研究工作。

南海是一个典型的边缘海体系，对它的研究最多(高抒，李家彪，2002；李家彪，高抒，2003, 2004; Wang, Li, 2009)。南海东侧岛屿系列之外海沟水深大，马里亚纳海沟水深超过11 km，为目前已知最深的。南海面积为3.5×

10^6 km^2，最大水深大于5.5 km，是过去3 700万年以来形成的。海盆底部出露洋壳，有岩浆喷发。南海陆地边缘面积与深水盆地的面积之比与太平洋洋盆很不相同，太平洋洋壳面积占据绝对优势，大陆边缘的面积相对较小，而南海边缘覆盖的范围很大，海盆中间无沉积物覆盖的区域很小。周边沉积物的输入量达到 10^9 t a^{-1} 量级。南海还有大面积的环礁（曾昭璇等，1997；赵焕庭，1999），其基底可达到2 km以上的深度（余克服，2018）。数千万年时间里形成的沉积层非常厚，里面所含的部分有机质逐渐转化为油气资源，目前已经探明的油气储藏量已经超过 40×10^9 t。

边缘海周边的陆块之间海峡如台湾海峡、渤海海峡、琼州海峡等，其他如台湾岛和吕宋岛之间的巴士海峡、沟通太平洋和印度洋的马六甲海峡、连接黄海-东海与日本海的对马海峡、连接日本海和太平洋的津轻海峡和宗谷海峡等，航运价值巨大。

大陆架

奎年（Kuenen，1950）所指的浅水边缘海，这个术语现在已经不常使用，人们更多的时候提到的是大陆架（图2－10）。大陆架是陆地的自然延伸部分，结束于水深急剧变大的坡折处，即大陆架和大陆坡的交界处，这里的最大水深一般为100～200 m（Southard，Stanley，1976）。全球陆架边缘线长度达 3×10^5 km，陆架平均宽度约为75 km，陆架外缘的平均水深约为132 m（Shepard，1973）。

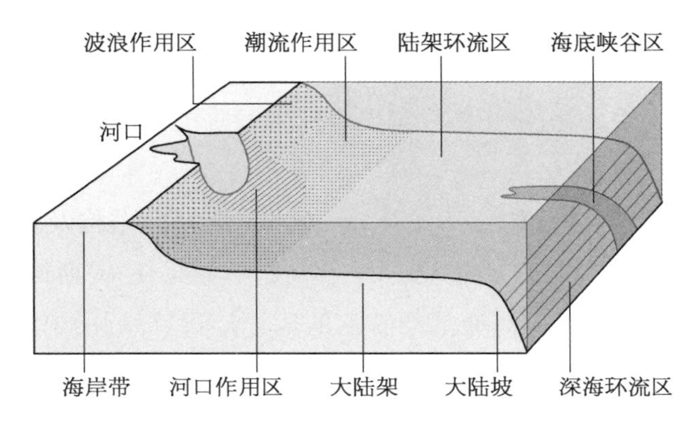

图2－10　海岸带、大陆架、大陆坡的形态及水动力分区示意图（M. B. Coolins惠赠）

大陆架是陆海相互作用强烈的地带，水深小于 60 m 的部分称为内陆架，水深 60 m 以外称为外陆架。浅水条件导致水流动能的高度集中，波浪、潮流、陆架环流、风暴、河流复合的作用是深海底所没有的（关于水动力特征，详见第三章）。大陆架是陆地的自然延伸部分，在地球历史上周期性地淹没（高海面时期）和干出（低海面时期）。陆架之外是大陆坡，这里海底坡度急剧增大，一直延伸到深海底部，大陆坡区域往往有海底峡谷形成。

为什么会有大陆架？这个问题看上去简单，其实并不容易回答。初看起来，大陆架似乎是陆源沉积物堆积的地方，沉积物应该首先堆积在最靠近陆地的地方，也就是海岸线附近。但是，大陆架紧邻深海，沉积物能否在这里停留，取决于陆架宽度，实际观测表明，最宽的大陆架可以达到 10^3 km 量级，而最狭窄者小于 10 km 甚至缺失。我国东海属于宽广的大陆架，从海岸线到大陆架坡折处有大于 600 km 的距离；而希腊的克里特岛，海岸线几乎与深海直接相连，沉积物入海后即刻消失，不会在海边堆积，因此也就没有陆架。那么大陆架的宽度取决于什么因素？根据板块构造理论，应是由大陆边缘构造运动决定的，例如，如果大陆边缘具备形成沉积盆地的条件，物质就会被圈闭其中，日积月累，沉积层逐渐增厚，最终成为浅水区域，其规模越大，陆架就越宽广。由于沉积盆地形成演化的时间尺度大，因此大陆架的形成也需要很长时间，我国东海大陆架的基底，其地质年代要以 10^8 a 计。

还有一个重要的因素，即水中的沉积物要能在较短时间内沉降到海底，否则，若水体运动离开陆架之时，沉积物悬浮于水体，则陆架区的堆积就不能发生。可以高原湖泊为例来说明：洪水季节，河水携带泥质沉积物注入湖泊，由于含有悬沙的水体密度高于湖水，因此，悬沙没等到沉降发生就随着浑浊水体冲到了湖泊底部，而不能在湖岸边发生泥质沉积。对于海洋而言，幸亏情况不是这样（Iwasaki，Parker，2020）。河流携带沉积物入海，但海水因含有盐分而密度较高，所以含有沉积物的淡水难以下沉；另一方面，咸、淡水的混合产生絮凝作用，大大提高了悬浮颗粒的沉降速率，结果使得沉积物在短时间里就能沉到海底。在靠近大河而陆架较宽的地方，河口附近的内陆架往往形成泥质沉积，如我国的黄河、长江、珠江均是如此，说明悬沙沉降速率确实是可以较高的。

海岸与河口环境

海岸、河口区域是大陆架与海岸线直接交界的地方，由于该区域与陆地有较多的相互作用，因此经常把这一部分从大陆架分离出来专门阐述（Allen，1970；Davis，1985；Dyer，1986）。有河流注入的地方形成河口湾（estuaries），常简称为河口。河口是主要的物质输送通道，将来自流域的淡水、溶解物和沉积物输往海洋。

在地球历史上海面曾多次波动，因而海岸、河口区域的地貌表现为形成和破坏的周期性变化。如前所述，约 7 ka（1 ka＝1 000 a）前海面达到目前的位置，经过河流携带入海物质的长期堆积，形成了多种多样的全新世沉积体系，如河流三角洲、潮滩、潮流脊、潮汐汊道、海滩等环境的沉积体系。可以想象，在上一个海面变化周期里，这些地貌也曾经形成过，但在低海面时期被逐渐改造而消失了。

根据物质组成和动力过程的不同，海岸可大致分为 4 个类型：基岩海岸、砂质海岸、泥质海岸和生物海岸。基岩海岸的情形是，坚硬的岩石直接跟海水接触，缺乏松散的沉积物。波浪作用在岩石上，长期冲刷逐渐掏空岩石下部，所形成的洞穴状地貌称为海蚀穴。到一定程度，岩石会发生崩塌，产生一道悬崖，称为海蚀崖。从海蚀穴到海蚀崖，周而复始，悬崖之前慢慢形成一个比较平坦的地带，这是海岸线被波浪侵蚀后退遗留的地貌，称为海蚀平台。因此，海蚀穴、海蚀崖、海蚀平台是基岩海岸地貌的标准组合。

砂质海岸的物质以砂和砾为特征，所在的环境称为海滩（beaches）。这是波浪作用和物质供给两个因素共同导致的（Johnson，1919；Zenkovich，1967；Jackson，Short，2020）。砂砾物质来源于海岸侵蚀或河流，而除了砂砾之外，原本还有泥质物质。然而，在波浪作用下，泥质物质不能在激浪带停留。波浪从外海传来，逐渐地波峰的形状出现了变形，最后发生破碎，其时产生的巨大能量使滩面的物质发生运动，较粗的砂、砾质物质倾向于向岸运动，而细颗粒的物质则被波浪席卷而去，久而久之，所有的细颗粒物都会消失，只留下相对较粗的物质，所以海滩上只见砂砾不见泥。海滩的坡度大致为 1∶10 至 1∶100 的范围，砂所对应的坡度较小，砾质滩面的坡度较大。粒径为 0.1～0.5 mm 的滩面，坡度缓和，砂粒的质感也好，成为最佳的海滩资源，我国的青岛、海南岛三亚、广东雷州半岛、广西海岸北海等地就有这样的海滩。

泥质海岸是细颗粒物质供给非常丰富的地方，例如大河入海口附近。泥质物质的数量是如此之多，以至于波浪能量被床面摩擦和悬沙引动所耗尽，波浪无力再冲击海岸。于是，泥质物质就占据了海岸线附近的区域（Eisma et al., 1998）。潮汐搬来的海水非常浑浊，那是因为其中含有大量悬沙的缘故；潮水到达最高位置，出现一个憩流的时段，细颗粒沉积物就沉降下来，所以在海岸线附近形成了宽广的滩涂，这类环境称为“潮滩”（tidal flats），江苏、上海和浙江沿岸都有这样的环境。

生物海岸的意思是海岸的地貌形态受到生物过程的很大影响，常见的有生物礁、红树林和盐沼湿地海岸。生物礁在热带地区主要是珊瑚礁，有多种类型，如岸礁、堡礁和环礁（Carter, 1988）。珊瑚礁上的沉积物主要来自动物介壳和珊瑚骨骼碎片。同时，珊瑚礁还有自己的礁体结构。礁体和松散物质最后胶结到一起，变成较坚硬的碳酸盐岩，它的主要成分是碳酸钙。在热带以外的其他地方，生物礁的类型还有牡蛎礁等。牡蛎礁的特征与珊瑚礁有些类似，它主要是由牡蛎介壳堆积而成的碳酸盐沉积。红树林、盐沼湿地海岸与泥质海岸有关，大型植被得以根植于泥底之上，因而形成这类独特的海岸景观。此类海岸形态在涉及生态系统时将进一步阐述（参见第五章）。

除基本的海岸类型外，还有一些复合式的环境类型，如河口和三角洲、潮流脊、潮汐汊道（Bruun, 1978; Woodroffe C D, 2002; Gao, Collins, 2014）。河口是河流注入一个海湾而形成的，有时候海湾本身可能是沉积物在周边地区堆积而形成的，杭州湾就是一个典型的例子。河流带来淡水和沉积物；淡水在这里与海水发生强烈混合，形成一个半咸水环境；沉积物的逐渐堆积可能导致向三角洲环境的转化。河口、三角洲环境既不同于陆地环境，也不同于真正的海洋环境，其生态系统是非常独特的（详见第四章、第五章）。

潮流脊是在强劲潮流作用下由砂质物质堆积而成的，潮流使得砂质物质的堆积体沿水流方向延伸，形成脊状地形，而且随着时间的进程，自发形成多道脊以及脊间水道，脊会逐渐增高，而脊间水道则会被潮流挖掘而形成深槽；通常，当脊与脊之间的距离达到 1～5 km、槽与脊之间的高差达到 15～30 m 时，潮流脊的地貌演化就进入了稳定的均衡态。潮流脊地貌的形成与天空大风天气形成的有序排列的“云街”的原理相同，在物理学上称为自组织现象(self organization)。欧洲的北海、我国江苏沿岸有典型的潮流脊体系，是潮流脊研究的经典区域。

潮汐汊道是一个海岸地貌系统，它是由一个纳潮海湾、一条或数条与外海相通的水道所构成的，随着潮汐水位的涨落，涨潮期间海水从口门进入海湾，落潮期间则从海湾流向外海，在口门附近由于潮流的冲刷而形成较大的水深，其值由纳潮海湾的大小和潮差决定。在口门的两侧通常可形成沉积物堆积体，位于纳潮海湾内的称为涨潮流三角洲，而位于外海一侧的则称为落潮流三角洲。要注意的是，这里的“潮流三角洲”含义不同于河流三角洲。潮流三角洲的规模依海岸带的沉积物供应状况和潮流、波浪作用的相对强弱而定，潮汐汊道系统有的规模很大，有的则较小，如我国胶州湾的纳潮水域约有 300 km^2，海南岛洋浦港有 50 km^2，而山东半岛的月湖只有 5 km^2。

海岸与河口环境的各种奇特景观，大多是过去的 7 ka 时间里形成的，是地球表面最年轻的地貌。它们的生命周期也相对较短，不像洋中脊、边缘海海盆那样持久。R. A. Davis(1994)指出，美国东海岸壮观的堡岛-潟湖体系，其存在只是地质历史中的瞬间，再过几千年就会消失；在这一点上，海岸与河口地貌的保护与生态系统保护具有同样的价值。

延伸阅读

太平洋、印度洋和欧亚大陆的交汇地带

海洋地质学的重要学术专著有三大类型：① 系统阐述研究历史和理论体系的专著，例如谢帕德的《海底地质学》(Shepard, 1973)；② 关于方法和技术的论著，叙述研究所用的分析方法、流程和仪器设备，通常含有科学原理、操作方式、数据采集和分析的细节，如琼斯的《海洋地球物理学》(Jones, 1999)；③ 提出理论体系或特定研究地点的科学难题或专题，其知识内容未必是体系化的，然而却以深邃的学术思想为后来的研究提供思路，奎年的《海洋地质学》(Kunen, 1950)就是这样一本专著。

奎年首先以物理海洋学背景说明水动力和海水物质组成对边缘海盆地质环境的影响。流通性差的海盆是指那些封闭性高、底部缺氧的海盆。蒸发、降水对比决定了海盆水体的盐度,而与外海连接处的水深与海盆缺氧程度密切相关,这两个因素可形成多种类型的封闭式海盆。海盆的最大者为洋盆,次一级的有边缘海和内陆海。边缘海与大洋联通,浅的边缘海是大陆架,水深一般小于 200 m;深的边缘海与大洋之间有海底山脊或岛链相隔,如东亚边缘海。内陆海与大洋联通不畅,也有浅水、深水型的。

关于边缘海盆的形成,东亚印度尼西亚群岛海域引起奎年的特别关注,他认为,基岩和沉积地层是基本的研究材料,形成过程可考虑海面变化、沉降或侵蚀。他注意到,沉降可导致深盆地的形成,许多深盆地中的沉积层其实都是浅水堆积产物,例如,珊瑚礁堆积体形成于浅水环境,因此,50 m 厚度的沉积不稀奇,而巨厚的珊瑚礁沉积必然是沉降的结果。

在奎年的时代,洋盆演化是一个令人困惑的问题,地球为何划分为陆地和海洋?陆地和海洋位置是永恒的吗?为何会有陆壳、洋壳?为什么太平洋、印度洋、大西洋的深度组成很相近?为什么太平洋底部地层较老而印度洋、大西洋较新?为何洋盆缺失生物化石?板块构造理论诞生的前夜,这些问题的答案还隔着一层窗纸。奎年本人也不例外,是否要支持大陆漂移说,他很犹豫,对海陆固定论也有疑问,但试图以沉积作用解释边缘海盆的特征,其逻辑是:如果边缘海盆发生的一切足以说明造山带和其他地质构造特征,那么大陆漂移说就是不必要的。

奎年感兴趣的印度尼西亚群岛区域拥有多个边缘海盆,位于东亚边缘海系列的最南端、亚洲地块与澳大利亚地块之间,其南侧是背对印度洋的岛弧,地形复杂,地壳多样化程度高。整个区域以年轻山脉、凹陷岛弧为特征,岛弧分两道,外岛弧没有火山,内岛弧则是火山型的,重力异常在水平方向上非常显著;地震频发,浅源地震在外侧,深源地震位于内侧。岩浆岩的分布显示复杂的扭曲状态,其间分布大小、形状不一的沉积盆地。关于本区地质解释的假说不下几十种,可见也是许多研究者感兴趣的地方,印度尼西亚群岛成了一块判断各种理论是否成立的试金石,其中占据优势地位的是地槽-地台理论。该理论认为陆地与海洋的边界基本是固定的,只有大陆边缘发生一些变化,表现为大陆内部区域的地面侵蚀、沉积物在边缘低洼处的堆积;由于地壳均衡的缘故，大陆的剥蚀造成地面抬升，所在区域为地台，边缘低洼处为地槽，同样由于地壳均衡的控制，沉积物堆积得越多，凹陷越向深处发展；到了地槽演化的后期，周边有重力作用等派生的水平挤压造成地槽抬升，这就是造山运动。作为地槽-地台理论的拥护者，奎年深知凹陷区沉积物充填和山脉形态的重要性。

幸运的是，东南亚区域位于全球地势最高的喜马拉雅山和最低的太平洋海沟之间，河流势能最大，入海沉积物通量最大。奎年仔细考察沉积物通量问题，估算河流入海通量和全球海洋接受的沉积物总量，并分析其空间分布规律。他估算的全球每年河流入海通量为 12 km^3，非常接近于现在的计算结果(Milliman, Farnsworth, 2011)。他采用 5 种方法估算大洋沉积物总量：① 根据不同区域的沉积速率，陆架以外的深海的沉积速率为(50～75)×10^{-3} mm/a，假定堆积时间 20 亿年，除去空隙后总体积为 9×10^8 km^3；② 沉积物来自岩石风化，因此页岩∶砂岩∶石灰岩应为 20∶3∶2，大陆岩层中此比率为 20∶12∶14，根据北美数据，遗留的沉积物总量为 2×10^8 km^3，故流失到海洋的量为 6×10^8 km^3，加上深海碳酸盐部分，总量为 8.5×10^8 km^3；③ 根据陆地剥蚀和火山灰供给速率，产生的总量为 12.5×10^8 km^3，其中 2.5×10^8 km^3 储存于陆坡区；④ 根据钠在海洋中的总量和在岩石中的占比，进入海洋的沉积物总量为 5.3×10^8 km^3；⑤ 根据岩石中的二氧化钛(TiO_2)和五氧化二磷(P_2O_5)含量，沉积物总量应为 2×10^8 km^3 的若干倍。由此奎年得出了大约为 10^9 km^3 量级的物质总量，边缘海盆所得的份额应足以显示沉积物在地槽演化中发挥重要作用。

除陆源物质外，热带水域的碳酸盐沉积物也有不小的数量。因此奎年详细刻画了印度尼西亚群岛区域的珊瑚礁沉积。珊瑚虫的生物学特征是以小型浮游动物为食，与虫黄藻共生。虫黄藻从珊瑚虫获得养分和二氧化碳，而珊瑚虫从虫黄藻获得氧气。在最优条件下珊瑚礁体的向上生长每年可以达到 2.5 cm，就整体而言，活珊瑚一般覆盖百分之十几的面积，死亡可能是由于风暴时沉积物覆盖或其他未知因素而致，藻类可迅速在死亡骨骼上生长，珊瑚重新恢复需要较长时间。因此，整体的生长速度应小于 1 cm/a。礁体内生活的钙藻也起到一定的作用。珊瑚礁类型有岸礁(宽度 10^0～10^2 m)、堡礁(宽度 10^2～10^3 m，与陆地之间常有潟湖相隔)和环礁(中部往往有潟湖，较小者可有灰沙岛)。珊瑚礁生长受到沉降和海面变化的影响，小幅度沉降有利于珊瑚礁生长，而如果海面下降，则引发礁体侵蚀。环礁礁边坡的坡度可大于35°，形成不同于礁体水平沉积的边坡沉积。奎年的观察结果与南海的环礁非常一致，他对环礁形态的描述方法也被后人在研究南海环礁的时候所采用。

奎年选择的研究区域沉积物供给量大，再加上珊瑚礁沉积，从地槽理论看，没有比这里更能代表地槽区域了。这里的垂直构造运动也很活跃，伴随着一定程度的水平挤压，有不少的山地形成，印度尼西亚群岛新近抬升的生物礁灰岩达到10^3 m的高程，而沉降的环礁也达到相同量级。多种迹象似乎与人们心目中的地槽相符。但是，正是奎年所仔细收集的证据进一步增加了地槽理论的危机：在这个最像地槽的地方，造山运动的幅度相比于阿尔卑斯山、喜马拉雅山实在是太小了，而且岛弧地形和基岩形态还指示了水平挤压的主导作用，难以用沉积体派生的水平运动机制来解释，地壳均衡导致的垂直升降证据微弱。相反，与之竞争的大陆漂移说则更有解释力，尤其是在大幅度水平运动及其产物的形成问题上。当时的科学已经发展到这样一个阶段，人们认为科学理论的地位要以对相同现象的解释能力来确定，大陆漂移说显然优于地槽理论，尽管地槽理论的拥护者持续批评大陆漂移说动力机制的理论弱点。

现在看来，奎年的印度尼西亚群岛研究没有达到他本人的预期目的，但对于板块构造理论诞生前夜的海洋地质学却起了巨大的推动作用。印度尼西亚群岛海域处于三大板块交汇处，自然也是板块理论的试金石：这里的边缘海、大陆边缘、造山运动如果板块构造理论不能解释，那么该理论仍然是有缺陷的。正因为如此，这里继续成为海洋地质的热点区域。奎年提出的许多见解，如沉积物既是本区域环境演化的见证者，也是贡献者；又如珊瑚礁沉积在本区域地质演化中所起的独特作用，对于现今我们遇到的科学问题具有深刻的启发意义。

第三章
海洋水体运动

第一节　海水运动的能量来源

海水运动是物理海洋学(physical oceanography)研究的问题。在洋盆演化问题里，物质主要涉及沉积物和熔岩，驱动的能量来自地热。而关于本章主题，海水无疑是物质的主角，能量则主要来源于天体引潮力和太阳辐射。

天体引潮力与太阳辐射

天体引潮力与太阳辐射是海水运动的主要驱动因素，前者源于万有引力。两个可被视为质点的物体 M_A、M_B之间的万有引力，可以用以下公式计算：

$$F = G(M_A \times M_B)/r^2 \tag{3-1}$$

式中：F 为万有引力；r 为两个物体之间的距离；G 为万有引力常数(6.67×10^{-11} N m^2 kg^{-2})。如果将两个物体分别看作地球和月球，那么 F 就代表两者的相互作用，万有引力的最大作用是使得地球和月球围绕其公共质心作公转运动。同时，由于地球并不是一个没有体积的质点，其半径为 6 400 km，因此，万有引力还派生出“引潮力”。月球对地球产生“月球引潮力”，同理，太阳对地球的作用力称为“太阳引潮力”。进一步推论，太空任何天体对地球都有引潮力，因此可用一个更为通用的术语“天体引潮力”(tide generating force)来表述。式(3-1)表明，派生出天体引潮力的万有引力，其大小与距离的平方成反比，因此距离很远的天体影响较小，对地球影响最大的是月球和太阳。太阳系的其他行星及其卫星的质量较小，所以它们的影响远小于月球和太阳。

引潮力如何产生？以月球为例，对于地球而言，其各个部分所受的月球引力是有差异的，例如，地球和月球的质心连线所穿越的地心点和两个地表点因到月球质心的距离不同而受到不同的引力，靠近月球的一侧距离要减少 6 400 km (地球的半径)，而背靠月球的一侧距离要增加地球半径的量值。这一差异与地球自转相结合，将引发地球物质的运动(详见本章第二节)；视运动性质的不同，耗散的能量有所不同，如在海洋尚未形成的地球早期，运动形式主要是固体弹性运动(内部物质无相对位移)，而海洋形成之后加入了海水流动(水质点之间的相对位置不断变化)。在目前的状况下，由此产生的地球物质运动输出功率约为 3.5 TW(1 TW$=10^{12}$ W)(Cartwright, 1999)。在地球演化的历史长河中，物质分布状况多变，因此输出功率也是变化的。天体引潮力长期做功的后果是什么？以地球-月球系统为例，地表水体的运动造成能量转移，地球自转的动能部分消耗于摩擦散热，部分转移到月球的公转动能，结果使得地球自转速度减缓(即一天的时间变长)，地-月距离增大(即月球离我们远去)，地月之间的万有引力随之减小。

太阳辐射是地球的另一能量来源。太阳成分主要是氢(占 74%质量)，其次是氦(占 25%质量)，其他元素如氧、氮、碳、硅、铁、镁、钙等的质量总和占 1%。太阳内部正在发生由氢转化为氦的热核反应，使其核心部分的温度高达 1.5×10^{6} K(开尔文温度，273＋摄氏度)，而且向太空辐射的能量功率高达 3.8×10^{14} TW。其中有一小部分被地球所接受，如果以地球的投影面计，接收的太阳能为 1 360 W m^{-2}，而以地球表面平均计则为 340 W m^{-2}。按照投影面计算，半径为 6 400 km，面积为 $\pi\times(6.4\times10^{6})^{2}$ m^{2}，等于 128.7×10^{12} m^{2}，因此地球接受的太阳辐射总功率约为 175 000 TW。作为对比，我国最大的水电站三峡电站的装机容量为 10^{10} W 量级，相当于它的 1/17 500 000。这个能量供给是任何其他来源都难以比拟的，相当于天体引潮力功率的 50 000 倍。与板块运动主要能量地热相比，由于地热通量为 80 mW m^{-2}，而地表面积为 5.1×10^{14} m^{2}，其总功率约为 41 TW，因此太阳辐射总功率是地热的 4 270 倍。地球内部的温度很高，地表不少地方有火山喷发，还有数不清的温泉，海底也有众多的火山和温泉，为此人们不免怀疑这会对海水的温度分布产生一定的影响，但实测结果表明地热的作用很小。另一个问题是地热总功率比天体引潮力高出一个数量级，如果说地热作用不大，为何天体引潮力作用却很显著？我们可以这样理解：天体引潮力功率输出是专门用于水体运动的，而地热主要是用在了地壳运动上。这也同样适用于天体引潮力与太阳辐射的对比，如以下分析所示，太阳辐射功率很大，但用于驱动海水运动的部分很小。

既然地球表面接收了如此巨大的太阳能，应该温度不断升高才对，而实际情况是无论陆地还是海洋，其表面温度的平均值很多年只有很小的变化（每 100 年 0.5 K 量级），是什么因素造成了这一现象？我们可以根据一块区域上的热平衡方程以及实测数据的分析来加以说明。热能的净通量 Q_T 可表示为（Wells，2012）：

$$Q_T = Q_S(1-\alpha) - Q_N - Q_E - Q_H \tag{3-2}$$

式中：Q_S为太阳辐射通量；α 为表面反照率（不同的地物 α 值很不相同，海洋表面为 2%～10%）；Q_N为长波辐射或行星辐射所造成的损失；Q_E为蒸发潜热造成的损失；Q_H是紊动扩散造成的损失。对不同纬度地带的热能平衡观测和计算结果是，海洋的低纬地区是吸收热量的，而中高纬地区则有热能的支出。各维度带的情况如下：50～70°N，$Q_T = -34$ W m^{-2}；30～50°N，$Q_T = -21$ W m^{-2}；10～30°N，$Q_T = 8$ W m^{-2}；10°S～10°N，$Q_T = 39$ W m^{-2}；30～10°S，$Q_T = -2$ W m^{-2}；50～30°S，$Q_T = -8$ W m^{-2}。因此，与太阳能到达地球表面的平均值 340 W m^{-2} 相比，能量净收支的值是相对较小的，在最大值的 10°S～10°N 范围也只占 10%左右，这也说明能够用于驱动海水运动的太阳能占比很小。

上述数据还表明，不同纬度地带上的海洋通过海面的热通量是不一致的，赤道附近的区域有净收入，北半球的低纬地区也略有收入，而其他地区都有热量的损失。如果海洋的水体不处于运动状态、各地带之间不存在水体交换，那么热能有净收入的海区表层温度会越来越高，而热量为净支出的海区则会不断降温。但是，海水的流动（即洋流）造成了热能从一块海区输送到另一块海区，使各个海域的热能都处于平衡状态，从而避免了上述现象的出现。

另一个相对较小，但有些情况下不能忽略的是科里奥利效应（Coriolis effect），为法国物理学家科里奥利（Gustave Gaspard de Coriolis）于 1835 年所发现。由于地球是自转的，因此在不同的纬度地带运动的线速度不同，运动的物体如果改变纬度位置，则其速度受到新的纬度所在的线速度的调整而有所改变；在纬度不变的情况下，向东和向西运动均与原有线速度相叠加，从而出现偏离倾向（不是向天顶偏离，而是在维度平面上向外偏离）。运动状态调整使得北半球的运动向右偏离，南半球的运动向左偏离。偏离程度与纬度有关，但无论何处，科里奥利效应在短距离、短时间内并不明显。运动状态的改变消耗地球自转的能量，只是其影响非常小，难以测出。

正压和斜压效应、海气相互作用

正压和斜压效应可导致海水运动，前者与水面坡度有关，后者与水体内部的密度分布有关。水往低处流，这是重力作用的结果。海洋环境中也是一样，当出现水面高程差异时，水流就从高处向着低处，然后，如果流动的距离很长，还会受到科里奥利效应影响，造成运动方向变化。水面高程形成平面上的压力差，进而启动水流，此种情形称为正压效应（barotropic effect）。天体引潮力通过水位差异造成海水的水平和垂向运动。

海水密度的差异分布可导致斜压效应（baroclinic effect）。海水密度的不一致并非一定会产生水体流动，例如，不同密度的液体按密度的高低依次放入容器中，密度最大的在最下面，其成层性将比较稳定，鸡尾酒的调制就是利用这一特性。但是，有些情形却必然导致流动，例如，将密度高的液体置于密度低的液体之上，垂向流动就会发生。

图 3－1 所示的思想实验可诠释水体运动的正压和斜压效应。在容器中放置挡板，两侧注入不同密度的液体，抽掉挡板后密度高的液体从下方进入邻区，而密度低的液体从上方流向邻区［图 3－1(a)］。在容器中注入同一密度的液体，然后让一侧的水位高于另一侧，结果水流朝水位低的方向，此后由于惯性缘故，水位高低分布反转，使得水流也倒过来，如此可形成来回振荡的流动［图 3－1(b)］。如果既有两类液体的水平密度差，也有容器两侧

的高程差，那么两种效应都起作用，而最终应是密度分布决定液体运动结果[图 3－1(c)、(d)]。

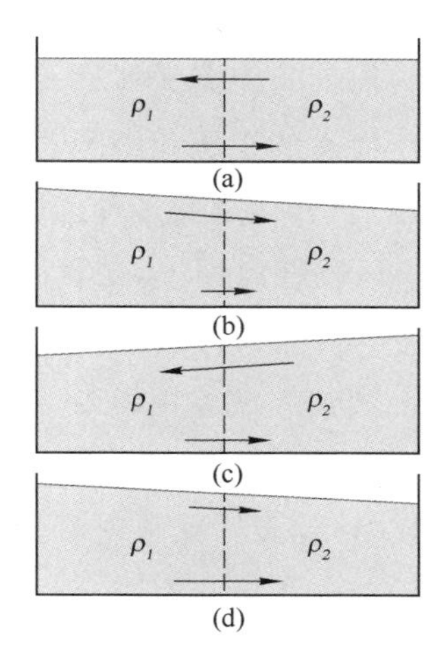

图 3－1　正压和斜压效应下水体运动的思想实验

(a) $\rho_1>\rho_2$；(b) $\rho_1=\rho_2$，水面倾斜；(c) $\rho_1>\rho_2$，水面向 ρ_1 一侧倾斜；(d) $\rho_1>\rho_2$，水面向 ρ_2 一侧倾斜；箭头指示初始运动状况，箭头长度定性地表示运动速率大小

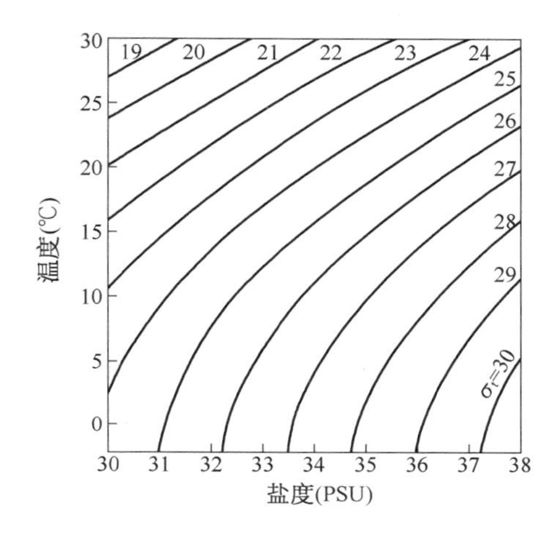

图 3－2　海水密度与温度、盐度的关系(据 Thumann，1994)

注：图中的密度是以 σ_t 表示的，定义是 $\sigma_t=\rho-1\,000$，目的是让数字显得简洁一些

密度的变化是海水的物理性质之一(其他性质如蒸发、海水热容量、海冰融化凝结、海水粘滞性等，也是物理海洋学的研究内容)。太阳辐射升温、蒸发、降雨、径流输入以及海冰的融化凝结等过程均可影响海水的温度和盐度，进而改变密度。密度与温度、盐度之间的函数关系表现出一个有趣特征，在盐度为横坐标、温度为纵坐标构成的体系中，等密度线呈现弯曲的现象(图 3－2)，由此推论，不同盐度、温度的等量水体相遇，混合之后的密度得到提高，这一现象称为“混合增密”(mixing caballing)。例如，根据图 3－2，盐度为 33、温度为 25℃、σ_t 为 21.8 的水体，与盐度为 35、温度为 5℃、σ_t 为 27.8 的水体混合后，盐度变为 34、温度变为 15℃，而 $\sigma_t>25.0$，而非由线性混合得出的 $\sigma_t=24.8$。

可以推论，太阳辐射影响海水温度和盐度，进而改变密度，密度影响了压力，从而产生水平方向的压力差，而且密度还可由于混合作用而变化，因此必然导致斜压效应，驱动海水流动。同时，海水升温使得体积增大、水位抬高，因此也有正压效应。综合上述因素可知，太阳能输入可直接导致海水流动，这在物理海洋学中被称为热盐环流(thermohaline circulation)。

太阳能还有另一种影响水体运动的重要方式，即海气相互作用(air-sea interaction)。太阳辐射改变大气的温度分布，通过海面蒸发向大气输入水汽，使得大气的密度和压力分布产生差异，因而类似于海水的正压和斜压效应，大气运动由此发生，地球表面形成宏观的大气环流格局，并伴随着多种尺度的区域性和局地性变化。然后，风开始反作用于海洋，风吹在海面上，带着海水一起运动。在不同的时空尺度上考虑海水和风动能的传输、转换、循环，海气相互作用与大洋环流、厄尔尼诺、风暴及风暴潮、水面波浪等现象相联系，构成一个超级大的研究领域(Gill, 1982; Csanady, 2001)。

海洋在大气环流的季节变化中起重要作用。因此，天气异常现象往往是海洋状况异常引起的。海水的热容量比大气大得多，如果没有海洋，则大气中的任何异常都会迅速消解，难以形成显著的事件(如异常寒冷或暖和的冬季)。海水的高热容量使海洋的异常事件有较长时间的“记忆”，通过影响大气环流而形成较长时间的季节性异常天气。例如，在太平洋东北部，夏季形成的一个水温异常事件可以延续到秋季和冬季，从而使海上的风暴事件的强度高于平常状况。大洋表层称为“混合层”的 50～200 m 之内贮存的热能足以给季节尺度的气候事件提供能量。因此，如果要预报未来几个月的天气，则必须要了解海气相互作用的特征，仅仅依靠气象观测资料的分析和模拟(即短时间天气预报)方法是不够的。

在更大的时间尺度上，海洋－大气系统的行为也是联系在一起的，年际的波动可以厄尔尼诺和南方涛动为代表，在 10^2～10^3 a 尺度上，海气相互作用也可以导致气候变化。地球上引起气候变化的因素多种多样，如大气成分、冰盖演化、地球轨道运动、陆地反照率、生物作用等，其中海洋的作用叠加于上，也是一个不可忽视的重要作用。如前所述，季节性的异常是由于海洋混合层内的能量转换和循环事件造成的，而长时间尺度的气候变化则与深层海洋环流有关。在海洋表层混合层与下伏水层之间的界面称为温跃层(thermocline)，其水体运动的周期与所处的深度有关，例如，温跃层位于 500 m 深度，则其周期约为 18a；一般而言，温跃层环流周期具有年际、年代际变化，一些年代际的气候变化与温跃层环流是有关联的。

方法论框架

一个复杂系统往往有多个状态变量，用以描述该系统的基本特征，例如海水的密度、盐度、流速、悬浮物浓度、营养物质浓度等。如果要考虑其中任何一个变量随时间的变化率，那么可用如下形式的方程来表示（Von Bertalanffy, 1950; Strogatz, 2001）：

$$dM_i/dt = v_i(M_1, M_2, \cdots, M_n) \quad (i=1, 2, \cdots, n) \qquad (3-3)$$

式中：M_i 是所关心的状态变量；M_1, M_2, …, M_n 是所有的状态变量；t 为时间；v_i 是与状态变量 M_i 对应的函数。上述方程的解 $M_i = M_i(t)$ 给出了系统演化的解。M_i 随时间的演化有 3 种情形：① $M_i(t)$ 最终达到一个定值，它对应于系统的均衡状态；② $M_i(t)$ 最终导向一个闭环，它代表了系统的自我持续振荡；③ $M_i(t)$ 最终处于徘徊状态，永远不会停止或重复，代表一种混沌状态。

在海水运动问题上，我们感兴趣的状态变量是密度和流速（有三个维度的流速 u、v、w，分别代表东西方向、南北方向、垂直方向的流速）。密度会造成斜压效应，而且与流速相关联。根据式（3-3），海水密度随时间的变化率可表示为以下函数：

$$d\rho/dt = f_1(\rho, u, v, w) \qquad (3-4)$$

如何理解 ρ 与 u、v、w 相关联？可考虑一个案例：满满的一桶水，当其密度变小时会漫出，而当密度变大时，桶内水位下降，为了保持满桶状态，需要从外部补入，因此密度变化将导致水流的向外或向内流动。式（3-4）表达的关系体现了物质守恒原则，研究者们约定俗成地将其称为“连续方程”（continuity equation）。

与流速 u、v、w 相关的函数为：

$$du/dt = f_2(\rho, u, v, w) \qquad (3-5)$$

$$dv/dt = f_3(\rho, u, v, w) \qquad (3-6)$$

$$dw/dt = f_4(\rho, u, v, w) \qquad (3-7)$$

它们都是表达加速度的函数，习惯上称为“动量方程”（momentum equation）。

于是，无论在何处，理论上 ρ、u、v、w 均为时间的函数。通过分析和量化天体引潮力、太阳辐射净通量、海气相互作用的能量，可以具体地构建函数 f_1、f_2、f_3 和 f_4（薛鸿超等，1980；Pond，Pickard，1983；Apel，1987；孙文心等，2004），从而用数值计算手段给出所关心的状态变量的时空分布。在计算过程中需要与实际情况相对照，因此要利用多种来源的数据集，如利用现场观测、遥感监测、人工智能等手段获取的数据。

第二节　海 洋 潮 汐

牛顿在1687年完成的《自然哲学的数学原理》一书中提出了潮汐成因的平衡潮理论，用万有引力理论加以解释。此后拉普拉斯于1776年构建了分析潮汐运动的连续方程和动量方程，加入了引潮力的数学表达，他在《宇宙体系论》中简明地阐述了这一方法。1912年英国成立利物浦潮汐研究所，到20世纪80年代研制了全球大洋潮汐模型。

经典潮汐理论

潮汐是海洋水位发生周期性涨落的现象（陈宗镛等，1979；Cartwright，1999；Boon，2004）。我国东部海边的居民对每天的两涨两落司空见惯，位于南海的北部湾，还有每天一涨一落的潮汐。水位涨落伴随着水平流动，被称为潮流（tidal current）。有的海域潮流十分强劲，尤其是我国杭州湾、加拿大芬迪湾、英国布里斯托尔湾等地发生涌潮（tidal bores）的地方（Von Arx，1974）。无论对于求知或日常生活，海洋潮汐都是一个激动人心的话题（White，2017）。

根据牛顿的平衡潮（equilibrium tides）理论，潮汐是天体引潮力作用的结果，而后者是来自天体之间的万有引力。以地球和月球构成的体系为例，假设地球和月球均处于相对静止的状态，则地球所受的月球引力平均为：

$$\frac{F}{M\mathrm{e}}=\frac{GM\mathrm{m}}{r^2} \tag{3-8}$$

式中：F 为万有引力；$M\mathrm{e}$ 为地球质量；$M\mathrm{m}$ 为月球质量；G 为万有引力常数；r 是地心和月心之间的距离。但是，在地球的不同位置，水质点所受的引力并不相等。如图 3－3，地球上 A 处所受的引力要大于 C 处，因距离月球更近，与 $F/M\mathrm{e}$ 相比有 3%的差异。在 A 处，引力为：

$$F_{\mathrm{A}}=\frac{GM\mathrm{m}}{(r-R)^2} \tag{3-9}$$

式中：R 为地球半径。在 C 处，引力的表达式为：

$$F_{\mathrm{C}}=\frac{GM\mathrm{m}}{(r+R)^2} \tag{3-10}$$

在 B 处和 D 处，引力应写为：

$$F_{\mathrm{B}}=F_{\mathrm{D}}=\frac{GM\mathrm{m}}{r^2+R^2} \tag{3-11}$$

以上分析表明，在图 3－3 上，BAD 半圈所受的力大于 BCD 半圈所受的力，在这样的情况下，地球不是会向月球方向移动吗？实际上是不会的，因为 BAD 半圈所受的引力大于式(3－8)所示的平均值，因而此半圈的水体向月球方向移动，而 BCD 半圈所受的引力小于此平均值，故水体向月球的反方向移动。也可以这样理解：在万有引力作用下，地球朝向月球的一面要鼓起来，但为使地-月质心间的距离保持不变，地球背着月球的一面也要鼓起来。与原先的球体相比，此时的地球发生了变形，变形后的地球称为“潮汐椭球体”。在此椭球体的表面，物体所受的地球重力受到月球引潮力的调整，而且调整后的数值正好与所在的位置相对应，这是为何牛顿理论将之表述为平衡潮的由来。根据这一平衡关系，可以计算出“潮汐椭球体”的实际形态。

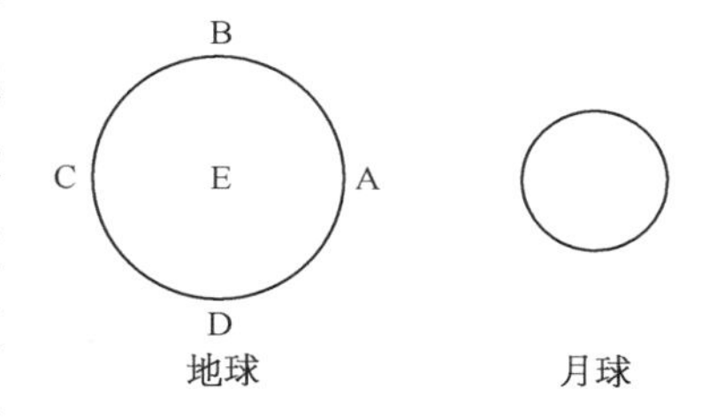

图 3－3　地球上不同部位所受的月球引力有所不同

上述情况是假定地球是不动的，如果让地球转动起来，则在一个转动周期内，地球表面水位除 B、D 两地外将出现两次高潮、两次低潮。地球相对于月球的转动周期约为 24.84 小时，因此月球导致的潮汐周期将有 12.42 小时。影响潮汐的天体还有很多，但除太阳外，其他天体的影响远不及月球，这是因为它们要么距离十分遥远，要么质量相对较小（如太阳系的其他行星）。

太阳的引潮力小于月球，其周期为12小时。还有一个重要因素是天体相对于地球并不是严格地做位于同一个平面的圆周运动。例如月球的运动在一个周期中有近地点、远地点的变化，而且不同的运行时段的轨道也不在同一个平面上，太阳的情况也是如此。在这种情况下，如果我们把每一个引潮力表达为一个简谐函数，则月球或太阳的引潮力均可表示为若干个简谐函数之和，也就是说，月球或太阳的引潮力实际上等同于若干个只有简谐函数形式引潮力的天体作用之和。在潮汐学中，习惯上把一个简谐函数的引潮力看作一个天体的作用，因此，月球或太阳的引潮力也就被看作若干个假想天体的共同作用。对于每一个假想天体的引潮力都给予一个名称，并且与一个固定的周期相联系。不仅如此，还根据每个假想天体的运动轨迹计算其引潮力的相对大小。例如，前述的由月球引潮力引发的潮汐周期为12.42小时的水位涨落成为"M_2分潮"或简称为M_2，太阳的周期为12小时的潮汐则称为"S_2分潮"，此处M和S分别是月亮和太阳的英文首字母，而下标"2"则代表其周期大约是1/2天。若M_2引潮力的强度为100，则S_2的相对强度为47。表3-1列出了一些重要潮汐分潮的名称、周期和相对大小。

表3-1　主要引潮力的名称、含义和相对大小

名　称	含　　义	周期(h)	相对大小
M_2	月球的主要半日分潮	12.42	100
S_2	太阳的主要半日分潮	12.00	47
N_2	月球椭圆体半日分潮	12.66	19
K_2	太阳-月球联动半日分潮	11.97	13
K_1	太阳-月球联动全日分潮	23.93	58
O_1	月球的主要全日分潮	25.82	42
P_1	太阳的主要全日分潮	24.07	19
Q_1	月球椭球体全日分潮	26.87	8

除引潮力的分量和大小周期外，影响实际潮汐水位特征的还有潮汐分潮的相位。根据牛顿的平衡潮理论，分潮相位应与引潮力天体运动的相位相同，而实际情况并非如此，分潮的相位是多样化的，拉普拉斯的动力学理论较好地解释了这种现象，该理论将潮汐看作周期性引潮力作用形成的波动，既然如此，波动有一个成长、发育的过程，于是波动的相位可不同于作用力的相位，而且两者的差异与海盆的大小和形状有关，不同的分潮相应地产生不同的位相差。潮波与海底地形的相互作用还可以产生新的分潮，例如，一个原来为简谐振动的分潮，其波形由于海底的摩擦力而产生变形，如果我们仍想用简谐函数来描述这个变了形的波动，就必须增加新的“分潮”，这类分潮在潮汐学中称为“浅海分潮”。

正因为各分潮有着不同的周期、振幅和相位，所以它们的不同组合造成了我们实际看到的潮汐的多样性。更重要的是，在任何地点，若重要分潮的相位为已知，则水位随时间的变化就可确定，也就是说，人们可由此预报潮汐。为了把相对较为重要的分潮(包括浅海分潮)都加以考虑，需设置一个最低的标准。例如“振幅大于 1 cm 的分潮不予忽略”。一般认为，要较为准确地刻画海洋潮汐，需要考虑排列在前 64 位的分潮，获取相位数据的方法是实测潮位的调和分析(harmonic analysis)。

潮汐水位分析和预报

如果在海洋中的某个地点设置潮位计对水位进行长期记录，则可以得到水位的时间序列(Godin, 1972)。一般而言，由各个分潮叠加而成的水位变化表现为高潮位与低潮位的周期性出现，相邻两个高潮位或低潮位之间的时段称为潮周期(tidal period)，相邻高潮位和低潮位之间的水位差称为潮差(tidal range)。这个时间序列可以用多种方法来分析，获得潮周期和潮差的统计数据。然而，如果分析的目的是确定各个分潮在水位时间序列中的贡献，并且预测今后一段时间的潮汐水位变化，那么调和分析就是可行的方法。其物理基础是：任何一条随时间变化的曲线，都可以分解为一系列简谐振动之和，而且在潮汐中每个简谐振动的周期是已知的。潮汐水位 $\eta = \eta(t)$ 可以写成振幅、相位确定的全部分潮的和：

$$\eta = \sum_{i=1}^{N} A_i \cos\left(\frac{2\pi}{T_i}t - \sigma_i\right) \tag{3-12}$$

式中：A_i为第 i 个分潮的振幅；T_i为其周期；σ_i为其相位；N 为分潮的总个数。由于 T_i是已知的，所以调和分析的任务是确定 A_i和 σ_i的值。A. Defant（1960，1961）在《物理海洋学》中简明、清晰地阐述了调和分析的数学原理。一般而言，实测水位时间序列应覆盖 1 年的时段，但半个月的记录也能获得最主要的分潮信息。尽管如此，由于水位变化中还包括非潮汐的因素，因此更长的时间序列可以提高分析的准确性，减小误差。

调和分析完成后，可用式（3－12）把潮汐水位的时间序列向前或向后延长，向后的延长就是对今后潮位的预报，日常所用的“潮汐表”就是这样制成的。潮汐表上有每年的潮汐信息，包括逐日的高潮时刻和水位、低潮时刻和水位等，对于港口和航道而言是重要的数据资料。在计算机还没发明的 19 世纪，人们用潮汐预报机（tidal prediction machine）来分析潮位数据，提供潮汐表信息。1872—1873 年，英国制造了世界上第一台潮汐预报机，至今在英国普劳德曼海洋实验室（Proudman Laboratory of Oceanography）还陈列着这样一台机器。

利用调和分析结果，还可以更好地刻画观测点潮汐的基本特征。例如，海域由于地形的不同，对引潮力响应也不同，因而有的地方潮汐显示出每天规则的两涨两落，有的地方只有一涨一落，有的地方则既有两涨两落的天数，又有一涨一落的天数。这种差异可用一个“潮性因子”F 来刻画：

$$F = \frac{K_1 + O_1}{M_2 + S_2} \tag{3-13}$$

式中：K_1、O_1、M_2、S_2分别为这些符号所代表的分潮的振幅。当 $F=0\sim0.25$，将出现规则的半日潮；$F=0.25\sim1.25$，将出现半日潮为主、全日潮为次的混合潮；当 $F=1.25\sim3.0$，将出现全日潮为主的混合潮；当 $F>3.0$，将出现全日潮。

从调和分析的结果可以得知振幅最大的若干个分潮，用这些分潮的振幅和相位可以显示观测点潮汐的大小潮周期及其伴随的潮差变化。例如，在规则半日潮海区，只要用 M_2和 S_2两种分潮就可以构造出大潮和小潮变化，大潮潮差远大于小潮潮差。这相当于两个周期相近的简谐振动相叠加的情形，所构成的大小潮周期约为 15 天。在物理上，大潮相当于太阳和月球的引潮力叠加的情况，而小潮相当于两者相互抵消的情形。潮差是高潮位与低潮位之间的垂向距离，从潮位曲线上，可以量算出大潮潮差、小潮潮差和平均潮差。潮差的大小对于一个海域的水动力条件具有重要的影响，经验表明，平均潮差大于 4 m 的海岸水域为强潮水域，2～4 m 时为中等潮水域，小于 2 m 时为弱潮水域。从潮位曲线上还可以量算出各个潮周期中的涨落潮流历时，并统计出平均的涨落潮历时，较大的涨落潮历时差异通常是与海底摩擦和地形影响较大的海岸带水域相联系的，代表了浅海分潮的作用。

将一片海域多个地点的调和分析结果加以综合，可以绘制出"同潮图"(cotidal chart)，它给出特定分潮的潮差等值线和共相位的点的连线(Proudman, 1953)。例如，对于 M_2 分潮，把一片海域的平面上各个位置的潮差点到图上，再画出其等值线，称为等潮差线；再找到 $t=T/6$、$T/3$、$T/2$ 等的点，并把位相相同的点连接起来，在曲线上标注相对于某个标准时刻的位相值，这样的曲线就称为同潮时线。有时候，在海域的某个区域，M_2 分潮的潮差呈同心环状分布，并向内收缩到一个潮差很小的地点，这一点称为 M_2 分潮的"无潮点"(amphidromic point)。同潮图清晰地显示了分潮的基本空间特征，哪里潮差大，哪里潮差小，哪里在某个时刻处于高潮，哪里处于低潮，哪里正在涨潮，哪里正在落潮，在图上展示得十分清楚。对于其他分潮，如 S_2、K_1、O_1 等，也可以绘制各自的同潮图。早期，同潮图的绘制涉及大量潮位站的设置，运行费用很高，效率却很低，并且很难完成大范围(如整个洋盆)的同潮图；人类于 20 世纪 80 年代完成全球大洋潮汐模型，从此可用数值模型方法计算来制作各种范围的同潮图。

潮流特征及其分析

对潮流时间序列也可进行调和分析，M_2 分潮的潮流强度在外海为 0.1 m s^{-1} 量级，而在浅海和海岸区域得到加强，达到 1 m s^{-1} 量级，一个潮周期中水质点运动的最大距离一般为 10 km 量级。

潮流与潮位之间有两种基本的关系。如果最大潮流出现在潮位上涨或下降的最大值的时刻，最小潮流(称为憩流)出现在高潮或低潮时刻，这种潮波称为驻潮波(standing tidal wave)。潮位上涨阶段对应的潮流称为涨潮流(flood current)，潮位下降时的潮流称为落潮流(ebb current)。在近岸区域，涨潮流是由海向陆方向流动的，而落潮流是朝外海方向流动的。另一种情形是，最大潮流出现在高潮或低潮时刻，而憩流出现在潮位变化最快时刻，这样的潮波称为前进潮波(progressive tidal wave)，它通常出现于开敞的陆架海域和深海。如果我们仍把水位上升时的潮流称为涨潮流，水位下降时的潮流称为落潮流，则前进潮波下的涨、落潮流的方向与驻潮波的情形不同，它们各有两个方向，即在涨潮或落潮阶段，流向都是在中潮位时发生变化，在实际情况中，经常出现驻潮波和前进潮波之间的过渡状况。

在流向的空间变化方面，我们可以观察到两种形式：往复流和旋转流。往复流(rectilinear current)是涨、落潮流流向正好相反，而涨、落潮期间流向各自相同的潮流，它主要出现在海峡、海湾、河口等环境中。旋转流(rotatory current)是在一个涨、落潮周期中流向不断渐进变化的潮流，它可以是顺时针或逆时针的，依具体的环境特征(水层深度、地形等)而定。一般而言，有一组方向上的流速相对较大，在浅海环境尤其如此。将流速矢量的外包络线看作一个椭圆，则可定义其长轴和短轴，通常称为“潮流椭圆”。在实际环境中，有大量往复流和旋转流之间的过渡状态，这些过渡状态可用“椭圆率”(即椭圆的短轴与长轴之比)来刻画。

对于潮流流速的时间序列的平均值，如果平均值是针对整个潮周期，则称为余流(residual current)，它是去除周期性组分后遗留的流速。余流流向常被看作水体及其所含悬浮物的净输运的方向，但这是有条件的，在某些情况下，余流并不一定与净输水方向相联系。例如在一个正弦式的前进潮波中，高潮时的垂向平均流速大于低潮时的数值，在整个潮周期中将出现与低潮时刻流向一致的余流，但我们已经知道在整个体系中实际上是没有净输水的，所有水质点只是作往复运动而已。

近岸的潮汐中浅海分潮的产生对潮流流速的变化产生很大的影响。在河口环境，水深和水面宽度都由海向陆减小，再加上淡水径流的作用，潮波的变形经常表现为涨潮历时变短、落潮历时变长。在极端的情况下，河口湾潮波的前部水位在短时间内发生迅速上涨，水面变得过陡而发生涌潮现象。即在这段时间内，可以观察到涨潮水体的水面发生破碎，破碎带前后的水位有较大的差异。这样的涌潮称为破碎涌潮(breaking bores)，杭州湾涌潮就是一个典型的例子，这里潮差大（大潮潮差超过 8 m）、水深小，再加上喇叭口式的地形，潮流动能随着水深减小、海湾缩窄而不断集中，因此发生的涌潮十分壮观，涌潮所在的地方流速可达 10 m s^{-1} 量级，潮头过去的瞬间，水位可上涨 2 m 以上。大潮期间涌潮尤其强劲，有时带来一些安全风险，观潮时应注意防范。在涌潮规模较小的地方，还可以看到另一种涌潮，即水面上传过几个波动之后水位比原来有明显的上升，这种涌潮称为波状涌潮（undular bores），在河流的支流、潮水沟中经常可以出现，英国布里斯托尔湾的涌潮也属于此种类型。

第三节　海 洋 环 流

海洋环流（ocean circulation）一般是指那些时空尺度较大的水流系统，而将潮流等周期较短、空间范围较小的流动状态排除在外。根据空间尺度的不同，可划分出洋盆/海盆环流、陆架与河口环流等类型。环流的驱动力，除第一节提到的热盐环流动等情形外，风力驱动十分重要。

风力驱动

风作用于海面，可以形成流动，如此引起的流动称为风海流（wind-driven current）。1898 年，挪威海洋学家南森（F. Nansen）对风海流的形成过程做了定性描述：风作用于海面，使动能向水体以下传播，引起表层水的流动，然后受到科氏力的作用，水流偏向风的前进方向的右侧（北半球），因此，海面运动的物体（如浮冰）也偏向风的一侧，而不是与风的前进方向一致。后来，瑞典海洋学家埃克曼（V. W. Ekman）于 1902 年给出了风作用于水面摩擦力的定量表达式，称为埃克曼方程（Ekman equation），它描述风速为恒定，且风应力、水平压强梯度力和科氏力达到平衡时的风海流均衡态，即流速在水层中的分布格局（Sverdrup et al., 1942）。

在当时的条件下计算能力有限，为了简化问题以便突出风力的影响，埃克曼提出了以下假设：① 海洋无限广大，没有陆地边界；② 海水很深，以至于海

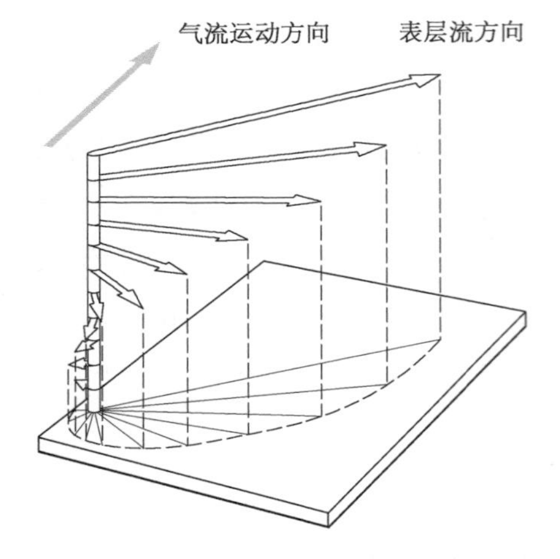

图 3-4 埃克曼螺旋流示意图(据 Sverdrup et al., 1942)

底的摩擦可以忽略;③ 垂向混合系数为常数;④ 风速恒定且长时间作用;⑤ 密度为常数,水平压强梯度力为 0;⑥ 科里奥利效应不随维度变化。结果显示,在海面以下,随着 z 绝对值的增大,风海流的流速呈指数式衰减,而且流向也发生持续的偏转,水层中流速矢量在平面上的投影呈现出螺旋形式,称为"埃克曼螺旋流"(Ekman spiral)(图 3-4)。

在埃克曼工作的基础上,1947 年,斯维德鲁普(H. U. Sverdrup)在风海流的控制方程中加入了水平压强梯度力。虽然未能以解析方式获得流速在垂向上的变化,但他成功地获得了风海流流量的解析解,从而为洋流流量的估算(如大西洋湾流和太平洋黑潮暖流)提供了理论支持。洋流流量通常用 Sv($1\ Sv=10^6\ m^3\ s^{-1}$)为单位,就是为纪念这位海洋学家的。1950 年,蒙克(W. H. Munk)试图针对实际风场的情况,计算出风海流的平面分布,显示了一系列大型的涡旋式流动(Stommel, 1958)。这些研究工作建立了风海流的物理图景,如埃克曼螺旋流图长期以来一直被用来表述风海流的概念。如今,强大的计算能力使得人们无须简化方程中的条件,采用数值模型方法即可研究风海流和其他任何海流的特征和形成机制。

大洋环流

大洋表层水体的运动构成不同时空尺度的平面环流。"环流"一词从字面上看是与圆周运动相联系,实际上也有相似之处,即参与环流的水体从一地出发,经过一段时间在流经许多地方后又回到出发点。最大尺度的表层环流是洋盆尺度的,全球主要的环流体系如图 3-5 所示。

在北太平洋,赤道太平洋西部暖水北上,成为黑潮(Kuroshio)暖流(Marr, 1970; Vallis, 2017),由于它处于洋盆的西侧,受到人们称之为"西向增强效应"的影响(详见本章延伸阅读部分),因此十分强大,其流量最大可达 60 Sv

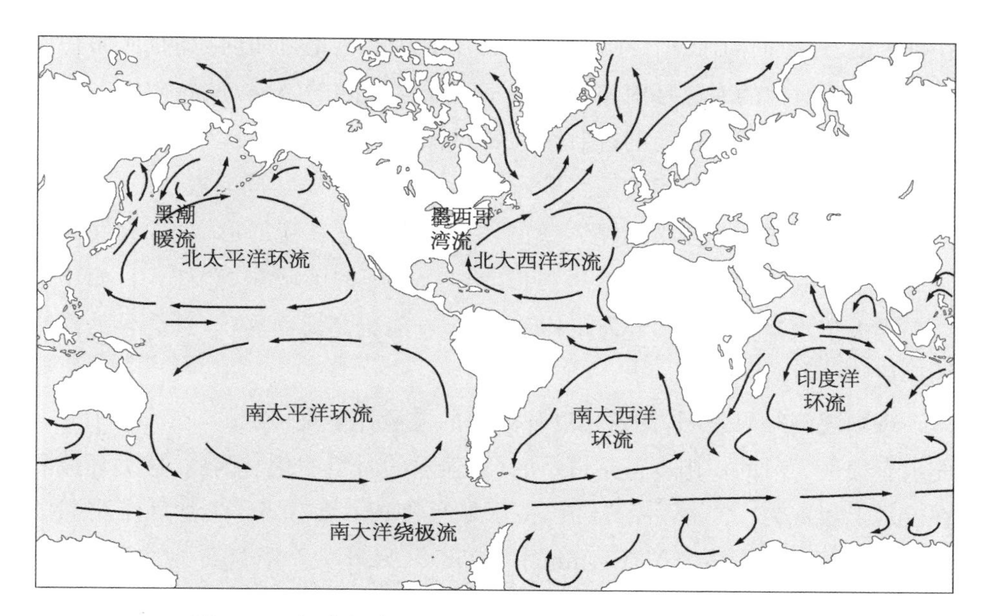

图 3-5　全球大洋平面环流体系(据 Sverdrup et al., 2005)

箭头指示流动方向,图中还给出了主要流系的名称

(长江的平均流量为 0.04 Sv);到达太平洋北端后,这股洋流继续向东运动,成为“北太平洋暖流”,然后该洋流沿美国西海岸向南运动,成为“加利福尼亚洋流”;抵达赤道太平洋后,这股洋流的水温低于黑潮(因为在北太平洋地区热能耗散的缘故),它沿着赤道北翼向西运动,成为“赤道北翼洋流”,最终回到西太平洋暖池水域(图 3-5)。在这个大型环流的不同阶段,洋流的速度和分布范围可有很大的差别,如黑潮水流限于一个宽度为 50～75 km 的范围,流速为 3～10 km h^{-1};而加利福尼亚洋流的宽度范围可达 10^3 km,而流速很少超过 1 km h^{-1};北太平洋的大型环流的东西和南北范围均有 10^4 km 量级,整个路程加起来超过 3×10^4 km,完成一个周期的环流需时可达 3a 或更长,可见它的时空尺度之大。这种洋盆尺度的环流在南太平洋、大西洋、印度洋都存在,但南北半球的运动方式不同。北半球是以顺时针方式流动,而南半球是以逆时针方式流动的。北大西洋的大尺度洋流习惯上称为湾流(The Gulf Stream,这里的“湾”是指墨西哥湾),它是物理海洋学研究的典型案例之一(Pinet, 1992; Vallis, 2017)。

将洋盆尺度环流的格局与行星风系比较,很容易得出两者之间的相关性。

在低纬度，近海面的风是自东向西的，而在中纬度风是自西向东的，从而在赤道两侧形成对称的大气环流格局。由于南北向大陆的阻隔，世界大洋在东西方向上沿赤道是不能贯通的，因此，在每个洋盆内，水体的流动不能像大气运动那样构成全球性的环流体系。尽管如此，在每一个洋盆范围内，大气环流和大洋环流的方向和总体格局是一致的。这说明洋盆环流的形成中，大气环流是一个主要的驱动因子。水平压强梯度也会在某些区域起重要作用，如赤道太平洋由于水温升高而引起海水体积增大，进而抬高海面高程，这会导致洋流的形成。

现场观测结果表明，洋盆尺度环流中的流量并不是恒定的，在流动中有补充也有损失。风的作用也不是恒定的，有强弱的时空变化。因此，这类环流只在宏观上表现为一个统一的环流，在区域尺度或在细节上，洋盆环流是断续的、忽强忽弱的、不清晰的(Stommel，1958)。另外一个有趣的现象是，在洋盆环流的路径上往往形成许多时空尺度相对较小的次级环流，它们有多种形式，进一步的观察显示，在远离洋盆环流路径的广大海域，也有大量的次级环流存在。

在流速较高的黑潮两侧，近红外卫星遥感图像显示在主流的两侧有若干核心区水温高于或低于外圈的环状涡动，环的直径为 100～300 km，涡旋外圈的水质点流速可达 1 m s^{-1}(与主流相当)。核心为暖水的涡环称为“暖涡”(warm eddy)，位于主流前进方向的左侧；而核心为冷水的“冷涡”(cold eddy)位于主流的右侧。卫星影像还显示，主流的流路也不是平直的，而是出现类似于河流的曲流的形态，这可用来解释暖涡和冷涡的形成。黑潮主流的左侧水温高于右侧，因此当流速较高的黑潮水流抵达日本以东海面由于水面坡度的骤降而形成曲流时，就会在凹向左侧的水域中包围一块“冷水”，而在凹向右侧的水域中包围一块“暖水”。这时，如果主流发生“裁弯取直”，就会将包围冷水的环留在主流的右侧，而将包围暖水的环留在主流的左侧。卫星图像显示，这些涡环形成之后以小于每天 10 km 的速度移动，最终还可能加入主流，涡环可以存在数月之久，可见其动能的耗散是较缓慢的，在涡环中水质点运行周期(完成一次循环所需的时间)为 1～3 个月。

20 世纪 70 年代以来，现场观察和卫星遥感资料证实大洋中还存在着一类不同于上述冷涡或暖涡的环流形式。它们广布于大洋的各个海域，这种涡旋的直径为 200～400 km，水质点运动的速度为 0.1 m s^{-1} 量级，涡旋可以作整体运动，且运动方向不一定与大面的宏观水流相一致，称为“中尺度涡旋”(meso-scale eddies)。使用“中尺度”一词的理由是它们远小于洋盆环流的空间尺度，但与更小的涡动相比它们的尺度又相对较大。

与洋盆尺度的平面环流相比，垂向剖面上的深层环流空间范围更大(Sverdrup et al., 2005)，它是由海水的密度差异而驱动的，在相互连通的世界大洋中，这种流动使不同洋盆的海水得以相互交换，从而保持海水物质组成一致性。从低纬到高纬海区，水体的密度呈现系统性的变化，低纬海区表层水体的密度较低，而高纬海区的密度较高，从而在高纬地区海水呈下沉运动，密度最大的海水有向最深处运动的趋势，然后在深层继续水平运动，这就是深层大洋环流的形成机制(图 3-6)。北大西洋深层水的流量可达 20 Sv，按照这个流量估算，整个大洋的深层环流的时间尺度约为 1600 年，也就是说，如果北大西洋深层水发生变化，则可能在 10^3 a 尺度上对深层环流所到之处产生影响。由此可见，海洋深层环流引起的气候影响的时间尺度与洋盆大小、环流强度乃至海陆分布形成是有关的。

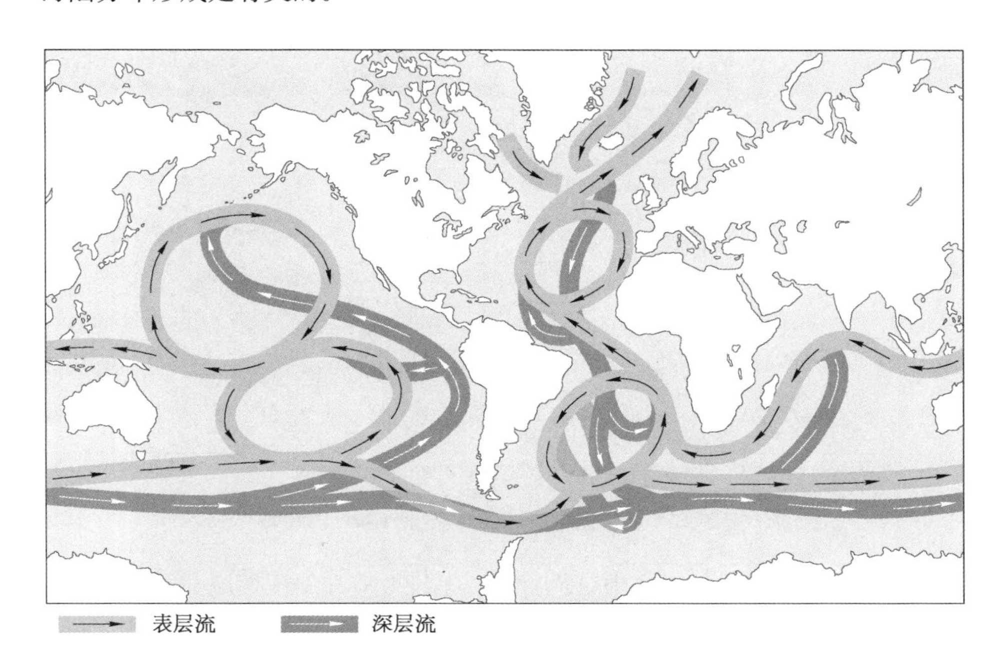

图 3-6　全球大洋垂向和深层环流体系(据 Sverdrup et al., 2005)

陆架与河口环流

相对于全球海洋，大陆架水深浅，水体体积只占海洋总体积的不到 0.2%，但是陆架环流(shelf circulation)格局的复杂性却丝毫不亚于深海。其原因是水流动能集中于狭小的空间范围，并且更容易受到陆地边界(即岸线)和海底边界的影响。以我国东部的东海、黄海大陆架为例(图 3－7)，这里的环流是由多个来源的流系所构成的。沿黄海轴线北上的黄海暖流是黑潮伸向陆架区的一个分支，台湾暖流是黑潮在台湾岛东北部进入东海北部的。在江苏至福建的近岸水域，存在着自北向南的“苏北沿岸流”和“浙闽沿岸流”，它们受到了季风的作用，并且部分地受到长江入海淡水径流的影响。“对马暖流”是从东海流向日本海的水体，给日本海输送了热能和盐度较低的海水。

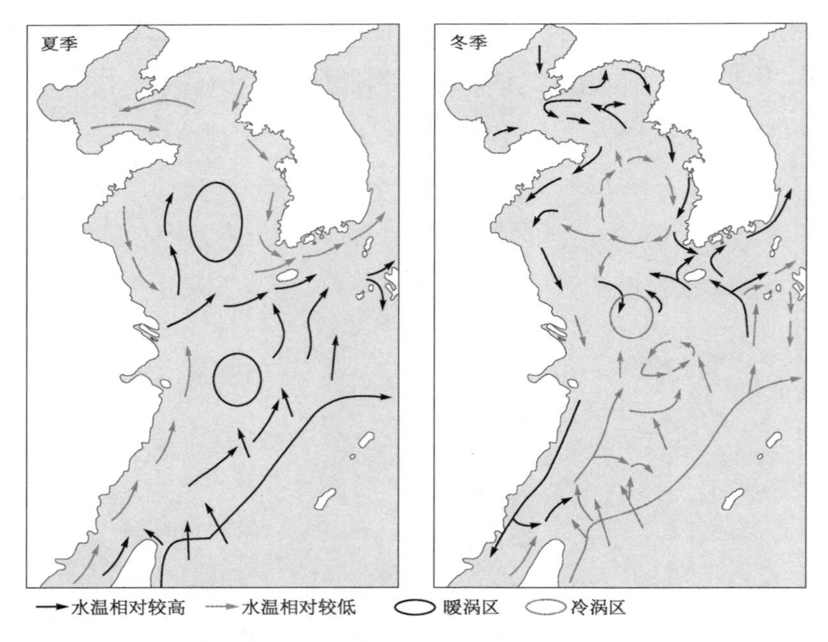

图 3－7　我国东部的陆架环流(据 Chen, 2009)

在陆架环流体系的形成中，风力作用、正压效应和斜压效应共同作用并互相影响。苏北沿岸流在冬季得到显著的加强，这是冬季风影响的结果。本区冬季盛行西北风，在其驱动下产生了自北向南运动的海流，它受到了位于前进方向的右侧的江苏海岸的约束，于是紧贴海岸线向南运动，在长江口又汇合了长江冲淡水，在正常的水面坡度下长江冲淡水应是由河口向邻近海域辐散的，但在冬季风驱动下却向南流动，这时，这股沿海岸线南下的海流成为"浙闽沿岸流"，它对于长江入海物质输运的影响是很大的，例如长江径流所携带的悬浮沉积物随海流向南输运并发生沿程的堆积，其结果是在浙闽沿海的内陆架（即水深小于 60 m 的陆架区）形成了泥质沉积带，堆积厚度最大达数十米，其范围达到附近闽江河口外的海域。

对马暖流在夏季得到加强，冬季由于北向风的作用而有所减弱，它的形成主要是正压效应引起的，东海海区海水的升温幅度高于日本海，而且还有黑潮水流的强大推动，因而在东海与日本海之间形成了水平压强梯度，导致东海水体向日本海的流动，这股水流受到了对马海峡的地形约束，科氏力的偏转效应不能呈现，于是该暖流便能经海峡长驱直入地进入日本海。对马暖流的流速为 0.25～0.30 $m\ s^{-1}$，最大可达 0.5 $m\ s^{-1}$，流量可达 $10^5\ m^3\ s^{-1}$量级。

东海陆架区的多种涌升现象伴随着不同的机制。以陆架边缘的上升流为例，它的形成可以是由于黑潮主轴的东向摆动而造成的。黑潮主轴的摆动可在科氏力影响下或在曲流形成过程中发生，一旦主轴向东移动，在黑潮前进方向的左侧将会出现水体的亏损，这时黑潮主流之下的水体就会在静水压力驱动下向东海陆架方向运动，这种沿海底向陆架区的流动就是上升流。季风作用也可以形成上升流，例如在夏季东海海域以南向风为主，自南向北的海流得到强化，它在科里奥利效应下向陆架外缘偏移，使上层海水向外海运动，作为补偿，陆架边缘就出现上升流，使下层海水向海岸运动[图 3－8(a)]；在冬季，

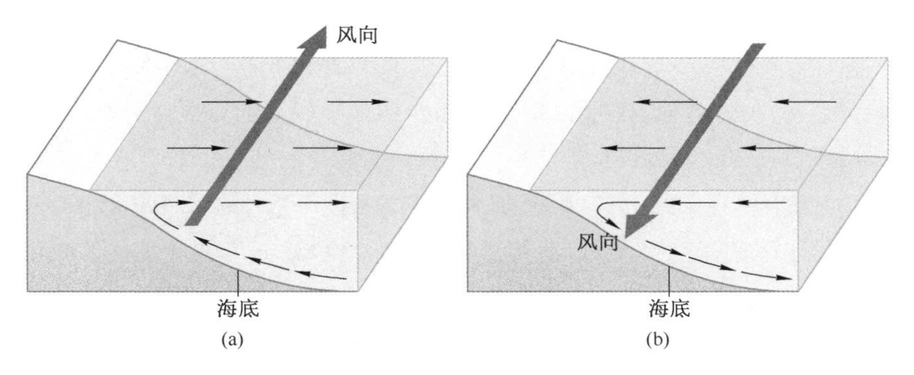

图 3－8　科氏力作用下我国东部近岸季风、陆架环流与上升流(a)、下沉流(b)的形成关系

盛行风向变化为北向风，这时陆架的边缘将出现下沉流，造成陆架物质向外陆架输运[图 3-8(b)]。

内陆架范围内，还有众多的河流入海口，称为河口湾(estuaries)，其空间范围更小，但也存在复杂的环流。最典型的是在径流和潮汐共同作用下河口湾内产生的表层向海、底层向陆的环流体系，被称为河口环流(estuarine circulation)。图 3-9 展示河口环流的垂向特征：盐度较高的海水从水层下方进入河口湾，而河流淡水或河口湾内的低盐水从上层流向外海，水体盐度由海向陆减小，且底层盐度高于表层。显然，斜压效应在这里起到了重要作用，不过，河流水面坡度和近岸的风也有影响。

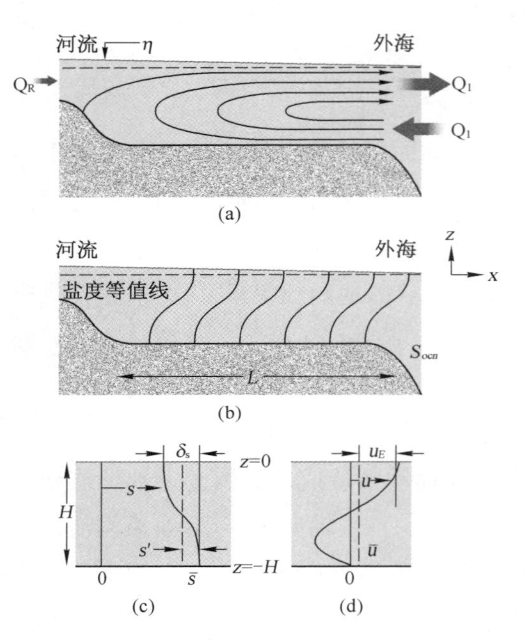

图 3-9　河口环流特征

(a) 纵断面流速分布(箭头指示水流方向)；(b) 纵断面盐度分布(水层中的曲线指示等盐度线)；(c) 盐度垂向分布；(d) 流速垂向分布；H 为水深，s 为盐度，u 为流速(据 MacCready, Geyer, 2010)

在长江河口，河水到达河口区时，水面高程仍高于邻近海域的平均高程(去除潮汐涨落的影响)，因此淡水径流会在正压效应影响下继续东流，形成冲淡水流。但是，与斜压效应相比，正压效应的作用对于冲淡水的形成相对较小。长江水进入面积广大的东海之后，水流的动能迅速耗散，不足以维持冲淡水的远距离运动；另一方面，在冲淡水之下，海水明显地侵入河口区，形成长江河口的半咸水(brackish water)，是与长江淡水发生混合的结果。长江径流夹带的悬浮物浓度为 1～5 kg m^{-3}，因此淡水径流的密度一般小于 1 010 kg m^{-3}，而邻近海域水体的盐度约为 30，即其密度约为 1 030 kg m^{-3}，这个密度差提供斜压运动的能量，密度较小的长江水体在斜压作用下向海运动，而海水则从下部向陆运动。同时，研究也表明，在冬季风作用下，海水入侵的格局有所改变，指示了风的动能传输的影响。

第四节　厄尔尼诺与南方涛动

厄尔尼诺与南方涛动发生于热带太平洋，是一个海气相互作用的典型实例，显示海气相互作用的年际变化，对太平洋地区的气候和海洋环境有重要影响。

厄尔尼诺事件及其影响

经典的厄尔尼诺(El Niño)是一些年份的冬季(12 月至次年 1 月)发生在厄瓜多尔和秘鲁海岸的事件，其范围在太平洋东岸 20°N～20°S 之间的海岸水域。事件发生时，水温增高 2～8℃，伴随着大雨，而且当地的渔业生产受损，表现在鳀鱼(anchovy)产量锐减(它是本区域食物网的重要一环，本身也是主要的经济鱼类之一)。这种现象每 2～7 a 发生一次，每次持续几个月。与厄尔尼诺相伴的是南方涛动(southern oscillation)现象，南太平洋的低纬地带有两个代表性的近地面气压观测地点，一个是西太平洋的达尔文港(澳大利亚北部，12°30′S，130°10′E)，另一个是东太平洋的塔希提岛(17°50′S，149°40 W)。在非厄尔尼诺年，塔希提岛的气压高于达尔文港，这个地区以东南风为特征(风向是指风的来向，而在海洋学中习惯上将水流的流向定义为流的去向，因此风向和流向的定义不同)。厄尔尼诺发生时，气压梯度值发生变化，达尔文港气压升高，塔希提岛气压降低，东南季风减弱。通常将达尔文港和塔希提岛两地之间的海面气压差定义为“南方涛动指数”(SOI)，当 SOI 处于低值时，塔希提岛的气压高于其多年平均值，而达尔文港的气压则低于平均值；当 SOI 为高值时，前者的气压低于平均值，而后者高于平均值。这两地的气压值就像“跷跷板”一样，一头高，另一头就低，因而成为“涛动”。

厄尔尼诺是海洋现象，而南方涛动是大气现象，两者之间的相关性表明它们有着形成机制上的关联性。海气相互作用过程的研究结果表明，南方涛动指数的变化伴随着热带辐聚带的变化，在正常情况下存在着两条辐聚带，其一是热带辐合带(inter-tropical convergence zone，ITCZ)，它位于太平洋北半球的 5°～10°N 范围，从印度尼西亚向东延伸至中美洲；其二是南太平洋辐合带(South Pacific convergence zone, SPCZ)，它从澳大利亚北部向东南延伸至南太平洋中部区域。在海面形成气流的辐聚必然伴随着热带大气层上部的辐散，由于大气在两个辐聚带发生降水，且上部辐散处大气的温度和压力均降低了，因此向外辐散的气流水汽含量低，这股向外的气流向东南太平洋移动，与海面的气流构成统一的环流。这个大气环流的南北向分量称为哈德莱环流(Hadley circulation)，而其东西分量称为沃克环流(Walker circulation)。当气流在南东太平洋下沉时，由于大气的绝热升温，空气干燥，难以形成降水，故在两个辐合带之间形成了一块“无雨地带”，与此同时，由于季风将表层海水沿赤道向西输送，暖水在西部的堆积形成西太平洋暖池(West Pacific warm pool)，而中美洲赤道附近海岸深层水补偿暖水西移造成的空缺，形成上升流(upwelling)，因此在热带太平洋东部形成了一个冷水舌。这是非厄尔尼诺年的情形[图 3-10(a)]，南方涛动指数相应地出现高值。

当厄尔尼诺发生时[图 3-10(b)]，太平洋东部的冷水舌被来自太平洋中部和赤道以南的暖水所取代，热带辐合带向南迁移，靠近赤道，而南太平洋辐合

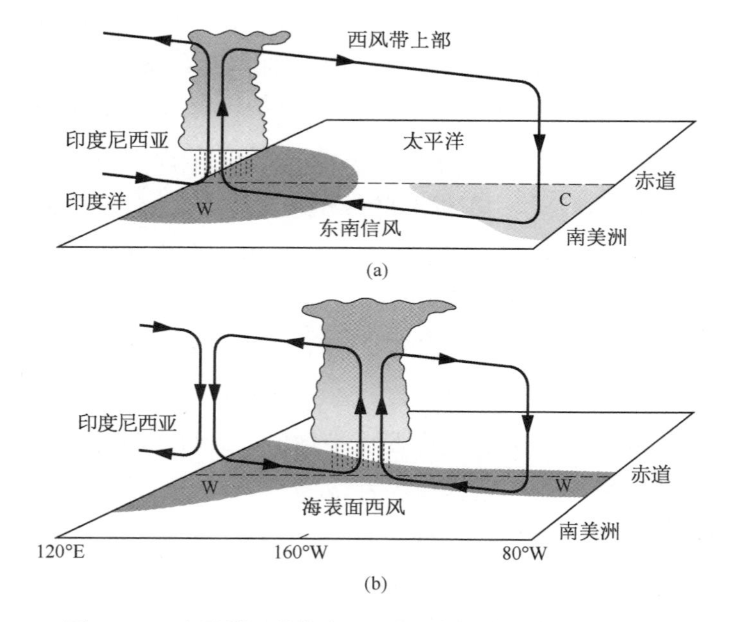

图 3-10　太平洋正常状态(a) 和厄尔尼诺状态(b) 的区别

W 指示暖水区，C 指示冷水区，注意纬向大气环流(沃克环流)的差异

带向东迁移；印度尼西亚和澳大利亚北部降水较平常偏少，甚至出现干旱，而太平洋中、东部的无雨地带此时却出现大雨，这些都是与辐合带的迁移相联系的。厄尔尼诺发生时，南方涛动指数出现低值。

除热带太平洋区域外，厄尔尼诺有着更大范围的影响，通过改变大气环流、热能和水汽输送的格局，厄尔尼诺可改变亚洲和非洲地区季风的影响状态，如降水量的变异。此外，热带太平洋东部的异常海水升温可以影响北太平洋中纬地区的大气环流格局，使北美的冬季变得较为温暖。

厄尔尼诺-拉尼娜振荡的正反馈机制

厄尔尼诺和南方涛动现象与区域性的大气环流、大洋环流和热量分布之间的多种反馈机制相联系，似乎有两种正反馈机制可解释厄尔尼诺和它的对立面拉尼娜(La Niña)，即非厄尔尼诺的极端状况(Wells, 2009)。第一种正反馈的机制是拉尼娜形成的机制，热带太平洋海面在东向风的作用下，形成自东向西的洋流，这是行星风系形成后的一个必然效应。洋流使赤道太平洋东岸的水体发生亏损，于是沿岸地区就发生了海水的涌升，上升流带来了低温的深层海水，使海面水温下降，进而使近海面大气温度下降，这就加大了表层气压。在增大的表层气压下，本区域的东西气压差进一步增大，即南方涛动指数增大，从而使东向风得到进一步增强。这样，经过若干个正反馈周期后，南方涛动指数将逐渐增加到极值。

但是，任何正反馈过程都不可能永远持续下去，因为系统中能量的供给不是无限的。在上述正反馈中，伴随着热带太平洋西部区域水位的逐渐提高，形成了一个西高东低的水面梯度，当水面梯度造成的压力正好与东向风的应力平衡时，进一步的水体向西输运将会受阻，此时东向风的强度也就无法得到进一步增强，这个时刻就成为拉尼娜开始崩溃的时刻。

此后，西向流的减弱使热带太平洋的表层水体由于接收了太阳辐射而升温，这一升温的趋势降低了海面气压，也使南方涛动指数降低，进而使东向风、西向流减弱，这个正反馈过程的进行会打破水面梯度力与风应力之间的平衡，触发热带太平洋西部的暖水向东运动，一旦这一现象发生，西向风会进一步减弱，无法阻止这股暖水的向东运动，直至它抵达太平洋东岸，造成厄尔尼诺事件。

有趣的是，赤道附近的暖水向东传播时是以开尔文波（Kelvin wave）的形式进行的。开尔文波是海洋环境中产生周期和波长均很大的波动，因此其传播具有科里奥利效应。这一波动从西太平洋传播到东岸需要几个月的时间，由于厄尔尼诺发生在冬季，因此可以推论拉尼娜的崩溃应发生于北半球的夏季。

自西向东传播的赤道开尔文波不会发生偏转，因为在赤道上没有科里奥利效应，在赤道北侧波动的传播将偏向赤道，赤道南侧的波动也会偏向赤道，也就是说，波动将一直沿赤道向东，不会偏离赤道。由于开尔文波被赤道圈闭，因此西太平洋的暖水将会在没有沿途损失的情况下运动到太平洋东岸。开尔文波抵达太平洋东岸后，会被海岸反射回来，而折回的开尔文波却不能沿赤道返回西太平洋，因为科里奥利效应的缘故，自东向西的波动在赤道以北向北偏转，而在赤道以南则向南偏转，能量在传播过程中逐渐耗散，一次厄尔尼诺事件就此结束。

厄尔尼诺-拉尼娜振荡周期很像希腊神话里的西西弗斯。诸神要求西西弗斯把巨石推上山顶，但每次未到达山顶巨石又滚落下去，于是他就不断重复做这件事。东向风将暖水推向西部，花费较长时间堆成西太平洋暖池，但失去动力后暖水却快速向东冲去，直抵秘鲁海岸，此后开始下一个周期。

综上所述，拉尼娜和厄尔尼诺是两种正反馈过程各自发展到极端状况的产物。按照这种看法，我们还需要解释为何厄尔尼诺每 2～7 a 出现一次，并且为何事件的强度有较大的变化。第一个问题可以从大气环流的总体格局上寻找答案。热带辐合区毕竟是行星风系的一种常态，在太阳能分布、地球形状和地球自转的背景下必然会产生，而厄尔尼诺期间热带辐合区的特征则代表一种扰动，是不符合能量分布与地球特征的背景的。相对常态而言，扰动是幅度较小的，不易发展成系统的主要行为，表现在出现频率上，就是它会小于常态出现的频率。第二个问题涉及厄尔尼诺在时间上的稳定性，从其年际变化和缺乏固定周期的特征上看，应有许多随机性的因素在起作用。例如，除热带太平洋本身的过程之外，西太平洋暖池以西的海区以及黑潮暖流的动态也会对厄尔尼诺发生时的海面高程和东向风强度产生影响，多种因素的排列组合可以造成类似于随机过程的现象。

第五节　水 面 波 浪

水面上的波浪是风力作用产生的，在风影响的范围内，每一个波浪的形成时间、生长历程、传播动态都有所不同，因此水面呈现复杂的波动状况，这样的波浪组合称为风浪(wind waves)。其中较大者可以越过风影响的范围传播到远处，波浪形态趋于圆润，成为涌浪(swells)。水面波浪是短时间尺度的海气相互作用产物。

风浪和涌浪

水面波浪的大小与风力作用时间、风速和吹程有关(Komar，1996)。如果观察池塘内的波浪，可以见到以下现象：背风侧的近岸处不出现波动，尽管刮风，水面依旧平静，离开一段距离，开始出现涟漪，然后涟漪逐渐变大，终于转化为较大的波浪，风速越大，波浪成长就越快。此外，同样的风力，如果加大池塘的对岸距离，传播到对岸的波浪越大，这里，受到风力作用的水面的大小称为吹程(fetch)。假如把观察地点放到海洋，还能进一步看到，在一定的风速和吹程下，风浪在一段时间内不断加大，但过了这段时间之后即停止生长，波浪的成长达到均衡状态。

通常用波高、波长和波周期来描述单个水面波浪，对风浪和涌浪均适用。风浪和涌浪都伴随着水面的起伏，两个波峰或波谷之间的水平距离为波长(wave length)，而波峰与波谷之间的垂向距离为波高(wave height)。波浪会向前传播，一个波谷移动到传播方向上的下一个波谷所需的时间称为波浪周期(wave period)，波长与周期之间的关系为：

$$L=\frac{g}{2\pi}T^2 \tag{3-14}$$

式中：L 为波长；T 为波浪周期；g 为重力加速度。如果水深相当于波长或更大，则波浪传播速度 C(简称为波速)可以表达为波长和周期的函数：

$$C = \frac{L}{T} = \frac{g}{2\pi}T \tag{3-15}$$

要注意的是波速不同于水质点运动速度(即流速),波速是波形向前传播的速度,这意味着波浪动能向前传输,波浪所到之处,能量随之而来。水体只是能量传输的媒介,水质点本身是不随着波形传播而前行的(图 3-11)。

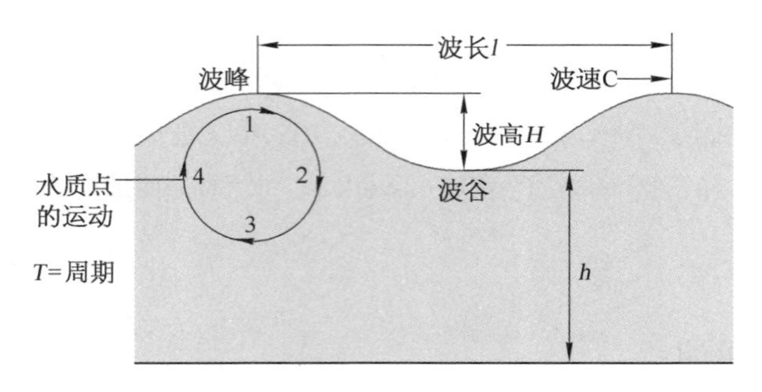

图 3-11　波浪传播中水质点的运动轨迹

h 为平均水深,波浪传播方向从左向右,水质点运动轨迹上的数字代表一个波浪周期中其所处位置及先后次序

当波浪从深水区传播至浅水区,由于底部摩擦力的影响,式(3-15)不再适用。深水区的水深与波长之比>0.5,而浅水区此比值<0.5。浅水区波速是水深的函数,不再受波浪周期影响:

$$C = (gh)^{1/2} \tag{3-16}$$

用单个风浪的波高、波长、周期、波速等参数来描述波浪,只是一种简单化的方法。实际的海面波动是由不同传播方向、不同波长和周期的波浪叠加而成,在海上航行,有时可感受到特别大的浪,但环顾周围却看不到那样的浪,这就是叠加的效应之一。这种不规则的水面波动给波长、波高、周期等参数的定义造成困难。在实际的操作性定义中,可使用两种方法。一种方法是统计波浪引起的在固定地点越过平均海面高程的时刻,两次同方向跨越平均海面时的时段称为“跨零周期”,根据跨越方向的不同,可有“上跨零点周期”和“下跨零点周期”,在统计上是等价的。对每个周期的最高水位和最低水位进行测量,两者之间的垂向距离称为波高。将统计时段内的波高从大到小排列,在33%处的数值称为“有效波高”,是根据实际经验得出的。整个波浪序列的作

用大致相当于有效波高(及相应的波周期)的一个波反复作用相同时段的效应,这个概念在工程上经常被应用。

不规则水面波动数据的第二种分析方法是谱分析。它的基本运算是将水面高程的时间序列[即函数 $\eta=\eta(t)$转化为单位面积上波浪能量随波浪周期(或频率,为周期的倒数)而变化的函数(函数 $E=E(T)$)]。之后,可再利用周期与波高的关系,将波浪能量表述为波高的函数,在此函数图中很容易看出波浪能量在不同波高范围内的分布。波浪能量最大值所对应的波高是代表性波高,如此定义的波高参数可免去繁杂的统计工作。

近岸波浪

波浪进入浅水区后,水深减小,波速也相应减小,同时波周期和波长也减小,波高却增高,这种现象称为波浪的变形,其最终结果是导致波浪的破碎,此时波浪的能量在瞬间内全部转化为动能。波浪破碎时释放的动能与破碎发生时的波高有关,后者受控于近岸波浪变形过程和进入浅水区之前的波浪大小。

波浪在浅水区传播时,在何时何处发生破碎,也可用定量方法来判断。波浪破碎的判据有两种类型:第一类是用破碎处的水深与波浪参数的关系,第二类是利用深水波浪与破碎波浪之间的关系(Komar, 1996)。在海岸工程领域,由于工程结构(如海堤)设计的需要,人们已经发展了成熟的计算方法,只要深水区波浪特征和近岸水下地形为已知,波浪破碎发生的位置就可推算出来;不仅如此,波浪破碎采取什么形式、对周边水体环境有什么影响,也可提前预知(Horikawa, 1988),这不仅有工程应用,对于日常的海滩管理也是极其重要的。如第二章所述,海滩是砂质海岸,波浪作用占据主导地位,它在水上运动、旅游、科学研究等方面价值巨大。

海滩冲浪运动技术含量高,给人以惊心动魄的享受。适宜于冲浪的波浪是远处传播而来的较大涌浪,最理想者波高为数米,且在破碎之前维持较长的时间,这要求海滩形态和物质的配合,由中等粒径(0.1～0.5 mm)的砂构成的海滩较为平坦、宽广(King, 1972; Davis, FitzGerald, 2004),条件较为理想。所以,冲浪运动的良好地点所需条件颇为苛刻,海滩要平缓、岸外吹程要大。

此外，涌浪预报也很重要，并非一年中的每一天都有理想的涌浪。冲浪的技术发挥也与涌浪的实时状况有关，一般而言，在大浪变形前一刻就进入了倒计时，冲浪板要保持在波浪传播方向一侧，波高变大时在重力作用下向前方滑落，向岸方向的水平运动速度与传播速率一致，还有一个尽量平行于波峰线的沿岸运动方向，使得波速与重力下落速度相叠加，滑行速度快速提高，并且持续到波浪破碎之后。另一方面，每个涌浪都有不同之处，冲浪成绩的提高还需针对特定的浪制定最佳操控方式。

海浪摄影是许多人的爱好，冲浪运动拍摄就构成一个大类。海滩地貌形态、生物活动、波浪激流，提供了数不清的创作灵感。以波浪破碎为例，根据波浪和地形的组合状况，破碎的形式有蜂拥喷溢浪、翻卷浪、前锋倒塌浪、激流上冲浪(Komar, 1996)。夏威夷岛上的摄影师里特尔(C. Little)有一天突然想到，如果能钻入几米高的翻卷浪之中的空洞，拍摄里面看到的景象，该是怎样的体验。从此他开始用防水相机，等候在波浪破碎的地点，当波浪翻卷的一刹那，跃入滔天大浪之下，抓拍稍纵即逝的一切。他的照片将人们引导到一个新的视角，所揭示的现象甚至很有研究价值，如翻卷运动中的水流湍动。40多年过去，如今翻卷浪摄影已成为当地的一项产业，纪录片《破浪》介绍了他的经历，最近他又出版了个人著作(Little, 2022)。

夏日假期的海滩上，人们散步、玩沙雕游戏、游泳、享受日光浴。而此时海岸救护队的人员却很紧张，不光是水中的鲨鱼，波浪破碎也会带来风险。深海中的波浪只是能量传递的媒介，但波浪到达岸边并破碎，所有的能量就全部耗散在这里，并转化为上冲的和向海的水流(Horikawa, 1988)。大浪破碎后可上冲到相当高的位置，这股水流到达顶点后返回来变为回流，在有些地方回流冲入海水后继续向外运动，成为裂流(rip current)。有裂流的地方，向海水流湍急，游泳者被卷入后试图逆着水流游回岸边，但这样做是危险的，正确的方式是绕开裂流主轴，选择两侧的水域返回(Shepard, 1949)。还有一种需要防范的情形，岸外多个波浪叠加成一个巨浪，再与近岸特定的地形相结合，破碎之后形成特别强劲的回流，可能将猝不及防的游人卷入大海，这种大浪俗称为“疯狗浪”(rogue waves)。

第六节　风 暴 潮

风暴潮(storm surge)是一种与天气事件(如台风、寒潮等)相联系的异常增、减水现象(冯士筰,1982)。一次风暴潮的周期为几天至十几天,故其时间尺度远小于厄尔尼诺周期。在正常天气下,海岸水位也会发生变化,但如前所述,它主要是由于潮汐作用而产生的。

风暴潮及其灾害效应

我国沿海夏秋季节常有台风侵袭,台风形成的风暴潮往往在沿海地区造成很大的损失,而台风是从热带海域生成的气旋演化而来的。热带气旋只能在海面水温超过 26℃的地方形成,那里海面蒸发强度高,大气接收的蒸发潜能加剧了大气环流,这又反过来加剧海面蒸发。这种正反馈过程可以指数式的速度进行,直至热带气旋生成,其能量的耗散主要靠海面摩擦力,其结果往往是海岸带增水,使得水位高于正常的潮汐水位。

尽管在风暴潮术语里出现了“潮”字,风暴潮实际上不是由天体引潮力引起的,但是,风暴潮灾害却经常与潮汐有关(Boon, 2004)。风暴潮增水幅度可达到 1 m 以上,因此,如果它发生时正值大潮期间,则风暴增水叠加在大潮高潮位之上,可能引发海岸平原的水灾。例如,在 1953 年的 1 月 31 日至 2 月 1 日,欧洲北海地区突发了一次增水幅度达 2～4 m 的风暴潮事件,致使英国东海岸和荷兰海岸的大片土地被淹,死亡人数约为 1 700 人,这在欧洲是一个很严重的事件。北海地区的水位记录显示,风暴增水呈现出在北海海盆内逆时针传播的现象,低气压位于北海中心,最低气压为 965 mbar(1 mbar=100 Pa),这引起了大气的气旋运动,在英国沿岸,先是在 1 月 31 日下午苏格兰东海岸出现 0.6 m 的增水,11 小时后抵达英格兰东南海岸,增水达到了 2.5 m,最后,在比利时和荷兰海岸相继出现了 3.2 m 增水。

在世界其他地方,风暴潮导致的水灾报道更多。在美国,1900 年发生在得克萨斯州的风暴潮，其增水幅度达 5 m，造成了 5 000 多人丧生。全球发生的最严重的风暴潮增水是在孟加拉湾，那里最大增水幅度达到 7 m，全球 85%的严重风暴潮事件发生在这里。1864 年首次记录到风暴潮致使至少 8 万人死亡，此后 1897—1996 年间发生了 117 次，1970 年的风暴潮淹没了 100 多千米宽的海岸平原，50 多万人丧生，是 20 世纪发生的最严重的自然灾害；即使在抗灾能力已有了提高的今天，2007 年 11 月发生的风暴潮仍然使孟加拉国死亡人数达到 3 400 人之多，而 2008 年 5 月，风暴潮冲进邻国缅甸的海岸，14.6 万人丧生（Parker，2010）。我国台风频发，经常伴随着风暴潮（陆人骥，1984）。江苏海岸地势低洼，历史上经常在台风发生时被风暴潮所淹，生命、财产损失巨大，虽然增水的幅度在史书中记载不详，但从淹没受灾的记述中可见影响是很大的，如 1696 年强台风风暴潮袭击江浙地区，超过 10 万人死亡。

风暴减水的幅度可能与增水相当，也可造成灾难性的后果。在通往港口的航道，如果发生 1～2 m 减水，船只就可能触底，造成航行事故。在我国，冬季时的西北向风经常造成寒潮南侵，在海岸带，强劲的离岸风引起明显的减水。例如，在 1999 年的一次寒潮事件中，山东半岛东部的月湖就经历了一次减水事件（薛允传等，2001）。月湖是一个半封闭的海湾，海水在涨潮期间通过口门水道进入湾内，高潮时水面达到近 5 km^2 的面积；但是，在寒潮期间，西北风阻止了涨潮水体的涌入，其结果是湾内大部分处于干出状态，水位记录显示最大减水幅度达 1.5 m。

风暴潮形成过程和机制

1953 年在欧洲北海地区的风暴潮灾害发生之后，英国农业渔业部成立了“海洋与气象常设咨询委员会”，聘请潮汐学专家普劳德曼（J. Proudman）担任主席。在他的领导下，希普斯（N. Heaps）和罗西特（J. Rossiter）两人进行了深入的研究，希普斯完成了一系列有关英吉利海峡风暴潮的研究论文，而罗西特构建了北海风暴潮的计算机模型。

由于风暴潮发生与低气压和风的作用相联系，因此最初的工作是分析气压和风应力的影响，气压的基本单位是 kPa（1 kPa＝10 mbar＝1 N m^{-2}）。海面上的气压如果下降 1 mbar，则海面上升 1 cm。在强度较大的风暴潮事件中，可能伴随着几十个毫巴的气压下降，例如在1953年的北海风暴中，气压的低值965 mbar，若当地平均气压以1 012 mbar计，且假定水位是即时达到静态均衡的，则海面可以上升42 cm。要注意的是，与实际增水的3.2 m相比，低气压引起的增水要小一个数量级，由此可见低气压不是产生增水的主要原因。

风应力的作用要大于低气压的作用。设风应力为τ，风的方向为由海向陆，当达到均衡时，风应力与水面坡度之间的关系为：

$$g\frac{\partial \eta}{\partial x}=\frac{\tau}{\rho h} \tag{3-17}$$

式中：h为水深；η为水位；ρ为水体密度；g为重力加速度。式(3-17)表明水面坡度与水深成反比，即只有在浅水区风应力才能形成较大的水面坡度。水面坡度越大，增水幅度越大，风应力与风速的关系为：

$$\tau=\rho_a C_D u_{10}^2 \tag{3-18}$$

式中：C_D为摩擦系数；ρ_a为大气密度；u_{10}为海面以上10 m处的风速。若风速为22 m s^{-1}，则根据式(3-18)风应力约为0.9 N m^{-2}，在水深为40 m左右的浅水区(欧洲北海)，风暴产生的水面坡度为2.2×10^{-6}，北海的南北距离约为600 km，因此根据式(3-17)计算的北海南部水域在北风作用下的增水幅度达1.3 m。这样，风应力与低气压共同产生的增水达到1.7 m，但仍然低于3.2 m的观测值。

另外可考虑的因素是地形和科里奥利效应。当北海西部刮北向风时，所引起的增水形成了一个开尔文波，它在科里奥利效应下有紧靠英国海岸的趋势，使得沿岸地区增水幅度提高，而岸外增水幅度降低；当波动抵达北海南端时，由于海岸线的约束，它被迫折向东，再向北，在此过程中，科里奥利效应始终是指向海岸的，这样，风力作用的距离进一步加大，使增水幅度进一步提高。

地形作用的一个典型实例是南亚孟加拉湾的风暴潮，当风暴潮在印度洋形成并在南风作用下向北迫近时，由于地形的束窄，单位宽度上的水流能量逐渐聚集在越来越小的范围内，一部分动能转化为势能，到了湾顶区域，水位就大大提高了，这种机制与喇叭口海湾内涌潮的发生相类似。

如果考虑地形和科里奥利效应的影响，则式(3-17)应作较大的改进。研究者们提出了针对不同地形的各种计算方案，说明在不同的地形条件下，风暴增水可以有很不相同的形式。

如果风暴潮是来自外海，则有时候其发生是有先兆的。风暴增水来临前可能发生较小幅度的增水，这是由于远处的波动先于强风到达而形成的，此时水体的能量不能得到风的补充，在底部摩擦力作用下迅速衰减，因而增水幅度较小。

风暴潮发生时往往伴随着大浪，而波浪的作用往往是风暴潮灾害形成的重要原因。如果不考虑波浪作用，则风暴增水本身还是比较容易防范的，只要把海堤加高到大潮高潮位加上风暴增水幅度的水位之上就可以了。例如，江苏海岸中部的大潮高潮位为 4.5 m(平均海面以上)，当地最大风暴增水幅度设为 2.5 m，则堤顶高程超过平均海面以上 7 m 便可高出可能发生的最高水位。但是，大浪的作用可能造成海水越顶现象(波浪水流越过堤顶)。因此，堤顶高度必须进一步提高才能防止波浪越顶。此外，波浪在海堤上的破碎具有极大的破坏力，因此不够坚固的海堤可能被风暴浪所毁。1981 年秋季发生在江苏海岸的强台风期间，风暴增水、潮汐和波浪上冲的水位叠加起来也尚未超过堤顶高程，但海堤在大浪的作用下被毁严重(任美锷，1986)。

风暴潮预报与防灾减灾

为了预报风暴增水的幅度，根据前述，关键之点是建立风应力的空间分布与海面气压场分布的计算模型(Welander, 1981)。如果台风或飓风的移动路径和最大风速为已知，则可根据计算的风应力和气压分布，通过水动力模型获得增水的幅度，在一项对孟加拉湾的风暴增水预报的研究中，预报的模型就是按照上述思路由三个模块所构成：① 气旋移动路径和最大风速的统计模型；② 风应力和海面气压场的大气模型；③ 风暴增水的二维水动力模型(Madsen, Jakobsen, 2004)。

热带气旋形成于南、北纬 10°附近的两个地带，如何预测气旋发生后向何处运动是一个重要的问题。目前，已有多种预测模型，从简单的统计模型到三维大气模型，但都有可靠性不够高的问题。在实用上，经常将这些模型的结果加以综合，进行风暴路径和最大风力的预报。对于 36 小时之内的短期预报，目前较为有效的是利用历史上的移动路径资料和待预报气旋的现状来进行预报，这就是统计模型。对于孟加拉湾而言，台风登陆前的路径和风力与气旋中心的原始位置、登陆前 12～18 小时及 6～12 小时的风力，以及海水表面温度有良好的回归关系。

关于风速和气压分布问题，已经提出了多个计算模型，对于气旋中心所处的任意位置，均可给出风速和气压的平面分布。以风速和气压数据为输入参数，可获增水幅度的空间分布和时间变化。Madsen 和 Jakobsen(2004)对孟加拉湾在 1991 年 4 月发生的风暴潮进行了模拟回报，这次风暴潮的增水幅度超过 6 m，而回报的结果在增水的时空分布和幅度上均与实测值相近。值得指出，回报是在对台风路径已知的情况下进行的，在实际情况中，准确的台风路径和登陆地点往往较难确定，因此经常出现风暴潮预报不够准确的缺陷，尚需进一步研究。

风暴潮形成的灾害，如前所述，是天文大潮、风暴增水和风暴大浪共同作用的结果。根据对一个海岸区域的风暴潮期间的水位再加风暴浪水位的重现期进行计算，得出 20 年一遇、50 年一遇、100 年一遇的风暴时海水作用的高程上限，当一个风暴事件实际发生时，可用风暴增水模型计算出增水幅度，与潮汐水位叠加后可得出最高水位，这可以用来判断最高水位是否超过了当地海堤的堤顶高度。如果越顶，将引起多大面积的淹没，风暴浪的破碎波高的估算可用来判断高水位时波浪是否会发生越顶现象。这些估算还可以用来判断将要发生的风暴潮是一次具有什么重现期的事件，这对于防灾减灾措施的制定是十分重要的。

由于经济上的原因，海堤不可能修建得固若金汤、万无一失，也没有这种必要。一般而言，海堤的修建是按照一定的重现期来设计的，而重现期的选取主要是受到经济、社会因素的制约。当预测到风暴潮事件所对应的重现期大于海堤的设计重现期时，发生风暴潮灾害的风险性就大大增加了。例如，假如 100 年一遇的风暴潮将要发生，而海堤的设计标准为 50 年一遇，那么就要对灾害的后果作出预报，并采取相应的防灾、减灾措施。

为了减轻风暴潮的灾害，在预报发出后应尽快采取措施。首先是要将可能受灾范围内的居民撤退到安全的地方，在海岸平原，大范围的地势都较低，安全地方要在平时就予以规划。风暴潮来临时，大浪可能毁坏最外侧一道海堤，但是大浪的能量也将在海堤处耗散。如果在内侧有第二道海堤，则可以大大减小淹没区范围，且内侧海堤的顶部高程只要超出风暴水位就可以了。在此情况下，居民的后撤不需要走很长距离，只要到达内侧海堤以内就能保证安全。这种波浪、水位分治的复式海堤（图 3－12）对于低地海岸很有参考价值，可以降低海堤建设的费用。此外，江苏海岸在建设新海堤时，同时保留过去修建的老海堤，也可起到复式海堤的部分作用。

图 3－12　风暴潮防范的复合式生态海堤构想（高抒等，2022）

波浪、水位分治的海堤可结合生态建设而进行。风暴大浪可能对海堤造成破坏，而风暴潮到达之前对海堤进行工程加固，需要巨大资金投入；保护海岸带生态系统是社会的共识，而生态系统可用来保护海堤，因此生态建设和海岸防护是可以相互支撑的。研究表明，海岸生态系统确有显著的消浪功能：海堤前浅水区底部摩擦和沉积物运动造成波能耗散，而在植被构成的生态系统中，植物通过形态阻力、茎秆运动来阻滞水流，生物礁（珊瑚礁、牡蛎礁等）也能通过床面摩擦和波浪破碎降低大浪能量（高抒等，2022）。因此，在海堤前缘构建盐沼和生物礁生态系统，可降低海堤冲刷风险。

湾流研究的一段历史

北半球洋盆尺度的环流有一个特点，西部流速大于东部流速，北大西洋有墨西哥湾流，而北太平洋有黑潮暖流，为什么会产生这种“西部增强”效应？斯托梅尔(H. Stommel)(1958)所著《湾流》中的答案很有启发意义。

这本书在许多图书馆都能借到,但我手头的这一本有点特殊。1995年初的一天,英国南安普顿大学海洋学系要搬往港口区,与南安普顿海洋中心(Southampton Oceanography Centre)共享同一座大楼。学校在海洋学系大楼门口放置了一个巨大的钢板垃圾箱,供人们丢弃不愿带到新办公地点的物品。这时,我在那里发现一本被丢弃的《湾流》,扉页上显示它是波拉克(M. Pollak)于1959年3月23日赠送给卡拉瑟斯(J. N. Carruthers)的,此处还夹着迪肯(G. E. R. Deacon)于1960年7月16日发表于《自然》(*Nature*)的《湾流》书评文章的复印件,该文评价了斯托梅尔在湾流研究中走出的重要一步。

网上资料显示卡拉瑟斯是德国海洋生物学家,曾在英国国立海洋研究所工作,1959年曾在《自然》发表有关低氧对海洋生物的影响的论文。波拉克的名字出现在《湾流》的参考文献里,引用的文献是一篇关于大西洋海水密度分布的文章,可以看出他是研究物理海洋学的。至于迪肯,他是英国物理海洋学家,发表的学术论文主要涉及南大洋环流问题,1944年当选为英国皇家学会会员(Fellow of the Royal Society, FRS),1949—1971年出任英国国立海洋研究所所长,其间该所成为世界上著名的海洋研究所之一。他对海洋科学史也很有兴趣,这可能对他的女儿玛格丽特·迪肯(Margaret Deacon)产生了不小的影响,她后来成为有影响的海洋学史家(Deacon, 1971, 1978)。

本书包括湾流的研究历史、观察方法、地转流关系、北大西洋环流的宏观特征、湾流水文特征、北大西洋上空风系、湾流线性理论、湾流非线性理论、湾流体系中的曲流、流速变幅、温跃层环流所起的作用、研究总结等12章。阅读这本早期著作,有一种与作者当面交流的感觉。

湾流的观察

关于湾流,最早的记录和描述见于1513年;当时西班牙人从航海活动中,熟知了湾流的存在,所以他们的航行都是从低纬沿赤道流到美洲,返回时则沿着湾流向东返回欧洲。17世纪下半叶,人们绘制了湾流分布图,并猜测湾流的由来。到了18世纪,捕鲸业发达起来,人们试图根据物理学家的著作来解释湾流。1832年,伦内尔(J. Rennell)主编出版湾流的数据集,他区分了直接受风的影响和水平压力驱动的两种流动，偏向于用后者解释湾流。美国学者莫里(M. F. Maury)于1844年发起大洋环流研究，他出版的《海洋自然地理》第二章的题目是"湾流"(Maury, 1855)。虽然他在普及水温数据、制作高质量海图、编辑航海导引方面作出了贡献，但斯托梅尔认为莫里对湾流动力机制是有误解的。

进入20世纪，湾流的观测是由美国海岸水准测量局主导进行的。观察方法是常规的水样分析(以测定盐度)、用温度计测水温，获得密度分布数据，用旋桨式海流计测定流速。斯托梅尔本人尝试用航空测量表层水温，在飞机上安装近红外探测仪，低空飞行。他所处的时代，观测技术比起先前已有了很大进步，但与研究需求的数据时空分辨率相比，差距仍然很大。

在回顾研究历史时，斯托梅尔强调了科里奥利效应的重要性，并提出为了掌握物理海洋学基础，必须阅读兰姆(Lamb, 1932)和普劳德曼(Proudman, 1953)的著作。针对所获的数据，斯托梅尔考虑了正压-斜压效应和科里奥利效应的复合情形，显示仅存在静水压力和科里奥利效应的条件下，湾流横断面上的压力分布可以形成湾流流动的现象。如果这样解释，那么"湾流并非一条在大洋上流动的暖水河流，而是一条快速流动的水带，它是一道边界，阻止马尾藻海暖水向西侵入水温更低、密度更高的近岸水体"。马尾藻海位于北大西洋环流中心的美国东面海区，其范围约有3 600 km长、1 600 km宽。

1950年之前，现场观测的目标是了解北大西洋环流的宏观特征。环流的要素是流速流向，在组织专门航次进行观测之前的一个多世纪里，人们通过收集各条航线上的船只发回的水文信息给出了大范围表层流的宏观图景。1946年，美国据此编辑了《洋流图集》。

水流是与海水的温度、盐度分布相关的，有了温、盐度数据，流场特征可以被刻画。因此，美国伍兹霍尔海洋研究所的"亚特兰提斯"号科考船于1931—1939年间持续观测湾流水文，沿着两条横断面，每个季度测定一次温、盐度。结果显示，等温线变化显著的范围是狭窄的，湾流发生于陆坡水(北部低盐冷水)和马尾藻海水体(南部高暖水)之间，其中前者有更强的季节性变动，夏季形成浅部温跃层。湾流从哈特拉斯角到50°W经度，与北部低盐冷水和南部高暖水之间各形成压力梯度较大的地带。为了确定湾流的宽度或范围，必须要有密集分布，深度足够的温、盐度数据，而且湾流两侧都有涡旋形成，观测断面要延伸足够远，才能避免局地效应的影响。

湾流的位置不是固定的，流路也不顺直。但由于当时观测频率过低，上层水体的曲流和涡旋现象未能充分展示。此后，根据1946—1950年的多船同步观测数据分析，曲流是有波动性质的，湾流流速最高处的曲流形态一天内向东位移约20 km；另一方面，曲流规模向下游扩大，并且伴随着曲率的增大和涡旋的形成，湾流的右侧形成的涡旋是逆时针式的，中心部位有冷水上涌。

关于湾流的流速，1950年的观测给出了2.5 m s^{-1}的最大流速，而1952年的一个航次显示，哈特拉斯角附近表层最大流速为2.3 m s^{-1}，800 m深处下降为零。此次观测也展示了流速与垂向水温分布的相关性。斯托梅尔总结现场观测经验，提出为保证现场观测的质量，航次计划不宜事先完全固定，当遭遇曲流或涡旋时，观测站位应作实时调整，以提高分辨率。此外，观测应由训练有素的人员来进行。

在湾流中是否存在能量和物质横向输运？在波动形式下，曲流本身只输送动量，不输送热能和盐分，所以不会造成能量和物质的横向输运。观测表明，湾流左侧来自近岸区的低盐水可以长时间存留，说明表层的紊动混合也没有强大到横向贯穿。涡旋则不同，它可能在温跃层范围造成横向输运。

然而在上述估算中，由于数据较少，对大气的热能交换处理不够，以2 000 m为参考深度具有不确定性，因此水团分析的数值是定性而非定量的。为使数据更加准确，于1954年启动对以往20多年的“亚特兰提斯”号科考船断面进行再次调查，到《湾流》出版时仍在进行。

佛罗里达海峡到哈特拉斯角之间，前人对湾流流量的估算值为26 Sv，但计算仅根据稀少的站位数据，所以误差可能较大。斯托梅尔进一步介绍，在佛罗里达群岛西南端和古巴哈瓦那之间铺设海底电缆，于1952—1953年进行了为期两年的观测，其原理是水流引发磁场变化，进而造成电流响应，故可利用电流变化反推流速。流量分析结果是：平均值为26 Sv，但波动较大，两年里出现6个波动周期，1953年的流量高于1952年，范围为15～39 Sv，变幅最大的一个月里达到了17 Sv的差异。

北卡罗来纳州岸外哈特拉斯角以东，湾流宽度加大，观测数据可绘制成形态迥异的图件，对此斯托梅尔评论说，侧线过于稀疏，出现多解性是自然的。

总体上，现场观测虽然带来丰富的流场信息，但仅根据这些数据是难以归纳出湾流的主控机制的。

湾流西向增强理论

观测数据可揭示湾流的流场，但并不能归纳出洋盆尺度上其西侧的洋流为何要强于东侧。因此，斯托梅尔转而思考风成洋流的作用。

海洋表层流与风的动能转换密切相关，不仅要考虑风场平均状态，而且也要评估瞬间状态的多变性、偏离平均态的效应。高气压中心是风场控制点，北大西洋区域风的运动是围绕高压中心作顺时针运动，平均而言，高气压中心位于30°N、30°W附近，但冬夏季又很大差别，冬季时更加偏向于非洲一侧，到了3月份向西南方向移动约1 500海里，春季向北迁移，7—11月位于35°N、40°W附近。在天的尺度上，明显偏离平均态的天数不少，夏季达40%，冬季更达70%。偏离的原因与锋面过程、低气压区位置、海域高压与大陆高压的关联性、飓风事件等有关。因此，北大西洋区域风场的准确信息在当时是无法获取的。

尽管如此，平均风场与洋流的关系是基本的。就风成洋流而言，设想北大西洋被一个位于中心的顺时针大气环流所控制，那么洋流是否也应是同样的、与风场亦步亦趋的格局？对于这一问题，斯托梅尔基于“涡量”(vorticity)的概念进行简略的分析。结果表明，这种对称性的洋流是不可能的，与该风场对应的洋流必然是不对称性的。

涡量是表征流体作旋转或转弯运动的程度，可以用单位时间旋转的弧度来表示，即其物理单位是s^{-1}。作直线运动的水体，其涡量为0，而作弯曲线运动的水体，急转弯时的涡量较大，缓转弯时的涡量较小。

假设的北大西洋上空顺时针大气环流本身说明大气运动是有涡量的，那么如果洋流由风驱动而产生，并且只受到大气涡量的影响，那么洋流在北大西洋水域的环流应与大气环流一致，洋流涡量也与大气涡量一致。然而，水体运动时受到的摩擦力和科里奥利效应的影响不同于大气，而且相关联的涡量在大洋的东部和西部不同。摩擦阻力产生的涡量对顺时针涡量起阻碍作用，而科里奥利效应产生的涡量与维度有关。大洋环流中，东部的环流是南向运动，如果要让大洋环流与大气环流风“亦步亦趋”，则风应力涡量应正好抵消摩擦阻力涡量和科里奥利效应涡量之和。但是，这样一来，对于大洋西部的环流，风应力涡量与科里奥利效应涡量方向一致，两者之和必定无法抵消摩擦阻力涡量，在这里就无法维持“亦步亦趋”了。

但是，如果把环流设置成非对称的，即东部南向水流弱一些，西部北向水流加强一些，那么东部流速有所下降，三种涡量相互抵消；而西部流速加大，导致摩擦阻力涡量大幅上升，也能使三种涡量相互抵消。因此，这个不对称环流是可能的。斯托梅尔把上述分析结果称为洋盆环流的“西向增强”现象。

以上描述可以用数学方式来表示。斯托梅尔所作的数学推导展示如下，我们或许无须理解其细节，但可以体验一下用数学方式表现出来是什么状况。他首先假定：

洋盆为矩形盆地，x 轴东向为正，y 轴北向为正，就像我们通常所见的坐标系一样；

洋盆平均水深为 D，实际水深是在此基础上加一个增量 h；

风应力表达为 $-F\cos(\pi y/b)$（y 为纬向上的位置，b 为常数）；

在 x、y 方向上的摩擦阻力分别为 $-Ru$、$-Rv$（R 为阻力系数，u 和 v 为流速的 x 和 y 方向分量）；

科里奥利效应表示为 y 的函数。

由此建立连续方程和动量方程，进而得到如下的涡量方程（vorticity equation）：

$$D\beta v/R + \gamma\sin(\pi y/b) + \partial v/\partial x - \partial u/\partial y = 0 \qquad (3-19)$$

式中 $\beta=\partial f/\partial y$，$\gamma=F\pi/(Rb)$。此方程之所以称之为涡量方程，是因为方程左边的最后两项合起来被定义为涡量（Wells, 2009），其他两项也都有涡量的量纲（s^{-1}）。接下来，令

$$u=\partial\Psi/\partial y,\ v=-\partial\Psi/\partial x \qquad (3-20)$$

于是式（3-19）可改写为关于 Ψ 的线性偏微分方程，然后获得 $\Psi=\Psi(x, y)$ 的解析解。据此可绘制所假设的洋盆内的流线分布，在低纬区域，科氏力因子与 y 呈近似线性关系，此时洋盆东部流线稀疏、水位较低，而西部流线密集、水位较高（图 3-13），这表明科里奥利效应的纬向变化确为洋流西向增强的原因。

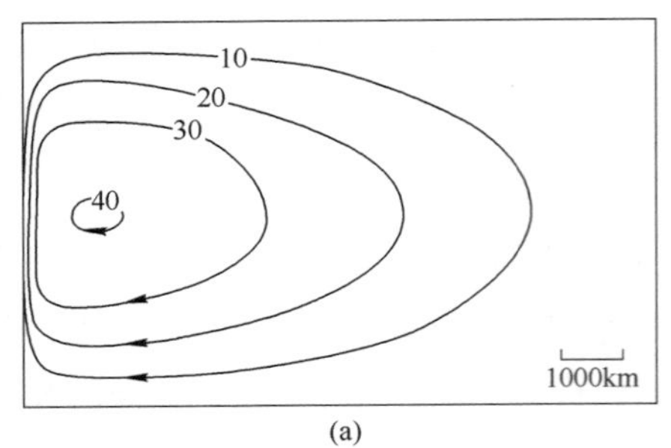

(a)

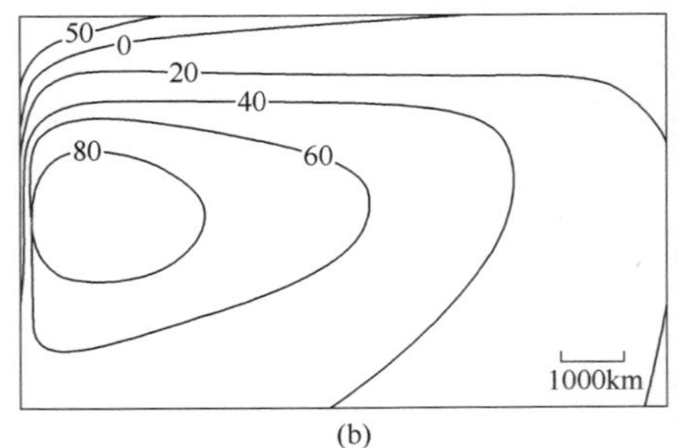

(b)

图 3－13　斯托梅尔涡量分析

(a) 对称性风场由于科氏力作用导致洋盆东西不对称性分布的流线，数字指示流速的相对大小；(b) 海面高程差异，数字指示高程的相对大小，正值表示高于平均水位，负值表示低于平均水位

斯托梅尔理论的启示

在斯托梅尔提出西向增强理论之后，为使其对于湾流的各种特征有更好的解释力，他和其他研究者在风成洋流模型、非线性效应、球面坐标取代笛卡尔坐标、洋盆形状参数化、湾流东西两侧逆向流、湾流体系中的曲流形成机制、流速变幅、温跃层环流所起的作用等方面继续深入探讨。如今，关于湾流、黑潮的认知水平已提升了很多，但斯托梅尔理论起了奠基性的作用。

斯托梅尔的湾流研究采取以下步骤：一是组织现场观测航次，从一系列现场站位采集大量数据；二是根据所获的数据绘制图表，然后发表这些原始数据，可为后来的分析者所用；三是揭示重要现象，提醒研究者们关注；四是对这些现象提出工作假说；五是所提出的假说被专门设计的进一步观察所检验。以此种方式，所提出的理论可以被拒绝或接受，也可能被修改后接受。

由此可见，斯托梅尔的研究既非完全是观察描述型的，也不是完全基于理论分析。从《湾流》一书的详细论述可知，他重视数据，但对数据的用法与许多研究者不同。他实际上是在强调，数据虽然重要，但仅靠数据进行简单的归纳是难以获得理论的，理论的建立需要洞察力，而且理论一旦建立，无论它有多么原始，都有逐步完善的前景。此时，数据所起的作用主要是提供系统行为的表象，以便与理论所预测的系统行为进行对照。在人工智能技术快速发展的今天，我们应该比较容易理解斯托梅尔研究方法的内涵。

第四章
海洋物质转换循环

第一节　海洋化学的性质

海洋地质学所指的物质是沉积物和岩石，能量是地球内部热能；物理海洋学所指的物质是水体，能量是来自天体引潮力和太阳辐射，它们的共同点是，物质的固态、液态、气态转变和运动需要消耗巨大能量。海洋化学处理的物质类型很多，物质转换循环是其重点，方法是通过化学反应了解不同物质之间的转换、循环，其中所需的能量来源成为相对次要的问题。与海洋相关的物质对应于一系列研究领域，包括与海洋地质学、物理海洋学、海洋生物学的跨学科领域。

海洋化学的学科体系

海洋化学最初是为了分析海水组分而建立的，涉及盐度测定、海水中溶解物质组成分析、化学反应的条件分析、仪器研制等工作（Riley, Chester, 1971; Open University, 1989）。在英国“挑战者号”环球考察报告中海洋化学的篇幅较小。然而，随着海洋研究的深入，人们很快意识到化学海洋学及其应用的论题非常广泛。1975—1983 年间出版的 8 卷本专著《化学海洋学》（Riley,

Skirrow，1975；Riley，Chester，1976，1978，1983)介绍了48个主题，大致涵盖海水化学、地球化学、生物地球化学、环境化学、物理与地质过程示踪、海洋资源等领域，这些领域主要研究内容如下：

● 海水化学：作为电解质的海水、化学形态分析、盐度和常量元素、海水微量元素、海水痕量元素、海水分析化学、海水电解化学。

● 海洋地球化学：沉积循环与海水演化、海洋沉积物与沉积过程、地壳风化过程、沉积物与成岩物质、海底锰结核和其他铁锰氧化物沉积、生物成因的深海沉积物、沉积物的化学成岩作用、早期成岩作用、海洋沉积物间隙水、近岸沉积的矿物学和地球化学、深海沉积的地球化学、海洋沉积物有机化学、大洋断面地球化学研究。

● 海洋生物地球化学：溶解气体、海水二氧化碳、微量营养元素、溶解有机质、颗粒态有机碳、初级生产、海水中的悬浮物。

● 海洋环境化学：海洋环境中的吸附作用、连通性差的海盆和峡湾的水文化学、还原环境、海洋污染、海洋环境的放射性元素、海洋大气降尘化学、河口化学、海岸潟湖、天然水体的光化学。

● 物理海洋与海洋地质过程示踪：大洋与河口混合过程、海底扩张与洋盆演化、海底沉积物取样技术、海洋天然核素及放射性核素年代测定、海洋化学过程的压力影响、海表薄膜化学、深海沉积物间隙水化学与钻探数据解译、洋底热液通量。

● 海洋资源：海水无机物质提取、海藻产业、海洋药物化学和药学研究。

此后，海洋生物地球化学循环、海洋生物过程、海洋有机地球化学、大洋环流示踪、海洋碳酸盐系统、海洋环境健康(新型污染物、海洋酸化等)、海水淡化技术、温室气体过程、全球气候变化问题成为深入探讨的主题，海洋生态系统、全球气候变化的科学融合趋势使得海洋化学凸显数据采集和分析的优势(Libes，2009；Pilson，2013；Millero，2014)。

海洋化学所涉及的物质，如盐中所含的元素、溶解气体、生源物质、有机质、沉积物、污染物等，种类繁多，比物理海洋学、海洋地质学复杂得多。这些物质每天都在发生变化：元素合成为化合物，无机物转变为有机物，坚硬的岩石被风化，伴随着能量转移和环境特征变化。要注意的是，地球环境中发生的化学变化，其速率有很大的分布范围，有些化学反应还需要生物的辅助，不像在化学实验室里或课堂演示上通常看到的那样迅速。相对较快的化学反应也有，如铁块在海水中更易生锈，但更多的反应在人类生活尺度上是缓慢进行的，如海底岩浆岩的风化过程。但如果化学反应总是朝着一个方向，那么经过长时间积累有可能产生非常显著的结果，如动植物死亡后产生的颗粒物随沉积物一起堆积到海底，然后经过较长时间转化为石油、天然气，最终可成为规模巨大的油气资源。还有一种情形，虽然在微观上看变化很明显，但由于整个体系的规模很大，以至于改变整个体系的面貌要花较长的时间。很久以前的海水中盐的组成不同于现今，其变化是一个漫长的过程；一次火山喷发可以很壮观，向海洋输入的物质不少，而对于整个海洋，影响是微乎其微的，需要经过长期喷发才能看出效应。因此，观察地球环境的化学变化，要充分考虑时空尺度问题。

海洋环境中的物质及重要化学变化

前述参与化学变化的海洋物质有多种类型，概括如下：

• 海水水体。

• 盐：含有常量元素 9 种，痕量元素 40 多种，氯化钠（食盐）占主导地位。

• 溶解气体：氮气（N_2）、氧气（O_2）、二氧化碳（CO_2）、甲烷（CH_4）等。

• 营养物质：植物生长所需的物质，一般是指碳（C）、氮（N）、磷（P），广义的营养物质还要包括生物体的少量其他元素，包括硫（S）、硅（Si）、铁（Fe）、钙（Ca）等。

• 有机质：碳水化合物（carbohydrate）、类脂化合物（lipid）、蛋白质（protein）。

• 沉积物：黏土矿物、长石、石英等颗粒物。

• 污染物：天然污染物（富营养化物质、地层释放有害物质等）、人类排放污染物（富营养化物质、农药、细菌和病毒、放射性物质、有机废液和生活污水、塑料微粒等）。

温度为 25℃的纯水，每 10^7 个水分子中会产生 1 个 H^+、1 个 OH^-，此时水体的酸碱度是中性的，而如果水体中溶解其他物质时，则可能更多或更少的水分子中会产生 1 个 H^+，此时水体将表现为碱性或酸性（Sverdrup et al., 2005）。如果将 H^+ 浓度的负对数定义为 pH，那么水体酸碱度为中性时 pH＝7，而水体呈酸性时 pH<7,呈碱性时 pH>7。因此 pH 可作为衡量酸碱度的变量。pH 是氢离子浓度的意思,“p”代表德语“potenz”,意为“浓度”,“H”代表氢离子。日常习见的液体中,柠檬汁 pH=2,番茄汁 pH=4,呈酸性;海水 pH=8,家用含磷洗涤剂 pH=9,呈碱性。水中溶入二氧化碳,如可口可乐,就成为酸性饮料,餐桌上使用的醋也是酸性的。

与盐度有关的元素中,有 10 种的浓度超过 0.001 g kg^{-1},另外还有其他一些浓度较高的组分,如硫酸根、碳酸氢根离子。营养物质和气体,通常与盐度测量无关。最靠前的 6 种元素或离子,氯、钠、硫酸根离子、镁、钙、钾,占据 99.36%的质量,氯和钠两种就占了 85%,可见盐物质组成是非常不平衡的。浓度低于 1×10^{-6}的称为痕量元素(trace elements),有 40 多种。

海水中的溶解气体有氮气、氧气、二氧化碳、甲烷等,其中一部分是在海洋内部传输和循环的,包括生物体与非生物体转换的部分,另一部分是与大气交换的结果。因海水可溶解少量气体,因此大气可通过海面向下输送上述气体。二氧化碳是生物生长所需的营养物质之一,其他还有不同存在形式的氮、磷、硫、硅、铁、钙等物质。营养物质转化为生物体,最简单的是以下光合作用和呼吸作用:

$$CO_2 + H_2O \longleftrightarrow CH_2O + O_2 \qquad (4-1)$$

此处 CH_2O 是分子糖,反应式是双向的,向右侧的反应是在有叶绿素存在的条件下太阳能被植物所吸收,向左侧的反应则代表呼吸作用,糖被分解,释放出热能。生物体不光有糖,还有蛋白质、脂肪等,因此需要其他营养物质的加入,例如有氮、磷加入的光合作用和呼吸作用为(Pinet, 1992):

$$106CO_2 + 16NO_3^{2-} + HPO_4^{2-} + 18H^+ + 122H_2O \longleftrightarrow C_{106}H_{263}O_{110}N_{16}P_1 + 138O_2 \qquad (4-2)$$

这个反应式是美国生理学家雷德菲尔德(A. Redfield)于 1958 年首次提出的,故其中参与反应的碳、氮、磷比率称为雷德菲尔德比率(Redfield ratio)。对于海洋浮游植物生长对碳、氮、磷的需求问题,雷德菲尔德想到可以直接测定植物体内的碳、氮、磷比例,这是个很有智慧的思想,据此他提出若以摩尔(Mol)数计算,碳、氮、磷比应为 106∶16∶1,即 106 份碳需要 16 份氮、1 份磷来配合。当然,式(4-1)和式(4-2)之外还有很多其他光合-呼吸作用反应式,因为植物生长模式是多样化的，植物体内所需的功能性物质类型很多，因此，光合作用不可能采用统一的反应式，有些海洋浮游植物的生长可能不受雷德菲尔德比率所限。此外，动物吃植物，又被其他动物捕食，物质通过这个途径转换，化学反应更加复杂。可以说，涉及生物的化学反应是没有穷尽的。

光合作用限于在海洋上层的真光层(photic zone)内(Tett, 1990)，50 m 以浅是阳光较为充足的范围，真光层的下限在 70 m 深度左右。此外，生物物质的分解并非仅有式(4-1)和(4-2)所述的方式。分子糖的分解还有氮还原、硫还原、转化为甲烷等通路：

$$5CH_2O + 4HNO_3 \longrightarrow 2N_2 + 5CO_2 + 7H_2O \tag{4-3}$$

$$2CH_2O + H_2SO_4 \longrightarrow H_2S + 2CO_2 + 2H_2O \tag{4-4}$$

$$2CH_2O \longrightarrow CH_4 + CO_2 \tag{4-5}$$

式(4-3)表明分子糖与硝酸反应还原为氮气、二氧化碳和水，式(4-4)表示分子糖与硫酸反应生成了硫化氢气体(H_2S)，而式(4-5)则显示分子糖可转化为甲烷(CH_4)。

沉积物来源于岩石风化，由于岩石、所含的矿物以及所生成的沉积物的多样化，化学反应式也有很多，没有统一的反应公式，其中的一例是岩石中一种矿物转化为另一种矿物的反应式：

$$2KAlSi_3O_8 + 2H_2CO_3 + H_2O \longrightarrow Al_2Si_2O_5(OH)_4 + 4SiO_2 + 2K^+ + 2HCO_3^- \tag{4-6}$$

钾长石($KAlSi_3O_8$)遇水和碳酸反应后转化为高岭土($Al_2Si_2O_5(OH)_4$)和石英(SiO_2)，钾长石是花岗岩中的常见矿物，而高岭土属于黏土矿物。

海洋污染是指某些物质的过度富集，它可影响所在地点的环境和生态系统健康。因此，对于任何物质，如果未造成环境和生态破坏，就不能计入污染物。前面提到的营养物质，是生物生长所必需的，但如果输入过量，会造成富营养化，就成了污染物。物质浓度过量的现象在自然界也会出现，如富营养化、火山喷发物质等，但更常见的情形是人类排放的污染物，来源于船舶溢油、化肥、农药、细菌和病毒、放射性物质、工业排放废水和重金属、有机废液和生活污水、塑料微粒等。

第二节　海水组分恒定率

海水的盐度平均为35,即海水是1 kg水和35 g盐的混合物。在世界大洋里,由于纬度的不同、大气与海洋环流的差异、河流及冰盖影响等因素,水面蒸发、大气降水和陆地输入淡水可改变盐度,因此实际的盐度在34～37甚至更大的范围内变化(Pinet, 1992)。盐度和海水组分测定中,人们发现无论盐度高低,盐的成分比率都是一样的,如氯化钠恒占85.7%,这称为海水组分恒定率(constant composition)。这给海水分析带来了便利:物质浓度分析无须对各种元素分别测定,只要测定其中一种(如氯或钠元素)即可,但这也带来了问题:海水为何组分恒定、平均盐度为35?海水组分、盐度随时间变化吗?

盐的物质收支与平均滞留时间

盐度高低与水和盐的比率有关,地球上水的总量被认为是缓变的,短时间内可看作一个常数,因此只要能决定盐的输入量,盐度就能确定。输入海洋的盐有多个来源,如河流输入、火山和海底热液喷发、大气降尘等。不仅如此,盐的组分也与来源有关。因此,弄清盐的收支状况,就能同时回答盐度和组分的两个问题。

第三章我们叙述过一个复杂系统的状态变量表达问题,式(3-3)给出了最一般的表达。针对盐的组分,如钠元素等,可用以下的简化收支方程来刻画(Libes, 2009):

$$dM/dt = P + QM \tag{4-7}$$

式中M是组分在海水中的总质量,它随时间的变化率决定于单位时间的物质输入量。任何组分进入海洋后均会出现损耗,例如钙元素会被生物用来建造其介壳,因而脱离溶解状态。一般而言,P代表物质的"源"(source),Q代表物质的"汇"(sink),即由于粘土颗粒吸附、结晶岩盐、生物生长转化为颗粒态物质沉降等因素导致的损失。设 P、Q 均为常数，或围绕常数略有波动，那么式(4-7)的性质规定，随着时间的进行，M 也将趋近于一个常数，此时 $\mathrm{d}M/\mathrm{d}t$ 接近于 0，式(4-7)就转化为

$$P + QM = 0 \tag{4-8}$$

令 $T = -1/Q$，式(4-8)可写成

$$T = M/P \tag{4-9}$$

式中 T 称为平均滞留时间(residence time)，其定义是所考虑的组分进入海水之后保持在溶解状态的平均时间长度，过了这段时间，平均而言，该组分就离开了海水系统。

式(4-9)也可以理解为，以一定的供给强度往海洋输送某个组分，那么该组分在海水中随时间逐渐积累，总量增加，不过，经过时段 T 之后，总量不再继续增加，达到一个定值。如果每个组分都有其定值，那么我们可以选取各个组分所对应的平均滞留时间的最大值，超越此值之后，各个组分的总量均为定值。这就是说，此时盐度被固定，各个组分之间的比率因而也被固定。

上述解释需要的条件是 P、Q 的值要较为稳定。这与时间尺度有关，它们可能在小于 10^8 a 时是稳定的，而在 10^9 a 以上是变化的。我们不妨首先考察在现今环境下各个组分的平均滞留时间，进而考虑这个时间尺度上的参数稳定性。

地幔和地壳含有盐的所有组分，通过岩浆活动和火山喷发，这些物质被带到地表，在陆地上，经受风化作用或溶于地表水，此后被河流携带入海。河水中的溶解盐排名靠前的 10 种组分依次为碳酸氢根、钙、硅、硫酸根、氯、钠、镁、钾、铁和铝的氧化物、硝酸根，每年输入的溶解物质约为 2.5×10^9 t。在海底，尤其是洋中脊区域，各类物质可直接进入海水，但每年输入的总量尚未作出准确估算。略去海底输入部分，仅根据河流输入数据计算的平均滞留时间最长的前 6 种物质为：氯($>10^8$ a)、钠(2.1×10^8 a)、镁(0.22×10^8 a)、钾(0.11×10^8 a)、硫酸根(0.11×10^8 a)、钙(1.0×10^6 a)。如果加入海底输入部分，平均滞留时间的计算值会更小一些。河流输入组分排名与海水盐组分排名有所不同，两者之间的转换是由于各组分平均滞留时间的差异。计算结果显示，氯和钠平均滞留时间最长，为 10^8 a，也就是说，即使海水最初完全为淡水，经过约 2×10^8 a，也会变成海水。

那么，地球历史上盐分输入的情况如何？研究者认为，海洋形成于32亿年前，当时还没有陆地和河流，盐分直接来自岩浆活动，而那时的海水盐度已经与现今相似，但物质组成还有差别，如钠和钾的比率与现今有所不同（详见第六章）。但如果时间缩短到32亿年以内，则可认为盐度和组分比率均与现今相同（Sverdrup et al.，2005）。由此可以推论，在最大平均滞留时间的尺度上，盐分的源和汇均是稳定的。

海水中其他物质的浓度比率

根据以上所述，盐分源汇的稳定和足够长的时间是海水组分恒定的充分条件。其实，如果海水中各类物质总量都足够大，且海水是充分混合的，那么海水组分恒定仍然近似成立，因为盐分源汇变化导致海水组分显著改变，需要较长的时间。

然而，如果有些物质总量相对较小，而且海水不能短时间内达到充分混合状态，则其组分恒定不能成立。溶解气体、营养物质、人类活动排放的污染物等就是此类物质。以营养物质中的碳、氮、磷为例，可说明其原因。

作为营养物质的碳、氮、磷是以化合物的形式出现的，按照是否溶解于海水、是有机物或无机物，可分4种类型。例如，与碳有关的物质，生物体分泌、排放或分解产生的微粒（直径小于0.7 μm）是溶解态有机碳；碳酸氢根和二氧化碳是溶解态无机碳；植物碎屑是颗粒态有机碳；生物介壳、骨骼主要成分是碳酸钙，属于颗粒态无机碳。氮、磷也有此4种形态。在生物生长过程中，4种形态之间频繁发生转换。根据式（4－1）和式（4－2），光合作用将溶解态营养物质转化为颗粒态物质（植物体），称为生物摄取（uptake），而呼吸作用又将部分物质返回到溶解态无机物，称为重新矿化（regeneration）。

海洋藻类的生长形式决定了生物摄取的快速性，其旺盛生长很快耗尽水层中的营养物质，因而只能持续两周时间（图4－1）。总体上，生物摄取和重新矿化均可在短时间内发生。在第三章的厄尔尼诺案例中，赤道太平洋东岸的秘鲁海岸上升流造成高生物生产，而当上升流被遏制时，浮游生物生产即刻下降，说明海水溶解态营养物在短期内即被耗尽；另一方面，浮游生物产生的颗粒态物质会下沉到海底，在那里发生重新矿化。在此情形下，生物生长的周期决定了溶解态物质的变化周期；同时，上升流输入量又相对较大，因此溶解态营养物质的平均滞留时间很短。长江河口的情形与秘鲁海岸不同，长江携带营养物质输入宽广陆架，主要发生于洪季，长江河口区域的浮游植物暴发在春季首次显现，长江营养物质不能全部被本地植物生长所消耗，有一部分被陆架环流带离东海陆架区。尽管如此，溶解态物质存量较低、平均滞留时间较短的现象也同样存在，这是接收外来营养物质的海域所共有的特征。

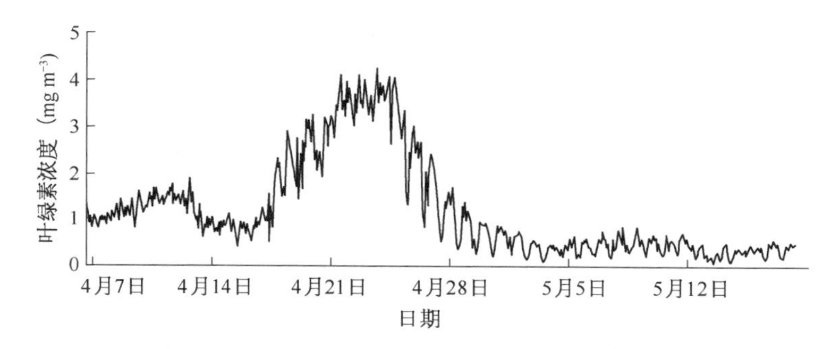

图 4－1　欧洲北海 1989 年一次浮游植物春季暴发的时间序列，叶绿素浓度代表浮游植物生物量(Simpson，Sharples，2012)

营养物质在海水中能否达到充分混合状态？从物理过程上看，这是难以达到的。海水盐分的情形是充分混合所需的时间短于各个组分的平均滞留时间，全球大洋环流造成海水混合，其时间尺度为 10^3 a(参见第三章)，短于平均滞留时间。但对于溶解态营养物质，总体上充分混合所需的时间长于其平均滞留时间。水层的垂向混合是由湍动能量造成的(Fischer et al.，1979)，但湍动能量传递会在密度界面上受阻，这大大加长了垂向充分混合时间，在河口环境，垂向密度分层可能使垂向混合变得很微弱。水平方向上，混合作用表现为水体交换，例如海湾内外的水体通过涨落潮流的交换而混合，在此类环境，达到充分混合的时间往往超过年的尺度甚至更长。上述两种情形是针对局地范围的，在区域和全球海域尺度上来看，营养物质的充分混合更加不可能发生，未等到混合过程充分展开，溶解态物质就可能已转化为颗粒态物质了。

根据溶解态营养物质存量、输入量与水体混合时间的相互关系，可知其组分比率不是恒定的。在不同水域，或同一区域的不同地点，溶解态营养物质的浓度没有统一的比值，而呈现出较大的变幅。这给生态系统研究增添了复杂性，同时也为了解生态系统多样性提供了额外的信息来源。

第三节　海水中的主要营养物质

与陆地植物不同，海洋植物是在水层的上部以浮游方式生长的，需要从海水中汲取营养物质，主要有碳、氮、磷，它们都有复杂的存在形态、转化方式、循环过程。同样的情形也存在于其他广义的营养物质如硫、硅、铁、钙等中。

营养物质及其转化

上一节提到营养物质的溶解态、颗粒态、有机物、无机物，据此可定义碳、氮、磷的4种存在形态。从化合物形态看，它们也有多种形态。碳的化合物大多是来自生命体，生命体本身含植物纤维、糖类和脂类等物质，有机质分解后一部分返回到二氧化碳状态，还有的转化为烷烃类物质、煤炭，在分子式中去除氧元素[见式(4－3)～式(4－5)]。这一切都是由于光合作用的缘故，二氧化碳进入生命体之后才能产生各种复杂的物质。

式(4－1)所示的光合作用形成碳水化合物，其基本单元为CH_2O，它可以拆分组合，形成不同的分子，如$C_3H_6O_3$可拆分为CHO、HCOH、CH_2OH，三者以碳键联接起来成为一种单糖，又如$C_6H_{12}O_6$拆分为CHO、HCOH、HOCH、HCOH、HCOH、CH_2OH六项，联接为另一种单糖(此处为一种葡糖糖)。进一步扩大规模后成为多糖，如淀粉。碳水化合物还能以脱去部分氧元素的方式构建另一种大分子有机物，即类脂化合物(如脂肪和油)。由于可能的分子键联接方式几乎多到无限，因此这类物质的种类繁多，从最简单的叶绿素(光合作用要在叶绿素帮助下才能进行)到结构复杂的脂肪酸。糖类和脂类是植物储存能量的方式。不仅如此，多种类脂化合物不溶于水，这种独特材料被生物体用来建造细胞膜；还有一些大分子，其中加入氮、磷元素，使得细胞结构更加牢固(Libes，2009)。

氮气是大气的主要成分，也以溶解气体的形式存在于海洋。另外，海洋水体中还有多种氮的化合物。氮成为海洋浮游植物组成部分的方式，除式(4－2)

所示的光合作用外，还有合成代谢（assimilation）方式，即在一定的生物能量供给条件下，生物体可以从外部吸收多种化合物。对于氮而言，生物体吸收氮的化合物，然后在体内与碳水化合物产生与蛋白质相关的生命机能支撑物质氨基酸。但是，有些形态的氮不参与上述两种过程，包括氮气、一氧化二氮和一氧化氮气体。氮气与氮的化合物形态及其与海洋浮游植物（藻类）的关系可概括如下：

● 硝酸根离子（NO_3^{2-}）：直接参与光合作用，也可通过合成代谢被海洋藻类吸收，转化为亚硝酸盐离子。

● 亚硝酸盐离子（NO_2^-）：被海洋藻类吸收，还原为氨气。

● 一氧化二氮（N_2O）：溶解气体，不直接参与海洋藻类合成代谢。

● 一氧化氮（NO）：溶解气体，不直接参与海洋藻类合成代谢。

● 氮气（N_2）：一般情况下不参与光合作用，但可在固氮菌作用下转化为可供海洋藻类合成代谢的硝酸根离子、亚硝酸盐离子、铵根离子等形态。

● 氨气（NH_3）：海洋藻类合成代谢，产生谷氨酸、丙氨酸，均属于组成蛋白质的氨基酸。

● 铵根离子（NH_4^+）：仅需较低能量供给即可被海洋藻类吸收，参与海洋藻类合成代谢，产出氨基酸。

● 有机胺（RNH_2）：此处 R 代表烃基，甲基（$—CH_3$）和乙基（$—C_2H_5$）最为常见；海洋藻类合成代谢形成。

● 尿素[$CO(NH_2)_2$]：又称碳酰胺，动物体内蛋白质代谢分解物，也有人工合成的用作化肥，海岸带水域海洋藻类合成代谢主要方式，产出氨基酸。

上述 9 种物质中，硝酸根离子、亚硝酸盐离子、氨气、铵根离子属于溶解态无机氮，是最基本的营养物质，直接参与海洋藻类光合作用或合成代谢。如果没有氮的参与，植物只能合成糖类，不能合成氨基酸，由此可见氮的重要性。

式（4－2）显示，溶解态的磷酸氢根（HPO_4^{2-}）参与光合作用，进入生物体。在植物体内，结合了磷元素的脂类大分子被用作细胞壁等部位的材料，使得结构更加牢固。碳、氧、氢、氮构成植物的主体部分，而磷的功能是配合构建植物生长所需的特殊材料，这可以解释光合作用中氮、磷的比率为何如此悬殊。植物体内其他含量较低的营养物质，如硫、硅、铁、钙等，也应具有类似的功能。对于以植物为食的动物，这些物质极为重要，例如，磷和钙结合形成磷灰石(apatite),而后者是牙齿、骨骼、鳞片的重要组分。

关于碳、氮、磷的供给,大气提供了二氧化碳保障,当光合作用需要的时候,大气二氧化碳总能通过大气-海水界面传输到真光层。然而,氮、磷的情形不同。按照雷德菲尔德比率,氮磷比应为 16∶1,如果自然界提供的氮、磷正好是这一比率,那么两种营养既没有富余,也没有亏缺。但如果不符合这一比率,就会出现营养限制的状况,此时浮游植物生长受限的原因就是比率过小的一方。当其中一种物质耗尽时,另一种物质就成为多余,可被洋流带离所在海域,或者在水体交换不畅的情况下就地留存,积累起来。

有趣的是,对于海洋总体上是氮限制还是磷限制的问题,曾经有过对立的看法(Smith, 1984)。地球化学家认为是磷限制的,理由是,当 NO_3^- 相对 PO_4^{3-} 稀少的时候,固氮生物可从大气获取用之不尽的氮气,当这些藻类被摄食或降解时,以 NH_4^+ 等形式将氮释放到水体中,从而增加氮磷比,但大气并没有磷储库,一旦水体中的磷被消耗完,没有可替代的来源。而生物学家则认为应是氮限制的,大量实测数据表明,海水中的 NO_3^- 通常比 PO_4^{3-} 稍早耗完,营养缺乏的水体通常仍包含少量残余的 PO_4^{3-},而 NO_3^- 难以测到,另外,往贫营养的水体中加入 NO_3^- 可激发浮游植物的生长,但加入 PO_4^{3-} 则不起作用。他们的看法涉及长、短两个时间尺度(Tyrrel, 1999),而实际情况却有更多的可能,例如人类活动排放的氮会造成长江口海域氮的富余,而海底被水流冲刷的沉积物可能提供磷的来源。

受到营养限制观点的影响,人们还在一些海域加入铁、硫、硅等营养元素,试图验证这些海域的生物生产是否受到铁、硫、硅限制的影响。东亚大陆粉尘向太平洋的输送与鲑鱼生物量相关,这被当作铁限制的证据,不过,这项研究目前尚无定论。

水层缺氧现象

海洋浮游植物产生之后,可能被浮游动物或其他动物所食,或者在死亡后沉入水层底部,甚至进入海底。在沉降途中及堆积之后,如果有氧气的充分供应,将被微生物所分解,颗粒态有机质重新矿化为溶解态营养物质。但问题是,并非所有的地方都有氧气的来源。大气中氧气含量高,可以通过大气-海水界面传入水体，同时，上层海水由于光合作用的缘故，也能释放出一部分氧气，因此海洋表层水体的溶解氧含量通常可到 1×10^{-5} 量级，足以提供生物呼吸和有机质降解。

深层海水的情形有很大不同。由于缺乏与大气的直接交换，溶解氧只有通过垂向或水平方向的水体交换才能得以补充。大洋环流伴随着垂向和水平流动，自然而然造成全球大洋的海水混合。但规模较小的边缘海则可能不是这样，以日本海为例，它是一个通透条件欠佳的海盆，与周边大洋水体之间交换不畅，也就是说在水平方向上的流入流出很少，甚至没有。于是，海盆底部的水就处于停滞状态。此外，虽然海盆的表层水体中含有溶解氧，但其下层水体密度高于上层，由于斜压效应的缘故，上层水体也无法与下沉水体交换。通透程度很低的海盆，其底部的水体中原来含有的溶解氧很快会耗尽，这就是缺氧现象(hypoxia)：上层水体的有机质颗粒源源不断地下沉，却无法降解，最终堆积到海底，以有机质的形态长期保存。地中海也是缺氧海盆的例子(De Lange et al., 2008; Filippidi et al., 2016)，这里水蒸发大于降水，因此海水盐度较高；直布罗陀海峡水深较小，阻止了与大西洋的充分交换，从直布罗陀海峡进入的大西洋海水，其密度低于地中海本地的水体，所以不会下沉，而是漂浮在表层。浊流、河流输入的有机质，在海盆底部不能被分解，于是慢慢累积起来，形成黑色页岩(sapropel)。地质历史上，地中海地层当中曾经出现过氧化事件，一部分有机质被氧化、降解，成为通透条件变化的证据，缺氧海盆氧化事件提供了构造演化和气候变化的线索。如表层水温度下降、盐度升高就会下沉，同时带去溶解氧。缺氧条件也提醒我们，有机质颗粒大量堆积不一定代表上层水的生物生产量大，也可能是氧化条件缺失所致。

除通透性差的海盆之外，局地也会发生缺氧现象，如海岸带水域；在特定的淡水径流、海洋水体交换条件下，产生的生物颗粒过多又来不及降解，就会出现缺氧现象(Zhang et al., 2010)。全球范围内，生物生产旺盛的区域往往与上升流区、大河口有关，因为这些地方营养物质供给充足(参见第三章)。例如，长江口是世界著名的高生产力区，在春季暴发之后，产生大量的有机颗粒，在水层中一时来不及被降解，于是就形成短期的水层缺氧(图 4-2)。缺氧发生期间，生物颗粒沉降到底部，使得下部水体的溶解氧含量急剧下降，低于 2 mg l^{-1} 的范围可达 10^4 km^2 量级(Zhu et al., 2017)，影响底栖生物的生存。在缺氧环境中，底栖生

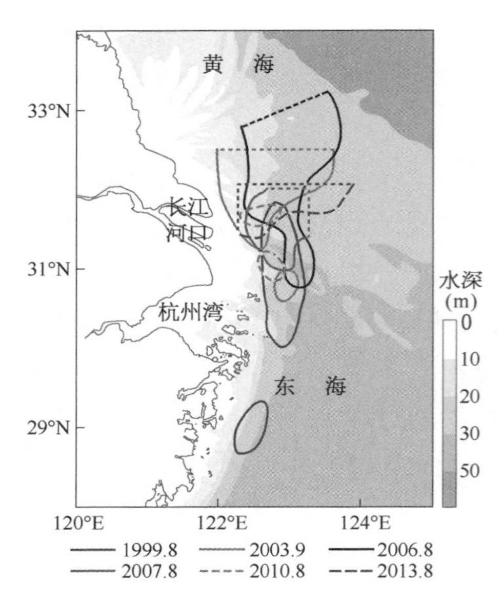

图 4-2 长江河口水域 1999—2013 年的缺氧状况，溶解氧含量≤2 mg l⁻¹ 的范围(据 Wu et al., 2020)

物可能大面积死亡。与此同时，有机质颗粒堆积速率显著提高，增加海底沉积物中的有机质含量。春季暴发的影响过后，水体溶解氧含量回复常态。但是，人类排放的营养物质可能改变缺氧环境的格局。由于陆域河流输入的营养物质(尤其是氮、磷)的增加，长江河口藻类暴发有规模加大、延续时间延长的趋势，甚至由于氮磷比率的失调(与雷德菲尔德比率不符)而出现有害藻类暴发(见本章第五节)，缺氧现象就可能演化为一种生态灾害，破坏局地海洋环境的水质和生态系统结构。

缺氧现象还表现出另一面：它是油气资源形成的一个必要条件。如果所有的有机质都被氧化、降解，那么海底沉积物中将不含有机质，而油气资源是由有机质转化而来的。石油、天然气的成分是碳、氢组成的烷烃化合物，活体生物能够合成其中若干种，但总体上与石油、天然气很不相同，因此油气资源主要是有机质埋藏之后的化学变化的产物。如前所述，来自海洋植物、动物的有机质含有碳水化合物、类脂化合物、蛋白质，其碳、氢组分非常接近于石油、天然气，埋藏于沉积物之后，在缺氧、温度不超过 50℃条件下经历长期的化学变化，先是转化为腐殖质，再经热降解产生原油，原油大分子进一步裂化形成天然气，原油和天然气均可在地层中迁移。最后一部分不能降解的物质残留于原来的地层。类脂化合物、蛋白质中的氮、硫物质在降解过程中脱离烷烃分子，但仍然与油气混合在一起，成为油气加工中需要处理的杂质。

由生物物质转化为石油、天然气的化学反应非常缓慢，因此形成大宗油气资源需要的时间以 10^6 a 计。过了这段时间之后，油气可能在地表等环境逐渐流失，化学变化的继续进行也会造成损失。大量产出生物物质的环境包括边缘海和大陆架等，地层中的油气经过迁移集中于沉积盆地，然后才能被人类所开采。目前估算的全球储量为 10^{12} t 量级(Libes, 2009)。

营养物质循环

物质循环有多种时空尺度。最小尺度的循环是前面提到的溶解态、颗粒态的转换,生物摄取、再重新矿化可在短时间、小范围内完成,河口或海岸环境里每天都在进行。中等尺度的循环在海洋内部进行,海洋表层和近岸水体的营养物质被浮游植物利用,进入食物网,浮游植物死亡后下沉,部分成为动物的食物,部分被细菌分解,部分沉降至海底堆积,底层水中溶解的营养物质,通过上升流和垂向混合,可再次进入海洋表层水体。最大的是全球尺度的循环,物质在海洋、大气、海底地层、陆地之间循环。这就是说,整个地球有 4 个储存库,即海洋、大气、海底、陆地,营养物质则在它们之间沿着特定的通道进行传输,如果每条通道传输的量均为已知,那么 4 个储存库的动态变化就可以算出,库存减少的情形称为"源"(source),而库存增加的情形称为"汇"(sink)。因此,说到物质循环,就是要量化每个储存库源汇性质,并且阐明其控制机制。

当涉及全球尺度时,用日常使用的计量单位时数字会过于庞大,所以人们用 GMT 作为物理量,1 GMT$=10^9$ t。使用这个物理量时要注意,它是指元素的质量,而不是化合物的质量,例如,探讨碳循环问题时,我们关心的是碳的质量,而不考虑二氧化碳或光合作用产物的总质量,原因是化合物的种类很多,其中碳所占的比率也不同,总质量数值的计算非常繁杂。如要考虑具体的某种化合物的贡献,可以从该化合物的总量和碳比率来换算,如光合作用产生的碳水化合物(CH_2O),碳的质量占 40%,珊瑚骨骼的主要成分是碳酸钙($CaCO_3$),其中碳占 12%。另外,目前已作出的库存和源汇估算还有很大的不确定性,因为 4 个储存率既有大尺度又有复杂性,计算的准确性有待进一步提高,而且这些数值本身也是动态的,如人类使用化石燃料导致的碳排放在过去的 100 a 里快速上升。以下我们将以碳、氮、磷为例,说明如何从储存库和收支的角度分析全球尺度的循环格局,同样的原理也可应用于硅、硫、钙、铁循环的分析。

图 4-3 是全球碳库及相互之间源汇关系的示意图。关于碳库的现状,从 20 世纪 60 年代起就做过估算,至今仍然在进行。因此,为了简明刻画其宏观特征,我们以数量级的方式来描述碳库的规模:

• 大气碳库：800 BMT，主要以无机质二氧化碳气体形式存在。

• 陆地碳库：表层松散沉积物和土壤含 1 400 BMT，有机质和无机质均有；生态系统中生命体含 600 BMT，主要为有机质（有机化合物）。

• 海洋碳库：溶解态无机碳 36 000 BMT，溶解态有机碳 1 000 BMT，颗粒态有机碳 30 BMT。

• 海底地层碳库：碳酸盐沉积中无机碳 50 000 000 BMT，沉积有机碳 10 000 000 BMT。

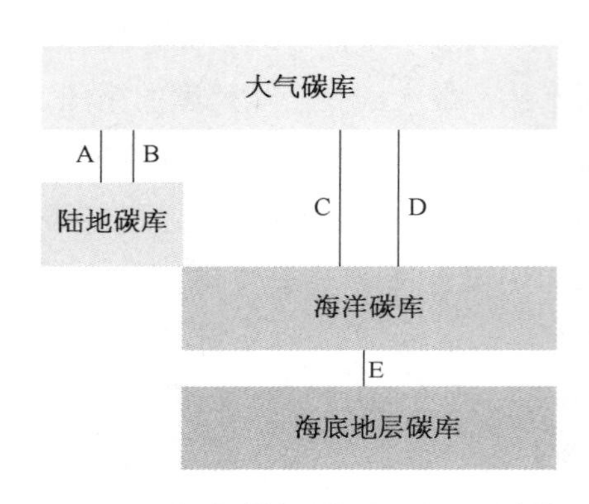

图 4－3　全球碳循环格局示意图：碳的 5 条源汇通道或传输路径（A～E）控制大气、陆地、海洋、海底地层碳库的规模，随着源汇自身的变化，碳库也发生变化

4 个碳库的对比表明，碳库规模的次序是海底地层碳库＞海洋碳库＞陆地碳库＞大气碳库，而且差异悬殊，海底地层碳库是海洋碳库的 1 600 倍、陆地碳库的 30 000 倍、大气碳库的 75 000 倍。如何理解碳库规模大小及其差异？仍然可以用式（4－7）和式（4－8）所表达物质收支分析方法来分析。每个碳库都有碳的供给和支出，如果供给大于支出，碳库增大，支出也增大；到了一定阶段，供给和支出达到均衡，碳库不再增大。图 4－3 给出了主要的碳的源汇通道 A～E：

• 源汇通道 A：陆地碳库输往大气的碳，主要是二氧化碳形式，地表物质风化等造成的排放 60 BMT a^{-1}，人类化石燃料排放约 10 BMT a^{-1}，生物呼吸作用 50 BMT a^{-1}。

• 源汇通道 B：陆地生态系统光合作用吸收的碳，110 BMT a^{-1}。

• 源汇通道 C：大气通过大气-海水界面向海洋输送的碳，约 100 BMT a^{-1}。

• 源汇通道 D：大气-海水界面上向大气释放的碳，约 100 BMT a^{-1}。

• 源汇通道 E：沉降到海底堆积的颗粒态无机碳、有机碳，0.5 BMT a^{-1}。

上述源汇通道有以下几个明显的特征。① 如果没有人类使用的化石燃料排放，陆地与大气之间可以达到碳的收支平衡，物质净交换接近于 0。过去的 100 a 时间里，人类使用化石燃料的数量快速上升，使得碳排放量从 1920 年的 1 BMT 上升到现在的接近于 10 BMT。这一额外排放的碳打破了原先的平衡，使得陆地成为碳源，大气成为碳汇。观测数据表明，大气二氧化碳浓度上升的速率约为 1 μl L^{-1} a^{-1}。② 大气与海洋之间的碳收支也基本上是平衡的，与大气-陆地之间的交换强度相当。陆地也有通过河流输入海洋的碳，但强度相比于 100 BMT a^{-1}很小，源汇通道 C 和 D 的碳通量估算值的误差大于陆地输入通量，在此情形下难以评估陆地输入通量的贡献。同样的道理，化石燃料排放打破了平衡，使得大气碳库增大，但由此增强的源汇通道 C 情况如何，目前难以准确评估，因此，海洋的源汇性质判定需要更加准确的数据。源汇性质变化会导致碳库变化，所对应的时间尺度决定于碳库规模和物质交换通量大小。③ 源汇通道 E 的数据很小，但它是单向的，不涉及与其他通量的平衡问题，因此经过长时间的积累，所在的碳库达到了最大规模，其中油气资源里的碳就有 5 000 BMT。海底地层碳库的规模显示，其形成的时间尺度为 10^8 a 量级。总体上，海底地层碳库较为稳定，而人类燃料消耗造成的碳输出正在快速改变大气碳库，海洋、陆地碳库也开始有所响应。

除海底地层碳库外，海洋碳库是最大的，其细节有几个特点(Libes, 2009)。① 表层水体是产生有机化合物的环境，上升流区、大河河口，有机碳的产出速率为 200 g m^{-2} a^{-1}，一般的海岸水域为 100 g m^{-2} a^{-1}，开敞海域为 50 g m^{-2} a^{-1}，照此推算，全球初级生产摄取的碳为 3.0 BMT。这是海洋有机化合物的主要来源，营养物质来自陆地、深海上升流和大气输入。② 真光层以下的海洋主体部分，生物生产很低，来自水层上部的沉降有机质颗粒在这里被重新矿化，产生的溶解态无机碳加入海洋碳库，补偿上升流损失。溶解态有机碳似乎也应如此，但研究者发现，占海洋碳库总量约 3%的溶解态有机碳，或至少其中一部分，并不容易在上升流环境被生物重新吸收，理由是这部分有机碳存在的时间长于海水混合所需的时间，表现出保守性。问题是 1 000 BMT 的溶解态有机碳之中，退出循环、不参与化学反应的部分究竟占多大比例，目前尚无定论。③ 海洋含有颗粒态有机碳约 30 BMT，沉降通量为 0.5 BMT a^{-1}，因此，全部沉降需要 60 a 。从另一个视角看，为了维持这部分碳库，生物生产的补给速率必须等同于沉降通量，于是 60 a 也是颗粒态有机碳的平均滞留时间。综合以上观点，海洋起到的作用是每年产生有机碳 3.0 BMT，其中 17%补充到颗粒态有机碳库，相同质量的物质又脱离海水沉积到海底，退出海洋自身的物质循环，加入更长时间尺度的全球物质循环。海洋的这一功能被形象地称之为“生物泵作用”(biological pumping)。

以同样的视角来看全球氮循环,大气是最大的氮库,约有 4.0×10^6 BMT,主要以氮气的形式存在,不能直接被生物所吸收。海洋氮库约为 1 200 BMT,其中也含有不能直接参与光合作用的溶解氮气,陆地氮库约为 170 BMT。沉积到海底的颗粒态有机物中碳氮比约为 14∶1,而海底地层的颗粒态有机碳为 10×10^6 BMT,所以有机氮按此比例应为 7.1×10^5 BMT,不过应注意的是,有机氮堆积后有机质分子被移除的概率要大于有机碳,因此实际的值会低于此数值,但仍可能达到 10^5 BMT 量级。上述估算值表明,氮库规模的排序为大气氮库>海底地层氮库>海洋氮库>陆地氮库,这说明虽然碳、氮同为营养物质,但两者化学性质有很大不同,碳元素更容易参与生物地球化学过程。

在源汇通量方面,大气输往海洋真光层的营养氮和细菌固氮作用产生的营养氮总计约为 0.080 BMT a^{-1},陆地输入为 0.025 BMT a^{-1},下层水体供给真光层 0.50 BMT a^{-1},真光层光合作用产生 0.50 BMT a^{-1}。在真光层以下,大部分有机氮被重新矿化,随有机质沉降到海底者约为 0.030 BMT a^{-1},其中约有<25%的部分可保留在有机质分子中,其余部分继续经受重新矿化作用。可见,参与循环的氮物质量与碳相比要小得多。最近几十年,由于人类化肥使用快速增加,世界氮肥生产从1961年的0.012 BMT增长至2019年的0.12 BMT,其中又有相当大的一部分被河流输入海洋,会对系统原有的源汇通量产生明显影响。

全球磷循环涉及的物质量远小于氮。最主要的源汇通量来自河流输运,达到近 0.01 BMT a^{-1}。从海洋再返回陆地的磷很少,参与海洋光合作用的磷大部分以磷灰石的形式堆积到地层中,如前所述,磷灰石是动物从食物中吸收磷而形成的。与氮一样,磷的输入也受到人类活动的很大影响,每年磷肥的产量达 0.04 BMT。

第四节 海洋示踪物

海洋环境中的沉积物、营养物质都有来源问题,具体地说,就是物源有哪些,每个物源的贡献各有多大?利用海洋地球化学、生物地球化学的示踪方法,可以找到答案，有助于生态系统特征和演化、环境状况变化、物质传输过程的了解。

物源示踪

沉积物、营养物质的来源和数量影响海洋环境的特征。假设这些物质的元素组成具有保守性，即在输运过程中物质形态不变，则可以用来进行物源示踪。沉积物的一些地球化学变量满足这一假设，而溶解态营养物质由于生物摄取作用不符合要求，但可用总氮、总磷等近似保守的参数。作为地球化学的应用之一，物源示踪方法有定性的，也有定量的。

物源示踪的定性方法通过源区与堆积区物质组分的对比来识别物源信息。首先要找到一个物源有别于其他物源的标志，表示为该物源的端元物质参数。以沉积物为例，因每个流域盆地所处的岩性、气候、水文条件不同，所以产出的沉积物也有所不同。从两个流域的物质中筛选出若干个数值差别较大的参数，可用来判别海域堆积地点的物质来源。图 4－4 给出了一个判别长江或朝鲜半岛锦江物源的实例（Yang，Youn，2007），它们在元素比值 Sc/Al 和 Cr/Th 上差异明显，在坐标系中长江沉积物和朝鲜半岛锦江入海物质的坐标点位置相差较远，于是 Sc/Al 和 Cr/Th 比值可作为端元物质参数，并用以构建物源判别标准：堆积地点的沉积物，其物源贡献的大小可根据实测数据点的分布状况来判断，靠近长江物质坐标点，则表示长江物源占优，而靠近朝鲜半岛锦江的坐标点，则表示锦江物源占优。

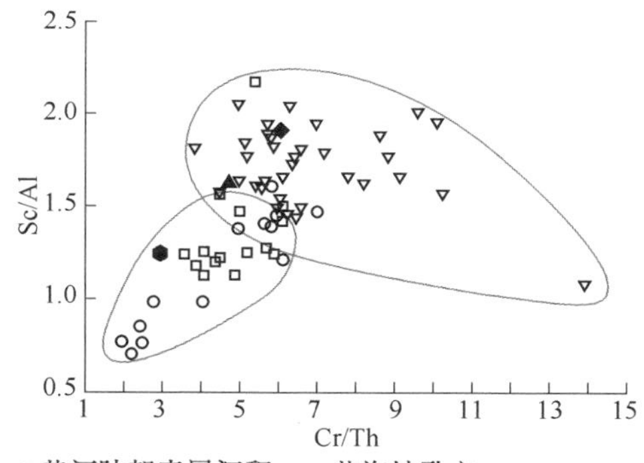

图 4－4　利用端元物质参数获取物源信息的原理示例：用 Sc/Al 和 Cr/Th 比值判别黄海海域沉积物可能来源（长江、黄河和朝鲜半岛锦江）（据 Yang，Youn，2007）

大陆架水域的营养物质可能有河流输入、外海输入（如通过上升流）、海底和海岸侵蚀等多个来源。关于多个物源相对贡献的评估，也可用图 4－4 所示的方法，以靠近各个物源所在坐标点的距离来说明物源贡献的相对大小。

物源示踪的定量方法根据物质守恒原理而建立，它一般包含两个步骤：一是确定示踪标记；二是构建物质混合模型。计算要依赖于线性代数，我们不一定需要厘清计算的详细过程，只要理解其原理即可。

计算的目的是提供定量答案，例如，在长江口外海区取得一个底质样品，来自长江的物质在这个样品中占多大的贡献？此类计算也要用到前述的端元物质参数，而且为了提高量化的准确性，需要较多个参数。如此组成的 N 个参数称为示踪标记，数学形式上表示为一个 N 维的矢量(Owens et al.，2000)。

混合模型(mixing model)的一般均假设为：① 物源的个数为已知；② 从源地样品分析得到的示踪标记矢量对整个源地具有代表性；③ 来自不同物源的物质在堆积地点得到充分的混合(即样品对所在地点具有代表性)。

根据示踪标记矢量的维数与物源个数之间的关系，可以构造两类不同的混合模型。若记 M 为物源个数，其贡献分别为 P_1，P_2，…，P_M，则可以证明，当 $N<M-1$ 时，各个物源的贡献无法确定。当 $N=M-1$ 时，可以产生第一类混合模型，即根据质量守恒原理，可以得出 M 个线性方程：

$$
\begin{aligned}
&C_{11}P_1+C_{21}P_2+\cdots+C_{M1}P_M=C_1\\
&C_{12}P_1+C_{22}P_2+\cdots+C_{M2}P_M=C_2\\
&\cdots\\
&C_{1N}P_1+C_{2N}P_2+\cdots+C_{MN}P_M=C_N\\
&P_1+P_2+\cdots+P_M=1
\end{aligned}
\qquad (4-10)
$$

式中：C_{ij} 为第 i 个物源、第 j 种示踪物的示踪标记参数；$[C_1, C_2, \cdots, C_N]$ 为实测的堆积地点的示踪物参数(与示踪标记同量纲)。由于方程的个数与未知数的个数相同，因此 $[P_1, P_2, \cdots, P_M]$ 可从方程组中解出。

这个混合模型的弱点是计算误差不仅与参数的测差误差有关，还与示踪物参数本身的量值有关。为了克服这一缺陷，可增加矢量维数 N，使 $N>M$，再用最小二乘法获得各个物源贡献的估算值，这就是第二类混合模型(Owens et al.，2000)。具体分析步骤是，首先按照式(4－10)构成含有 M 个未知数的 N 个方程($N>M$)，并令 E_i($i=1, 2, \cdots, N$)为方程两侧的测量误差之和，即

$$
\begin{aligned}
&E_1 = C_1 - (C_{11}P_1 + C_{21}P_2 + \cdots + C_{M1}P_M) \\
&E_2 = C_2 - (C_{12}P_1 + C_{22}P_2 + \cdots + C_{M2}P_M) \\
&\cdots \\
&E_N = C_N - (C_{1N}P_1 + C_{2N}P_2 + \cdots + C_{MN}P_M)
\end{aligned}
\tag{4-11}
$$

再计算式(4－11)式中的误差平方和 R：

$$
R = \sum_{j=1}^{N} (E_j)^2 \tag{4-12}
$$

令 R 取最小值，即 $\partial R/\partial P_i = 0$ $(i=1, 2, \cdots, M)$，则可得 M 个方程：

$$
\sum_{j=1}^{N} E_j \left(\sum_{i=1}^{M} C_{ij}\right) = 0 \tag{4-13}
$$

用最小二乘法解出 P_i $(i = 1, 2, \cdots, M)$ 后，可用已经建立的方法（Owens et al.，2000）来估算其误差。

生物摄取、重新矿化的过程示踪

河口水域是营养物质丰富、生物生长活跃的环境。河流携带溶解态物质入海，如果没有生物作用，溶解态物质在河水与海水的混合中被逐渐稀释，但由于生物摄取、重新矿化过程，营养物质可能在溶解态和颗粒态之间反复转换，造成复杂结果。如何从观测数据中判断转换是否发生、强度多大？实用方法之一是绘制河口混合图（estuarine mixing diagram）（Burton，Liss，1976）。以盐度为横坐标、溶解态营养物质浓度为纵坐标，对不同地点、不同水层进行测定，获得盐度和浓度的值，在上述坐标系中形成一系列数据点，连接起来就是实测盐度和浓度的关系曲线。另外，在低盐度和高盐度水域测定的两个端元浓度值之间连接为直线段，假定溶解物是保守的，也就是说，即生物摄取、重新矿化都不发生，那么当这两类水体以任何比例混合，所对应的盐度和浓度数据均应落在该直线上，不会偏离。实际的情况当然不符合保守性的假设，因此会有偏离。如图 4－5 所示，直线代表保守型混合的基线，而实测曲线的偏离有两种基本类型，即偏离于直线的上方或下方。向下方的偏离表示实测浓度低于保守混合的浓度，这亏损的部分应是生物摄取造成的。另一方面，向上方

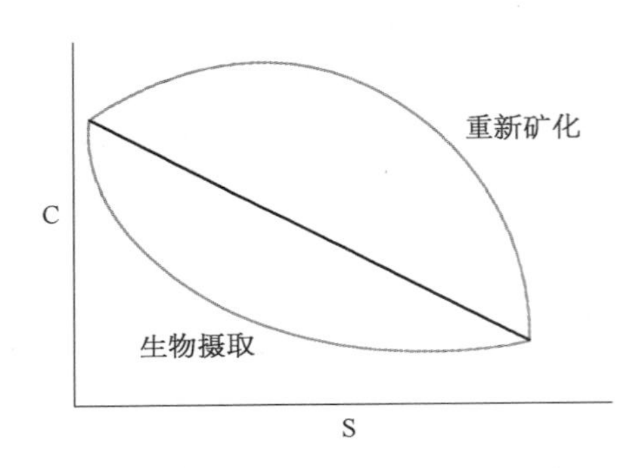

图 4-5 用于判定河口区生物摄取、重新矿化过程的河口混合图(S 为盐度,C 为溶解态物质浓度):以保守混合的直线为基线,向下偏离表示生物摄取,向上偏离表示重新矿化

的偏离表示实测浓度高于保守混合的浓度,这多出来的部分应是颗粒态物质重新矿化的结果。因此,实测曲线和基线的对比可以确定生物摄取或重新矿化的发生。

不仅如此,河口混合图还指示生物摄取、重新矿化过程的强度,在纵坐标上偏离基线的距离代表强度大小,而横坐标的位置给出强度值与盐度的对应关系。对主要营养物质(碳、氮、磷、硅等)均适用。图 4-5 所示是简化的情形,实际 S-C 曲线可能出现分段情形,不同盐度范围的有不同过程。因此,从河口混合图提取的信息可改绘成空间分布图,在河口水域划分盐度不同的区块,每个区块与一定的生物摄取或重新矿化特征相联系,从而显示两种过程的空间差异。

河口混合图分析的前提是两个端元点的 S-C 必须稳定(Burton, Liss, 1976)。若非如此,基线位置不断变化,就无法准确判断生物摄取、重新矿化特征。在较长时间里,端元数据是难以稳定的,例如一年里的不同季节,河流有洪枯变化,溶解物浓度也随之变化,海洋也是如此。因此时间尺度很重要,在盐度和溶解物浓度测定的时间段内,稳定的端元数据可保证河口混合图的有效性;可在观测开始和结束的两个时刻重复测定端元数据,以检查是否稳定。这同时表明,每次观测都需要重新定义保守混合的基线,因它是随季节而变化的。

生物标志物

前述物源示踪标记方法是利用了端元物质的占比差异,依据物质守恒原理。还有一种特殊情形:有些有机化合物是由特定的生物所合成的,称为生物标志物(biomarkers),其存在就是生物物质源头的直接证据(Bianchi, Canuel, 2011)。因此,使用生物标志物时,无须物质守恒的约束。例如,颗石藻(Coccolithophorids)是亚热带-热带海域浮游植物的重要物种,形态近于球体，外部有一系列的钙质盖板，常堆积于深海的海底，它是唯一产生一种称为长链烯酮(alkenones)的有机化合物的浮游植物，那么长链烯酮就必然与颗石藻有关。又如，木质素(lignin)是陆地植物细胞壁所含的物质，而海洋浮游植物不合成这样的物质，所以若在海洋沉积中发现木质素，则说明陆源有机质的输入，很可能是由河流携带而来。

海洋环境中合成的多数有机化合物是非常不稳定的，之所以进入海水，是因为从生物体内渗出、排泄或生物死亡后的细胞溶解。此后，可以由于微生物作用而快速降解。虽然原始物质已经消失，但降解的产物仍然可以用来追踪化合物的来源。例如，叶绿素分解的产物是黄藻素、植物醇，它们指示了曾经存在过的叶绿素。又如，三磷酸腺苷是细胞溶解后产生的一种物质，进入海水中被快速分解，所以，如果其浓度高就表示很高的生物生产，否则难以补偿快速分解。因此，研究者通过水层三磷酸腺苷浓度的垂向分布推断生物生产的状况。

除直接追踪来源之外，也可利用生物标志物所含的同位素比值来获取示踪信息。碳、氮、氧、氢的稳定同位素经常用来作为示踪物。如要判定有机质的陆地或海洋来源，可使用$^{13}C/^{12}C$比值，沉积物的碳同位素可用质谱仪进行实验室分析。人们已知陆地有机物的比值低于海洋，因此，对海岸带沉积物有机质测定这一比值，就能判定颗粒态有机质是否来源于陆地、海洋或两者均有贡献。

生物标志物的上述性质可应用于海洋生态系统和环境演化历史等分析。天然生态系统中硅藻(Diatoms)是优势浮游植物，而甲藻(Dinoflagellates)是有害藻类暴发时的代表性浮游植物，它们均是海洋动物的基本食物，也分别有各自的特征性生物标志物：菜籽甾醇(brassicasterol)和二甾醇(dinosterol)。这些物质的名称不常见，但在有机地球化学里均有分析的办法。因此，可根据其生物标志物追踪食与被食的关系。对于海水养殖等人工生态系统，也可分析食物来源。这样的示踪分析与破获案件时获取证据的方法相类似。

恢复环境演化历史要靠沉积记录分析，生物标志物如何发挥作用？我们可以黄海海表温度的变化为例来说明。前面提到，颗石藻的生物标志物是长链烯酮，研究者发现，它的分子结构在不同海水温度下有所不同，如采自东海和黄海的样品显示出两地的水温差异。将分子结构差异表征为一个自变量，然后建立起它与海表温度的函数关系，称为两者之间的“转换函数”。研究者从黄海取来沉积物柱状样品，根据沉积层的先后次序构成时间序列，再进一步分析沉积物中的颗石藻生物标志物，最后获得海表温度变化的时间序列(Jia et al., 2019)。海表温度是表征海洋环流、海气相互作用的重要因素，在全新世开始以来的历史上，黄海区域的气候和海面变化影响陆架环流，有了海表温度数据，就能解释其主控机制。从这个案例可以看出，以生物标志物为工具，海洋有机生物地球化学为环境特征及其变化的地层记录信息提取提供了方法。

第五节　海洋污染与环境容量

污染是从人类角度来认知的，通过针对食品安全、公共卫生、人居环境的破坏性影响来定义污染物和污染程度。海洋污染物主要是人类排放的各种物质，它们可以使水质恶化、传播疾病、损害生态系统健康。严重污染是灾害性的，需要有防范和应对措施。

海洋环境污染

人们生产生活每时每刻都在产生各种溶解态、颗粒态的有机和无机物质，包括微型生物、石油、放射性、痕量金属、农药、合成有机化合物、多环芳烃、挥发性有机化合物、有机涂料、塑料等固体废弃物(Gerlach, 1981; Arias, Botte, 2020; Parmar et al., 2023)在内，并通过河流输运、大气降尘等途径进入海洋，之后又被潮流、波浪、海流所扩散。其中一些物质在海水或沉积物中浓度过高或者聚集于一个小的范围，可能发生污染事件，举例如下：

- 日本“水俣病”事件：日本熊本县水俣湾有一个合成醋酸工厂，在生产中采用氯化汞和硫酸汞两种化学物质，然后随废水排入水俣湾，在淤泥里由于细菌作用转化为剧毒的甲基汞，对海产品造成污染。若干年后的1956年，长期食用含汞海产品的人们得了一种奇怪的病，患者脑中枢神经和末梢神经被侵害,史称“水俣病”。

- 上海甲肝暴发事件：1988 年初,江苏启东出产的毛蚶在上海市菜场销售,但人们未察觉到毛蚶生产地环境受到当地人畜的粪便污染,含有甲肝病毒;不久,上海突发不明原因发热、呕吐病例,紧接着甲肝疫情暴发,超过 30 万人被感染。

- 智利有害藻类暴发事件：2016 年 5 月智利南部海岸出现史上最严重的有害藻类暴发灾害,海岸带大量贝类、鱼类、海鸟死亡,养殖水域损失三文鱼 2 700 万尾,引发全球三文鱼市场格局剧烈震荡。

- “阿摩科 · 卡迪兹号”油轮海上溢油事件：1978 年 3 月 24 日,满载原油的“阿摩科 · 卡迪兹号”油轮在法国布列塔尼海岸触礁,22.4 万 t 原油喷涌入海,污染了 350 km 海岸带,造成大量生物死亡,包括超过 9 000 t 的牡蛎、20 000 t 的海鸟,污染损失及治理费用达 5 亿多美元。

以上案例中,重金属中毒、传染病疫情是在当时人们不知情的情况下发生的,后来采取了严格的控制措施;有害藻类暴发问题已经研究多年(Shumway et al., 2018),但智利有害藻类暴发事件未能及时预报,防范措施缺失;海上溢油事件属于交通运输事故,在一定程度上难以避免,从那之后又发生了很多起(Fingas, 2016)。对于海洋污染危害及其趋势,人们已经关注多年(Gerlach, 1981; Clark, 1986; Arias, Botte, 2020)。

在污染的定义中,排入环境的任何物质只要不过量,就不会造成污染。所谓过量,是指人类直接或间接排入的物质或能量将破坏生存资源、损害健康、不利于渔业等生产活动、降低水质、减小生活设施功能的情形(引自联合国 1971 年文件,见 Clark, 1986)。但人们曾经有过较大的误解,以为海洋的水体那么大,任何东西进入大海就会被稀释。很多年来,人们把海洋当成排污场所,可能就是这种想法作祟。人们为判定污染与否建立了多个指标,仅仅按照污染指标,少量排放确实可能不至于达到污染的程度;但是,如此使用指标是不对的,任何污染指标都是指系统状态达到均衡时的情形,不宜与某次排放的结果直接对比,而要看累积效应、化学变化。

如何判定是否达到污染的程度,需要测定诸多变量,如污染物浓度、在一定环境中的总量等。另外,人们也使用一些间接的变量,如溶解氧含量、生物需氧量等,作为量度的指标。但是,用任何单个变量来测量污染的程度,是有难度的。例如，正常海水的溶解氧浓度为 10 ppm(1 ppm=10^{-6})量级，如果下降至 1 ppm，将破坏水体中游泳动物的生存条件，但如果下降至 3 ppm 情况会怎样？这个问题难以回答，因为污染的严重与否，还要看其他的因素。此类指标是依据一定的情形而设定的，应该这样理解这些指标：如果变量值超过临界状态，则可以判定污染已经发生，但如果未超过，则不能判定为污染尚未发生。

污染程度之所以难以测量，主要有两个原因：一是污染物的影响是随时间积累的；二是污染物会经历各种化学变化。在盐度恒定率的讨论中，我们用物质收支和平均滞留时间来解释海水中各个组分能够达到的浓度，污染物浓度也是如此，有的物质只要输入海域，就即刻达到污染的临界值，但另一些物质则随着时间演化，逐渐达到临界值。例如，河流营养物质的超标准排放，最初对河口区的影响不大，不足以引发有害藻类暴发，但年复一年，河口区营养物质进多出少，累积后，最终出现大规模有害藻类暴发。正因为如此，单纯测定氮磷浓度不能预估引发有害藻类暴发的未来状态，此时需要根据物质收支方程来计算氮磷浓度的时间变化和最终达到的水平。又如，重金属等有毒物质最初排放时浓度不高，但可以通过生态系统的食物网(详见第五章)富集于营养级顶层的动物，其浓度足以对人体健康造成危害，整个进程可能要持续数十年，那时才显出症状。因此，以海洋动物作为蛋白质来源，应避免食用处于食物链顶层的动物，如海豚、鲸等；食用海豚肉、鲸肉，不仅破坏生态(见第五章、第八章)，而且对人类本身健康也有害。

污染物排放入海后可能发生的化学变化很多。日本“水俣病”事件中，毒性较低的氯化汞、硫酸汞在海湾水底淤泥里转化为剧毒的甲基汞，是始料未及的，如果事先知道，厂方将不会恶意排放。人类工业制造的物质达上万种，各有不同的物理、化学性质，生产和使用的时候是分开的，而变成废物排放之后，混杂在一起，参与海洋原有物质的传输、转换、循环，难免发生化学变化。就算新的变化能够被检测到，对生态系统的影响也要经过一段时间才会显现。化学反应较慢的物质也有风险。塑料是日常生活常用的材料，制造时区分了很多类型，按照是否可用于食品包装等标准，其安全性是被评价过的，然而进入海洋之后各种类型混合在一起，塑料微粒在海底沉积物中的浓度不断提高，有的在不具备光降解条件的深水区集聚，最终可能伤害海洋动物(Parmar et al., 2023)。

环境容量

虽然海洋污染难以准确测量，但随着研究的深入，总有一天这个问题会得到解决。目前污染防治的重点是采取预防措施(Bishop，2000)，在污染已发生的地方，则要实施环境工程(Rubin，Davidson，2001)进行治理。这些工作需要科学原理与管理的结合。基于生态系统的管理是一个重要的理念，预防措施、环境工程都要依据保障生态系统健康为前提。其逻辑是，生态系统是人居环境的基础，良好的人居环境，至少要有正常的生态系统。如果能确定保持正常生态系统的污染物输入量临界值，那么就可以通过实际的污染物数量与临界值的对比，来判断生态系统的健康程度。这不是说污染的观测问题就此得到解决，但可以简化应对方案：如果生态系统处于健康状态但人居环境问题仍然出现，那么就可以缩小搜寻线索的范围，较快找到解决问题的办法。

关于污染物的上述管理思路依赖于一个重要参数：环境容量(environment capacity)。它是在生态系统不受损害的前提下，所在海域能够容纳的污染物的最大负荷。对于海洋环境，在不同的空间尺度上，环境容量可有不同的值，例如，当海域内外部存在水体交换时，如果污染水体被外部清洁水体所替代，那么污染物总量就下降了。这样的一个海域，其环境容量似乎应大于一个不存在水体交换的海域。在操作层面上，环境容量意味着一定时间范围内所允许的化学污染物最大排海量(夏章英，2014)。这就产生了一个悖论：同样大小的海域，与外部是否存在着水体交换、交换强度有多大，决定了最大允许排放量。例如，设想两座城市各有一片同等大的海域，但一座城市可以多排放，另一座必须少排放，这似乎是不公正的管理规定。为了消除这一悖论，通过水体交换向别的海域输出污染物的效应也应一并考虑，或者说应考虑排污对更大范围、更长时间尺度的影响：某地排放 10 a 后污染 10 km^2 的海域，与另一地排放 100 a 后污染 100 km^2 的海域，两者应是等价的。因此，环境容量不是个简单的参数，需要根据时空尺度给出一个标准化的定义。

关于“生态系统不受损害”的定义，在污染物输入情形下，似乎或多或少会有一些损害，因此应理解为“损害程度较低”。污染物种类是如此之多，其环境效应又是如此不同，损害程度如何定义、各种污染物在量上和质上如何换算，目前的管理规定还有任意性。这一问题的最终解决，依赖于对不同时空尺度上生态系统对污染物输入响应的了解，而根据上述讨论，此项工作尚有待时日。

还有一个问题是关于滨海湿地生态系统的，如盐沼、红树林、珊瑚礁等（参见第二章）。湿地被比喻为地球的肾，具有抵御污染的功能。那么在海岸带污染管理中它应是保护对象，还是防污染的工具？湿地的泥质沉积物能吸纳污染物，因而有助于净化环境，但与此同时也会损害湿地自身。与净化环境相比，湿地还有更多、更重要的其他价值（Mitsch, Gosselink, 2000），如抵御洪水和风暴潮，增加碳库，提供日常生活的产品。因此，平常情况下将滨海湿地作为防污工具使用，甚至由于湿地的存在而允许加大排放，是不可行的，相反，计算环境容量时应充分考虑滨海湿地的保护。只有在特殊情况下可以动用湿地的净化环境功能，即发生突发污染事件，需要作应急处理时。即便如此，也应在事后尽快恢复湿地的环境条件。

延伸阅读

南极海洋营养物质收支和生态系统演化

海洋系统的物质收支状况不仅影响瞬时系统行为，而且也控制了系统的长时间演化。一般情况下，全球中、低纬度海域的近海高生物生产区域是与大河入海口或海岸上升流带来的营养物质相联系的，但南极陆架区既无大型河流输入，上升流又很微弱，外部输入的营养物质供给通量很小，却是著名的高生物生产区域。南极磷虾（Antarctic krill）生物量很大，约为 5×10^{8} t，为企鹅、海豹等提供食物（图 4－6），支撑了一个营养级稳定的生态系统（Atkinson et al., 2009; Murphy et al., 2013）。南极海洋生态系统的这一特征被表述为“南大洋悖论”（Antarctic paradox），低营养物质供给、低叶绿素浓度、高营养物质浓度、高生物生产，这些特征是如何统一地出现在这个环境，需要从科学原理上给予回答（Priddle et al., 1998）。

研究者们尝试寻找营养物质的不同来源。虽然南极大陆没有大型河流入海，但有冰面融水，来自大气降水、陆地死亡生物分解的营养氮可随着冰面水

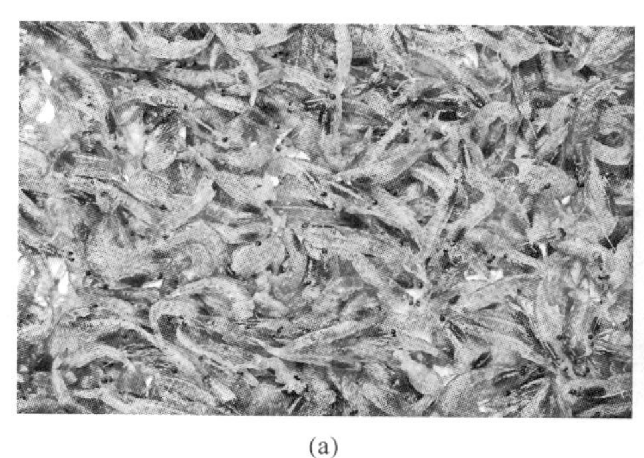

(a)

(b)

图 4-6　南极海域高生物生产区域特征

(a) 南极海岸水域拖网获得的南极磷虾(*Euphausia superba*)样本;(b) 栖息于海岸区域的南极阿德利企鹅(*Pygoscelis adeliae*),注意裸露的岩石和远处的科考船(中国科学院海洋研究所王少青摄)

流进入海洋;不过,实测结果却表明这部分营养氮数量很少,与海水中的营养氮总量不成比例。南极大陆的岸边有大量企鹅、海豹等动物栖息,现场调查发现动物粪便的数量较大,是否可能被地表水带入海洋?但计算结果仍然不能完全解释营养氮总量,而且这又引起了进一步的问题:企鹅、海豹粪便本身来自何处?似乎也是通过海洋食物网、由海水营养物质转换而来。因此,大型动物排泄物质本来就是营养物质的组成部分。

目前南极沿海的洋流本身是有利于上升流形成的。南极大陆与南美洲之间的德雷克海峡(Drake Passage)于 32 Ma 之前由于板块运动而形成(Barker, Thomas, 2004),海峡中水流运动方向是自西向东,从而构成顺时针流动的南极绕极流(Antarctic circumpolar current, ACC)的组成部分(图 4-7)。由于南半球科里奥利效应使得水流向左偏转,因此南极绕极流的上层向离岸方向运动,而下层水体向岸运动,这就是上升流。然而,南极大陆所处的特殊位置,使得上升流的效应不能显现。南极大陆位于极地,是太平洋、印度洋和大西洋水体的南端,整个大洋的宏观垂向环流格局是将低纬海域的热能向高纬地带运送,水体到达高纬区域后温度下降、密度上升,倾向于形成下沉流,这就是南极绕极流形成之前的情形。在同一近岸区域,既有上升流形成的条件,又有发生下沉流的趋势,那么最终的结果可能就是部分地相互抵消,上升流或下沉流都减弱了。实际上,下沉流只能在离岸较远之处发生,在此情况下上升流的输

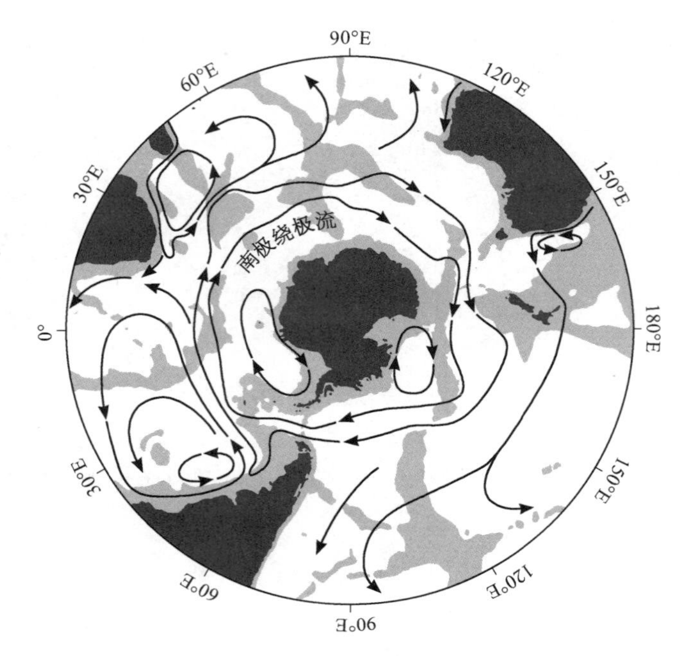

图 4-7　南纬 20°以南的南半球海洋南极绕极流等主要洋流示意图(Rintoul et al., 2001)

陆地以黑色区域表示,水深浅于 3 500 m 的范围用阴影表示

运效应也会打一个很大的折扣。因此,通过上升流给海岸带水域提供深海营养物质,其数量必然是有限的。

如果与大河入海口或海岸上升流对比,那么就立即可以看出那两类环境对生物生长的支撑机制在南极海岸是不存在的。长江每年携带入海的营养物质足以支撑当年的生物生长需求,而来年新的营养物质又会源源不断地补充。秘鲁海岸的上升流也是如此,在非厄尔尼诺年,上升流带来的营养物质能够支撑从硅藻暴发到鳀鱼、金枪鱼的生长。而南极海岸则不同,单靠当年的营养物质输入,根本就无法维持实际所见的南极磷虾-企鹅-海豹生态系统。

是否存在另外一种可能:南极海岸的营养物质年输入量虽小,但输出量更小,从而通过长期的积累将营养物质提高到一定程度并加以维持?处理这个问题的合适方法之一是利用式(4-7)来进行物质收支分析。在式(4-7)的表达式 $dM/dt=P+QM$ 中,令 M 为海水营养氮浓度,则 P 代表营养氮的供给率,Q 代表系统中营养氮的损耗。我们不妨假设一个较小的供给率,即 $P=$

5×10^{-3} g m^{-3} a^{-1}，以及一个更小的初始损耗值，如假定最初的供给物质中只有一小部分能够逃逸所在的环境，即 $Q=0.05$。由此估算的营养氮浓度 M 随时间的变化如图 4-8 所示。这个思想实验显示，营养氮浓度在初期的 30×10^3 a 时间里上升较快，此后变为缓慢上升，约 100×10^3 a 的时候达到平衡状态，所对应的营养氮浓度约为 0.1 g m^{-3}。

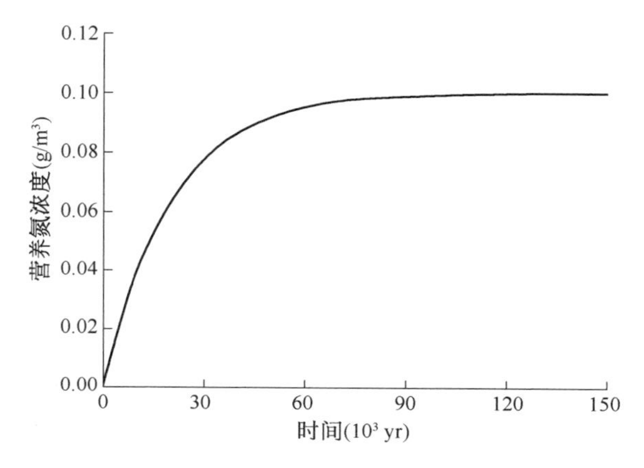

图 4-8　南极海域营养氮浓度随时间变化的模拟结果

有趣的是，现场实际调查的结果是以摩尔计量的营养氮浓度约为 40 mmol m^{-3}，即 0.28 g m^{-3}（Weston et al.，2013），与图 4-8 的模拟结果处于同一量级。如果能够结合现场调查结果，再辅之以南极海区物质循环的物理海洋过程（上升流、下沉流、紊动扩散等）、营养物质的生物地球化学循环过程、沉积记录揭示的营养物质积累过程、南极海区生态系统演化记录（磷虾、企鹅、海豹等）等资料，营养氮收支平衡模拟中的参数 P 和 Q 就能更为准确地加以确定，甚至表达为时间的函数，则模拟结果将会接近于真实。现在我们可以说明的是，营养氮积累的假说的确可以解释为何营养物质的低供给率可以通过长期积累而达到生态系统生物量的高位运行。而营养氮积累的具体方式是溶解态氮进入系统之后，较多地转化为颗粒态物质，从而得以在系统中留存，若非如此，溶解态物质会由于扩散和平流输运而损失，破坏物质积累所需的条件。

除营养氮收支平衡的物理机制之外，南极海岸发生的这一切可能还需要生物生长格局的配合。在长江口和秘鲁海岸，次级生产的优势生物是桡足类（详见第五章），但桡足类的生命周期是以月计的，难以支撑到次年，如果放在南极海岸环境，海水温度低、硅藻生长一般不能呈现暴发状态，桡足类作为次级生产是难以支撑整个生态系统的。幸好，针对南极的低温条件，次级生产的主体不是桡足类，而是南极磷虾(Cochlan, 2008)。南极磷虾与桡足类同属于节肢动物，但体型远大于桡足类，体长最大可达 90 mm，以群集方式生活。它们以浮游植物为食，寿命为 5～7 年。较长的生命周期，再加上 5×10^8 t 的生物量，使得南极磷虾能够持续地为整个生态系统提供所需的能量，并维持营养物质的浓度。这可以看成是南极生态系统形成的生物机制，南极磷虾的生存繁殖(其生物基因传递)是该机制的关键。

南极磷虾是企鹅的食物，因此在历史事件的时序上我们也许可以推论，南极生态系统的起点是德雷克海峡的开放。从此，南极绕极流得以抵抗深海垂向环流，造成营养物质在海岸水域集聚的物理条件。接着，南极磷虾落户，扮演了主要次级生产者的角色；南极磷虾找到了它的合适栖息地，同时也创造了营养氮富集的生物机制，这正好印证了一句老话：生命越生长，所在的环境就越是适合生命的生长。此后，企鹅追寻着磷虾来到南极安家，为此它们发展出在寒冷海域生存和捕食的专门技能，它们所不知道的是，在它们到来之前的较长一段时间里，其实这里甚至不是磷虾的最佳栖息地，磷虾经历了 10 万年的时间才打造了这个高生物生产区域，然后成为磷虾和企鹅的永久共同家园。最后，人类来到南极，发现了巨大的磷虾生物量，不由得动起捕捞磷虾的念头，就像人类长期以来一直在做的野捕渔业一样；然而，南极海域高生物生产的机制告诉我们，一旦这里的生物量由于磷虾捕捞而降低，将需要 10 万年的时间才能重新恢复。

第五章
海洋生命体系

第一节　海洋生物学概述

从物质、能量、信息的角度来看待海洋生物与海洋地质、海洋物理、海洋化学的关系，可以看出信息对于海洋生物的特殊重要性。海洋地质、海洋物理、海洋化学过程提供了海洋生物所需的物质和能量条件，然而生命的延续需要满足生存和繁殖条件，这时信息传递就成为关键：首先是基因，它决定了生物个体的形态和生命周期；其次是生存策略，它决定了生长与物质-能量积累的关系；最后是繁殖信息，它决定了后代产生的进程。

海洋生物学的两个视角

从信息的角度看，海洋生物学有两个视角：一是物种形态和基因；二是物种完成整个生命周期所需的条件。有时，为了加以区分，保留前者的“海洋生物学”名称，而将后者称为“生物海洋学”，实际上更换分支学科的名称并没有太大意义，我们只要能理解其内涵就不会产生误解。学术论文的论题也有类似情形，研究前一类问题的称为生物学，后一类称为生态学。例如，“金枪鱼的生物学”是指对金枪鱼生长发育周期中的形态特征，以及金枪鱼的遗传、变异之类问题的研究,“金枪鱼的生态学”则是针对金枪鱼生长的环境和生态系统特征、生存策略和繁殖过程等问题。因此,海洋生物学的教程可能有两类,一类是在生物学框架下从系统分类和基因视角来阐述海洋生物,另一类是针对海洋环境从生态系统视角来阐述海洋生物,现实中多数教程力求兼顾两者,并侧重于生态系统视角(Webber, Thurman, 1991; Jumars, 1993; Lalli, Parsons, 1997; Levinton, 2001)。

系统分类是由18世纪瑞典博物学家林奈初创的。他于1738—1778年在乌普萨拉大学任教,在《自然系统》(1735)、《植物种志》(1753)等论著中阐述了系统分类方法。这个分类方法后来被逐渐完善,又在形态刻画之上加入遗传学的判据,不仅使分类的科学依据更加丰富,而且也为生物演化谱系的建立奠定基础。

生物系统分类采用分级的办法,首先将所有生物划分为植物界和动物界,然后根据亲缘关系进一步划分门、纲、目、科、属、种,种是最基本的单位,习惯上的定义是同种的个体能繁殖产生后代,且后代也有繁殖能力。属是由一些特征非常接近甚至不久之前从同一个种分化出来的若干个种构成的。按此流程继续向上归并,构成科、目、纲、门。对于有的级别,还有同级的进一步划分,构成亚门、亚纲等。分类的依据,先期主要根据形态,这对陆地生物比较有效,后来逐渐加入基因方面判据,以解决不同种属可能占据相似形态的问题。现以市场上常见的海蟹“三疣梭子蟹”为例,说明其命名方式以及在生物系统分类中的位置:

界(Kingdom):动物界(Animalia[K])

门(Phylum):节肢动物门(Arthropoda[P])、甲壳动物亚门(Crustacea[sP])

纲(Class):软甲纲(Malacostraca[C])

目(Order):十足目(Decapoda[O])

科(Family):游泳蟹科(Portunidae[F])

属(Genus):梭子蟹属(*Portunus*)

种(Species):三疣梭子蟹(*Portunus trituberculatus*)

这个例子说明:① 界、门、纲、目、科、属、种的表达是通过自然语言,在英语中甚至借用了国家、社会、家庭的日常用语;② 具体的物种名称使用拉丁文,以免与自然语言混淆,例如,人们常说的鲸鱼其实并不是鱼;③ 界、门、纲、目、科的拉丁文名称用正体字母，在其右侧的上标字母表示其级别，如上标 P 表示“门”，sP 表示“亚门”（此处 s 是“sub”的意思），在不至于引起误解的情形下通常省略上标记号；④ 属的拉丁文名称用斜体字母表示，无上标，而种的表达采用属名加种名的双名法，并且为斜体字母，有时种名还可以附加其他信息，如发现时间、发现者名字等，用正体字母表达。

生物系统分类方法仍处在不断完善的过程中。一般认为可分为 5 个界，即原核生物、真核生物、真菌（Fungi）、植物（Plantae）、动物（Animalia），蘑菇、菊花、青蛙分别归入后三类，对此人们比较熟悉。原核生物、真核生物比较原始，在地球历史的早期就出现了（这将在第六章有所涉及）。上述 5 个界的生物都是以有细胞为特征，但没有明显细胞形态的怎么办？因此又提出增加 2 个界：细菌（Bacteria）、原始细菌（Archaebacteria），前者是我们一般理解的微生物，后者是厌氧的原始微生物（Armstrong，Brasier，2005）。

在门的层次上，真菌已被划分出 7 个门；植物有藻类 9 个门，地衣、苔藓、蕨类、种子植物各 1 个门，海洋与陆地的植物面貌很不相同，海洋植物以藻类为主，依赖于沉积物和土壤的植物仅限于紧靠海岸线的地方，如潮间带和内陆架，许多陆地上生长于土壤的植物在海洋环境中是缺失的；动物有多种划分方案，约有 40 个门（Ruppert et al.，2004），其中多细胞动物占据 34 个门，人们在海洋和陆地都可见到的哺乳动物、鸟类、鱼类、爬行动物和两栖动物称为脊椎动物（vertebrate），只占据其中脊索动物门的一个亚门，即脊椎动物亚门（vertebrata），其余全部称为无脊椎动物（invertebrate），如头足类、腹足类、双壳类等软体动物。

在物种的层次上，已记载的各类多细胞生物中，陆地有 120 万种，海洋有 20 万种。陆地环境氧气供给充足，有利于物种繁衍，但是，按照生态系统空间尺度、能量循环、环境稳定性等条件，海洋似乎更为有利。此外，还有一些需要考虑的因素，一是微型生物等的研究不够深入，针对海洋的研究尤其如此；二是海洋环境中多个物种占据同一种形态的现象比较普遍，过去的分类工作主要依靠形态参数，现在要更加注重基于分子生物学的方法（Briggs，1994）。就海洋动物而言，发现脊椎动物新种的速率已经趋缓，而无脊椎动物的物种数量可能还会有很大的增加，最终无脊椎动物的物种占比可能达到 99%（Ruppert et al.，2004）。因此，陆地和海洋的物种总数究竟有多少，需要进一步探索。

按照生物分类系统，海洋生物有哺乳动物、爬行动物、海鸟、海鱼、软体动物(头足类、腹足类、双壳类)、微型动物、海洋藻类等。这个排序有点像博物馆里对生物的介绍，与人们对生物重要性的日常体验有关，大动物很吸引眼球，鱼类是重要的经济动物。实际上，海洋藻类占据 9 个门，而哺乳动物、爬行动物、海鸟、海鱼全部加起来也只是在 1 个亚门的范围之内，这一点我们在参观博物馆时应牢记于心。

海洋生物的生态分类

海洋环境有底质、水深、盐度、温度、光照、水流、营养物质的多样化，这些条件的任意组合均可能对应着一群生物，含有前述生物分类中的不同类型。因此，我们可以针对海洋环境划分类型，再对各类环境所对应的生物类群划分类型，最后综合为海洋生物的生态分类。例如，水质良好的热带浅海发育珊瑚礁，其中的生物群包含珊瑚虫等腔肠动物、与珊瑚虫共生的虫黄藻、鱼虾蟹贝动物等，由此可划分出"珊瑚礁生物群"。环境条件与生物群的可能组合很多，并且随着时空尺度的变化，生物群的面貌也有不同，因此，像"珊瑚礁生物群"这样的类型，其数量必然是非常多的。为了避免分类体系过于繁杂，可以模仿林奈的生物分类方案，构建生态分类体系。

最宏观的分类是根据生物群在水层中所处的位置(Levinton, 2001)，划分为浮游生物(plankton)、漂浮生物(neuston)、游泳动物(nekton)、底栖生物(benthos)(图 5－1)，其特征叙述如下：

• 浮游生物：悬浮于水层中的生物，有一定的活动能力，但不足以克服水体粘滞力和水流而自由行动，生物体尺度在 1 cm 以内。

• 漂浮生物：微小生物，处于海水表面薄膜的狭小空间范围，不进入水层内部。

• 游泳动物：体型较大的动物，能够在水层中自如运动，如游泳的鱼、虾、蟹、鲸等。

• 底栖生物：生活于水层底部的沉积物、岩石、生物礁、海底固着物环境的生物，它们的日常活动可以在表面(epifaunal)、底质表层(semi-infaunal)、底质内部(infaunal)或固体物体上的钻穴处(boring)。

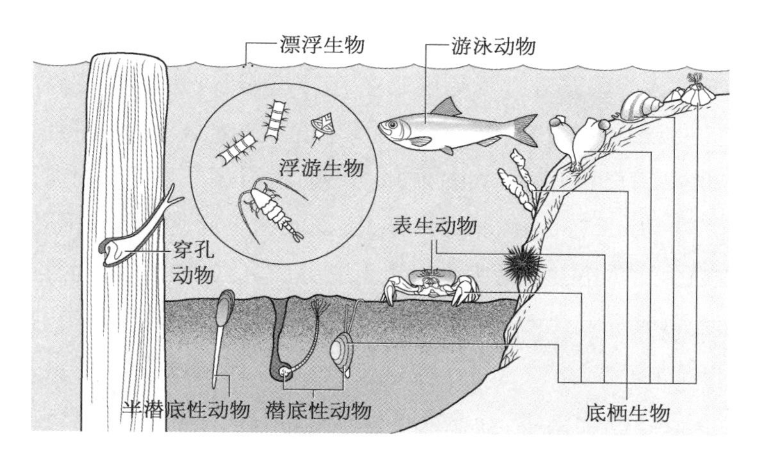

图 5-1　海洋生物的生态分类(Levinton，2001)

以上四大生态类型可根据水深、地理位置、优势物种等进行进一步划分，例如，海岸带常见的底栖生物所在的环境条件有很大差异(图 5-2)，所对应的生物群也很不同，简述如下：

• 盐沼生物：盐地碱蓬、互花米草等草本盐生植物覆盖的滩涂，提供了腹足类、虾蟹、弹涂鱼、线虫等动物的栖息地。

• 潮滩底栖生物：细颗粒沉积物基底，加上来自河流和潮水沟的输运功能，使得潮滩成为底栖藻类、双壳类、腹足类、虾蟹、弹涂鱼的栖息地。

• 红树林生物：热带、亚热带木本红树科植物形成的生态系统，位于泥质沉积物基底的潮间带，支撑了鱼、虾、蟹等底栖动物的生存和繁殖。

• 海草床生物：由草本植物构成的生态系统，海草植物生长在细颗粒沉积物基底，热带海草床代表性物种为海龟草(*Thalassia testudinum*)，温带为大叶藻(*Zostera marina*)。

• 牡蛎礁生物：牡蛎介壳堆积而成的生态系统，位于浅水或潮间带环境，活体牡蛎分布于礁体表层，除双壳类的牡蛎之外，还有蟹类、腹足类动物。

• 珊瑚礁生物：珊瑚礁是石珊瑚目动物骨骼、碎屑堆积而成的，位于热带浅水环境，为许多生物提供了生活环境，如海草、蠕虫、软体动物、海绵、棘皮动物、甲壳动物、鱼类等。

• 岩礁生物：基岩海岸的海蚀平台、崩落礁石上的生物群，附着于岩块表面，能抵抗波浪的冲击，如海藻、软体动物、甲壳动物等。

图 5-2　海岸带环境与生态特征(彩图见图版第 1 页)

(a) 江苏如东地区互花米草盐沼(2010 年 7 月 11 日);(b) 江苏盐城地区盐地碱蓬盐沼(2005 年 10 月 24 日);(c) 江苏盐城海岸盐沼附着于互花米草植株生长的牡蛎(2021 年 11 月 16 日);(d) 江苏海门地区牡蛎礁(2007 年 4 月 22 日);(e) 江苏连云港地区海滩沙蟹觅食痕迹(2013 年 8 月 14 日);(f) 天津海岸埋藏牡蛎礁(2006 年 6 月 28 日);(g) 海南岛东寨港红树林(2016 年 1 月 20 日);(h) 海南岛黎安港水下植被海草床(2013 年 9 月 4 日)

● 海滩生物：砂砾质海滩上的生物群，适应高度动荡的波浪作用和沉积物引动环境，主要动物有甲壳动物（蟹类）、软体动物等。

上述海岸带底栖生物中提到了藻类、海藻、海草等植物，仅从名称上看是容易混淆的，但在生物分类中它们是非常不同的。藻类植物（algae）没有根、茎、叶的分化，如前所述在植物中占据 9 个门的位置。海藻（seaweed）有时也被不确切地称为“海草”，但不是草本植物，而是形体巨大的特殊藻类植物（Lobban et al.，1985）；它们也有根，但根的作用不是从土壤中汲取养分，而是使生物体能够固定生长，以免随水漂移，生物体直接从海水摄取养分。在我们比较熟悉的海藻中，海带属于褐藻门海带科，紫菜属于红藻门红毛藻科，而浒苔属于绿藻门石莼科。海草（sea grass）是草本植物，与其陆地上的同类一样，有根、茎、叶分化，根植于底质中吸取养分，能开花、结果。

生态分类中的每一个类型都含有生态系统单元，而生态系统中的每一个物种甚至个体都有各自的生态位（niche），即生存和繁殖所需的相对稳定的特定空间范围（Hutchinson，1978；Chase，Leibold，2003），因此，彼此间的相互作用和矛盾不可避免，如领地冲突和捕与被捕关系。生物间相互关系在个体、种群、群落、生态系统这四个层次都存在，如果将空间范围继续扩大，不同的生态系统之间也有相互作用。我们说一个生态系统是健康的，其含义是该系统具有稳定的结构，所有的物种均可完成生存和繁殖的生命周期，并且维持较高的生物多样性。如果一个物种数量快速增加，另一个却快速减小，稳定性就不复存在。为了维持系统内部的均衡，生物的生存策略（survival strategy）起了关键作用。当然，生存策略这个拟人化的词不能理解为生物为自己制定了策略，而是指生物在生命周期内利用资源、控制危机的行为方式。

生存策略有两个方面：第一个方面是应对生物与环境的关系，涉及常态条件的应对，以及从优越到不利的生存条件变化的应对。

海洋生物每时每刻都受到水流的影响。浮游生物的个体太小，因此无法抵抗水体粘滞性和水流湍动，只能随水飘荡。然而，当浮游动物发现周边附近有食物颗粒，或者出现捕食者攻击时，也能竭尽全力应对紧急情况。垂向上，浮游生物可利用重力和浮力作上下运动，其方式是释放或生成一些气体，或改变形态，使得自身的体积、密度发生变化。

关于对水流的适应，伯努利原理非常重要，流速大的地方压力小，流速小的地方压力大，所以如果两侧流速有差别，就会在两端形成压力。生物天然具备运用伯努利原理的能力(Levinton, 2001)，鱼类借助身体体型的上方和下方的形态不同，造成上下水流的差异，产生向上的浮力，否则为了稳定位置，需要克服重力做功；又如钻穴的动物，它的U形洞穴有两个洞口，一端位置高，另一端位置低，由于床面以上流速随高度的增加而增加，因此产生两端的压力差，于是新的水体就从低端洞口进入，洞穴内部得到持续的溶解氧供给。潮间带生活的泥蟹，就有在退潮后用洞穴内挖出的泥堆高洞口的现象(图5-3)，也可能是为了免除涨水后缺氧的风险。

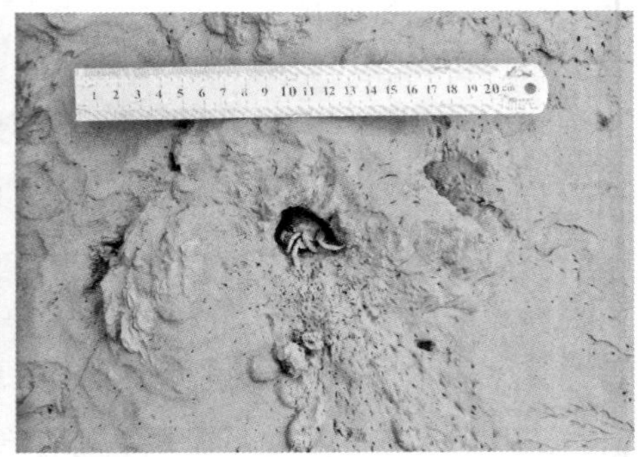

图5-3　江苏海岸泥滩上蟹类构筑的洞穴口门形态，洞穴直径一般为2～8 cm(2010年7月14日)

鱼类不同的尾部形态可用以控制水体摩擦力(Pinet, 1992)。例如，金枪鱼的尾部是狭窄而分叉的，快速运动时尾部后面不会形成很大的湍动阻力，因而有利于长距离快速巡航式游动；而石斑鱼在海底礁石、生物礁块之间觅食，所以需要能够快速转弯而不失游动的灵活性，这是通过宽大的尾部形态来实现的，这种形态导致尾部水流的湍动大大增强，提供转弯所需的阻力，不然运动惯性会使快速游动的鱼躲避不及，撞到礁块上。

稳定的环境使得生命周期顺利完成，但气候的不同及其变化可带来地理地带性变化(Longhurst, 2006)，环境条件的短期变动和极端时间也会造成临时的危机，如浮游植物生长条件所需的盐度、温度、光照、养分条件可能欠佳。对此，生物也有各种应对方式，如改变繁殖方式等。长期的环境差异还可能刺激某些物种改变原先的生态位，进化为新的物种。

生存策略的第二个方面是应对生物之间的关系。其结果是使物种间的生态位、领地空间、生物量达成平衡。与生物个体有关的主要生存策略列举如下：

• 捕食：猎物定位、挑选、获取的多种方式，如追捕、游动中吞食、埋伏袭击、释放毒液等，图 5－4 中一只玉蟹捕获一个泥螺后正在进食。

图 5－4　江苏废黄河三角洲海岸，擅长于向前爬行的玉蟹以泥螺为食（2005 年 6 月 17 日）

• 护卫：坚硬甲壳、毒素毒刺的威慑作用、跳跃等逃逸方式。

• 伪装和诡诈：保护色，快速改变身体表面颜色和斑纹，使之与所处环境一致；隐藏，使用背景环境的材料覆盖身体；头尾倒置的身体图案，使捕食者判断逃逸方向失误；释放烟幕物质，如乌贼的黑汁，帮助逃逸。

• 共栖：利用别的物种的资源但缺失互惠关系，如占用洞穴、附着于介壳或身体表面、寄居于介壳内部；图 5－5 显示中华豆蟹寄居于牡蛎体内，利用其空间和碎屑食物。

• 寄生：一个动物生长在另一动物体内，汲取营养，同时对寄主造成伤害（如造成寄主死亡则寄生动物自身也难以为继，因此最佳状态是在其生命周期内即充分利用营养又能避免寄主死亡）。

• 共生：占用同一空间的互惠关系，如珊瑚礁上珊瑚为虫黄藻提供二氧化碳及无机碳、无机氮和磷酸等养分以及庇护场所，虫黄藻为珊瑚提供糖类及脂质等产物。

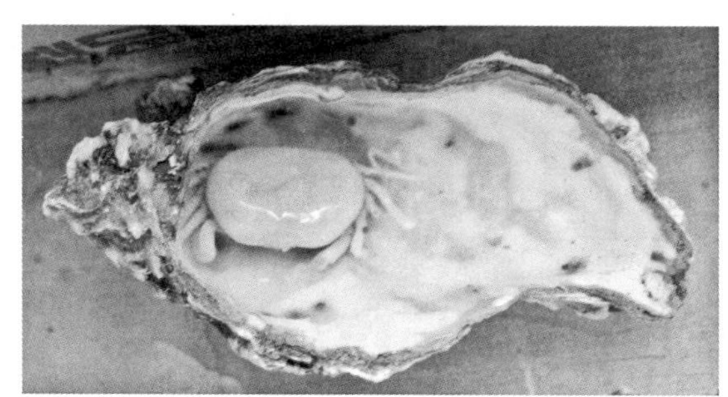

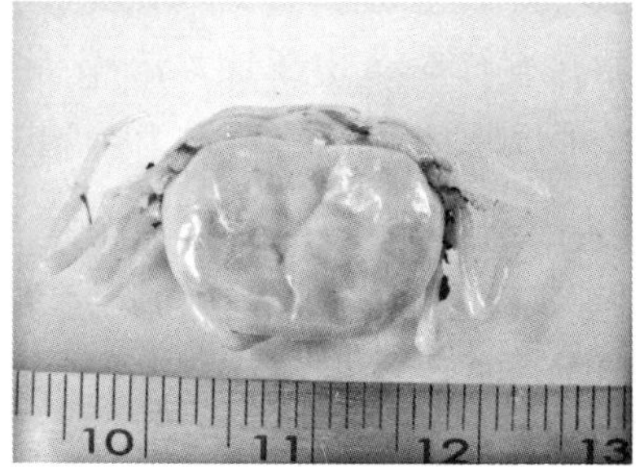

图 5－5　江苏盐城海岸，寄居于牡蛎体内的中华豆蟹，体长不到 2 cm（2007 年 8 月 2 日）

第二节　海洋生物的主要类型

海洋藻类、无脊椎动物、脊椎动物等物种数量巨大，而根据生物量和我们日常生活的关注度，其主要类型并不十分多，认识其中的一部分就可以“窥一斑而知全豹”。本章内容涉及的主要类型如下所列：

- 金藻门(Chrysophyta)：海洋硅藻，属于硅藻纲(Bacillariophyceae)。
- 甲藻门(Pyrrophyta)：海洋甲藻，属于横裂甲藻纲(Dinophyceae)。
- 绿藻门(Chlorophyta)：浒苔，属于石莼纲(Ulvophyceae)。
- 节肢动物门(Arthropoda)：海洋中生活的桡足亚纲(Copepoda[s])动物，如浮游动物蜇水蚤(桡足类)；甲壳纲(Crustacea)动物，如对虾、梭子蟹、龙虾、虾蛄。
- 软体动物门(Mollusca)：海洋中生活的腹足纲(Gastropoda)动物，如虎斑贝、唐冠螺、鲍鱼、红螺、玉螺；双壳纲(Bivalvia；也称为瓣鳃纲，Izrnellibranchia)动物，如牡蛎、扇贝、缢蛏、文蛤、砗磲；头足纲(Cephalopoda)动物(海洋特有)，如鱿鱼、乌贼、章鱼、鹦鹉螺。
- 脊椎动物亚门：海洋鱼类，主要属于软骨鱼纲(Chondrichthyes)，如鲨鱼、鳐鱼、魟鱼，以及硬骨鱼纲(Osteichthyes)，如金枪鱼、鳕鱼、鲑鱼(三文鱼)、大黄鱼、小黄鱼、带鱼、鲳鱼。
- 脊椎动物亚门：依赖于海洋环境的爬行纲(Reptilia)动物，如海龟、海蛇，还有鳄鱼的个别物种。
- 脊椎动物亚门：依赖于海洋环境的哺乳纲(Mammalia)动物，如鲸、海豚、海牛、海狮、海豹、海狗、北极熊。
- 脊椎动物亚门：鸟纲(Aves)中的海鸟，如海鸥、企鹅、鲣鸟等。

海洋藻类

海洋藻类植物的代表是金藻门硅藻纲的硅藻(Diatom)，它是种类最多的藻类植物(杨世民,董树刚,2006)。从温带一直到极地海域,硅藻都是占绝对优势的浮游植物,在生物量上可占到全部浮游植物的80%左右,因而是浮游动物的主要食物。除浮游种类外,还有一些底栖种类(金德祥,等,1982;1992)。总的来说,硅藻是单细胞的,或者多个单细胞连成一串。单个细胞的形态呈圆盘形或短柱状,直径范围在2～200 μm,盘面上有放射状分布的小孔,是细胞内部与外水体连接的通道,侧面可长有鞭毛。其细胞壁为硅质物质(主要为二氧化硅,但是非晶体形态的,与石英不同),对生物体起到保护作用,硅藻的遗骸沉降到海底,若集中堆积,可形成硅藻土,是一种沉积矿产。硅藻通过细胞分裂生长,在光合作用下,通过细胞孔从海水摄取碳、氮、磷等养分。细胞分裂的速度很快,一天内最多可达6次,即一个细胞生长为64个。暴发式生长需要合适的温度和营养条件,几周内耗尽水层中的营养物质后停止暴长,此后维持在稍低水平。个体生长(细胞分裂)周期结束后产生配子;也有不少物种可通过无性繁殖方式产生孢子,如果环境条件不利(如冬季水温过低),孢子可停留在海底,等条件合适时重新启动,回归浮游植物状态。

甲藻门植物的种数比金藻门少得多,但也有130属1 000种,多数为海洋种类,其中横裂甲藻纲最为重要。海洋甲藻(Dinoflagellates)是单细胞浮游植物,在亚热带和热带的浮游植物中占据优势地位,在温带和较高纬度地带的夏秋季节,也大量出现。其大小与硅藻是同一个尺度,外部形态以三道从细胞体长出的角状分支体为特征,其中头部的一支是直线条的,另两支从后部长出,呈弧形,弯曲后朝着头部方向延伸,还有两根鞭毛,其中之一环绕细胞体,另一根朝着后部延伸,细胞表面有多块紧密连接的细胞壁覆盖,细胞壁的形态往往是区分种属的标志。甲藻以无性繁殖的方式即细胞分裂产生后代。与硅藻相同的一点是,它能够快速繁殖,每天可多达7次。有些甲藻是有害藻类暴发的主要物种,它们能够产生藻毒素,对人类健康有害,甲藻被贝类食用后,毒素富集于贝类体内,人们再食用这些贝类就会中毒,这就是中毒事件的原因,严重时可导致人的死亡。有害藻类的另一个含义是对生态系统中其他物种的伤害,如水层缺氧、甲藻阻塞鱼鳃等。有害藻类暴发的物种还有一个特点,在富营养化的环境中,氮磷比值大大偏离雷德菲尔德比率,不利于许多藻类生长,但甲藻却似乎不受影响。

海洋节肢动物

无脊椎动物中节肢动物占据绝对的优势地位，约有 111 万多个现生种，比无脊椎动物其他所有门类的全部种数多得多(Ruppert et al., 2004)。

海洋中生活的桡足亚纲动物(Copepod)是浮游动物的主体，不仅物种数量远大于其他类型，而且生物量也占据绝大部分。桡足类浮游动物的大小为 10^0 mm量级，有着圆筒状的身体，尾部较长，终端分叉，与头部触角配合，有一定的游动能力，头部长有一对长长的触角，其上长着许多细毛，用于探测食物颗粒(通常为有机质和浮游藻类颗粒)。进食时，如果流速较大，水体的湍动可将颗粒物送至嘴边；如果流速很小，则需用上颌刚毛拨弄水体，接近并捕获颗粒物，然后吸入口内。生长发育繁殖方面，哲水蚤属(*Calanus*)的物种具有代表性，成熟雌体每过 10～14 天产卵一次，每次约 50 粒。幼体孵化后，经过多期的无节幼体、蜕皮阶段而达到成熟状态。哲水蚤属浮游动物为各种海洋动物提供了主要的食物来源。

节肢动物中的甲壳类动物约有 5 万个物种，我们熟知的经济物种如对虾、梭子蟹、龙虾、虾蛄等都属于此类。它们通常具有两侧对称的身体，头部有两对对周边环境特征(地形、水流、动植物)极其敏感的触角，能在黑暗探测到食物的位置；口部器官独特，用于对食物的预处理。蟹和龙虾有 5 对足，靠近头部的第一对为大螯，是捕食的主要工具。甲壳类动物大部分营底栖生活，部分为游动。在蟹类中，近岸水域、潮间带湿地底栖种很多，如招潮蟹、关公蟹、方身蟹、玉蟹、梭子蟹等(沈嘉瑞，刘瑞玉，1957；宋海棠等，2006；刘文亮，何文珊，2007)，梭子蟹能游泳，从其流线型的外形和最后部一对蟹足的形态可以看出。有些蟹是食肉动物，如玉蟹以螺和贝壳动物为食(图 5-4)，也有不少是以沉积物中的有机颗粒为食，退潮的时候，许多小蟹钻出洞穴，将滩面上的砂不断吞入，然后吐出一个个砂球，布满滩面，有时排成漂亮的图案，在此过程中它们实际上已经把混合在砂里的有机颗粒吃进体内。甲壳类动物的各个物种大小差别很大，如最小的豆蟹身体直径不足 2 cm(图 5-5)，而太平洋深水的巨螯蟹体长近 40 cm。在生命周期中，甲壳类动物最初可能有一个浮游动物阶段，而后需多次蜕壳，以卵生方式繁殖。不过，也有少数例外，藤壶的幼体形态与其他甲壳类动物相同，然而它度过浮游动物阶段后就以固着方式生长，用多层碳酸钙质的壳片覆盖身体，成为甲壳类中的异类。

海洋软体动物

软体动物门是无脊椎动物的一大类群，仅次于节肢动物门，为动物界中的第二大门，种数不少于13万种(Ruppert et al., 2004)，常见有较高经济价值者有数百种(齐钟彦，1998)。腹足纲是软体动物中最大的一纲，有75 000现生种，包括各种海螺，虎斑贝、唐冠螺的贝壳非常美丽，成为人们收藏的对象(Dance, 1992)；鲍鱼是海产中的精品，而红螺、玉螺、泥螺常见于人们的餐桌。腹足类动物以螺旋式的外壳为特征，壳的口门有一片厣，正好能封闭壳口，但也有一些种类，其外表的螺旋形态不明显，如虎斑贝、帽贝。螺旋形态对于腹足类的生存有何意义，仍是一个谜，而且随着生长过程，螺的外形是如何保持的，这也是一个有趣的问题(Vermeij, 1993a)。腹足类既有素食的也有肉食的，因此它们的牙齿形态很不相同，帽贝以藻类颗粒为食，而玉螺以双壳类动物为食，它分泌出可以溶蚀双壳类外壳(如文蛤)的液体，从溶蚀形成的圆孔向内部注入肌肉麻醉剂，使得文蛤的闭壳肌麻痹，于是玉螺得以从张开的双壳正面进入，饱食文蛤肉体。腹足类不同种属外壳的大小有较大差异，生活于江苏海岸潮间带的泥螺、玉螺、昌螺外壳直径小于5 cm，红螺可达10 cm，而南海的唐冠螺、法螺则可超过30 cm。

双壳纲动物已描述的约有8 000种，约84%的种类生活于海洋；属于海产品的种属很多，也有一些介壳属于收藏对象(Dance, 1992；徐凤山，张素萍，2008；Dame, 2011)。最小的种类壳长为10^0 mm级，最大者是砗磲，南太平洋的一种砗磲壳长超过1 m，总重达300 kg。双壳类以左右闭合的两片介壳为特征，底栖方式生活，有些种类钻入松散底质之下，有两只触手，可伸出床面之上，探测食物、获取氧气。进食是以滤食方式，汲取泥沙中或水体悬沙中的有机颗粒物，包括浮游植物和动物，这在细砂、泥质床面环境下是便利的。双壳的物质均为碳酸钙，多数是对称的，一端有可收缩的韧带，使得双壳可以开闭，而身体上长有闭壳肌，连接至介壳壁，以控制双壳的开闭。移动时，平板状的足伸出壳外，在泥沙底床上缓慢移动；钻入泥沙也要靠足的运动，它向下伸展，排开泥沙，然后再垂向上收缩，将整个壳体拖入底床。也有一些种类是固着生长的，如牡蛎、砗磲、贻贝，还有一些种类钻入珊瑚骨骼等处，洞穴随着生长逐渐扩大。双壳类繁殖以卵生方式，有些物种有雌雄同体或雌雄角色随时间变化的现象；其生长是从有收缩韧带的一端开始的，因此在壳的外部通常可见生长纹，有的可显示年轮。双壳类生命周期较长，通常为 20～30 a，有些物种最长达 150 a，早期生长较快，然后逐渐减缓。

头足纲动物生活于海洋环境，其种数远少于腹足纲，只有约 700 种，却是所有软体动物中神经组织和行为方式最为复杂的。鱿鱼、乌贼、章鱼是餐桌上的美食，而鹦鹉螺的外壳酷似腹足类。头足类身体为长条形，左右对称，最独特之处是头和足位于同一端，鱿鱼、乌贼、章鱼的外壳转化为密度较低的内部骨骼（如乌贼的海螵蛸），甚至缺失（如章鱼）。但鹦鹉螺仍然保留外壳，其形态在地球早期历史中的古生代就已经如此（参见第六章）。头足类体长大多为 6～70 cm，最小的一种鱿鱼（*Idiosepius pygmaeus*）只有 1 cm 长，而最大的一种深海鱿鱼体长可达 20 m（包括头部触手），在日本海层发现一种超过 10 m 长的章鱼（Ruppert et al.，2004）。头足类身体的密度与水体相等，这样可以节省保持悬浮所需的能量；乌贼的海螵蛸有助于降低身体密度，但降低密度的主要方式是身体内部的气室，可随时调整气体的含量。头足类是肉食性的，以鱼类、软体动物为食，有 10 条触手（头足），其中两条较长，用于捕食（快速伸出，以吮吸方式捕获猎物），感觉和运动器官发达，能以步行、游泳甚至飞行方式快速移动，与鱼类处于同一生态位，生活方式也基本上与鱼类相同。鱿鱼、乌贼、章鱼遭遇危险时，释放出黑色物质来躲避捕食者。头足类以卵生方式繁殖，幼体孵化后经历一段浮游动物的时期。鹦鹉螺发育成熟的时间需要 10 年，寿命可达 15 年，其余的头足类通常只有 1～3 年的生命周期，产卵后死亡。

海洋鱼类

鱼类是地质历史上最早出现的脊椎动物，也是其最低等者；脊椎动物约有 50 000 种，而鱼类拥有近 30 000 个物种，其中 20 000 多种生活于各种海洋环境。鱼类有 5 个纲，主要有硬骨鱼纲和软骨鱼纲，另外还有地质史上已灭绝的 3 个纲。硬骨鱼占据现生鱼类的绝大部分，有 400 多科 20 000 多种，有完整的碳酸钙骨骼体系。软骨鱼物种较少，有 45 科约 846 种。鱼类经济价值高，海洋渔业以鱼为主，虾蟹贝为次，全球范围内金枪鱼（tuna）、鳕鱼（cod）、鲑鱼（salmon）是重要的经济鱼类，还有许多区域性的产品，如欧洲北海产出鲱鱼（herring）、鲭鱼（mackerel），秘鲁沿岸产出鳀鱼等多种鱼类，而大黄鱼、小黄鱼、带鱼、鲳鱼是我国东海水域的重要经济鱼类。

鱼类与头足类动物的相同点是游动能力，一方面要能产生向前的动力，另一方面要使身体的平均密度与周边水体一致。鱼类通过身体、鱼鳍、鱼尾摆动而运动，而身体密度控制有多种方式，一是降低体液的盐度，二是硬骨鱼利用鱼鳔存储和调节气体（硬骨鱼中的底栖类型无漂浮需求，因此不发育鱼鳔），三是鲨鱼等软骨鱼体内油脂含量很高，也能减轻身体密度。多数鱼类的体温接近于周边水体，但也有些鱼类（如金枪鱼）的体温可调节到高于水温，以获得更强的活动能力。

海洋鱼类以水层中的动物为食，从浮游动物到体型较大的鱼都有。基本的进食方式有两种：一是将食物连同水体一起吞入口中，然后利用鱼鳃过滤海水，余下的即是食物部分；二是利用牙齿咬住猎物，吸入口内。鱼类牙齿形态多样，鹦鹉鱼的牙齿异常坚硬、锋利，可用于啃食珊瑚礁表面。鲨、鳐、魟等软骨鱼的牙齿有多排，用旧后脱落，新的牙齿又不断长出，软骨鱼没有钙质骨骼，但它们的牙齿含有碳酸钙，这可以解释地层中的鲨鱼牙齿化石很多但骨骼化石极为少见。鲸鲨（*Rhincodon typus*）有许多层细小、粗糙的牙齿，但并无觅食的功能，它的体型与鲸一样庞大，也采用滤食方式，以浮游生物、海藻类、磷虾、小型乌贼与脊椎动物为食。东海区域的大黄鱼和带鱼有着锋利的牙齿，它们以小鱼小虾等动物为食。

鱼类的生命周期为 10^0～10^1 a，市场上产自我国水域的小黄鱼、带鱼、鲳鱼年龄一般为 2～3a。生长成熟时的体长差别很大，如我国近岸的梅童鱼约为 10 cm，而鲸鲨身体庞大，全长可达 20 m。硬骨鱼的繁殖方式是卵生，体外受精，而软骨鱼的生殖方式是卵生或卵胎生，体内受精。

海洋爬行类、海鸟和哺乳类

全球爬行动物有 12 000 个种和亚种，是在中生代由两栖类演化而来，大多数生活在陆地，但也有近百个物种后来又重返海洋。海洋爬行动物(marine reptiles)主要有三类：海龟有 7 个种，即棱皮龟、蠵龟、玳瑁、橄榄绿鳞龟、绿海龟、丽龟和平背海龟，目前基本上都处于濒危状态；海蛇约有 80 种，主要生活在热带和亚热带南部的海域，也经常出现在近岸的半咸水环境，甚至进入河流和湖泊；海鳄比较少见，见于热带地区的近岸海域，如澳大利亚的大堡礁(Rasmusen et al., 2011)。它们以鱼类为食，身体形态与陆地爬行十分相像，繁殖方式也一样，都是卵生的。不同之处是，海洋爬行类皮肤较厚，以防止海水渗入，并有排出过量盐分的机能，因而能够饮用海水。海龟是海洋中体型最大的爬行动物，其中个体最大的棱皮龟体长可达 2.5 m，体重约 1 000 kg。

全球鸟类有 9 000 多种，其中真正的海鸟，即完全从海洋环境获得食物的鸟类，只有约 250 种(Fisher, Lockley, 2012)。但在完全以陆地为生的和以海洋为生的鸟类之间还有许多过渡类型，因此海鸟尚未有统一的定义，如果将海鸟定义为与海洋环境关系密切的鸟类，包括海岸地带、岛屿、河口、滨海湿地，那么就会有更多的种类。海鸟一般包含 5 个目(Schreiber, Burger, 2001)：

企鹅目(Sphenisciformes)：企鹅(有 18 个物种)。

鹱形目(Procellariiformes)：如信天翁、鹱、海燕、暴风海燕、海鸥。

鹈形目(Pelecaniformes)：如鹈鹕、军舰鸟、鲣鸟。

鸻形目(Caradriiformes)：如贼鸥、燕鸥、海雀。

鹳形目(Ciconiiformes)：海鸟和陆鸟的过渡类型，如苍鹭、白鹭、白鹳、鹮、琵鹭。

我国常见的海鸟包含多个目，如鹱形目的白额鹱(*Puffinus leucomelas*)和黑叉尾海燕(*Oceanodroma monorhis*)、鹈形目的褐鲣鸟(*Sula leucogaster*)和红脚鲣鸟(*Sula sula*)。

海鸟在陆地产卵、孵化为幼鸟，但在海洋捕食鱼类和底栖动物，有些物种也捕食内陆湿地的两栖类、爬行类和昆虫。因此，海鸟对环境的适应性很强，南极洲帝企鹅能在冰上孵化幼鸟，而北极燕鸥的迁徙范围在两极之间，距离超过 3 万 km。不同种类的体型差别也很大，体型最大的海鸟翼展可达 5 m。化石记录中的海鸟，其最大翼展超过 6 m。由于人类活动、气候和环境变化，海鸟的生存受到了威胁，需要国际社会一起来保护其栖息地和海鸟迁徙停留地(Provencher et al., 2019)。位于江苏盐城的自然遗产地就是为保障东亚-澳大利亚候鸟迁徙路线而设立的，成为上千万迁徙候鸟的停歇、换羽和越冬场所。

哺乳动物约有 5 400 种，其中 132 种为海洋哺乳动物(marine mammals)，是指生命周期至少部分依赖海洋的动物，包括鲸、海豚、海牛、儒艮、海狮、海豹、海象、海獭和北极熊，它们的起源和生活模式非常不同(Evans，Raga，2001)。鲸和海豚一生都生活在海洋中，它们消耗大量的微小浮游生物。海牛和儒艮生活在温暖浅海环境，行动缓慢，以海底植物为食，食草动物在海洋动物中极为罕见，一般都是食肉动物。海豹、海狮和海象在陆地上生育后代，但大部分时间都在海洋中度过。海獭虽然能在陆地上行走，但可在海上完成交配和养育后代。北极熊一年中大部分时间都在结冰的海面上度过，猎食海豹，因而通常被认为是属于海洋哺乳动物。

与陆地哺乳动物一样，海洋哺乳动物是温血动物，用肺呼吸空气，有毛发和乳腺，用乳汁哺育幼崽。但为了在海洋中生活，它们用厚层脂肪维持体温，一个例外是海獭利用特别厚的皮毛来防止失温。哺乳动物最初是在陆地上进化的，它们的脊椎最适合奔跑，因此海洋哺乳动物通过上下移动脊柱来游泳，这不同于通过侧移脊柱来游泳的鱼类；正因为如此，鱼类尾鳍是垂直的，而海洋哺乳动物的尾鳍是水平的(Hoelzel，2002)。鲸、海豚、海狮、海豹、海象可潜到极深处觅食。在体型上，海豹较小，而蓝鲸是目前地球上最大的动物，长度可达 33 m，体重可达 180 t。海洋哺乳种数虽少，但在生态系统中具有重要地位。由于人类长期以来对海洋哺乳动物的猎杀，许多种群处于脆弱或濒危状态，但现在大多数物种已受到保护。

第三节　海洋生态系统

如前所述，海洋环境的分异产生不同的生态系统，其研究有多个视角，如生物与环境的关系、物种和种群之间的关系(包括食与被食)、生态系统的结构和功能(包括生存和繁殖)、生命和环境中物质能量的传输转换循环过程和效应等。其中，支撑海洋生态系统运行和变化的要点是初级生产和次级生产、营养级和食物网、系统稳定性和状态转化机制。

初级生产和次级生产

海洋生态系统的基石是浮游生物(Raymont, 1980; 1983),其中的浮游植物被称为初级生产(primary production),而浮游动物被称为次级生产(secondary production),分别以硅藻和桡足类为代表。

光合作用将太阳能转化为生物能、二氧化碳转化为生物碳,因此初级生产是植物固碳能力的表征,具体定义是地表单位面积、单位时间上形成的生物碳质量,其量纲为 $g\ C\ m^{-2}\ a^{-1}$。这个物理量有些特别,与通常所见的物理单位不同,但其理由很简单,是要强调碳的质量,否则有可能被误解为生物体的质量。我们可将其看成是生态系统研究者们约定俗成的针对生物生产的独特变量。在光合作用产生的海洋植物生物量中,浮游植物是最基本的,浅水区和海岸带的底栖藻类、海草(如大叶藻)、大型海藻(如海带、浒苔)、盐沼植物(如盐地碱蓬、互花米草)等的生物量相对较小。初级生产的测量有两类基本的方法,即生物量测定法和气体成分测定法。生物量可表述为一定空间范围内生物体的总质量,对地表一定面积上的生物体采样,测定其生物量并构成时间序列,那么其变化速率也能计算出来,再根据光合作用的基本分子式 CH_2O 可知碳的占比为 40%,可将生物量变化速率换算为初级生产。另一方面,在一定的封闭空间测定氧气含量的时间序列,再根据光合作用的化学方程式换算为植物摄取二氧化碳的时间序列,也能得到初级生产数值。这两种方法涉及复杂的观测和数据分析流程,获得数据的代价较高。

硅藻在物种和生物量上均占据海洋浮游植物的优势地位,因而是初级生产的主要部分。换言之,硅藻生物量对海洋生态系统贡献最大。硅藻的生长主要受控于海水温度、盐度和营养物质浓度,在北半球海域,春季海水温度上升,而营养物质浓度由于整个冬季的积攒而达到高值,因此引发藻类旺盛生长,这种现象称为春季暴发(spring bloom)。藻类生长导致营养物质浓度下降,此后虽然温度条件仍旧适宜,但旺盛生长难以为继,被较低的生长速率所取代。硅藻春季暴发的持续时间在不同的海域有所不同,与气候条件和海水营养物质总量有关,一般为 2 周左右(参见图 4-1),硅藻细胞的分裂速度决定了营养物质耗尽的时间尺度(Tomczak, Godfrey, 1994; Simpson, Sharples, 2012);

关键之点在于，硅藻生长的时间节点控制了浮游动物的生长，而后者又是生态系统中其他动物的食物，因此硅藻生长的节律就成为整个生态系统的节律。

除硅藻春季暴发之外，还可能发生甲藻暴发，这与海水营养物质组分偏离雷德菲尔德比率有关。硅藻所需的营养物质符合雷德菲尔德比率，但如果出现该比率的偏离，则硅藻生长会受到限制，即只有一部分营养物质可被硅藻摄取。因此，不排除这样一种可能：如果春季暴发时有甲藻种源混入，则营养物质可被甲藻所利用，若此时没有甲藻侵入，硅藻所不能利用的养分也可能被后来的甲藻所利用，因此甲藻暴发可在硅藻春季暴发之后发生。甲藻暴发是生态系统状态不良的标志，被称为"有害藻类暴发"（参见第四章）。

与陆地初级生产相比，海洋浮游植物是当年生长和死亡的，只有岸边的一些大型植物可能留到下一年，营养物质及藻类植物种源与海水流动关系极大，因此生态系统可有较大的年际变化。陆地的树木和大量草本植物都是多年生的，生态系统的年际变化较小。就固碳而言，陆、海生态系统均有很大的地域差异，但在初级生产数值上，陆地最大值远大于海洋，热带雨林可达 3 500 g C m^{-2} a^{-1}（Odum, Barrett, 2005），而海洋中营养物质供给最丰富的上升流、大河入海口区域也很少超过 600 g C m^{-2} a^{-1}。按全年总生物量计，海洋约占全球的 30%，陆地占 70%，正好与面积占比倒过来。

次级生产是指以初级生产产物为食的它养生物的固碳能力，量度单位与初级生产相同，也是 g C m^{-2} a^{-1}。能够以浮游藻类为食的动物，其本身必然是浮游动物及其他小动物，对于体型较大的动物而言，浮游藻类过于细小，难以成为食物。有些浮游动物始终以浮游方式生存，另一些则在其幼年时期为浮游动物，长大后成为游泳或底栖动物，前者如桡足类，后者如某些鱼、虾、蟹、贝类的幼体。桡足类生物量在浮游动物中占据绝对优势地位，它们紧跟浮游植物暴发的节奏大量产卵，以获得充足的食物，而桡足类暴发又为其他海洋动物提供了食物。看上去不起眼的处于海洋动物底层的桡足类，是整个动物营养级和食物网的基础。

营养级和食物网

生态系统中生物之间及生物与环境之间关系复杂，初级生产受日照、温度、盐度、营养物质浓度等环境因素的控制，其产物一旦形成，就会发生一系列食与被食的关系，营养级(trophic level)就是为了表示这一关系的。每种生物所在的营养级，就是其距离初级生产者的层次。例如，在欧洲北海，硅藻处于最低层次，营养级的级数为 1，桡足类以硅藻为食，因此其级数为 2，鲱鱼以桡足类为食，其级数为 3。本区域鲭鱼产出量也较大，但与鲱鱼之间不存在食与被食的关系，因此其营养级级数也是 3。在此情形下，欧洲北海的营养级共有 3 级。若以硅藻-桡足类-鲱鱼为基准，厘清所有的动物的食与被食关系，所获的网络结构称为食物网(food web)，将营养级、食物网并列展示，可清晰地确定每个物种的营养级(图 5－6)。例如，玉筋鱼以桡足类为食，但又被鲱鱼所食，则其营养级介于 2 和 3 之间；中间状态营养级的具体数值如何定义，目前还有较大的任意性，玉筋鱼的营养级可定义为 2.5。

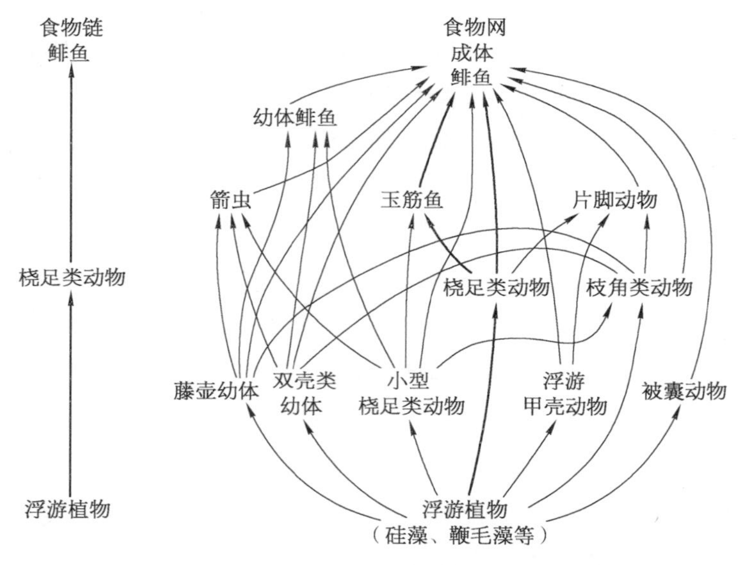

图 5－6　欧洲北海从浮游植物到桡足类再到鲱鱼的营养级和食物网(据 Levinton，2001 改绘)

全球海洋生态系统的营养级、食物网有许多种可能，总的趋势是时空尺度越大，营养级的级数越多。上升流海域空间范围较小，藻类暴发持续时间短，平均级数为 2.2；宽阔大陆架的平均级数为 3；大洋的平均级数为 5，那里生活着生命周期较长的海洋哺乳类(Levinton，2001)。各类生态系统的营养级举例如下：

欧洲北海：硅藻、桡足类、鲱鱼+鲭鱼。

长江口海域：硅藻、桡足类、乌贼、带鱼。

秘鲁近海：硅藻、桡足类、鳀鱼+凤尾鱼。

日本北海道海域：硅藻、桡足类、鲱鱼、鳕鱼+鲑鱼。

北大西洋纽芬兰海域：硅藻、桡足类、鲱鱼+鲭鱼、鳕鱼+鲑鱼。

北冰洋：硅藻、桡足类、鲱鱼+鳕鱼、海豹、北极熊。

太平洋：硅藻、桡足类、鱼类、大白鲨、虎鲸。

南大洋：硅藻、桡足类+南极磷虾、企鹅、海豹。

热带珊瑚礁：硅藻+虫黄藻、桡足类、鱿鱼+章鱼、鲨鱼。

营养级、食物网是生态系统行为的表征。不仅如此，进一步的分析可获得生态系统特征、稳定性和动态的许多重要数据，用以刻画生态系统中能量转换比率、各种生物的生物量和种属数量占比、各物种在生态系统中的作用。

各种生物在营养级上的能量转换可根据生物量来计算。例如，在硅藻到桡足类的转换中，桡足类及其生长所消耗的硅藻这两个生物量（以固碳量计）的比值就是能量转换比率。对食物网中所有食与被食的生物类型之间的能量转换比率进行测量，可得营养级能量转换的平均比率。要注意的是，初级生产中硅藻实际上并没有全部被桡足类所食，桡足类也没有全部被鱼类所食，因此，如果要回答一定的初级生产条件对应于多少次级生产的问题，光有能量转换比率还不够，未被消耗的部分也应考虑在内，由此可定义能量转换效率，在上述特定的问题中，能量转换效率就是桡足类生物量与硅藻总生物量之比。统计数据表明，从营养级的第 1 级到第 2 级，或从第 2 级到第 3 级，平均能量转换效率均为 10%（Pinet，1992）。欧洲北海面积为 0.6×10^6 km，若其初级生产为 100 g C m^{-2} a^{-1}，则按照上述转换效率，每年应有 10^6 t 量级的鱼类产出；这只是一个过于简化的算例，为的是说明该项指标的用途，实际的转换效率要看当地的环境条件及其年际、年代际变化。

食与被食，这关系到生存。因此各类物种都发展出千奇百态的生存策略，其最终结果是食没有减少，被食也没有减少，生态系统的各方处于势均力敌的状态。正因为如此，能量转换比率的数据能够说明物质、能量在不同物种之间分配的格局，因而解释一个稳定的生态系统应该有着怎样的生物多样性。根据能量转换效率，可估算欧洲北海的鱼类产量，但鲱鱼、鲭鱼各是多少？这取决于食物网，它们的食物结构的差异指示食物来源和供给量的不同，而作为被食动物处于同一营养级，它们也存在竞争关系。食物网的稳定性决定鲱鱼、鲭鱼的比率，一旦发生变化，该比率随之改变。

从食物网视角看，各物种在生态系统中都起到了一定的作用，如果生态系统是稳定、健康的，那么各物种都能以恒定的规模完成生命周期。但是，当外部环境发生状态变化，即表征环境因素的各个变量的取值范围和特征值（如平均值）都发生了变化，或者有新的因素加入，某些物种的地位就会相应变化，此时生态系统可有多种响应，例如，向新的稳定态演化，或者系统健康程度下降，甚至崩溃。根据食物网结构变化的分析，可预测生态系统将要发生的变化趋势。人们在评价气候变化和人类活动影响的时候，往往从食物网入手。例如，气候变化改变物种的生态位，一些物种入侵到原先不属于它们的生态系统，带来极大的影响。又如，人类对海洋生态系统的干扰跨越若干个营养级，同时捕捞第 1 级的藻类、第 2 级的甲壳类腹足类双壳类海产、第 3 级的鱼类，以及更高营养级的鲸类，其影响人们至今仍在研究。任何一个物种的去留都会有影响，而捕捞造成许多物种生存状况的同时改变。

海洋生态系统形成演化

海洋生态系统边界的定义有一定的任意性，一般是以所感兴趣的生物种群所分布的范围为界，例如，长江口海域周边有舟山渔场、长江河口渔场、吕四渔场，从渔业资源角度可将其作为一个生态系统来看待。这个生态系统最初是如何形成的呢？距今 18 ka 的时候，海面位置比现在低 30 m，那时显然不可能有长江口生态系统。此后，冰后期海面上升，距今 7 ka 淹没了整个现今长江三角洲所在的范围，这个地区成为海洋环境。于是，代表初级生产的硅藻和代表次级生产的桡足类就随着海水来到本区域。这两种浮游生物的存在是海洋生态系统的基础，一个两级营养级的食物网就此形成。再往后，其他动物也进入这个区域，不过要符合两个条件：第一，这些物种必须能够在这里的温盐度环境、气候条件下生活；第二，在地理上具有可达性，例如，如果处在大西洋的一种鱼类要来长江口，就必须绕过非洲南部的好望角、跨越印度洋，在行进途中各地的环境都必须适合于其生存环境，否则就会遭遇地理隔绝，只有不存在地理隔绝的物种才能进入长江口海域。此后，符合条件的物种还要面临生存竞争，以获得它们的生态位。这个条件并不是所有的物种都能达到，例如，假如有一种鱼，孵化之后有40天时间处于浮游动物状态，要依赖于桡足类作为食物，但由于特定的水动力等环境条件，所在的水域桡足类只能有30天的供给，在这种情况下幼体不能够发育成熟、成长，繁殖受阻，于是这个物种最终不能立足于这个环境。另一种情形是，在食与被食的竞争中落于下风，成为竞争的失败者，在这个环境里就会处于弱势，甚至难以继续生存。因此，进入这个环境的物种是有可能被淘汰的。未遭淘汰的物种就生存下来，成为新的营养级（第3级）。这样的过程年复一年地重复，我们称之为生态系统演替（succession），最终可达到顶级阶段。从全新世海面上升的历史来看，一个海洋生态系统达到顶级状态所需的时间可能不大于千年尺度。

综上所述，一个海洋生态系统的形成可总结如下：第一，硅藻和桡足类的存在是生态系统的基础条件；第二，以硅藻和桡足类为食的其他动物进入这个系统，将经历一个竞争阶段，最后能够完成生存和繁殖全过程的物种成为生态系统的组成部分；第三，经过一段时间的演化，生态系统可以达到顶级阶段。

生态系统的稳定性能否长期维持？这取决于环境的稳定性。地质历史上，由于环境的变化而导致的生物灭绝事件已经发生了多次（详见第六章），即生态系统是有可能崩溃的。崩溃的机制之一是，各物种完全适应了环境的条件，而当这个环境条件发生剧烈变化的时候，它们来不及应对，生存和繁殖就中断了。目前，环境条件发生变化的原因主要是气候变化和人类活动。

气温可以变暖或变冷，海面可以上升或下降，地表径流可以增加或减少，于是会改变营养物供给、水温、盐度等环境条件，进而导致生态系统变化。首先，新的物种可能侵入一个生态系统，在其中生存和繁殖，那么必然会影响其他物种，从此之后，生态系统进入新的演化状态。其次，剧烈的环境变化可能使得原来环境当中的生物都不能生存，但又没有新的物种来替代，在这种情况下，生态系统难以为继，出现崩溃状态。

在短期效应上，人类活动的影响更大。有意或无意引入新的物种，其效应与气候变化引发的生物入侵是一样的。人类活动可显著改变海洋的环境条件，如海岸带围垦减小潮间带范围，海岸和陆架区的工程（港口、石油钻井平台、风力发电等)改变海洋的物理环境。渔业活动也有很大的影响,过度捕捞使得一些物种的生存、繁殖难以持续,甚至有一些物种由于酷捕而灭绝了,长江口附近海域的鲥鱼就经历了这样的遭遇。除酷捕之外,食物网的破坏也能导致灭绝。捕鲸引发了全球的抗议,但捕捞渔业也能减少鲸的食物供给,使其处于濒危状态。因此,调整我们人类自身的活动,对于海洋生态系统的保护是至关重要的。对人类来说,生态系统变化不一定都是坏事,以外来物种为例,我国引进盐沼植物互花米草,它在福建海岸的部分海湾里损害当地的生态系统,但在江苏海岸却起到保护海堤、恢复盐沼生态系统功能的作用(Gao et al., 2014)。

第四节　生态系统动力学模拟

海洋生态系统动力学是关于物质、能量、信息传输的定量化研究。与陆地生态系统不同,海洋生态系统是由浮游生物支撑的,与海水运动密切相关,因此,其动力学模拟要以水动力方程为基础,再加入海水温度、盐度、营养物质浓度、浮游植物和浮游动物生物量、有机质沉降通量、底栖动物生物量、头足类和鱼类生物量等变量,构成一个复杂程度更高的模拟体系。

海洋生态系统动力学模型的构成

以数学方式刻画生物的形态和行为,一方面,为了描述特定的现象,如食与被食的两类生物的生物量之间的关系,可采用某个数学公式来表示;另一方面,对于任何数学表达式,也有可能为其找到一种生物现象,正好与之对应,如葵花种子的排列样式可用斐波那契数列来描述。这类研究历史悠久,称为数学生物学(Murray, 1993)。同样,海洋生态系统动力学也要使用数学工具(Fennel, Neumann, 2004),最初的发展可能受到了数学生态学的启迪,所不同的是动力学建模是根据物质、能量、信息传输转换循环的过程而进行的,以复杂系统方法论为基础。

海洋生态系统是由浮游生物支撑的，而后者与海水运动密切相关（Mann，Lazier，2006）。海水运动有三个空间尺度，即局地尺度（<1 km）、区域尺度（1～1 000 km）和洋盆尺度（>1 000 km），每个尺度均与特定的生态系统行为相联系。局地尺度上，水体的粘滞性和湍动过程控制浮游生物的生长和沉降，上层海水混合过程影响海水温度和营养物质输送，进而影响浮游生物，而河口咸淡水混合过程影响生物摄取和重新矿化。区域尺度上，上升流动态控制初级生产及食物网，陆架锋面过程造成颗粒物和营养物质辐聚，提高生物生产，内波和潮汐混合过程影响营养物质输运和浮游生物生长扩散。洋盆尺度上，湾流和黑潮主流两侧的逆时针涡旋（冷涡）提供了鲑鱼和鱿鱼的生长环境，大洋环流将无脊椎动物幼体扩散到全球各地，而厄尔尼诺格局的变化影响全球生态系统和渔业资源。因此，海洋生态系统模拟可以物理海洋学为基础，融入生态系统各个要素，刻画上述三个初步的过程-产物关系。

关于方法论框架，第三章所述关于复杂系统的基本方程可直接应用于海洋生态系统的情形，即式（3－3）是具有普适性的。物理海洋学有 4 个状态变量，而生态系统有更多的状态变量，例如，以下是一个较为完整的海洋生态系统动力学模型所包含的 18 个状态变量，物理海洋学状态变量包括在内：

M_1：海水密度 ρ

M_2：水平流速 u

M_3：水平流速 v

M_4：垂向流速 w

M_5：海水温度，其变化（dM_5/dt）与太阳辐射、黑体辐射、水体传导、水流输运有关

M_6：盐度，其变化与水体混合作用、水面蒸发、生物摄取等因素有关

M_7：营养物质氨氮和硝氮浓度，氮限制因素，其变化与外部输入、生物摄取、重新矿化等因素有关

M_8：营养物质磷酸根浓度，磷限制因素，其变化与外部输入、生物摄取、重新矿化等因素有关

M_9：溶解氧（溶解于水体的分子态氧），其变化与海气界面交换、水流输运、生物光合作用、生物颗粒分解等因素有关

M_{10}：光照强度（单位面积上所接受的阳光能量），其变化与天气、悬沙浓

度、叶绿素浓度等因素有关

M_{11}：污染物浓度，其变化与外部输入、水流输运、生物降解等因素有关

M_{12}：浮游植物生物量，光合作用产物，以硅藻固碳为代表，其变化与海水温度、盐度、营养物质浓度、光照强度、浮游动物摄食等因素有关

M_{13}：浮游动物生物量，其变化与海水温度、盐度、溶解氧、污染物浓度、食物供给、水流运动、幼体来源等因素有关

M_{14}：有机质颗粒沉降通量，其变化与浮游生物量、动物摄食、沉降速率、水流湍动特征等因素有关

M_{15}：底栖动物生物量，其变化与有机质颗粒供给、溶解氧、底质类型等因素有关

M_{16}：头足类生物量，其变化与盐度、溶解氧、污染物浓度、食物供给、水流运动、栖息地环境等因素有关

M_{17}：低营养级鱼类生物量，其变化与盐度、溶解氧、污染物浓度、食物供给、水流运动、栖息地环境等因素有关

M_{18}：顶级动物生物量，高营养级鱼类、鸟类、哺乳类，其变化与食物供给、水流运动、栖息地环境等因素有关

其中，变量 $M_1 \sim M_4$ 已由连续方程、动量方程刻画，其他变量则需要逐一建立控制方程，它们均具有式(3-3)的形式。$M_5 \sim M_{11}$ 涉及热能和物质传输，可基于能量和物质守恒原理来构建方程，而从 M_{12} 开始涉及生物体，不仅需要考虑能量和物质，还需考虑生物信息的传输，如浮游植物的不同种属，其生长和繁殖周期由遗传所决定，形态和生存策略等亦是如此，虽然环境也有一定的影响。总的原则是状态变量的个数要与方程个数相等。

一个具体的模型无须受限于上述状态变量，根据需要可增加新的状态变量方程。另外，上述状态变量也并非一定要全部出现在一个模型之中，除 $M_1 \sim M_4$ 必须包含在内之外，其他各项可有选择性地使用，包括多种排列组合。因此，生态系统动力学模型是多种多样的。在过去半个世纪的发展历史中，已经构建过无数模型(Hofmann，Friedrichs，2002)，使得模型、模拟成为一个专门行业(海洋领域大致有数据采集、分析和理论分析、模型与模拟三类工作岗位)。具体而言，除不同空间尺度的模型外，可针对种群动态、浮游植物与初级生产、浮游动物与次级生产、经济物种的幼体状态、高层次营养级动物、营养级

之间相互作用、生态系统层次等建立模型。1971 年以来发表的相关研究的主题有营养物质输运、浮游生物暴发、扇贝等贝类幼体生长、沙丁与鳕鱼等鱼类幼体生长、南大洋磷虾等甲壳类幼体、生态系统对天气的响应、初级生产的时空分布、桡足类空间分布、溶解氧分布、生物生产的年周期、系统的年际和年代际变化等。

在前面列举的 18 个状态变量的体系中，有些变量含有未包含在状态变量内一些因素，例如，M_{10} 光照强度，其变化受到天气、悬沙浓度、叶绿素浓度等因素的影响，而这些因素本身并非该模型的状态变量。还有一种情形：如果以 $M_1 \sim M_{12}$ 构成初级生产模型，那么 M_{12} 与浮游动物摄食有关，而浮游动物不在这个模型体系内。上述两类情形的处理方法可以通过增加状态变量或对所涉及的因素做参数化处理，后者是常用的方法。参数化（parameterization）的含义是将某个因素表达为已知变量的关系式，以避免产生新的未知变量。例如，在 $M_1 \sim M_{12}$ 构成的模型中，对浮游动物摄食因素，利用 $M_1 \sim M_{12}$ 之中某些变量来建立其表达式，于是浮游动物摄食就无须被看成是未知变量。

模型算例

海洋生态系统模型的应用已有较长的历史，例如，早在 21 世纪初，就有 11 个研究组在欧洲北海进行生态系统模拟工作（Moll，Radach，2003；Radach，Moll，2006）。代表性的模型算例（Moll，Radach，2003）表明，当时的模拟研究有许多新发现，其中一些为现场观察所证实，但在模型验证上也有不小的缺陷。

关于北海初级生产，多个模型一致再现了主要的区域性特征，海岸带水域初级生产高于 200 gC m^{-2} a^{-1}，而中心部位低于 100～150 gC m^{-2} a^{-1}。但英国南部海岸低于 100 gC m^{-2} a^{-1}的水域未能再现。模拟结果还给出了初级生产年变率，1955—1994 年期间的变化范围为 100～175 gC m^{-2} a^{-1}。关于春季暴发的时序，硅藻暴发在前，磷被耗尽之际甲藻暴发开始，在空间上，春季暴发始于北海东南部，然后向西北部传播，与观测结果一致。但是，硅藻、甲藻、叶绿素的数量与观测结果不太相符。关于营养限制和光照效应，模型的空间分辨率过低，未能显示区域性差异。

关于北海底栖生物，模拟结果再现了整个海域的生物量分布，尽管在生物量大的区域有所被低估而在东北部德国近岸海湾(German Bight)有所高估。水深、初级生产、底质类型、水层碎屑沉降通量、大型底栖动物生物量之间关系的模拟结果给出了70 m水深处的突变界线,与观察结果的报道一致,其原因是水温和食物供给的差异。

关于碳、氮、磷、硅物质循环,除流域、大气输入的物质通量,模拟中还考虑了生物摄取、藻类呼吸、水层营养物质重新矿化等过程,发现这些物质每年可循环4～5次,根据模拟结果获得了氮、磷、硅的收支平衡状况信息。计算了涉及初级生产的时空分布与规模,从海岸带向北海西北部的扩展限制机制。氮收支表现出显著的区域差异,受到河流输入的很大影响,而磷收支则显示河流输入较少,磷的来源主要是海底,氮磷比率不是固定的。模型显示出低营养级上的物质循环时空分布及其机制解释上的优越性,就时空覆盖率而言,现场观测难以与模拟相比,这同时也说明为了模型验证的目的,现场观测需要加强。

关于生态系统对水动力、太阳辐射等外部胁迫的响应,模拟结果显示,水动力方面的关注点是垂向和平面环流。水体垂向分层结构的稳定性对浮游生物春季暴发具有重要影响,平面环流使得营养物质和初级生产的区域分布趋向于均匀化,北海北部初级产量的年际变化主要是由大西洋水流进入北海而驱动的,与波罗的海的水体交换也有影响。在太阳辐射方面,模拟显示北海南部水层垂向混合良好,光照成为初级生产的限制因子,而北海北部水层有稳定的分层,养分成为限制因子。上述模拟结果提供的新信息还需充分的校准和验证。

以上4个算例表明,验证数据的缺乏是早期研究的一个困难(Radach, Moll, 2006)。人们意识到,并非每个模型都能重现每个状态变量的观测结果,模型之间及模型与数据之间的差异随着营养级的增高而增大,而且增加模型的复杂程度并不一定能改进模拟结果,更要紧的是提高数据采集能力、发挥实测数据的作用,如采用围隔装置实验(mesocosm experiments)和数据同化(data assimilation)技术(Vallino, 2000)。进入21世纪,这些工作逐步得到加强。对于美国东北部大陆架的大型海洋生态系统,将初级生产、浮游动物、底栖动物、鱼类、海洋哺乳动物纳入模型,虽然虾、鱿鱼等的模型计算误差仍然较大,但模拟结果总体上有良好的预测性(Link et al., 2010)。若要达到全面应用于生态系统管理(如渔业管理)的目标,海洋生态系统模型的验证、校准和不确定性量化还需进一步提高(Steenbeek et al., 2021; Rohr et al., 2022)。

与20世纪相比,近期在高营养级的模拟研究上有了新进展。对于葡萄牙大陆架生态系统,食物网模拟给出了生态系统和沙丁鱼种群动态的解释(Szalaj et al., 2021)。海水温度是沙丁鱼生物量的主要影响因子,而鲐鱼、马鲛鱼和鲣鱼对沙丁鱼的捕食也与1986—2017年间沙丁鱼数量下降有关。大西洋东北部比斯开湾(Bay of Biscay)的食物网模型针对从初级生产者到顶级捕食者的完整生态系统,模拟其结构和功能(Corrales et al., 2022)。模拟结果表明,本区域的有机颗粒沉降通量大,占据初级生产的很大部分,低营养级鱼类(如沙丁鱼和凤尾鱼)是联通浅水区底栖生态系统和外海生态系统食物网的关键环节,外海鲨鱼、海豚、琵琶鱼、大鳕和大型底栖鱼类具有关键的生态系统功能。此外,人类对沙丁鱼、凤尾鱼的捕捞活动对较高营养级的鲭鱼、马鲛鱼有明显影响。

生态系统模型以追求可靠性为目标,已经被广泛应用于各种各样的海洋环境,但迄今仍然存在预测能力的缺陷。这印证了业界的一句格言:凡模型皆有失误,但其中不乏有用者(All models are wrong, but some are useful.)。其用途主要是:① 模型有助于提出工作假说,通过模型的试运行,可能发现许多值得研究的问题,并尝试得出解释;② 模型有助于现场观测方案的制定,现场观测代价很高,为了高效获取数据,需要确定观测地点和时间,而模型给出的生态系统特征的时空分布指示了潜在的重要地点和时段;③ 模型有助于学科融合,消除海洋生物学家与数值模拟专家之间的隔阂,从而为大数据、机器学习、复杂系统网络等人工智能方法奠定基础。

第五节　海水养殖生态系统

海洋捕捞所依赖的资源来自海洋生态系统,捕捞强度的不断上升造成天然生态系统营养级和食物网的破坏,随着时间的演进,海洋生态系统和捕捞业的可持续性均受到威胁。解决的办法之一是发展海水养殖,就像陆地上发展农牧业那样。海水养殖指的是构建人工生态系统,它比天然生态系统具有更高的生物生产效率,同时,维持人工生态系统的健康也成为巨大的挑战。

海水养殖的对象和方式

人类从狩猎发展到农牧业的历史悠久。在海上,从野捕渔业发展到养殖渔业,也是必然的趋势。所不同的是,陆地上随着人口的增加,狩猎早已难以为继,若非农作物和动物驯养,人类社会没有其他选择,而海洋的野生渔业资源的衰竭是在 20 世纪中期才发生的,因此,大规模的养殖渔业历史较短(McKee, 1967)。以我国为例,虽然古代已有一些物种的养殖,但其用途是在医药等方面(大连水产学院,1987),不是为了食物供给,作为渔业的海水养殖到了 20 世纪中期才开始达到较大的规模。当时的养殖品种还没有扩大到大黄鱼、黄海大对虾等。直到 20 世纪 60 年代,大黄鱼捕捞的年产量达到 60 万 t 量级,黄海大对虾达到 3 万 t 量级,但过度捕捞导致了资源的快速衰退,现在野生黄鱼和大对虾达已经很少,处于濒临灭绝的境地。此后,为了解决海产品的短缺问题,这两个物种也很快进入养殖物种名录,福建罗源湾成为大黄鱼繁殖养殖基地(图 5-7)。目前我国的海带、紫菜、牡蛎、对虾、大黄鱼、牙鲆等养殖早已被人们所熟悉,养殖产量超过了野捕产量,而且水产品总产量、人均产量均位于世界第一(刘焕亮,黄樟翰,2008)。

(a)

(b)

图 5-7　福建罗源湾的水产养殖(2012 年 3 月 25 日)

(a) 大黄鱼养殖网箱和滩涂贝类养殖区;(b) 鲍鱼网箱养殖

在全球范围,海水养殖的品种涵盖了各个门类的重要经济物种,并且还在不断增加。目前文献中记述的主要养殖物种(山东海洋学院,1985; Gilbert, 1994; Fotedar, Phillips, 2011)如下:

藻类：海带、紫菜、裙带菜、石花菜、江蓠、麒麟菜。

甲壳纲：多刺龙虾、拖鞋龙虾、中国对虾、斑节对虾、长毛对虾、墨吉对虾、日本对虾、南美白对虾、锯缘青蟹、三疣梭子蟹、泥蟹。

腹足纲：鲍鱼、红螺。

双壳纲：牡蛎、扇贝、缢蛏、文蛤、贻贝、泥蚶、毛蚶、杂色蛤仔。

头足纲：鱿鱼、虎斑乌贼。

硬骨鱼纲：鲑鱼、海鳟、大黄鱼、梭鱼、鲻鱼、罗非鱼、真鲷、黑鲷、石斑鱼、尖吻鲈、美国红鱼、牙鲆、河豚、海鳊。

海参纲(Holothuroidea)：刺参。

其他：珍珠、海马、观赏鱼。

从市场角度看，各类养殖品种有不同特点。野生鲑鱼本来就是国际市场上的紧缺商品，人工养殖成功之后，其价格比野生鲑鱼便宜很多，因而迅速打开了市场，形成了全球范围的一个产业。海带、紫菜在亚洲区域受到市场欢迎，尤其是我国和日本，江苏省南部海岸滩涂的紫菜养殖规模曾达到全球产量的一半；在传统烹饪里，如日本的寿司，紫菜是必不可少的。在我国，大黄鱼市场需求大，因而也形成了一个从鱼苗培养、饵料生产到网箱养殖的产业。在贝类养殖方面，牡蛎生产的规模最大，在法国，牡蛎是高档的美食，那里生产的牡蛎壳型均匀、美观；美国切萨皮克湾和旧金山湾牡蛎养殖也很有名。我国养殖的扇贝和文蛤在餐桌上很受欢迎；刺参是我国最有名的海参种类(Yang et al., 2015)。还有些养殖品种，如珍珠、海马、观赏鱼，不是为了食物供给，而是为了满足工艺品、制药、观赏等需求而生产的。

海水养殖要利用浅海、港湾、滩涂等空间，建筑鱼塘、网箱等设施，也可以构建室内环境(称为工厂化养殖)，针对不同养殖对象已经形成了技术体系(Shepherd, Bromage, 1989; Hardy, 1991; Lee, Wickins, 1992；曲克明，杜守恩，2010; Tidwell, 2012；李健，2021)。海带、紫菜在天然生态系统中属于初级生产，因此需要仿照自然生态位来设计养殖环境，如温度、盐度、营养物质供给的条件，所不同的是产品将被收获，而非留存于生长环境或成为动物的食物。在天然环境，贝类处于低层次营养级，这种状况在养殖环境中也是如此，也要靠浮游生物颗粒为食，因此在滩涂、浅海等环境，养殖密度不能过高，否则要增加投放浮游生物颗粒，其来源是人工繁殖硅藻和桡足类。贝类养殖的目标是减少其他物种对生物颗粒的消耗，同时也阻断贝类的被食，也就是说，将养殖对象从原来的生态系统中孤立出来，瓦解原有的食物网，尽可能将系统中的物质和能量转移为贝类的生物量。此外，养殖系统的建立也使得贝类的收获更加便捷，加工为商品更加容易。鱼类养殖的环境与天然环境差别最大，如果像天然生态系统那样，鱼类生长要靠初级生产、次级生产、其他低营养级动物逐级转换，那么养殖的效率必然是过低的，解决问题的要点是改变自然的食物网结构，直接投放人工饵料，这大大缩短了营养级，短期内养殖个体就可以长到商品规格。因此，海水养殖是依赖于人工生态系统而进行的，与天然系统的差异视养殖对象而定，其中鱼类养殖几乎完全脱离了天然系统。

构建健康的人工生态系统

陆地上生活的人们如今把森林和湿地看成是珍贵的天然生态系统，无论在产品和服务价值方面都有极大的重要性，因此要加以保护。许多国家级自然保护区以及联合国世界遗产地的设立都是出于这个目的。然而，目前海洋生态系统还没有得到同样规格的重视。海洋渔业的对象仍然是海洋生态系统，但未来终将有一天海洋生态系统要回归于海洋，就像人们不再开发陆地的森林和湿地一样。在陆地上，人类的食物要靠农业和牧业；海洋也一样，水产品供给要靠海洋牧场，它终将取代捕捞渔业；如今养殖生产的海产品总量已超过野捕产量，显示了这个趋势。

目前海产品生产正处于海水养殖和捕捞渔业并存的过渡状态。在发展海水养殖的同时，捕捞方面则要减少酷捕（郑元甲等，2003），减小对海洋生态系统的干扰，尽量保护生态系统的食物网和生物多样性。海水养殖就相当于陆地上的牧场和农田，意味着人工生态系统。农田和牧场已经过长期的研究，关于如何保护土壤、防止水土流失，有了一定的措施和保障。而对海水养殖系统，目前还缺乏同样深度的研究。在现阶段，人们还主要是从海产品生产的可行性角度来看待这个问题的，海水养殖技术的制定也是着眼于解决海水养殖能否成功的问题，系统如何优化还缺乏足够的思考。但任何工程都要考虑科学原理、可行性和在制约条件下的优化等问题，海水养殖技术也不例外，即要在消耗较少资源的条件下实现海产品的生产，同时还要防止海水养殖带来的生态和环境破坏以及水产品质下降的问题(刘焕亮，黄樟翰，2008)。

首先，人工生态系统有可持续性问题，海水养殖技术从可行到优化是一个漫长的过程。与天然生态系统一样，海水养殖系统也是会逐渐发生变化的，养殖物种与环境之间的相互作用使得环境特征也跟着发生变化。在最初的时候，通过经验积累，能够形成技术规范，保障海水养殖的经济收益。但是，一定的技术只是在特定的条件下可行，未必在长时间尺度下也可行。例如，在池塘养殖环境，最初几年养殖可能比较顺利，但是随之就可能出现生物疾病。疾病的出现意味着养殖环境的变化，如果不能应对，那么疾病就会越来越严重，甚至到了不得不使用药物的地步。在水环境当中使用药物，对环境健康本身具有难以预测的影响，有很大的不确定性。因此，养殖技术需要不断优化，要能够预见环境的变化，采取合适的应对措施。

其次，养殖区的排放影响周边环境。由于饵料的使用和水体富营养化等问题，养殖区常需要排放废水、更新养殖水体。污水排放必然对周边的环境带来影响。这样的方式是不可持续的，最终的目标应该是养殖环境能够在内部得到净化，使资源能够得到循环利用而对外部的环境应做到零排放或者排放之前进行污水处理。海水养殖场如同一个企业，在生产过程中产生废水、废气、废料，因此也要与企业一样实施严格的环境管理。海岸线附近大面积占用土地的常见情形是，开始几年环境污染并不严重，但等到污染严重再来治理就需要有很大的投入，于是养殖活动就被放弃。例如，山东半岛的月湖是一个珍稀的大叶藻生态系统，还出产高品质海参，但人们突然把海湾的口门堵起来，说是要防止海参逃逸，造成湾内环境急剧恶化，又围垦潮间带滩地来养虾，仍然没有成功，虾池被废弃，大叶藻生态系统几乎完全被破坏。因此，从海水养殖企业开业的那一刻起就应制定污染防治规划并遵照执行。

最后，海水养殖产品的质量要有保障。人工养殖产品的质量似乎比野捕产品稍差一些。其中的原因有二：一是养殖环境，二是饵料的使用。为了维护人工生态系统，可能需要加入某些人造物质，因此引发食品健康问题，需要健全立法和管理措施。产品的好坏与水质有关，如果养殖环境水质很好，养殖产品质量也相应好。另一方面，在野外鱼类、贝类的觅食环境中，特定的环境产生特定的食物，其中一些组分就影响了肉质和品味。这说明了饵料的重要性。未来，通过人工饵料的改进，可从营养价值、品味方面接近乃至超越天然产品。

延伸阅读

青岛海滩上的浒苔究竟从何而来？

2008年，青岛海滩上出现大量浒苔，甚至差点影响了那一年奥运会的海上比赛项目。浒苔从何而来？研究人员经过调查，找到了江苏海岸的紫菜养殖筏架上含有浒苔幼体的证据。紫菜养殖是江苏南部海岸的重要产业，人们初冬时节在潮间带下部搭建筏架（图5－8），紫菜生长和收获持续到来年4月。进一步的研究揭示，若浒苔幼体从筏架上脱落，进入近岸水域，再随着海流一路向北，一两个月后可以到达青岛海域，而且浒苔能够边漂浮、边生长，因此从江苏海岸离开时的几千吨幼体到达青岛海岸时就可以长到上百万吨。从此，紫菜养殖筏架每年都被仔细管控，人们期待失去浒苔源头之后，浒苔暴发不再发生。但是，事与愿违，随后的十多年里，浒苔暴发连年发生，只是规模有所不同。显然，紫菜养殖筏架不是唯一的源头，研究工作再次回到起点。

图5－8　21世纪初江苏如东海岸潮间带下部的紫菜养殖筏架（中国科学院海洋研究所王珍岩惠赠）

青岛浒苔究竟从何而来？按照海洋生物学的观点，需要分别厘清浒苔的生物学（何培民，2019）和生态学（张惠荣，2009）。在此基础上可应用生态系统动力学的方法加以研究。

浒苔的生物学

浒苔属于绿藻门（Chlorophyta）石莼纲（Ulvophyceae）石莼目（Ulvales）、

石莼科(Ulvaceae)石莼属(*Ulva*)。石莼属早年也称为浒苔属(*Enteromorpha*),早在林奈的时代人们就开始进行研究。该属物种具有广温性、广盐性,环境适应能力很强,分布于从赤道到极地、从河口到外海的不同海域,其外部形态多变,与环境之间的关系复杂;据文献记载,共有约 40 个种,我国有 12 种,黄、东、南海有各自的优势种(董美龄,1963)。

漂移到青岛的主要浒苔物种是 *Ulva prolifera*,另外还有缘管浒苔(*U. linza*)、肠浒苔(*U. intestinalis*)、条浒苔(*U. clathrata*)、扁浒苔(*U. compressa*)和盘苔(*Blidingia* sp.);这一记录还在被进一步刷新(王静等,2021)。

浒苔是大型海藻(Pereira, Neto, 2014)。株高可达 1 m,基部有假根,可用于固着生长,就像海带那样。浒苔的孢子和配子形态相同,均能独立发育生长,并有多种繁殖方式,以适应于不同的环境。其细胞表面积大,吸收养分快,常呈现漂浮生长,等于是放弃了假根的功能。浒苔物种鉴定的难点之一是不同的物种形态相似,难以根据形态来确认种属,通常需要将形态和基因信息相结合才能判别,其他海洋生物也常有不同物种有同一外形的现象(参见本章第一节)。

浒苔的生态学

关于浒苔的生态位,我国沿岸从南到北的广大水域都符合条件,尤其是在浙江近岸的港湾环境。象山港等港湾的特点是水体交换时间很长,冬季输入的营养物质得以留存,等到来年的时候被藻类植物所用。在南方,浒苔暴发的时间比较早,与硅藻的春季暴发相近,但由于浒苔的生物量很大,消耗大量的营养物质,因此宏观上看,这里浒苔暴发非常显著。但在长江口及其以北区域就不同了,硅藻暴发要早于浒苔暴发,因为浒苔生长所需要的水温在硅藻暴发的时候尚未达到。在硅藻生长的水域,春季暴发的时段很短,在大约两周的时间内就会几乎耗尽水层中的营养物质。当然,这是指氮磷比符合雷德菲尔德比率的情形。然而,长江口邻近水域的营养物质并非是零磷制的,来自长江流域的氮通量由于流域生产生活、城市排污和农田化肥使用而急剧增加,氮磷比远大于雷德菲尔德比率,因此硅藻暴发不能消除过多排放的氮。于是,就有了接下来的甲藻暴发,也就是通常所说的有害藻类暴发。甲藻的生长需要较高的水温，而对氮磷比要求不太高，暴发的地点位于长江口附近。如果甲藻暴发之后，营养物质所剩无几，那么就不存在浒苔暴发的条件；浒苔暴发晚于硅藻、甲藻，所以要使用剩余的营养物质，暴发的地点也要与硅藻和甲藻错开才行。

从生存策略的角度看，浒苔采用漂浮的状态，而不是利用假根固着生长。因此存在着一种可能，即在浒苔初始的生长地点，固着生长会有营养不足的问题，岸外水域却有充足的养分，于是浒苔就放弃假根的功能而漂浮在水中，直接从水中吸收养分(王广策等，2020)。漂移浒苔与营养氮磷、温度、盐度和光照的相关性有不少观测数据的确证(管晨等，2021)。

青岛海滩上出现的浒苔生物量达到 10^6 t 量级，因此其中所含的碳可达到 $10^4 \sim 10^5$ t 量级。假设碳氮比为 106∶16，则其中所含的氮约为碳的 1/7，也就是 $10^3 \sim 10^4$ t 的量级。在浒苔漂浮经过的路径上，水体所含的营养氮是否达到了这个量级？我们可以来估算一下。2017 年夏季浒苔生长区的水体营养氮浓度为 $10^0 \sim 10^1$ μmol L^{-1} 量级(王俊杰等，2018)，若海域面积以 150×10^5 km^2、平均水深 30 m 计，则营养氮的总量达到 $6 \times 10^3 \sim 6 \times 10^4$ t 量级，可见是有可能支撑浒苔暴发的。

从海岸线到外海水域光照条件的差异很大，整个浙江沿岸的内陆架，海水都是呈浑浊的状态，但象山港的水体相对比较清澈，因为湾外的浑浊水体是要通过水体交换进入湾内的，而水体交换通常比较缓慢。这就解释了为什么在外部水体很浑浊的情况下，象山港水体的悬沙浓度却较低，导致该地成为浒苔的理想栖息地。浙江沿岸一直到长江口外海域、江苏海岸近岸水域，是全球水体最浑浊的地方之一。在这种环境下，水层中的光照条件是严重不足的，也就是说，近岸水域不是浒苔可以大规模暴发的地方。

由此可以推论，浒苔的暴发是要利用外海悬沙浓度较低的水体，以及那里的营养物质。由于海藻本身的生物特点，浒苔与甲藻、硅藻一样，细胞分裂的速度非常快。硅藻、甲藻每天最多可分裂 6～7 次，即一个细胞可以长成 64 个或 128 个细胞，那么一周之后就能超过 2^{42} 个，其数量是非常惊人的。古代印度国王在国际象棋棋盘上 64 格放置米粒的故事告诉我们，这是一个天文数字，实际上是没有办法达到的。因此，暴发达到高峰以后生物量就会下降，其原因就在于营养物质的耗尽不能继续支撑其细胞数量增加，而且有些细胞完成了自己的生命周期，开始出现死亡。这可以解释春季暴发的时间尺度。浒苔的生长受到养分的制约，生长周期可能更长一些，因而能够在比较长的一段时间内逐渐长到我们所看到的这种情形，这可以解释浒苔为何生物量大，而且集中在夏季的某一时段出现。其实硅藻和甲藻的生物量也是非常巨大的，否则怎么能够支撑东海这样的生态系统？只是硅藻和甲藻分散在水层中的颗粒非常微小，我们难以察觉罢了。

盐度条件也是一个需考虑的影响因素。硅藻和甲藻的生长对盐度的要求很宽泛，从河口区半咸水一直到正常海的盐度范围内都可以生长。浒苔也是如此，但在正常海水（盐度较高）的情况下，能够更快地生长。在盐度和温度共同影响下，浒苔和硅藻、甲藻暴发的空间范围有所不同。

除外部生态条件外，浒苔微繁殖体的来源是一个尚未解决的问题，因为紫菜筏架已确认不是唯一来源。浒苔暴发要有最初的孢子和配子来源，但是本区域属于浒苔的生态位范围，孢子和配子在环境当中应该是普遍存在的。若非如此，紫菜筏架为何会附着生长？它们并非来自筏架，筏架只是提供了一个着床和生长的环境。在海底沉积物粒中很可能就有微繁殖体。换个角度看，由于藻类细胞分裂的速度很快，即使初始数量很少，也会在短时间内大量生长；微繁殖体的数量多少可能只不过是让暴发时间提前或延缓几天而已，在整个夏季时间段的占比很小。合适的温度、盐度、营养物质和光照条件是暴发的控制因素。关于微繁殖体问题，很可能最重要的是确定其来源是否存在，在哪里、数量多少并不是问题的关键。

为何在 2008 年以前浒苔暴发不显著，而在 2008 年突然出现那么大的事件？对于这个问题，首先要考虑一个因素：2008 年是奥运会举办年，因此人们对浒苔暴发是很敏感的；如果没有奥运会，就可能不太关注浒苔的问题，尽管青岛附近的海面确实是有浒苔的。为了回溯历史数据，遥感资料的再分析应是可行的方法。

当然，浒苔暴发规模恰巧在 2008 年以后才变得特别显著，这也是有可能的。陆源营养物质的输入有一个逐年增加的过程，最初的阶段，所增加的营养物质会强化硅藻暴发，然后逐渐转移到甲藻暴发，最后才是浒苔暴发。当系统中营养物质不足以支撑前两类藻类暴发的时候，浒苔暴发的规模不可能较大；但是一旦达到浒苔大规模暴发的阈值，情况就大不相同了。可以分别考虑硅藻、甲藻、浒苔暴发的三个阈值。以长江口邻近海域为例，20 世纪中期以前硅藻春季暴发属于长江流域自然排放所导致的正常现象，这也是长江口渔场、吕四渔场、舟山渔场形成的原因。此后，在经济高速发展的同时，长江流域营养物质入海通量急剧增加，周边海岸小河排入量也是如此。因此，20 世纪后期以来，长江口水域有害藻类暴发频繁发生，并呈现增加的趋势。如今，长江口外形成一个巨大的缺氧区，是由于藻类暴发消耗了水层中的氧气而形成的，在有些年份，缺氧现象甚至可以持续一年中的大部分时间。这说明，甲藻大规模暴发所需要的阈值是在 20 世纪后期达到的。要注意的是，除营养物质之外，藻类暴发的规模还受制于生态系统中的其他因素，如气候条件、种间竞争、食与被食的关系、系统自组织行为。因此，在同样强度的营养物质输送下，藻类暴发可有年际甚至年代际的差别。进入 21 世纪，即便在实施陆域排放控制之后，营养物质通量也仍然在持续增加。如果在硅藻和甲藻暴发的水域不能耗尽这些营养物质，那么就会在外部的某个范围内逐渐积累，水体中的营养氮达到一定的总量时，就能支撑相当规模的浒苔暴发。暴发时间会耗尽水层中的营养物质，因此营养物质积累的时间尺度与浒苔暴发可能是不匹配的，这可以造成浒苔暴发的年际变化，也是一种自组织行为，在时间序列上表现为多变性。

综上所述，浒苔暴发有多种可能的机制。以下几个工作假说可以作为深入研究的起点，来回答青岛浒苔究竟为何暴发的问题：① 江苏海岸和长江口水域的营养物质物质状况决定了硅藻、甲藻和浒苔暴发所需要的临界条件；② 根据营养物质的浓度和氮磷比，确定硅藻、甲藻和浒苔暴发的时序和区域范围，计算各自的生物量；③ 浒苔使用营养物质的方式受到温度、盐度和光照条件的限制，其中悬沙浓度是近岸水域抑制浒苔暴发的主要因素，这触发了浒苔放弃假根而漂浮于岸外水域生长的生存策略；④ 营养物质动态、气候条件（如厄尔尼诺）、硅藻和甲藻竞争关系、系统自组织行为等因素造成了浒苔暴发格局的年际变化。

浒苔的生态功能和资源化

青岛海岸浒苔暴发之后，人们高度关注其灾害的一面，另一方面，也从环境和资源角度提出浒苔的生态功能和资源化问题。浒苔的另一面是，暴发之后消耗大量营养组分，大大降低了富营养化的程度，甚至使水体净化。因此，浒苔可以作为一种污染防治的生态工具，其暴发是富营养化的指示标记，暴发之后将浒苔收集起来集中处理，水质就得到了改善。别的办法很难有更高的水处理效率，既然如此，就应充分利用。

浒苔作为一种大型海藻，有很大的生物量，因此可以作为资源而开发(Sudhakar et al., 2018)。例如，浒苔处于幼苗状态的时候，是一种美味的蔬菜，可以作为许多食品的添加剂，浙江象山港地区的苔菜饼就用到了浒苔苗，日本等国也有食用浒苔的传统。当浒苔长大的时候，仍有提炼食品添加剂、制药等用途。即便是浒苔暴发最终的产物，也能用来制造园林肥料，有很大的需求。污染物是放错了地方的资源，浒苔也是如此，它既是富营养化引发灾害的后果，也是有潜力的资源。防治浒苔不是要消除、毁灭其物种，而是要为开发利用寻找出路，从生态系统视角来看，浒苔是营养级、食物网中的重要物种，在生态系统中可能有着不可替代的作用。

第六章
海洋起源和演化

第一节　科学问题与研究方法

地质学在自然科学中的位置就像历史学在人文学科中的位置，这主要是针对地球演化历史而言。同理，海洋地质学涉及海洋演化历史，其时间尺度远超出2亿年。起源，是科学、哲学和宗教共同感兴趣的问题，虽然有自然史和人类史的分野，但地质学和历史学具有共性，可以类比，所不同的是两者的时间尺度。

海洋演化史的重要性

海洋起源和演化问题是科学、哲学和宗教共同感兴趣的问题。按照哲学家罗素的意思，科学注重事实和解释，宗教以信仰来解释世界，而哲学在两者之间保持一定的张力。人类迫切地想要知道，我们从哪里来、要到哪里去，研究海洋演化史和研究人类历史的动机是相同的，这是海洋地质学和历史学的共同点。此外，历史学很看重人类福祉和命运，海洋演化史亦同。金属矿、沉积矿产、油气资源是海洋演化的产物，了解它们的形成过程、时空分布、数量和质量，具有经济意义。人类居住的环境也是历史演化的产物，宜居环境是如何形成的、稳定性如何、气候如何变化，这些问题影响人类的心理和社会行为。

地质学和历史学的差异在于时间尺度。地球历史有46亿年，或以专业方式表述为4.6 Ga（1 Ga＝10^9 a），海洋历史稍短一些，约为3.5 Ga，而历史学针对的是地球历史最近的一刻，为10^4 a量级，小了5个数量级。这个差异导致了两者的侧重点和细节的不同。对此，宗教有其独特的解释。例如，《圣经》有关于创世纪的描述，因为人类历史较短，所以《圣经》的作者对地球演化史也只想到6 000 a，这与地球科学的结果相去甚远。不过，这也可以理解为，《圣经》与地球科学的时间尺度概念并不相同，地质学的4.6 Ga就是《圣经》的6 000 a。当然，时间的概念也是科学和哲学分析的有趣课题。

海洋地质学各个领域的研究中与演化史最为密切的是古海洋学。与历史学相似，古海洋学要为现实世界寻根溯源。我们人类生活环境的一切，从海洋环境到生态系统、水层缺氧、气候、地理地带性，它们在历史上的状况如何？最早的海洋产生于何时？怎样从当时的状态发展到现在的状态？这类问题是最朴素的。稍微复杂一些的是科学研究结果引发的问题，例如，海洋地质学建立了大陆漂移、海底扩张、板块构造理论，那么地球历史上板块构造运动始于何时？这些现象在早年的海洋中有什么特点？又如长周期气候变化和海面变化，过去与现在有何不同？还有最为复杂的第三类问题：我们知道有些事物和现象已在地球上消失，那么有没有当时有、现在却没有，而我们还不知道曾经有过的事物和现象？如何寻找？对我们有何意义？地球历史悠久，在这个舞台上依次登场的主角、配角们，我们如何知道它们都是谁？

上述问题对于人类智慧是不小的挑战。这一领域的研究，除研究者兴趣驱动的自由探索方式外，也有从海洋资源经济价值的角度获得资助的。虽然已经积累了不少资料，但比起未知世界的广阔还有很大差距。

地球历史年表

历史学的编年表有一个趋势，越新的年代划分越细，这一方面反映了细节的需求，更重要的是早期的信息缺失较多，要依靠考古来逐渐发掘。地球年代也是如此，近期的就划分得细一些，早先的就粗略一些（图6－1）。地球历史年表是一个分级命名系统，首先将4.6 Ga划分为6个“代”，从古到今依次为冥古代(Hadean)、太古代(Archean)、元古代(Proterozoic)、古生代(Paleozoic)、中生代(Mesozoic)和新生代(Cenozoic),前3个代占据了88%的时间,但内部的进一步划分很简略,冥古代没有再划分,太古代、元古代各自划分为早、中、晚三期。从古生代开始,内部划分为不同的"纪",因此古生代从老到新有寒武纪、奥陶纪、志留纪、泥盆纪、石炭纪、二叠纪,中生代有三叠纪、侏罗纪、白垩纪,新生代有第三纪、第四纪。这些名称看上去有些古怪,其原因是它们有不同的来源和命名方式,再加上文字翻译的因素,我们可以将它们看成是约定俗成的。最新的一个代是新生代,只有0.065 Ga,而此前的各个代时间跨度要长得多;因为新生代是最新的,所以还要进一步划分出再次一级的单位"世",第三纪从老到新有古新世、始新世、渐新世、中新世、上新世,而第四纪有更新世、全新世,年代最新的全新世只有12 000 a,而且现在还有从全新世中划出一个"人新世"的主张,只有百年尺度,比历史学的时间尺度还小得多。

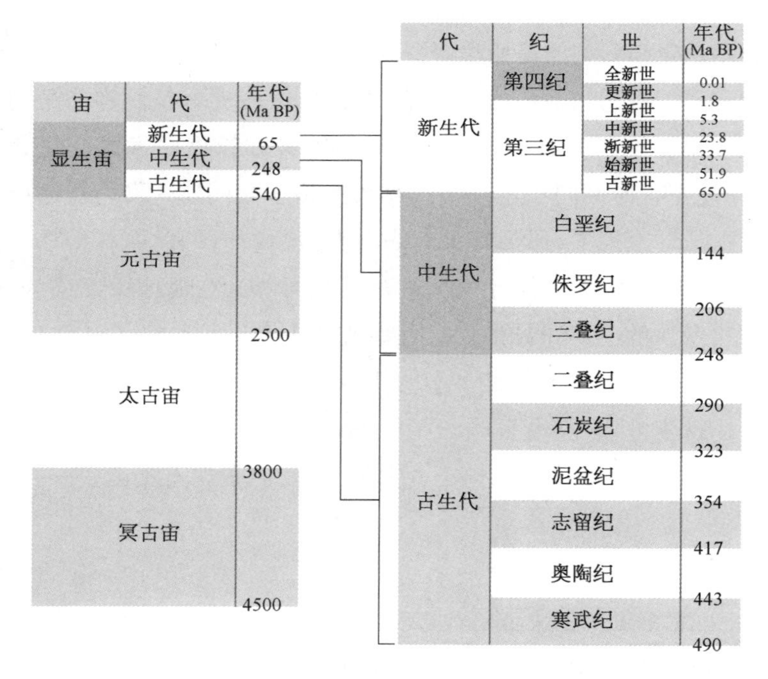

图6-1 地球历史年代的分级命名系统(Tarbuck, Lutgens, 2006)

地质年代的代、纪、世三级划分定义看上去比较复杂,其实比历史年表简单得多。人类社会的断代要依靠朝代更替、经济生产、重大社会事件、国际关系等信息，而全球有如此多的国家和地区，并且处于不断变化之中，因此历史年表的复杂程度对任何人的记忆能力都是巨大的挑战。但地质历史年表只有6个代、11个纪、8个世，而且全球通用（随着时间的进程可出现一些微调，如最近提议的“人新世”（Anthropocene），还有将第三纪细分为“古近纪”和“新近纪”的建议）。断代的标准也简单得多，是以生物面貌来确定时间界限的：

- 冥古代：地球上尚未出现生命。
- 太古代：海洋原核生物出现。
- 元古代：海洋真核生物出现。
- 古生代：海洋生物大爆发，并进军陆地。例如：寒武纪，无脊椎动物出现；奥陶纪，鱼类出现；泥盆纪，陆生植物出现；石炭纪，爬行类出现。
- 中生代：爬行类占据主导地位。例如：三叠纪，恐龙主导；侏罗纪，鸟类出现；白垩纪，开花植物出现。
- 新生代：生物面貌接近于现今。第三纪，哺乳类占据主导地位；第四纪，人类出现，其中更新世，人类登上地球历史舞台；全新世，人类文明快速发展；人新世，出现人类主导地球生命体系的趋势。

通过对各个代、纪、世史料的分别处理，可集成为一个总体图景。板块形成演化的历史将古海洋学分为两类，第一类是以当下存在的海洋为对象，所需的史料也从中获得，因而其时间尺度为0.2 Ga；第二类是以0.2 Ga之前的海洋为对象，所需的史料来自当时的海洋，而其遗留物的分布现在只限于陆地。这两类古海洋学在史料类型、获取方法上差别很大，但它们又是互相联系的（Kershaw，2000）。

地球史料和分析方法

获取史料是研究的关键。历史学的方法主要有古籍分析和考古，这两个数据来源的分析导致对历史事件的确认和解释（包括猜测和假说）。海洋自然史的史料来源于地层记录，在地球历史上的每一个瞬间，都有一个地面，它可以接受堆积物，如长江三角洲上有河流入海沉积物的堆积，也可以受到冲刷，如黄土高原的水土流失。物质守恒定律告诉我们，有冲刷就有堆积，因此过了一段时间之后，地球上有些地方会堆积很厚的地层，这一层层叠覆上去，成了历史的沉淀和见证。

我们从地层中可以得到什么信息呢？首先是年代信息，每一层是属于什么年代的，形成于距今多少年。如今，年代测定可以使用放射性同位素的方法，根据^{14}C、^{40}K、^{238}U、^{232}Th等元素衰变的仪器测量数据，利用衰变公式进行计算，就能得到地层的绝对年龄（Noller et al., 2000；Tarbuck, Lutgens, 2006；Libes, 2009）。实际上，测量无须覆盖到每个样品，当数据积累到一定程度，可建立起放射性同位素年龄与地层特征的相关性，然后根据地层中生物化石、岩性、特殊物质等信息的对比来确定年龄。

其次是地层形成时的环境信息，如海水的温度、盐度、水深条件如何？这些信息可以通过各种环境中的生物、化学、物理条件及其与产物之间的关系而得到。例如，已经发现牡蛎介壳中的锶同位素特征与海水盐度有关，建立起这一关系，就可以根据化石的锶同位素分析来得知当时的海水盐度。又如，氧同位素与海水的总量有关，而后者又与水位、盐度高低有关，因此氧同位素分析可获得海面变化、海水盐度的信息。探索海洋自然史如同侦探破案，只是侦探到达现场的时候，"当事人"早已不知去向。收集的种种证据，单个地看不确定性较高，是易错的，但多个证据放在一起，有效性就会提高，正如福尔摩斯所说，当所有的证据都指向同一个方向，离破案就不远了。古海洋学的重要之点，是将各种信息汇聚到一起，构成相互联系的网络。

如果地层记录遍布各处，时间上连续，那么恢复历史变化就不是难题。但实际情况是，地层记录缺失十分严重。现今海洋部分缺失 0.2 Ga 以前的地层，因此前述第二类古海洋学的史料天生就失去了占地球面积 71%的部分。时间序列上的残缺也很严重，地层中沉积物、沉积岩总量为 10^{18} t 量级，其中大部分分布在现今海洋。从陆地上输入海洋的沉积物总量为 10^{10} t 量级，还有珊瑚礁等生物沉积的补充，因此对于 0.2 Ga 的现今海洋，地层的时间序列基本完整，但在空间分布上也不能覆盖全部区域，还有一部分物质消失在板块俯冲带。对于陆地，由于每年 10^{10} t 的沉积物损失，再加上碳酸盐岩淋溶等过程，地层物质处于逐年亏损状态，以至于过去 4.4 Ga 的净堆积地层物质量还不到总量的一半，也就是说，海洋史料的一大半集中于现今海洋（占时间长度的 4.3%），一小半存在于陆地（占时间长度的 95.7%）。显然，比起第一类古海洋学的记录不完整问题，第二类古海洋学的问题更严重，史料已到了稀缺的地步。

关于史料稀缺的解决方案。首先,需进一步提升数据采集能力,改进仪器设备,从每一件珍贵样品中获得尽量多的信息;除地球化学分析技术外,样品宏观信息,如沉积物粒度、排列方式及沉积构造、沉积物矿物组成、生物化石等,要有更准确、更有效的分析技术,而微观物质结构、形态的三维展示和识别新技术也亟待突破。其次,以现今海洋为基准,实现时间上的信息外延;板块构造动态的时间序列可以提供海陆分布、面积消长、形态变化速率的信息,结合地层形成时记录的纬度-经度地带性信息,可以反演 0.2 Ga 之前一段时间的板块运动状况。最后,对于现场数据非常稀少的情形,模拟工作需要加强,根据物质、能量、信息的传输转换循环关系建立模型,再根据早期海洋沉积透出的种种迹象,诊断古海洋系统运行的各种过程,并以迭代方式修改、完善模型本身。如今,人工智能技术的发展给快速提高模型可靠性创造了条件,以人工智能方式可完成原先难以想象的巨大工作量。

第二节　早期地球和原始海洋形成

从地球诞生到距今 0.54 Ga 经历了冥古代、太古代、元古代,超过 4 Ga 时间里发生的变化在人类眼里显得很缓慢,但积累的结果却很壮观。冥古代,炽热的地表逐渐冷却;太古代,地层中析出水和盐,形成全球海洋;元古代,生命启动,从单细胞发展到多细胞,所产生的氧气造成第一批沉积物,并改变了大气成分。

叠层石:早期海洋形成的证据

太古代、元古代的代表性生物化石来自叠层石(stromatolites),其基本特征是碳酸钙物质的层状堆积(图 6-2)。叠层石于 19 世纪初被首次报道,是底栖蓝藻(blue-green algae)和其他颗粒混合而成的层状堆积体,发现于元古代地层,这一时期以及更早的沉积已转化为变质岩,质地坚硬。研究者发现,叠层

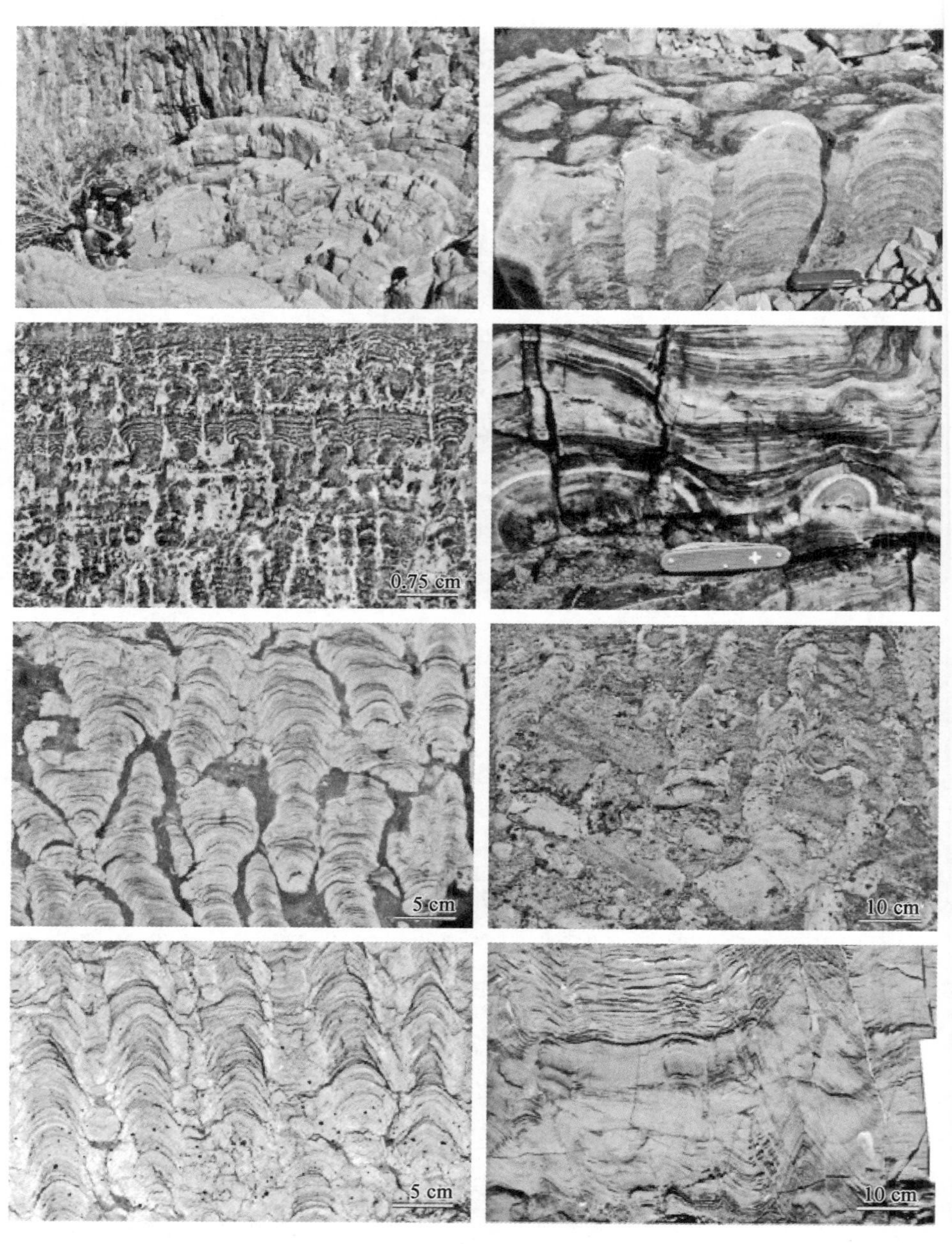

图 6-2　太古代、元古代叠层石的地层照片(**Bosak et al., 2013**)

石是一种生物礁，其沉积层指示底栖蓝藻生长面的时间序列，每一层代表一个生长周期，就像树轮一样。因此，叠层石的宏观形态不是生物体，层中的细小物质才是，单个蓝藻颗粒代表一个小化石。这种碳酸盐礁的垂向厚度从几毫米到几十米不等，水平分布的直径可达数百千米。层的形态通常表现为扭曲层理，它不是后期遭受挤压变形的结果，而是天然的堆积形态，是水动力环境的产物。在水流、波浪作用下，底栖藻类的小礁体生长成团簇状，中心部分向上的生长速率高于周边，层的形态必然是弯曲的。由于环境条件和水动力作用方式的不同，层理的厚度和形态有很显著的多样性（Bosak et al., 2013），层理厚度从远小于1 mm的纹层到大于1 cm的都有，水平方向上层理形态往往是各向异性的（长条形的团簇就会是如此，叠层石的形状从扁平到圆形、椭圆形等非常多样化）。

距今2 Ga的元古代，叠层石达到生长高峰，并一直存在于地球历史中，直至今日。随着生命体系的演化，当时的优势物种蓝藻的相对重要性下降，后来的叠层石中蓝藻不一定再继续占有主导地位，绿藻等物种也加入了礁体建造。古生代以来生物礁沉积变得如此丰富，也使得叠层石看起来不太显眼，人们的关注程度也就下降了。尽管如此，叠层石记录了微型生物与沉积物、水动力相互作用的完整历史，成为地球历史的主题之一。

新老叠层石的对比反映了环境变化和生命本身的演化（Bosak et al., 2013）。古生代以来的叠层石清晰地显示其生长的海洋环境，地层中的叠层石均属于海相地层，现代叠层石主要生长于热带浅海乃至潮间带环境。因此，叠层石成为浅水海洋环境的标志，于是元古代叠层石是海洋环境存在的证据。以叠层石的蓝藻为线索继续向前追索，产出植物化石的最早海相地层已推进到距今3.5 Ga，即太古代开始后不久就有了海洋。当时大气是水的储库，炽热阶段的地球，所有的水都成为水汽，连同二氧化碳一起，构成原始大气的主要成分，即使有降水，在地面也再次被蒸发。地表降温之后，大气中水全部降落到地面，积成原始海洋。此后，熔岩喷发继续提供水汽，使海水体积持续增加。

海洋从无到有，中间有过渡状态，其关键的时间节点或许可以从潮汐演化中找到线索。月球、太阳引潮力是海洋潮汐的能量来源（参见第三章），地月系统中海洋潮汐的作用表现是，潮汐摩擦使得地球自转变慢、月球向外漂移，因此能量耗散的显著程度决定于海洋是否存在、海陆分布状况如何（Farhat et al., 2022）。根据天体物理模拟，距今3.2 Ga的时候月球引潮力已受到明显的海洋影响，地月距离大约是今天的70%，一天的时间接近于13个小时(Eulenfeld, Heubeck, 2023)。与现在相比，月球看起来要大得多，地球自转周期每百年增加约0.001 s，一天的长度成了24小时。这说明，海洋早在太古代就已经形成，并且规模较大，这可与地层记录相互佐证。

早期海洋特征与演化

叠层石的证据表明，地球上太古代大规模的海洋已经形成，但是叠层石并不能揭示海洋的全貌。蓝藻的生长需要光合作用，只能生活在浅水区，因此叠层石只含有浅海信息。要了解当时海洋有多大、多深，陆地是否存在，需要寻找其他线索。

目前已发现的另一类沉积物是古生代之前的铁矿，是海相地层中规模巨大的沉积铁矿(Planavsky et al., 2011)。那时的海洋中铁离子含量高，这些铁离子来自熔岩喷发物，其他物质还有水汽、氮气、二氧化碳等，密度较小的物质由于熔岩活动而富集于地表，海水体积增加的同时也溶解熔岩中的盐分，铁离子也跟着进入海洋。还可推论的一点是，早期大气成分应与火山喷发产生的气体相近。如果水层中含有氧气，铁离子会与氧气结合生成三氧化二铁(Fe_2O_3，即赤铁矿)而沉淀。然而由于早期地球的大气中有二氧化碳，而没有氧气，因此铁离子只能以游离状态遍布于整个水层。蓝藻的出现改变了这一状况，蓝藻生长依靠光合作用，将太阳能赋存于生物体，同时释放出氧气。大气中开始有氧气，水层中也有溶解氧，于是铁离子的氧化就开始了(Banerjee et al., 2022)。赤铁矿堆积于海底，日积月累，沉积层厚度可达10^2 m量级；铁矿沉积的主要时段是距今1.2～2.5 Ga(Tarbuck, Lutgens, 2006)，相当于每千年堆积0.1 mm，或者每年每平方米面积上堆积0.2 g物质，按照现在的情况，当时的堆积速率实在是太低了。但应注意的是，我们现在大气中氧气含量高，化学风化和生物风化活跃，沉积物产生很快，而当时地表还没有大规模形成沉积物的条件，海水能溶解的铁离子有限，氧气供给更有限[直到元古代晚期，海洋深层仍处于低氧状态(Lyons et al., 2009)]，地表风化作用仅限于物理风化，所以沉积速率不可能很高。等到蓝藻能够提供充足氧气的时候，铁离子的来源又减少了，因此元古代中、晚期(距今1.2～0.54 Ga)铁矿沉积也不多。

铁矿沉积与叠层石的分布区域不同,叠层石位于浅水区,而铁矿沉积在深水区更有利,两者合起来大致勾画出当时海洋的范围。古老的海洋沉积仅限于现今的陆地,对全球陆地的地质调查表明,古生代之前的地层分布于被称为"地盾"(shield)的区域(图 6-3),有的地方表层的新沉积被侵蚀,露出了铁矿沉积与叠层石地层,如加拿大、南美洲东部、非洲中南部、格陵兰岛和澳大利亚,另一些地方则被较新沉积所覆盖,后者中的很大部分也是海相沉积。大陆上裸露或埋藏地盾占据了大部分面积,可见当时的地表环境主要是海洋。当时是否存在着陆地?太古代海洋化学沉积物的氧同位素含有水循环格局的信息,分析结果提示两个稳态阶段:太古代早、中期为海洋内部的循环,到 3.0～2.5 Ga 前的太古代晚期,大陆风化作用的信号才出现,说明即便当时有大陆,规模也较小(Johnson, Wing, 2020)。

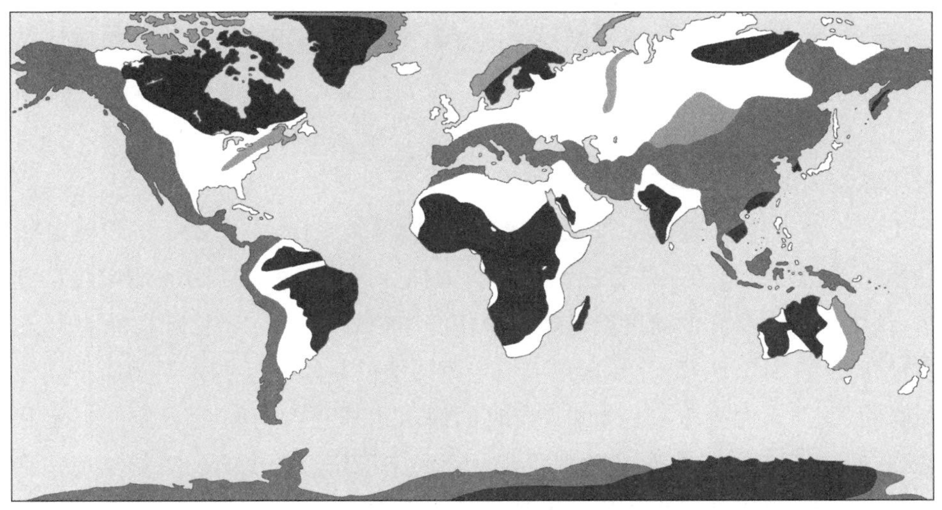

图 6-3　前寒武纪的地层记录来自地盾区域(Tarbuck, Lutgens, 2006)

根据板块构造理论,地幔热对流导致海底扩张和地壳水平运动,那么板块运动因素在早期海洋中似乎也应存在。人们提出了太古代晚期海洋地壳出现了从统一覆盖层向板块构造体系的转变,但板块构造的效应与现今不同(Ivan et al., 2022)。对于一个大陆规模小、地形高差不大的太古代地球,岩浆活动可以使密度较小物质从内部分离出来,但这是一个长期的过程,而当时陆壳尚未形成，也似乎不会有洋壳。板块形成的条件是要有一定厚度、具有刚性的洋壳，如此才能产生整体性的水平移动，更不用说俯冲的力量了。俯冲带与主动大陆边缘相联系，没有较大规模的陆壳，俯冲的深度也会受限。由此推论，虽然当时板块运动的能量来源一直存在，但物质条件（大陆、陆壳、洋壳）尚未形成，因此板块运动只是处于初始阶段。元古代是一个沉积物逐渐积累的时期，地壳内部物质被岩浆活动带至地表，氧气的产生导致铁矿沉积、地表岩石风化，所产生的沉积物堆积于地壳最上部，其中一部分重新被岩浆所吸纳，成为岩浆岩的组成部分，如此的"挖掘作用"长期循环不已，才有了陆壳的组分，即密度较小的岩浆岩和沉积物、沉积岩；地壳中的低密度物质被分离出来后，岩浆组分也越来越向洋壳组分靠近，最终才有陆壳和洋壳的分异。因此，大陆形成和板块运动的活跃化应是元古代的情形，但到元古代晚期其效应才得以凸显。

上述情形还表明，太古代及元古代早、中期的海洋沉积物来源较少，即便有零星的陆地存在，也缺乏海陆交接地带的沉积作用；由于海洋几乎覆盖了整个地球表面，因此海洋水深应小于现今，海底的地形高差也不像今天一样显著。缺氧环境是普遍的，与现今海洋中缺氧仅限于水体交换不畅的海盆和有机质颗粒高度富集的河口的情形很不相同。

关于海水盐度和组成、气候特征及变化、海面变化，人们基于沉积物分析和推论、猜测，提出了一些看法。研究者根据 3.5～3.0 Ga 样品的地球化学分析，认为太古宙海洋的盐度就已经与现代海洋相当，但钾含量比现在低 40%左右(Marty et al., 2018)。元素组成恒定率的条件是时间尺度大于物质平均滞留时间、物质来源处于稳定状态，当时的海水组成还没有达到现今的恒定状态，其原因不应是前者，而是物质供给状态尚未稳定。盐度之所以早早地达到了稳定状态，是因为地壳物质丰度和组成所决定的固有收支关系，早期海洋中的盐分并非来自陆地岩石风化和河流输运，而是直接来自岩浆喷发。

较活跃的岩浆活动和缺失大陆的全球海洋，应使得早期海洋更加温暖；地热作用于相对较浅、水量处于增加之中的海洋，大洋环流将热能输往全球各地，当时的热量平衡状态与现今不同。氧同位素组成信息表明，早期海洋的海表温度较高(Olson et al., 2022)。此外，由于当时每天只有 13 小时，因此昼夜温差应较小，气候比较温和。海盆体积和水量变化决定当时的海面位置，是否发生变化、变化幅度有多大取决于两者的对比；当时的海陆分布状况和气候条件不能形成冰盖，因此不存在气候变化导致的海面变化。

海洋生物演化：原核生物、真核生物的出现

早期生命体系演化的亮点是海洋真核生物的出现(Knoll et al.，2006)。真核生物(eukaryotes)具有较高级的细胞结构，而此前还有厌氧细菌(anaerobic bacteria)和原核生物(prokaryotes)。

最初，在无氧的大气和水体中，首先出现的生命可能是厌氧细菌，与后来的植物不同，它通过硫循环获取地热能量。又经过一段时间，由细菌逐渐演化出原始植物，以通过光合作用、碳循环获取太阳能量的蓝藻植物为代表，它将大气中二氧化碳转化为碳水化合物，同时释放出氧气。最早的细菌和蓝藻化石被发现于 3.5 Ga 年龄的燧石(chert)中，位于南非和北美的地层中。但显微镜下可以识别的生物产物化石最老的是在 3.5 Ga 前保存于沉积层中。燧石是一种致密、坚硬、端口锋利的硅质岩石，当初形成于细菌和蓝藻富集的环境，硅质物质来源于生物分泌。很多年之后原始人类用来制造石器，史称石器时代。然而，将燧石切成薄片置于高倍显微镜下，细菌和蓝藻的形态就现身了。厌氧细菌没有清晰的细胞核，蓝藻也没有，采取无性繁殖方式，此类原始植物称为原核生物。有了蓝藻，才有前述的叠层石和铁矿沉积。

元古代中期，约 1 Ga 前，出现有清晰细胞核、采取有性繁殖方式的绿藻(green algae)，它是最早的真核生物。元古代晚期出现了多细胞植物和动物。在澳大利亚和加拿大等地发现的数百种化石大部分是遗迹化石，也就是说，它们不是生物体转化的，而是生命活动留下的痕迹，如钻穴、虫管(Tarbuck，Lutgens，2006)。那时的动物是没有骨骼、介壳或甲壳的，因此不能保存生物形态，元古代结束的时候遗迹化石大量出现，代表了古生代生物暴发的前夜。

第三节　古生代的海洋

古生代开始的标志是无脊椎动物大量出现，发生于距今 0.54 Ga。此时的

动物身体含有硬体部分，如介壳、鳞片、骨头、牙齿等，说明生态系统中生活方式的多样性。此后，从古生代到中生代、新生代，地球的生命体系日趋复杂，但发生过5次生物大灭绝事件。从元古代晚期集成下来的陆地继续增生、移动，扩展，显示了海底扩张和板块运动的效应。由于大片陆地集聚于极地，冰盖得以形成，从此长时间尺度气候变化成为地球环境的特征。

海陆分布及其变化

按照现今板块运动状况和地层中的环境记录，目前能够复原的大陆移动格局是距今0.43 Ga的图景（图6－4）。当时有两大块大陆，合起来的面积小于现今大陆，但已有相当大的规模。冈瓦纳大陆（Gondwana）主要位于南半球，从南极延伸到赤道以北，而劳拉大陆（Laurasia）位于大洋中心。有趣的是，那时已有现今大陆的格局，说明后来发生的大陆增生和移动才造成了今天的海陆分布，显然，古生代已经进入了海底扩张和板块运动的时代。在冈瓦纳大陆，我国国土的古陆部分一大半位于南半球，与澳大利亚为邻，赤道附近区域的范围较大。南极洲、非洲、南美洲、印度也位于冈瓦纳大陆。劳拉大陆则包含了现在的北美洲、西伯利亚、北欧区域。此后，两大块大陆逐渐靠拢，合围的

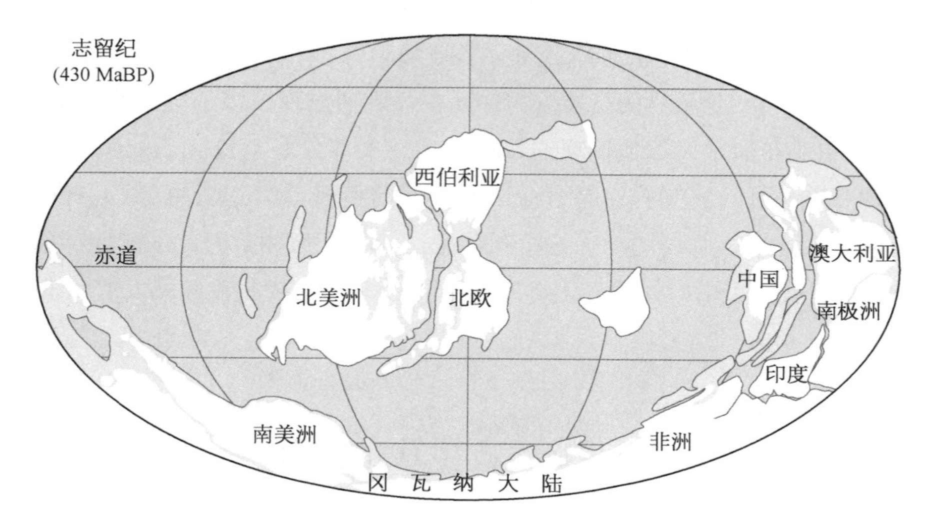

图6－4　距今0.43 Ga的冈瓦纳大陆（从南极延伸到赤道以北）和劳拉大陆前身（位于大洋中心）（Tarbuck，Lutgens，2006）

一片大洋称为“特提斯洋”(参见第二章),此时我国的陆地脱离原先的大陆,周边被温暖海洋包围。到古生代后期,转变为一个统一的大陆,史称“泛大陆”(Pangaea),特提斯洋的范围逐步缩小,此时我国的陆地移动到北半球,周边仍然是温暖的海洋。

大陆的存在使得地球气候变得多样化,海洋型和大陆型气候在温度、降水、风力等方面差异显著,地球自转速度(由于潮汐摩擦)的变慢也加大了海陆分布的气候效应。人们很容易感受到这样的差别:我国沿海地带气候湿润,而内陆多干旱区域。还有一个更重要的方面,即大陆移动使得极地区域被陆地所占据,或者基地周边高纬度区域有较多陆地。其结果是海洋热能不能随洋流到达这里,太阳辐射能量收支平衡就只能与较低温度相联系。冬季降雪不能在夏季融化,逐渐积累变为冰盖,并且可在一定条件下(详见第九章)扩大,海面则由于水体被圈闭于冰盖而下降,这就是冰期的气候状况。从此,地球进入了与冰盖动态相关的气候变化的时期。我们今天熟悉的南极大陆冰盖和北极附近的格陵兰岛冰盖,清晰地展示了这种情形;与古生代之前的温暖气候相比,如今的地球处于有冰盖状态,可以看成是广义的冰期时代,否则海面应该更高一些,全球气候应该更暖一些。在宏观的冰期状态内,也存在着各种较小尺度的波动(详见第九章),称之为冰期-间冰期气候变化,时间尺度在 10^5 a 之内。总之,板块运动、大陆演化导致了地球气候格局的转换。至于海面变化,古生代也同时具备了构造运动和气候变化两种机制,其完整图景将在本章第四节结合中、新生代条件加以阐述。

地球气候的信息也给板块运动、大陆演化的反演提供线索。距今 0.43 Ga 之前的海陆分布的直接数据很少,但在现今大陆上残存的寒武纪之前、元古代末期的陆相地层中,人们发现了冰碛沉积,而且分布范围较大,因而认为那时冰期状态已在地球上出现。为了形象化表达冰期状态,人们使用了“雪球”一词(Walker, 2004)。要注意的是,这并不一定是说整个地球的大洋都结成了冰,有一个接收太阳辐射的海洋,地球上必然存在温暖的地方,就像现在一样。冰期状态发现的真正意义,是揭示元古代末期已有较大的陆地,它可使冰盖生成,这是板块运动活跃化的间接证据。在随后的历史进程中,极地陆地可能移动到低纬区域,使得冰期状态消失一段时间,这可以解释寒武纪大范围的海洋为何较温暖。

太古代晚期出现、古生代持续生长的大陆在地球历史上具有重大意义。海洋生态系统从此有了新的演化通道，海洋浮游植物上陆，占据河流、湖泊，进而发展出根系，能够依靠土壤生长，所以就有了后来千姿百态的高等植物，包括高大树木；有了植物作为食物，海洋动物也追踪到陆地，构建新的栖息地，所以就有了后来的淡水鱼类、两栖类、爬行类、鸟类和哺乳类；生物在依靠环境的同时也改造环境，使生态位进一步扩大，这就是"盖亚假说"所阐述的原理：生物越生长，所在的环境就越适合于生物生长。今天我们人类能够生活在陆地上，正是地球历史演化的结果。

寒武纪海洋生物大爆发

时间到了距今 0.54 Ga，海洋中无脊椎动物繁盛起来，生物多样性和生物生产比元古代的任何时期、任何地点都要高出很多，因而被描述为寒武纪生物大爆发。许多海洋动物有骨骼、介壳等硬体部分，并且许多物种同时大量出现，标志性生物有三叶虫等。虽然深海还有缺氧现象，但浅水环境已是温暖、富氧的，有利于藻类生长，初级生产者给有孔虫类、腕足类、箭石类和双壳类等动物提供了充足的食物(Veizer，Prokoph，2015)。

我国澄江动物群化石的发现对于寒武纪生物大爆发研究有很大贡献，化石遗址已列入世界自然遗产。化石分布于昆明东南 63 km 的澄江市境内，是中国科学院南京地质古生物研究所的侯先光研究员于 1984 年 7 月在帽天山西坡首先发现的。帽天山在澄江市城东，为丘陵地带，有许多采石场，发现化石后建立了国家地质公园，采石活动中止。化石发现处的地层是距今 0.53 Ga 的寒武纪薄层泥岩、砂岩，周边地区还有薄层石灰岩，泥岩、砂岩中富含化石(图 6－5)。在较小的地层范围内，动物群化石多达 40 多个门、180 余种无脊椎动物，包括海绵动物、腔肠动物、腕足动物、环节动物和节肢动物等。当地的"澄江动物群化石地展览馆"展出了化石标本，并介绍了澄江动物群的生物学和生态学特征。

澄江动物群是寒武纪生物大爆发的代表，丰富的物种组成表明，当时生态系统已有复杂结构，而所在环境中海相泥质、砂质沉积则指示本区域已有较多的陆源物质供给。寒武纪生物大爆发是生物演化的结果，不能按照人们日常

(a)　(b)　(c)

图 6-5　澄江动物群化石采集点照片(2016 年 8 月 3 日)

(a) 地层特征,显示薄层泥岩、砂岩,地层的倾斜是由于地壳运动所致;(b) 澄江动物群所在区域沉积层中的化石(对角线距离 7 cm);(c) 澄江动物群所在区域采石场出露的地层剖面

生活的时间概念将其理解为此前生物很少,突然出现了这些生物。生物演化确有相对快慢,但寒武纪生物大爆发之前大自然已有充分的时间来创造基本条件,如元古代末期的多细胞动物,遇到良好的泥质和砂质海底,又有藻类生物生产大幅度提高所供给的食物来源,就能受到刺激而快速增加,进而刺激营养级上层动物的发展,就像人类文明受到海面上升时间的激发一样。从元古

代末期到寒武纪的生物爆发，实际上是有 $10^6 \sim 10^7$ a 演化时间的。此外，小范围内化石的大量集中埋藏还不能排除当时的环境条件，例如，当一个海岸潟湖面临干涸的时候，周边较大范围的动物就可能集聚到尚未干涸的小片水域。

寒武纪生物大爆发开启了寒武纪、奥陶纪无脊椎动物的时代。三叶虫(Trilobites)生活在泥质海底，在世界范围迅速繁衍，发展到 600 多个属。到了奥陶纪，带贝壳的腕足类动物(Brachiopods)在数量上超越了三叶虫，现在的鸮头贝、蕉叶贝、舌形贝等是它们的后代。腕足类动物是底栖的，但其幼年时期却是浮游生物，有利于迅速扩大生活范围。奥陶纪还出现了头足类动物(Cephalopods)，是当时主要的肉食者，最大体长可达 10 m，如今的鱿鱼、章鱼、鹦鹉螺是其后代。

这个演化阶段的动物发展出了其身体的硬体部分。从生态角度看，硬体部分有利于保护身体、获取食物，如海绵动物有一个硅质的精细网状结构，能使其长得更大，越出地表获得更多的食物；软体动物中的双壳类和腹足类的碳酸钙介壳可保护身体；三叶虫的甲壳有助于钻入泥质底床搜寻食物。到了食肉型动物出现的时代，硬壳可以降低被捕食的危险。

古生代的后半期，海洋生物向陆地的侵入非常活跃。泥盆纪开始的时候，植物向内陆迁移，变成了陆地植物。最初它们没有叶片，个体也小，但到了泥盆纪结束的时候，已经有了几十米高的树木。在海洋里，奥陶纪带盔甲的鱼类快速演变，盔甲变薄，转化为很轻的鳞片，以使游泳更加快捷。鱼类总体上转化为真骨鱼，现在的鱼类大部分是属于此类，因此泥盆纪被称为鱼的时代。再往后，出现能够适应于陆地环境的肺鱼(lung fish)和总鳍鱼(lobe-finned fish)，晚泥盆纪的时候，它们转化成了两栖类。与此同时，昆虫也进入了陆地。石炭纪晚期，许多热带地区的沼泽地生长的树木可以达到 30 m 高，树干直径可达 1 m。埋藏的植物形成煤炭，沼泽里生活的两栖类演化出各种类型的物种，这个结果早就蕴含于当初泥盆纪植物和鱼类入侵陆地的进程中了。

古生代生物灭绝事件

寒武纪生物爆发之后，海洋生物繁盛。但是，繁盛未能永久持续，距今 0.44 Ga 发生了生物大灭绝事件，之后生命又重归繁盛。让研究者感到震惊的是，如此规模的繁盛-灭绝周期在距今 0.54～0.065 Ga 期间发生 5 次，平均时长为 0.095 Ga(近 1 亿年)，史称生物大灭绝(表 6-1)。各次生物灭绝事件的表象和原因有不同，这里我们着重描述古生代的 3 次事件，中生代的 2 个事件将在下一节讨论。古生代的时候我国的地理位置位于冈瓦纳大陆和后来的泛大陆，因此见证了这 3 次事件(戎嘉余，方宗杰，2004)。

第一次灭绝事件发生在奥陶纪后期，所涉及的生物主要是海洋无脊椎动物，包括三叶虫、介形虫、笔石、腕足类、棘皮动物(海胆、海百合和海星)、头足类、苔藓动物、珊瑚、浮游动物等门类，约 85%物种在地层记录中消失。当时冈瓦纳、劳拉大陆刚刚形成，海洋生物尚未大举进入陆地，因此灭绝发生在浅海环境。灭绝发生之前，奥陶纪的海洋中无脊椎动物繁荣，除寒武纪留存物种外，笔石、珊瑚、腕足类、海百合、苔藓虫和软体动物等动物是新演化出来的。

生物灭绝在不同的时间都可以发生，生态系统中单个物种的生存、繁殖条件被破坏，并不罕见。但大灭绝事件的规模和时间尺度要大得多，表现为众多物种，甚至整个科、目、纲，在同一时期、10^5 a 甚至更长的时间长度内一起灭绝。上述两者之间还有许多中间规模的灭绝事件，因此 5 次大灭绝不能理解为是历史上发生过的所有事件(Benton，2015)。

表 6-1 以简明方式列出了各次生物灭绝事件的可能原因，但实际上研究者们提出的原因更多，关于奥陶纪灭绝事件，就发表过以下观点：冈瓦纳大陆漂移到南极，冰盖扩张，气候变冷，海水温度下降；海面下降，破坏生物的栖息地；北美阿巴拉契亚山脉形成，岩石风化过度消耗大气二氧化碳；海洋水体缺氧，影响呼吸，增加有毒金属离子的溶解量；超新星伽马射线暴发，摧毁地球大气臭氧层，强烈紫外辐射危及生物；火山活动，喷出物遮蔽大气，改变气候。从生态系统角度看，任何直接影响生物生态位的因素，以及引发这些因素的其他因素，都需要考虑，而且各因素之间还有相互作用。因此，人们试图从海陆分布变化、气候变冷或变暖、海面上升或下降、天体撞击、宇宙射线、火山喷发、缺氧环境、大气成分(氧气、甲烷、二氧化碳等)改变、食物网中断等因素中寻求、诊断实际事件的主控机制(Benton，2015)。此类研究的关键，在于证实相关因素的作用时刻、强度和符合影响，另外也要考虑生物本身的抗打击能力，尚未经历外部环境突变的物种可能更易遭受影响，以沉积记录来分析灭绝事件的规模和时间，本身也有不确定性，目前在这些方面的研究还在继续进行。

表 6-1　古生代、中生代的 5 次生物大灭绝事件简表(据 Benton, 2015)

灭绝事件编号	发生时间(距今 Ga)	地质年代	灭绝事件表象	成因机制
Ⅰ	0.44	晚奥陶纪	腕足类、头足类、三叶虫、笔石等海洋动物的 85% 物种消失	气候变冷(冈瓦纳冰盖、天体撞击)、超新星伽马射线暴摧毁臭氧层
Ⅱ	0.365	晚泥盆纪	盾皮鱼、头足类、珊瑚、腕足类、海百合等的 75% 物种消失	海洋缺氧、外星物体大规模撞击
Ⅲ	0.253	二叠纪末	90%物种灭绝,三叶虫和四射珊瑚整体灭绝,陆地爬行类、两栖类、昆虫受影响	剧烈火山喷发,二氧化碳释放造成温室效应,气候变暖,短时间海面上升
Ⅳ	0.201	三叠纪末	菊石类、双壳类、腹足类、两栖类、爬行类 80% 物种灭绝	泛大陆分裂、陨石撞击引发的气候变化
Ⅴ	0.066	白垩纪末	箭石、双壳类、浮游有孔虫等 75% 物种灭绝,恐龙、菊石整体灭绝	气候变化、地外天体撞击

第二次灭绝事件发生在泥盆纪晚期,断断续续持续了 10^7 a,包含一系列脉冲式的灭绝过程。奥陶纪灭绝事件之后,志留纪生物复苏,泥盆纪再次达到繁盛状态,并且开始侵入陆地。这个时代通常被称为"鱼类时代",出现身披盔甲的盾皮鱼,但遭受了此次灭绝的重创。头足类、珊瑚、腕足类、海百合、介形虫、三叶虫等也损失巨大。陆地上,树木等植物快速生长,所产生的陆地有机质被输入海洋,引发大规模缺氧。此外,来自外星物体的大规模撞击,引发大规模岩浆喷发。这两个因素被认为是泥盆纪生物灭绝的原因。

第三次灭绝事件发生在二叠纪末,是 5 次事件中最严重的一次。海洋中大多数占主导地位的古生代群体消失了,或者数量大大减少。早古生代繁盛的三叶虫和四射珊瑚彻底灭绝,腕足类、苔藓类、棘皮动物、菊石遭受重创。陆地上,两栖类、爬行类动物和昆虫灭绝不少,甚至波及植物。剧烈火山喷发,释放出大量二氧化碳,有利于植物生长,但也造成温室效应,气候变暖、海面上升,浅海环境的突变使生物难以适应而发生灭绝,氧同位素、沉积物类型、植物化石、灭绝事件前后广泛的暖水碳酸盐沉积均支持气候变暖的成因解释(Benton, 2015)。

第四节　中生代以来的海洋

二叠纪结束之后，由于海洋的生物面目全非，三叠纪早期的沉积里生物化石很少，之后生物复苏，紧接着又遭受一次灭绝，三个阶段形成三套沉积，因而被称为“三叠纪”，而其底界成为古生代与中生代的断代界线。

板块构造的最新一幕

古生代结束之时，海洋突然像是返回了古生代生物爆发前的初期，沉积物中化石很少，碳酸盐沉积与叠层石的时代有些相像。在南京地区，二叠纪石灰岩富含化石，还有珊瑚礁，但紧邻的早三叠纪石灰岩却是各种形式的薄层堆积体，很难找到化石。中生代开始的时候，虽然南京地区仍然处于海洋环境，但全球范围内此时却是低海面时期，大片陆地出露在海面之上。此后，全球海面开始上升，直到白垩纪中期达到顶点，这段时间里，欧洲、美洲等地被海水淹没，但南京地区却相反，整个区域抬升为陆地，并且从此没有再回到海洋环境。所发生的一切，可以用板块运动及古生代海陆变化历史来解释(图 6-6)。

三叠纪早期，泛大陆仍然存在，所围封的特提斯洋面积与古生代后期相比有些缩小，全球只有一个主要的海洋板块，即太平洋板块。接着，在特提斯洋萎缩和太平洋板块向西运动的挤压下，南京地区逆着全球海面上升趋势而抬升为陆地，侏罗纪晚期大西洋、印度洋张裂启动，东亚区域受到更强的挤压，太平洋板块与北美、南美板块碰撞，开始形成北美洲、南美洲西部山脉。白垩纪时期，大西洋快速扩张，特提斯洋持续萎缩，印度、澳大利亚地块向北漂移。新生代开始后，大西洋、印度洋成形，印度地块接近于亚洲大陆，而南极洲向南移动，整体进入极地范围。晚新生代，印度地块与亚洲大陆碰撞，青藏高原隆升，

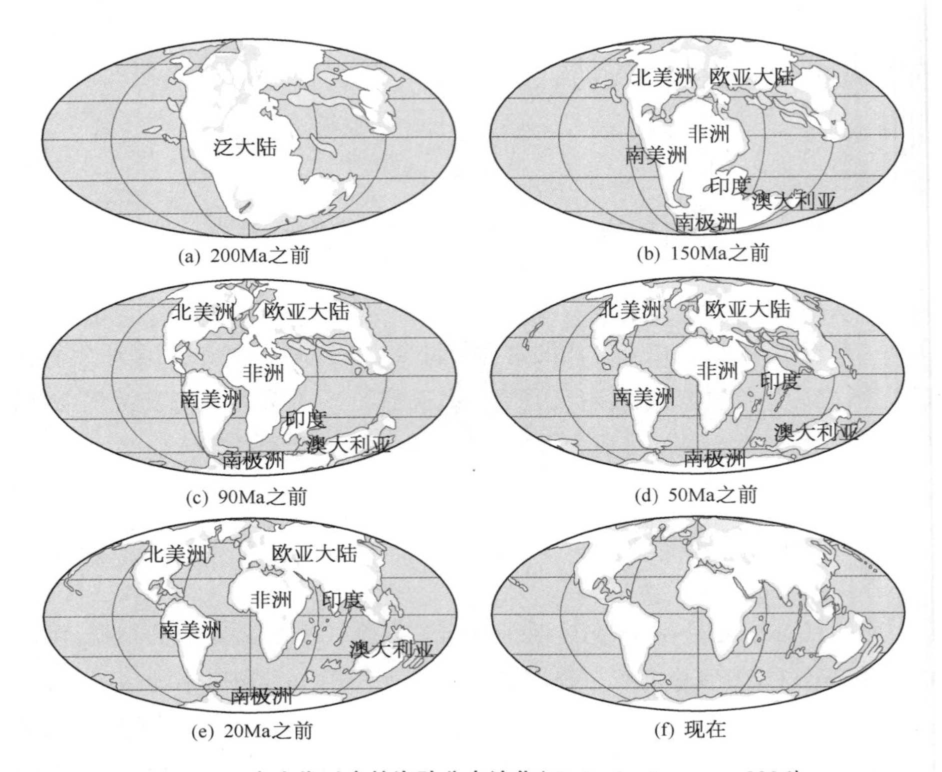

图 6-6 中生代以来的海陆分布演化(Tarbuck, Lutgens, 2006)

特提斯洋衰亡,西太平洋转化为主动大陆边缘,东亚边缘海形成,进入第二章所描述的现代海陆分布状态。经过古生代之前的长期积累,中、新生代显现了板块运动翻天覆地的效应。

生命世界深受环境巨变影响。爬行动物一度统治世界,恐龙来了又走了,新生代出现哺乳类,对此人们都不陌生。现在看到的生物量巨大、生物多样性很高的生态系统,包括从高等植物、两栖类、爬行类到鸟类、哺乳类的各个物种,都是这个时代环境演化的产物。中、新生代还生成了新的自然资源,像是为了迎接新生代后期人类出现似的。

在世界能源供给中,石油、天然气占有很大份额,主要是来自与海洋相关的沉积。沉积物中含有动植物遗留的有机质,堆积后在地层内部由于微生物作用而转化为石油或天然气。在经过运移和富集,集中分布于地层中的某些部位。油气资源通常分布在沉积盆地,即巨厚沉积层所在的地方(Miall,

1984)，沉积盆地在大陆边缘、陆地上有不少，其中有些是在陆地环境堆积而成的，但多数油田都位于海相沉积盆地，这是由于沉积物以及所含的有机质主要是海洋堆积物。油气勘探的目的就是找出这些盆地。有些沉积盆地是由古生代或更早的时候的地层组成的，在长期的构造运动、风化作用、熔岩喷发、地表侵蚀等因素影响下，原先存储的油气被逐渐损耗，因此古老盆地油气资源较少。中、新生代沉积在时间上恰好符合油气形成且储存的条件，因而其沉积盆地的资源价值最大。有机质被微生物转化的时间尺度较短，在 10^4 a 甚至更短的时间内就会发生，例如，全新世时期长江输入近海的泥质沉积物的地层中，已经能够形成浅层天然气资源(林春明，张霞，2017)。另一方面，沉积盆地被构造运动破坏的时间尺度达 10^6～10^8 a，因此可保存较长时间。除油气资源外，大陆坡沉积盆地表层的天然气水合物也受到人们关注，其成分是甲烷，在低温、高压条件(水深大于 500 m)下与水结合，生成白色冰状物质，在地表气温、气压下迅速转化为甲烷气体。据估算，全球陆坡沉积含有 20×10^{15} m^3 甲烷气，但目前尚未开采。

海底扩张造成火山和岩溶喷发，进入海洋的金属离子集聚成铁锰结核、结壳，还有热液喷口，其周边形成热液金属矿。铁锰结核呈球状或块状，铁锰结壳、热液矿床是成片分布的，它们都是多金属矿产，除铁、锰外，还有铜、镍、钴、钼、钛等重要金属。海底金属矿分布于深海，其储量的预估值远超目前陆地上已探明的总储量，其中北太平洋的储量占一半以上。由于技术、经济、社会等条件的限制，海底金属矿尚未大规模开采，目前是一种正在探测中的潜在资源。

海面变化：构造与气候机制

海面变化有不同的“阶”，第一阶海面变化的时间尺度为 0.2～0.4 Ga，第二阶为 0.02～0.08 Ga，第三阶为 1～10 Ma，为不同规模的洋盆形态变化所引起；第四阶海面变化是冰期-间冰期气候变化引发的，其时间尺度为 0.01～1 Ma(Miall, 1984)。古生代之后，板块运动效应和气候变化显著化趋势呈现，主要表现为海面变化(Haq et al., 1987; Hallam, 1992)。

对于古生代，第一阶、第二阶海面变化的叠加表现为不同的周期和幅度

(Haq, Schutter, 2008),最大周期为 10^7 ~ 10^8 a,最大幅度达 240 m。以元古代末期为基准,出现 4 个升降周期: ① 距今 0.54~0.46 Ga 期间上升约 240 m,其中 0.48~0.465 Ga 期间有小幅回落,0.46~0.444 Ga 下降至 100 m;② 距今 0.444~0.425 Ga 回升至 180 m,到 0.405 Ga 回落到 160 m;③ 此后再次上升,0.385 Ga 达到 200 m,然后持续下降一段时间,0.355 Ga 降至 100 m,0.32 Ga 更降至 0 m;④ 0.32~0.30 Ga 回升到 100 m,0.258 Ga 下降至−20 m。整个古生代,最低海面为−80 m,出现于距今 0.26 Ga(二叠纪),最高海面为 240 m,出现于距今 0.46 Ga(奥陶纪),高差为 320 m。这与第四纪气候变化导致的海面变化不同,应是长时间尺度板块构造运动的结果,与古生代板块构造活跃化有关,它改变了洋盆形态,进而导致海面变化。在此 4 个宏观周期上,叠加着幅度大多小于 100 m 的波动,周期为 10^6 a 量级(Haq, Schutter, 2008),应属于第三阶和第四阶海面变化,兼有洋盆形态变化和冰期-间冰期气候变化的影响。

中、新生代海面变化似乎有一个较为清晰的第一阶海面变化周期,在白垩纪晚期达到峰值,高于现今约 100 m,此后总体上呈现下降趋势(Miller et al., 2005)。米勒等人(Miller et al., 2005)认为,过去 0.1 Ga(白垩纪中期以来)的时段里,在 10^7 a 尺度上,海面变化与海水温度变化有关,是由于构造运动控制的二氧化碳变化造成的,而 10^4 ~ 10^6 a 尺度上冰盖体积变化是主控因素;两极冰盖对气候的影响逐渐加大,距今 100~33 Ma,南极冰盖断续形成,33~2.5 Ma 南极大冰盖持续存在,而 2.5 Ma 至今不仅有南极大冰盖,而且有北半球冰盖。对于冰盖影响的相对加强,海面变化的响应是加快节奏,使之与冰盖变化节奏相一致。

古生代以来的海面变化(Miall, 1984; Hallam A, 1992; Miller et al., 2005; Haq, Schutter, 2008)显示了洋盆形态、气候变化效应的总体趋势(图 6 - 7)。在细节上,试图从地层记录中总结全球的图景,其局限性不可避免。首先,沉积记录的水深信息是通过沉积物指标(如氧同位素、有机质、沉积构造等)与水深的相关性而建立的,不像实测水深那样准确。其次,所获取的海面高程信息很可能是代表相对海面变化,而各地的数据离散很大,只能取其平均值来作为全球平均值。最后,沉积记录所在的地点,除较新的地质时期外,缺乏全球覆盖度,因而在空间上代表性欠佳。迄今为止,海面位置的估算有较大的误差范围，例如新生代最高海面位置的估算值为（100±50）m（Miller et al.，2005）。

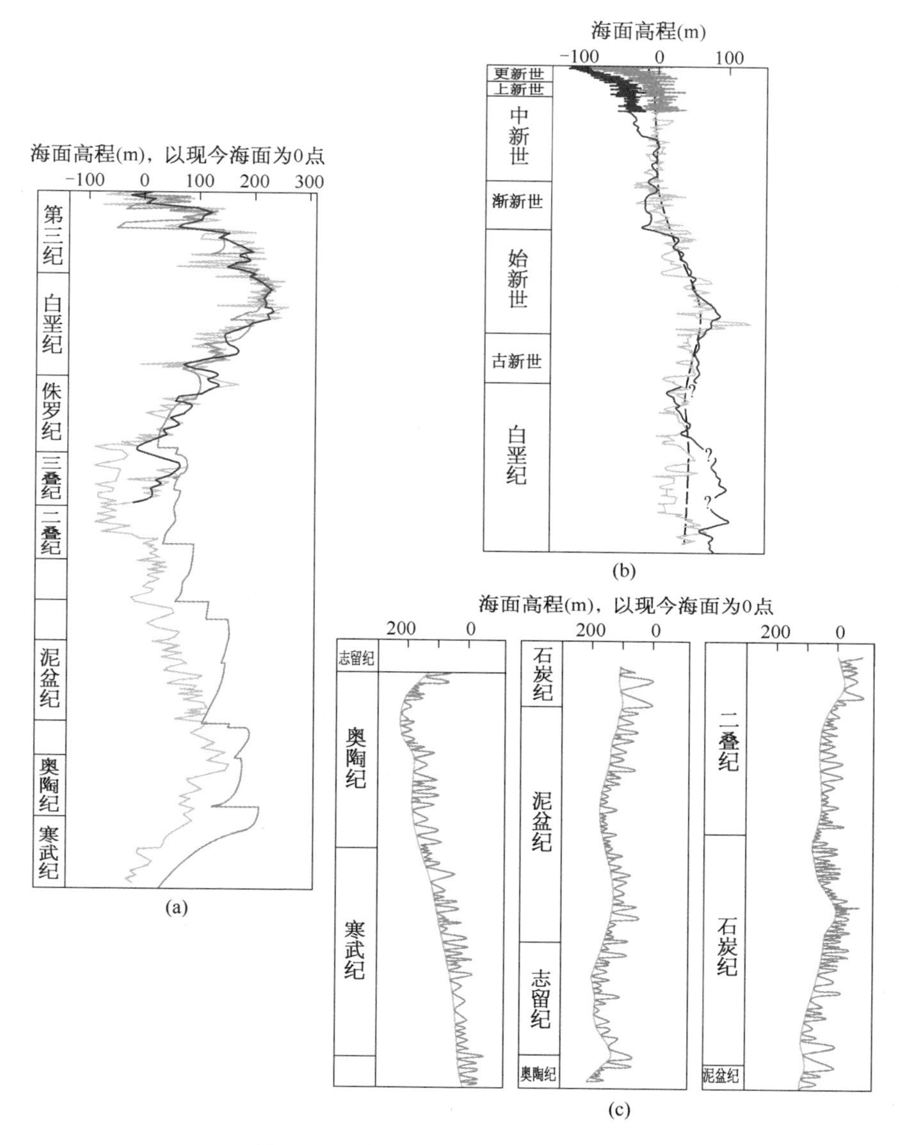

图 6－7　地质历史上的全球海面变化

（a）古生代以来的变化，深灰色曲线据 Vail et al.，1977，其余曲线据 Haq et al.，1987（转引自 Miller et al.，2005）；（b）晚白垩纪（100 Ma）以来的变化曲线，浅灰色曲线根据地层层位分析，其余曲线根据氧同位素分析（据 Miller et al.，2005）；（c）古生代全球海面变化（改绘自 Haq，Schutter，2008）

中生代生物灭绝事件与生态系统演化

表 6-1 列出的生物大灭绝事件中，第四、第五次发生于中生代。二叠纪末事件过后 0.052 Ga，又发生了三叠纪末的第四次生物大灭绝事件，这对海洋生物影响较大，约有 80%物种灭绝，包括大多数菊石类、腕足类、双壳类、腹足类和海洋爬行类。此外，牙形石也最终消亡了，它是整个古生代都持续生存的原始鱼类的牙齿骨骼，第三次灭绝事件之后，牙形石仍然见于早三叠纪的海相地层，说明它们已经熬过了晚二叠纪的不利气候。四射珊瑚（Tetracorallia）灭绝之后，早三叠纪地层中珊瑚化石缺失了约 0.015 Ga，直到中、晚三叠纪其他类型的珊瑚才逐渐恢复，即六射珊瑚（Hexacorallia），它比四射珊瑚有更强的生存能力，但在第四次灭绝事件中，也有一些物种灭绝。陆地植物区系也发生了大规模的变化，许多两栖动物和爬行动物物种消失，但此后恐龙和翼龙急速崛起，乌龟、鳄鱼、原始蜥蜴和哺乳类也登上历史舞台。此次事件可能与泛大陆裂解有关，气候变化格局受其影响，事件发生后地球总体上变得更加温暖。也有人提出陨石撞击的解释，但似乎证据要弱一些。

第五次生物大灭绝事件发生在白垩纪末，约 75%物种灭绝，人们印象最深的是在地球上生活 1 亿多年的恐龙的消失，陆地上能够飞行的翼龙也一起灭绝。海洋里，蛇颈龙、沧龙、菊石、箭石、固着生活的双壳类和大多数浮游有孔虫也都灭绝了。当时，大西洋扩张迅速，太平洋板块俯冲强烈，火山活动频繁，印度和澳大利亚地块向北移动，海陆分布和洋流格局快速变换，南极洲的位置有利于形成冰盖，凡此种种，可带来较为剧烈的气候变化。此外，人们还认为当时发生了重大地外撞击，似乎要有如此剧烈的事件才能瞬间毁灭恐龙这样的庞然大物。

大灭绝事件对于地球生态系统起了什么作用？对原有生态系统肯定是灾难性的，生态系统崩溃时，所有物种都会受到影响，甚至是死亡威胁。然而，对于整个地球的生命体系，大规模的崩溃未必是坏消息。任何一个生态系统都要占据一定空间和资源，而且在生存竞争中优势方会逐渐扩大其范围、增加资源的使用，由此挤压其他物种的生存。当崩溃发生时，空间和资源就会让给未灭绝的物种，如此地球上的生命可能变得更加活跃。我们可做一个思想实验：

假定有一种强大的树木，它能在空间竞争中压过所有的其他树种，于是经过一段时间，森林就成为单一树种的天下，甚至连它们自己的后代也无法生根、发芽；等到这些树木到达衰老阶段的时候，有一天它们会突然全体死亡，这就是系统崩溃。对于这种树木，灭绝是灾难，但对于本地其他物种，生存的空间就被更新了。实际情况也是如此，每次大灭绝事件之后，生命体系会逐渐复苏，直至比原先更加繁盛；尽管有过这些事件，地球上科的数量呈上升趋势，在新生代上升得还很快(Benton, 2015)。

关于灭绝原因的研究，表 6-1 列出了一些有代表性的看法。但是，用不同事件在时间上的相关性来解释是易错的。生态系统的变化，既有外部能量、物质因素，也有系统内部的因素，更加可能的是多种因素的综合结果。因此，在所有的机制中进行筛选，是找到主控机制的较好方法，而在能够评估各种机制之前，需要了解所有的影响因素，这一工作目前还没有完成。按照这一思路，仅仅描述最大的 5 次事件并不充分，其他规模的和背景灭绝事件也很重要，例如，将所有灭绝事件排列成时间序列，似乎显示出 0.026 Ga 的天文周期(Benton, 2015)，这在 5 次事件中是无法得到的信息。

第五节　海洋演化与资源形成

从早期的渔业、盐业、航运，到后来越来越多的资源开发利用，人类文明发展依赖于自然资源。海洋演化历史告诉我们，人类社会所需的所有资源都是在历史的长河中逐渐形成的，与一定的历史条件和发展阶段相联系(表 6-2)。了解资源的性质，珍惜和保护资源，对于人类的未来十分重要。

最贴近人们日常生活的是生物资源，供给蛋白质、热能、维生素的食物来自复杂的生态系统。从生态系统的初始状态演变成具有巨大多样性、复杂的生态系统，需要很长的时间；而且在各种因素的作用下，包括生态系统本身演化的因素，生态系统还会发生崩溃现象，在过去的 0.5 Ga 里就崩溃过许多次。生态系统崩溃导致许多物种丧失，同时也给新的物种留出了生长空间和生态位，但对于人类而言，在我们生活的时间尺度内，现在的生态系统对我们有很大

表 6-2 主要资源、主要形成阶段的先后次序和环境条件

资源名称	现今分布	形成年代	形成机制
现今动植物	陆地、浅海	新生代，但起源于元古代晚期至古生代	海洋-陆地生态系统
石油-天然气	大陆边缘、陆地沉积盆地	中生代-新生代	海相地层和部分陆相地层有机质转化
铁锰结核-结壳	深海底	中生代-新生代	洋壳熔岩和热液喷发
煤炭	陆地沉积盆地	古生代	湿润温和陆地环境、植物爆发
碳酸盐岩	陆地、大陆边缘、岛屿	古生代，延续至中生代-新生代	海洋生物礁和微体生物活动
沉积物	陆地、大陆边缘	元古代晚期以来	陆地形成、化学-生物风化作用
铁矿	地盾区域	元古代	海水铁离子与蓝藻产生的氧气结合
氧气	大气、海水	太古代-元古代及后续年代	蓝藻及后续植物光合作用
水、盐	海洋、冰盖、河流、湖泊	元古代-元古代	地表冷却过程、岩浆喷发

的重要性，因此需要加以保护。如果在人类活动的干扰下出现生态系统崩溃，对人类自身也可能造成很大的伤害。

生态系统与资源的关系，要追溯到遥远的过去。从太古代开始，一直到后来的各个地质时期，许多资源的生成与生态系统有关。油气资源主要是在中生代以来的海洋沉积中形成的，是有机质在微生物作用下转化而来的。在现代海洋形成的 0.2 Ga 中，进入海洋堆积的沉积物，其数量级为 10^{10} t a^{-1}。观测数据表明，海洋沉积物中所含的有机质一般在 0.7%左右，因此 0.2 Ga 时间里积累的沉积物有机质可达到 10^{14} t 的量级。若其中的 1%转化为可开采的油气资源，则其总量有 10^{12} t，可见沉积作用的重要性。最新的沉积物是全新世沉积，也能形成一定量的资源。以长江沉积物为例，过去的 7 ka 里平均每年入海的沉积物为 5×10^{8} t 量级，因此所含的有机质总量就能达到 2.5×10^{10} t，

按照 1%的转换比率就能形成 2.5×10^{8} t 天然气。

古生代也有大量的有机质沉积，但在历史的长河中，由于构造运动等因素，油气资源虽然最初也能聚集起来，但都在长期的历史变化中损耗了。因此，古生代及其以前的油气资源相对较少。古生代形成的化石燃料资源主要是煤炭，这是植物离开海洋走向陆地的最终结果。在当时的自然条件下，植物迅速扩展，形成了有利于煤炭堆积的条件。中生代、新生代的植物生物量并不小，但在新的地球环境条件下，大量的树木和其他植物死亡后在空气中迅速分解，其中所含的碳又返回到大气中了，所以再也难以形成如此大规模的煤炭堆积。中生代和新生代的沉积当中也有局部的有机质富集，形成泥炭，但不能与古生代煤炭的资源总量相比。

碳酸盐岩是海洋演化历史中由于生物活动而形成的沉积岩。在如今的化学工业中，碳酸盐岩有着广泛的用途，白云岩是许多化工产业的重要原料，如作为冶金工业的溶剂。石灰岩最广泛用途之一是烧制水泥，成为建筑业的重要资源支撑。当然，石灰岩还有其他更多的用处。在有的地方石灰岩构成壮观的喀斯特溶洞、石林等地貌，所形成的旅游资源比石灰岩开采、烧制水泥和石灰具有更高的经济价值。在现代环境中，碳酸盐岩也在不断形成，主要是以生物礁的形式出现的，如珊瑚礁和牡蛎礁等，它们代表海岸带的重要生态系统，其产品和生态系统服务价值非常高。到了现今的社会发展阶段，碳酸盐岩作为自然资源应该如何使用，成为需要重新思考的问题，在想清楚之前，最好的策略是保护好地质历史上形成的碳酸盐沉积和地貌景观，以及现在正在形成中的珊瑚礁等资源。

中生代到新生代海底扩张、板块运动、全球构造过程中，火山活动、岩浆喷发形成了规模巨大的海底金属矿产，以铁锰结核、结壳为代表，具有潜在的开发前景。但是，由于古生代之前形成的铁矿资源非常丰富，从太古代到元古代的漫长历史中，海洋铁矿沉积数量巨大，全球的地盾区已探明的铁矿储量达到 10^{12} t 量级，足够人类使用很长一段的时间，因此目前还用不着开采海底的资源。此外，在目前的技术水平下，海底资源开采成本较高，而且开采海底资源难免造成环境扰动，未来若要开发海底金属矿产，还需要解决一系列的技术问题，使得开采活动在经济上可行，同时也能保护海底环境和生态系统。

地球上最普通的物质包括沉积物、盐、氧气、水，如今我们往往不再把它们当成重要资源。然而，这种想法是有问题的。这些物质都是在地球和海洋演化的早期就开始形成的，对生命系统有关键的支撑作用。从历史的角度来看，合理使用并保护这些资源是非常重要的。例如，沉积物是土地资源、土壤资源、空间资源形成的重要物质条件，开发这些资源的时候，应对沉积物的收支平衡有深入的了解。在人类社会发展的时间尺度上，土壤的变化非常快，土壤主要是由沉积物构成的，目前全球水土流失造成的土壤损失远大于新的土壤物质的补给，长远地看对土壤资源的影响很大。氧气和水也是如此，过多使用化石燃料可降低大气的氧气含量，而对水资源的滥用则在全球范围内造成缺水和供水困难，若不能及早重视，终将转变为严重的社会问题。

上述的所有资源，动植物、生态系统、石油天然气、金属矿产、石灰岩、沉积物、盐、氧气、水，对于经济发展都是不可缺少的，而在文化事业上，如教育和科学研究，它们的重要性也是不言而喻的。善待和保护资源，是人类社会可持续发展的关键。

延伸阅读

南京石灰岩、玄武岩与海洋演化的联系

南京城历史悠久，古城墙、夫子庙、明孝陵、中山陵等，都在诉说着这座城市的底蕴。南京的地理位置和自然环境也很独特，长江向东奔流，从南京开始进入河口三角洲区域，通向三角洲前缘的上海，上游方向还有武汉和重庆。一个流域，养育了四个超大型城市，这在全世界也是绝无仅有的。

南京的山都是低山丘陵，高度没有超过 500 m 的。然而，就在这些地方，古生代以来的地层有数千米厚，隐藏着自然史的巨大秘密。早年的地质学家们来到南京，发现了本地石灰岩和玄武岩火山的奇特组合之中蕴含的激动人心的故事。南京大学的地学系是国内历史最为悠久的，而南京的石灰岩和玄武岩为学子们提供了丰富的学术营养。学生们从一年级地质实习起，就接触到了石灰岩、玄武岩。

有《宁苏杭地区地质认识实习指南》（夏邦栋，1986）一册在手，我们可以从

幕府山开始，跟随着地质历史的进程再作一次宁镇山脉旅行。出发之前，需要关注以下几个关键词，因为很快就要与它们打上交道：白云岩、石灰岩、珊瑚化石、火山和玄武岩、节理、褶皱与断层。还有一张古地理图（图6-8）需要首先熟悉一下：从古生代一直到距今2.37亿年的中生代三叠纪，南京一直处于海洋环境，所在的海洋称为“特提斯洋”；南京地区位于特提斯洋东北部，北面是一块古老的陆地，称为华北古陆。

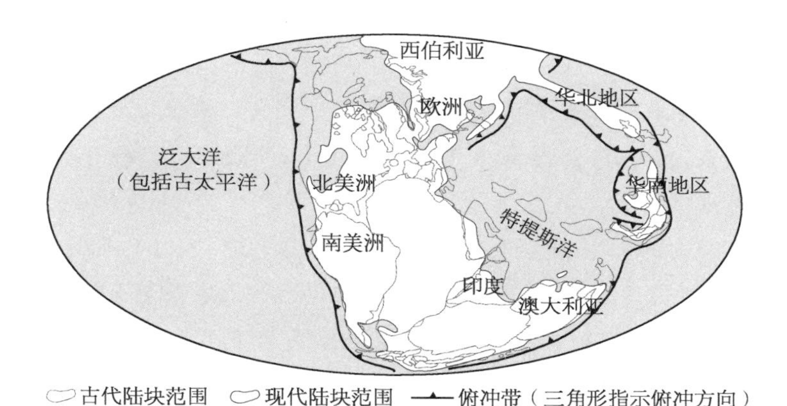

图6-8　距今2.37亿年的特提斯洋（Sverdrup et al., 2005）

南京地区位于其东北部，属于陆架、陆坡的环境

震旦纪到古生代的碳酸盐岩

仅仅从观景的角度，幕府山也很值得前往。从山脚沿着三百多级台阶上到山顶，眺望南京城和长江，无比惬意。但我们眼下的观察要点是幕府山的白云岩地层，它位于幕府山地层的下部，厚度大于200 m，一部分出露地表，一部分埋藏于地下，其形成时代是古生代之前、距今6亿年前后的震旦纪。白云岩与石灰岩同属于碳酸盐岩，白云岩的成分是碳酸镁钙，而石灰岩的成分是碳酸钙，这一点差别使得白云岩密度要稍高于石灰岩，其矿物晶体的硬度也要高一些。白云岩成因是地质学的重要问题之一，早期的碳酸盐岩多白云岩，形成于海岸线附近的浅水区，但现代环境里却很少见，主角变成了石灰岩。有研究者倾向于将白云岩归结于地质时期微型生物作用的产物（Vasconcelos,

McKenzie，1997)。

从震旦纪进入古生代，迎来寒武纪、奥陶纪、志留纪、泥盆纪、石炭纪、二叠纪等六个时期。不同层厚的石灰岩的形成(图 6－9)，指示了当时海洋环境的主导地位。幕府山震旦纪地层之上，是寒武纪地层，总厚度差不多有 500 m，仍以白云岩为特色，但夹有石灰岩和硅质页岩，富含三叶虫化石，还可见到燧石结核。碳酸钙沉积里为何混杂进了燧石，过去难以解释，现在研究者们认为是硅藻碎屑转变而成的。硅藻颗粒被沉积物空隙水溶解，又在空隙中流动、聚集，最终成为块状的燧石。

其余的古生代地层要到南京东郊才能看个究竟。紫金山东南方向的狮子山、大连山、狼山，地铁 S6 号线沿线附近的汤山、孔山，还有汤山以东的仑山，都是理想地点。

句容市境内的仑山，这里奥陶纪地层总厚度超过 500 m。早奥陶纪时期，岩性转化为石灰岩，自下而上出现灰色-浅灰色、深灰-灰黑色、浅灰-灰色、灰-灰黄色等 4 套石灰岩，地层所含化石让位给头足类化石(以角石为代表)。中奥陶纪以灰色至肉红色泥灰岩为特征，有多种角石化石。晚奥陶纪地层从灰白-微红泥灰岩和页岩过渡到黑色页岩，泥质沉积的出现，指示了陆源物质供给的增加。

汤山以西、地铁 S6 号线古泉站附近，是志留纪地层出露的地点。志留纪地层总厚度接近 500 m，其下部为黑色、黄绿色页岩或泥岩，可见是继承了晚奥陶纪的环境特征，但化石的主角变为笔石；中、上部地层，自下而上出现灰黄色砂岩、粉砂岩、泥岩；灰黄-灰紫色泥岩、砂岩互层；灰黄-绿黄色泥岩、粉砂岩。石灰岩的缺失，指示了丰富的陆源物质供给，化石丰富，除腹足类等物种外，首次出现了鱼类化石，如江苏南京鱼(*Kiangsuaspis nankingensis*)和中华棘鱼(*Sinacanthus*)。此种环境，与我们现在的江苏海岸有些相像。

在宁镇山脉中段，古生代后半段的泥盆、石炭、二叠纪地层最为完整。泥盆纪地层厚度近 300 m，泥盆纪早期到中期，砂质、粉砂质和泥质沉积占据主导地位，甚至出现紫红色砂岩、页岩，而化石很少。晚泥盆纪持续了泥、砂堆积的格局，但先是出现大型植物化石，指示了陆地环境，接着出现多种鱼类化石，如大头中华鱼(*Sinolepis macrocephala*)、五通中华鱼(*Sinolepis wutungensis*)、星鳞鱼(*Asterolepis*)等，表明正在逐渐重回海洋环境。

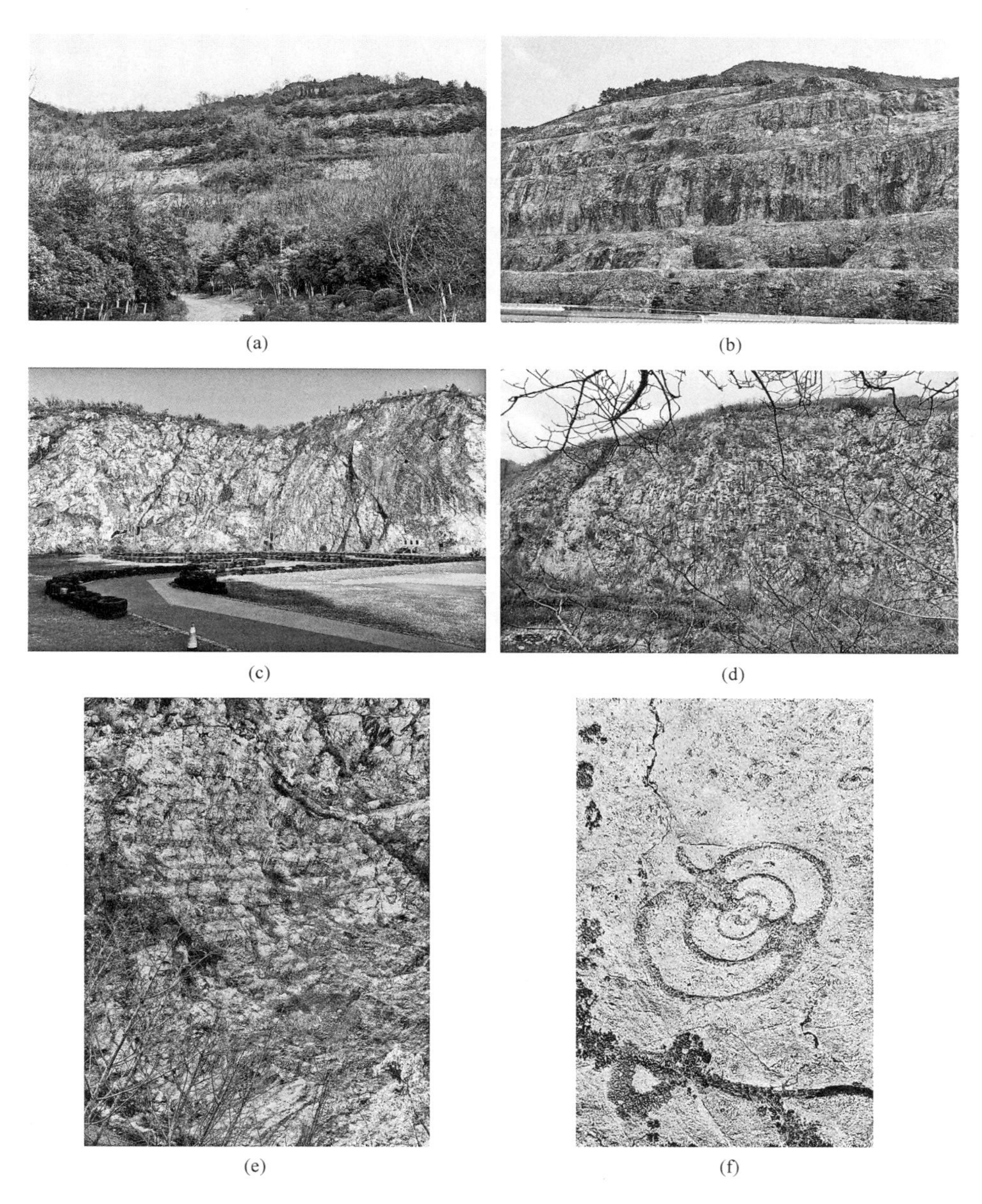

(a) (b) (c) (d) (e) (f)

图 6-9　南京地区海相碳酸盐沉积特征(彩图见图版第 2 页)

(a) 幕府山采矿区揭示的古生代石灰岩地层;(b) 江苏园博园的古生代石灰岩地层;(c) 汤山矿坑公园古生代石灰岩地层;(d) 江南水泥厂附近的石炭纪石灰岩;(e) 汤山矿坑公园石炭纪“黑白相间”石灰岩地层;(f) 阳山碑材景区二叠纪石灰岩中的化石

南京地区的石炭纪和二叠纪是海洋的世界，尽管在其早期有过非常短暂的陆地环境。早石炭纪先后堆积了四类物质，总厚度 50～60 m。其中最下面的一层是厚层灰黑色石灰岩，富含有机质，最重要的一点是首次出现珊瑚化石，有汤耙沟假乌拉珊瑚（*Pseudouralina tanpakouensis*）、多枝笛管珊瑚（*Syringopora ramulosa*）等物种，称为“金陵灰岩”。接着出现了砂岩、页岩，表明陆源物质供给特征，而且还有一层含陆地植物化石，但其主体部分仍为海洋沉积，最上部分出现异犬齿珊瑚（*Heterocaninia* sp.）化石。然后是灰黄色泥质和白云石化石灰岩，含石柱珊瑚（*Lithostrotion irregulare*）、袁氏珊瑚（*Yuanophyllum*）、贵州珊瑚（*Kuerchouphyllum*）化石。最上面的一层为灰色、浅灰色白云岩，风化面有刀砍状溶沟，含燧石结核，有石柱珊瑚、轴管珊瑚（Aulina）化石。

中石炭纪沉积的主体为灰白色、略显肉红色的微晶生物屑灰岩，厚层活块状，层理不清晰，需凭缝合线来判断其产状，有犬齿珊瑚（*Caninia*）、刺毛螅珊瑚（*Chaetetes*）化石，厚度近 100 m。晚石炭纪沉积以浅灰、深灰色灰岩交替为特征，核形石（葛万藻集合体化石）是标志性的化石，具缝合线构造，有犬齿珊瑚、泡沫复珊瑚（*Cystophora*）化石，厚度为 30～50 m。

中石炭纪石灰岩被称为“黄龙灰岩”，而晚石炭纪石灰岩被称为“船山灰岩”，南京地区用石灰岩来生产水泥，这两种石灰岩是品质最好的。石灰岩的过度开采曾经带来环境恶化，现在进行大规模环境修复，原先的矿区被重新绿化，甚至改建为公园，如汤山周边的江苏园博园和矿坑公园。

早二叠纪时期继续保持海洋环境，其产物在栖霞山被深入研究，故其主体部分称为“栖霞灰岩”，为深灰色微晶生物屑灰岩，产灰黑色燧石结核，具缝合线构造，可作为识别层理的标志。有杨子多壁珊瑚（*Polythecalis yangtzeensis*）、早坂珊瑚（*Hayaskaia*）、奇壁珊瑚（*Allotropiophyllum*）、原米契林珊瑚（*Protomichelinia*）、中国孔珊瑚（*Sinopora*）化石。“栖霞灰岩”的上、下方均有一层厚度为 10 m 量级的燧石、硅质岩层，含化石。奇特的是，下硅质岩层以下还有一层“臭灰岩”，是沥青质深灰-黑色石灰岩，其臭味是所含有机质造成的。早二叠纪的最上部还有一层页岩，含扁体鱼（Platysomus）化石，因而也是海洋环境的产物。早二叠纪地层总厚度超过 160 m。

关于栖霞灰岩，还有一个“阳山石碑”的有趣故事。明代朱棣决定要竖起一块巨型石碑，以彰显朱元璋的功德，方案是在汤山西面的石灰岩山地开凿碑材，设计参数为：碑座高 13 m，宽 16 m，长 30.35 m，重 16 000 t；碑身长 49.40 m，宽 4.4 m，高 10.7 m，重约 9 000 t；碑额高 10 m，长 20.3 m，宽 8.40 m，重约 6 000 t。然而这个庞然大物最终被遗弃在山里了。现在，这个遗迹是观察古生代生物礁的好地方，走在石灰岩的地面上，感觉就像在海南岛的珊瑚礁坪上，在栖霞灰岩里寻找化石，也是独特的感受。

晚二叠纪时期，海、陆环境交替，形成厚约 140 m 的沉积层，可见于龙潭镇附近。其陆相部分为页岩、粉砂岩，含陆地植物化石和煤炭层，南京地区曾有过小型煤矿开采这些煤层；其海相部分也是页岩、粉砂岩，含浅海生物化石。

中生代的南京地区：从海洋转化为陆地环境

二叠纪石灰岩总厚度约为 300 m，前人研究极为详尽，划分出金陵灰岩、黄龙灰岩、船山灰岩、栖霞灰岩等四个种类。此后，进入中生代的三叠纪，南京地区堆积了更厚的石灰岩(总厚度约为 440 m)，因典型地层位于城东南的青龙山而命名为“青龙灰岩”。有趣的是，当时的学者对它有点轻描淡写，例如李四光、朱森(1932)的描述是：

“在关山西南之青龙山尾，可见青龙灰岩概为薄层灰岩而夹泥岩，下部页岩较多，至上部则几全为灰岩。此灰岩为层颇薄，似易挠曲，处处均具细微褶皱，全部无燧石，色多暗灰及灰黄，其中化石甚少，甚易与他种灰岩区别。在本区内，此灰岩中尚未得化石，但于南京附近之他处，得有菊花石化石数层，示其属诸三叠纪。”

图 6－10　南京仙林地区早三叠纪薄层石灰岩地层剖面之一，位于南京大学仙林校区西南，显示层厚为 0.2～0.7 m 的周期性堆积形态，每一层内均有次级的层理(厚度为 cm 级)和纹层(厚度小于 mm 级)(彩图见图版第 4 页)

这段文字是如此简要，以至于与同一篇文献中描述石炭纪灰岩的篇幅相比不成比例。但是，文字刻画却细致、准确：青龙灰岩为薄层灰岩，含杂质较多，层理常有挠曲，化石甚少(图 6－10)。

现在我们知道，青龙灰岩形成

的时期覆盖了早三叠纪和中三叠纪的一部分，约有2 000万年时间。其下部为页岩、泥岩夹薄层石灰岩，然后转化为灰色石灰岩，含菊石和瓣鳃类化石，厚度为200 m；中、上部为薄层石灰岩，以扭曲层理薄层灰岩、瘤状灰岩和蠕虫状灰岩为特征（图6-11），地层厚度为200～360 m；后期还形成了厚度为10～200 m的硬石膏层，指示高强度蒸发环境。这些特征在当时难以解释，青龙灰岩的年龄较新，比此前的石炭纪灰岩更应展现出生物的繁茂，但地层显示的情况相差太远，甚至回复到了早古生代的状况。

图6-11　南京仙林地区三叠纪碳酸盐岩的典型特征（彩图见图版第3页）

(a) 扭曲层理薄层灰岩；(b) 红色层面肉红色薄层灰岩；(c) 瘤状灰岩；(d) 蠕虫状灰岩

中、晚三叠纪地层底部为最厚可达200 m的石灰岩质角砾岩，然后堆积灰紫、暗紫色粉砂岩、泥岩，生物化石从海岸环境过渡到陆地环境。从此南京地区脱离了海洋环境，成为陆地环境。

侏罗纪的南京地区还出现了岩浆活动，环境变得非常不稳定。在紫金山等地出露的早、中期侏罗纪沉积主要为砂岩、砾岩，有些层位为河流、湖泊沉积，有植物和水生动物化石，局部形成煤炭堆积，沉积层厚度变化很大，为100～1 000 m。晚侏罗纪时期，多个地点发生火山喷发，堆积了火山凝灰岩。早白垩纪继承了晚侏罗纪的火山喷发活动，喷发地点堆积的火山凝灰岩厚度可达600 m以上，而晚白垩纪的地层则以河流相的砾岩、砂岩为主，厚度差异很大。

进入新生代，由于处于陆地环境，沉积层往往是由于老地层被剥蚀产生物质的重新堆积，第三纪地层表现为山前坡积物、洪积物，而第四纪地层表现为长江两岸的河流沉积和长江北岸等地的风成堆积(在南京长江大桥西北泰山新村可见到黄土堆积)。一个显著的变化是第三纪晚期出现的岩浆喷发，形成了玄武岩。长江南岸的江宁方山是著名的玄武岩火山，现已成为汤山方山国家地质公园的组成部分。长江北岸六合方山周边的火山群多达25座，也已成为国家地质公园，玄武岩柱状节理十分壮观(图6－12)。

图6－12　南京六合方山地区的玄武岩柱状节理(2005年10月1日)(彩图见图版第4页)

为什么南京地区在古生代是海洋环境，到了中生代却转化为陆地环境?我们可以尝试用板块构造、古生代以来的海陆变迁图景、全球海面变化理论来探讨这个问题。

板块构造理论所包含时间尺度为2亿年，接近于中生代以来的全部时期。也就是说，东海之外2亿年前就已存在的西太平洋地壳，现在已经有一大部分消失在了西太平洋板块俯冲带之下了。因此可以推论，南京所在的区域在早、中三叠纪及更早的时期，应该受到来自太平洋板块自东向西的水平方向挤压。

如果这一挤压受到足够大的抵抗，那么这里的地层早就应该发生褶皱和断裂。然而，实际情况是，那时的南京一直处于稳定的海洋环境，持续堆积碳酸盐物质，地层褶皱和断裂并未发生。

古生代以来的海陆分布图提供了线索。古生代结束时，地球表面的陆地是连成一体的，称为“泛大陆”，其整体形态构成一个巨大的“C”形，南、北两翼的陆地向东伸展达 10^4 km，中间的半围封海域为“特提斯洋”(Dietz, Holden, 1970; Strahler et al., 1998)。当时的南京，连同全国乃至日本的广大区域，是位于北翼陆地的东段之外的海域，为特提斯洋的一部分(图 6－8)。在相当长的一段时期，来自太平洋方向的应力被释放了，南京所在的区域在挤压下向特提斯洋内缩，因而不会使应力集聚；只是到了三叠纪时期，本区域才感受到特提斯洋的抵抗，夹在太平洋和特提斯洋的区域在东西向的挤压下隆起为低山丘陵，称为宁镇山脉。

特提斯洋演化可带来多种可能的环境效应。第一，特提斯洋的演化“冰冻三尺非一日之寒”，规模大到可与现在的太平洋比拟的特提斯洋不会是短期内形成的。南京地区的早古生代，从寒武纪到志留纪的地层都是由海洋的白云岩、石灰岩构成，说明特提斯洋有一个更久远的年代。

第二，我们观察到的泥盆纪、石炭纪的短暂陆地环境沉积记录，可能是海面变化的产物。在第一、第二阶海面变化尺度(Miall, 1984)上，距今约 5 亿年前是第一阶海面变化周期的高海面时间，与本区早古生代的海洋环境相符；泥盆纪和石炭纪之初，是第二阶海面变化周期的海面下降时期，本区域短暂的成陆现象可能与此有关。

在上述观察记录里，我们特别关注了石炭纪的石灰岩和珊瑚化石，它们可能也含有第四阶海面变化信息，可用以回复当时冰期-间冰期气候变化的历史。研究表明，古生代纪更早的地质时期也有气候变化，如寒武纪之前的冰期和石炭-二叠纪冰期(Plummer et al., 2003; Walker, 2004)，不过，由于当时的海陆分布和洋流格局不同于现在，气候变化的特征也会有所不同。

石炭纪以后本区珊瑚大量生长，这对于气候与海面变化信号的提取具有重要意义。生物礁在石炭纪以前就有，但珊瑚礁相对而言生长更快，产生碎屑沉积物的效率更高(Fagerstrom, 1987)。船山灰岩中“黑白相间”灰色、深灰色周期性沉积很可能就是气候变化的产物，每个周期的沉积层厚度为 1 m 量级，很可能对应着10万年尺度的冰期-间冰期尺度：冰期时海面下降，海水上下交换顺畅，形成浅色石灰岩，间冰期时海面上升，海水上下交换不畅，形成深色石灰岩。但要使这一前提成立，我们对南京地区石灰岩的形成环境的解释要做一些修改。一般认为，珊瑚生长于浅水区，因此其沉积也是浅水沉积。但现代南海的环礁环境显示，虽然珊瑚礁是浅水的，但环境周边的碳酸盐沉积可以是深水的，环礁是碎屑产生的地方，而深水区是堆积的地方。碎屑产生的方式有多种，例如波浪作用可以击碎珊瑚礁块，块体在床面上被快速磨蚀，变为细小的颗粒；最新的发现是鹦鹉鱼啃食珊瑚礁表面，也能产生相当可观的碎屑物(Cramer et al., 2017)。按照这一模式，南京地区在晚石炭纪应是有深水碳酸盐沉积的。那个时候特提斯洋的范围很大，大半个中国都淹没在海水之下，不大可能都是浅海，在现代环境中，东海大陆架是最宽的浅海之一，其宽度也没有超过600 km。因此，南京地区石炭纪碳酸盐沉积的环境是值得进一步探讨的。

第三，珊瑚还有另一个重要的环境指示意义，即石炭纪的南京地区十分温暖，以至于喜好热带海洋的珊瑚能够生长、繁衍。我们现在看到的珊瑚是热带生物，其演化历史可追踪到中生代的三叠纪(廖卫华，邓占球，2013)。由于在定殖的初期此类珊瑚体内有6个隔片，因此被称为“六射珊瑚”(Hexacorallia)。此后，随着生长的进行，珊瑚虫体格迅速加大，隔板数量可多次翻倍，石芝(mushroom coral，一种形态美丽的珊瑚)的隔板甚至可增加到1 536片或更多(图6－13)，也就是说翻倍8次或更多。这可以解释为何珊瑚礁能够快速堆积起来。古生代的珊瑚有所不同，它最初的隔片只有4片，因而被称为“四射珊瑚”(Tetracorallia)。四射珊瑚没有熬过二叠纪末的生物灭绝事件。我国石炭纪、二叠纪时期四射珊瑚超过37科、14亚科、374属(俞建章等，1983；林英锡等，1992)，而另一份早期文献则报道日本有12科、52属、103种，与华南珊瑚有亲缘关系(Minato, 1955)。现在造礁石珊瑚在江苏和日本沿岸均不能

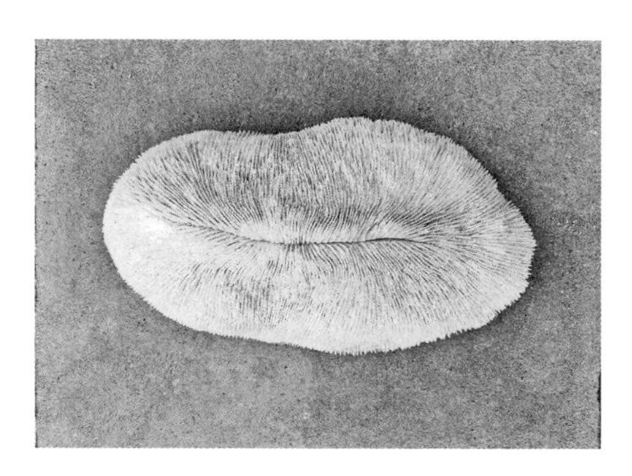

图6－13　一件石芝标本，长40 cm、宽23 cm，其隔板达到约1 536(即6×2^8)片，翻倍8次

生长，可见当时特提斯洋必定是足够温暖的。从大洋环流的角度看，由于特提斯洋的南北两翼均为陆地，赤道海域的日辐射造成海水温度上升，且向两极方向的热能输送受到陆地的阻挡，因此夹在其中的特提斯洋海水会升温，使得纬度30°及以上的海域均能达到珊瑚生长的条件。这个因素也可造成高纬区域的降温，说不定就是石炭-二叠纪冰期的重要影响因素。

第四，中生代之后南京地区的成陆与特提斯洋关闭相关联。二叠纪之后，特提斯洋南北两翼陆地内缩，使洋盆逐渐变小；这个过程持续了近2亿年，最终来自南翼的印度撞上了欧亚大陆，造成特提斯洋消亡（参见图6－8）。在此过程中，南京地区逐渐受到了来自特提斯洋地壳和太平洋板块的双重挤压，两边都有俯冲带（Sverdrup et al.，2005）。

随着挤压的进行，原来的地层里出现许多小裂隙，称为“节理”（joint）。根据力学分析，水平挤压可造成一组节理，例如东西方向的挤压可形成北东-南西向和北西-南东向的节理，节理面几乎垂直于地层层面，最严重的节理因有方解石结晶而非常显眼，常以白色条带的形式出现。本区域各个时期的石灰岩都有节理，而且经常有多组节理出现，表明受到不同方位的挤压。在多组节理中，往往是粗大的叠加在细小的之上，说明细小节理在先，粗大节理在后，挤压是逐渐增强的。最初产生细小的节理可能是在三叠纪早期，然后发展为粗大节理。同时，挤压造成抬升，浅水区孤立的水体蒸发就形成石膏沉积。

再往后，到了三叠纪晚期，所有的地层在挤压下无法继续保持水平状态，变得卷曲起来，这就是褶皱（folds）。褶皱的地层层面倾斜，突起的地方变成山，下凹的地方变成洼地。随着挤压的进一步进行，地形越发崎岖，许多地方地层几乎竖立起来，有的甚至倒转过来。宁镇山脉就此形成。山地冲刷，低洼处堆积，于是造成堆积地点和厚度的多变。

从侏罗纪到白垩纪，来自特提斯洋和太平洋得双重挤压，使得地层在水平方向大大缩短，高程抬升，海洋变为陆地，南京只是其中的一个缩影罢了。此时，南京地区的褶皱已经到了岩石所能承受的极限，岩层开始破裂，层面产生相对位移，这就是断层（fault）。一些深大断裂联通了地下的岩浆，因此岩浆就循着断裂上涌，这就是侵入岩和火山岩。中生代时期，岩浆上涌要经过本区业已堆积的数千米地层，将这些地层熔化掉，再加入岩浆，其成分会发生改变。因此，岩浆的组分除来源特征外，也有后来物质混合的影响。无论如何，岩浆活动的结果就是中生代的中、酸性侵入岩、火山岩。

到了新生代，特提斯洋走向衰亡，太平洋俯冲加剧，东海以外形成沟-弧-盆体系。南京地区的深大断裂继续演化，连通了深部的基性岩浆，这回与中生代不同，岩浆直接喷发到了地面形成火山，其堆积物就是玄武岩。

最后一点，南京地区经历的演化过程产生了不少环境、资源效应。由海变陆之后，南京再也没有重现海水淹没的情形，而在全球范围，中生代和新生代正处于第一阶海面变化周期的高海面阶段(Miller et al., 2005)，许多地方形成了海相碳酸盐沉积，例如西欧的白垩纪石灰岩。美国的中西部到了中生代变为一片狭长的海洋，称为“晚白垩纪西部内陆海”，因油气资源开发的驱动已被研究者关注了很长一段时间(Lowery et al., 2017)。如此看来，我们这边的石灰岩和玄武岩还需要在全球环境演化的框架下继续深入探讨。

第七章

海岸带与经济社会发展

第一节　海岸带资源禀赋

海岸带是陆海相互作用的区域，能源、矿产、港口航道、土地、生物与旅游等自然资源非常丰富。海洋经济依托海岸带资源而得到发展，海岸带城市群通常以物产丰富、交通便利、气候宜居为特征。

海岸带、海洋经济的独特性

海岸带是海洋与陆地之间的过渡地带，海洋与陆地的界线称为海岸线。海岸带有多宽？对此尚未达成共识，已提出的建议有小到 10^1 km 尺度的，也有大到 10^3 km 的，最宽泛的定义是从深入陆地 10^2 km 处延伸到大陆架的边缘。或许在应用层面上并不需要严格的定义，可以根据具体的事项来确定(Haslett, 2000)，如我国 20 世纪 80 年代为了海涂资源调查的目的，将海岸带定义为海岸线以内 10 km 处到岸外水深 15 m 的范围(任美锷，1986)，而在国际地圈生物圈研究计划项目中，为了研究物质循环而将其定义为流域内部直到大陆架边缘的范围(Pernetta, Milliman, 1994)。

海岸线的位置不是一成不变的，潮涨潮落使其发生水平迁移，沉积物堆积和冲刷造成岸线进退。在更长的历史时期里，由于海面变化，18 ka 前我国东海区域海岸线位置比现在低 130 m，离开上海有 600 km 远。约 7 ka 前，海面上升到接近于现今的高度，形成众多的海湾和河口，此后，陆源沉积物的堆积造就了河流三角洲、潮滩、潮流脊、潮汐汊道、海滩等环境（参见第二章），对于港口、航道、土地资源的形成意义重大。

海岸带环境同时受到海洋、陆地的影响，台风、潮汐可深入陆地，而河流携带淡水、沉积物、营养物质进入海洋。沉积物在河口的堆积形成三角洲，在邻近区域则形成海岸平原。在长三角地区生活的人们，对于长江三角洲和苏北平原海岸这片肥沃的土地，是非常熟悉的，营养物质在近岸水域通过营养级转换化作鱼虾贝藻，因而海边是物产丰富的地方。河口与海湾往往是港口所在，船舶从这里出发，可以到达世界各地，运输的成本比航运和铁路运输都低。海岸带吹来阵阵的海风，清爽宜人。海岸带的景观有波浪冲刷形成的海岸陡崖、珊瑚礁、红树林、盐沼湿地，还有水天一色的海滩。总之，海岸带自然资源丰富、交通便利、土地肥沃、气候温和，所以能吸引人们前往就业、生活。

从历史的眼光看，人们是否会有一个疑问：既然河口海岸区域的自然资源这么丰沛，为何古代的时候我国社会重心却是在内地呢？这与当时的科技水平有关。从古代社会的社会经济发展水平看，从事农业生产最为现实，而内地是比较适合的区域。河口、三角洲、海岸地区自然资源条件虽好，但也更容易受到洪涝、台风、风暴潮等事件的影响。灾害的防范在古代是个难题，现在这个问题已基本解决了。例如，长江河口地势低洼，人们称之为“上海滩”，然而经过多年坚持不懈地开垦土地、建设港口和航道、构筑海堤和内河堤坝，这块滩地已转变为我国最大的城市。

如今，宽度为 10^2 km 量级的海岸带成为经济社会发展的重心地带，全球超过 50%的人口居住在这里。我国的情况更为典型，经济规模较大的区域主要集中于长三角、珠三角、京津唐，上海、江苏、浙江等地的 GDP 在全国的比重远高于人口比重。其原因在于，与内陆区域经济相比，多出了一块人们称之为“海洋经济”的收益。

海洋经济（marine economics）是指经济总量中与海洋资源相关的部分，如海上运输、海底矿产开采、海洋能源开发、盐业、海洋捕捞、海水养殖、海洋药物、海水淡化、海洋旅游、涉海产业（造船、海港基础设施、临港工业、海岸防护工程、海洋仪器装备、博物馆、水族馆、海洋科学研究等)。这一术语已使用多年(姜旭朝,张继华,2012),早年曾经有类似的术语,如我国曾经有过"沿海经济"的提法,强调的是经济活动所在的区域。国外提出的术语有:海运经济(maritime economics),海洋运输活动,是古典经济学中市场的一部分(Stopford, 2008);蓝色经济(blue economics),以保持健康生态系统为前提的海洋空间和资源开发活动,强调科技支撑作用;大洋经济(ocean economics),以海洋资源为导向的产品或服务活动(Colazingari, 2007),强调经济活动的国际性。

根据以上理解,海洋经济并不一定局限于海岸带范围,在内陆地区也可以发展。但是,从生产成本看,海岸带的地理位置决定了相关生产活动的效率。例如,从澳大利亚购入的铁矿石在上海港卸货,如果将炼钢厂放在南京,那么必须通过内河船转运,而在上海就地建厂,这笔原料运输的费用就可节省下来;又如,在青岛办一个水族馆,海水和大部分展品可就地获取,但若在重庆办,就需要配置海水、从外部运入海洋动物,成本将大大提高。涉海的教育和研究机构也是如此,上海有十多个机构,包括综合性和师范大学的海洋学院、专业的海洋大学、国家自然资源部下属的研究所等,但要在内陆城市设立同类机构,会有较大难度。因此,从经济本身的视角看,海岸带是最适合发展海洋经济的地方;实际情况也表明,海洋经济的规模存在着从海岸向内陆的明显梯度。

海岸带空间资源

海岸带经济社会发展依赖于一个空间,以便安置城区、交通设施、工厂企业、田园,这个空间是必不可少的资源。由于海岸带并没有严格的定义,因此初看起来提供这个空间似乎不是难事,把海岸带范围向内陆方向扩大一些即可。但是,这个想法只考虑了数量而忽视了质量因素。空间资源有明显的质量差异,同样大小的一片土地,经济重要性可能相去甚远。海洋经济所依赖的是高质量的空间资源,我们可以港口航道、土地资源为例来说明。

港口与航道资源与海上即内陆交通密切相关。港口必须要有容纳泊位、锚地、货物堆场所需的空间,才能达到较大的运输规模。例如,上海的港口有三处,分别位于长江支流黄浦江、长江口、杭州湾的洋山,黄浦江港区较狭窄,长江口港区稍大一些,洋山港水域宽广,回旋余地大,因此这三处的港口吞吐能力差别很大，洋山港远大于黄浦江的港区。

此外，港口还受到航道水深条件的制约。船舶在远洋航行，遵循一定的航线，不存在水深的问题，但通往港口的航道接近于陆地，水深条件成为重要的影响因素。潮汐水位涨落使水深随时间变化，从航行安全的角度看，航道水深是指低潮位的水深，也就是海图上显示的水深；适航水深是指船舶吃水深度加上“富余水深”（海图水深减去吃水深度，以保证航行时船舶不会触底）。万吨级的船舶所需的水深为 10 m 左右，更大的 30～50 万吨级的船舶，适航水深大于 20 m，依船型及吨位而定。另外，航道还需保持一定的宽度，保障船只交会、超越的空间。符合以上要求的天然航道是质量最佳的，但实际上不太多，往往需要经过工程处理。仍以上海为例，要进入黄浦江的港口，必须通过长江口，而长江口最大浑浊带淤积强度大，沉积物堆积成一道“门槛”，也就是碍航航段，限制较大船舶通行，虽然实施航道疏浚工程能改善通航条件，但经济代价很大；长江口港区避免了最大浑浊带的碍航水域，但三角洲前缘本身的水深仍不足以支撑大型船舶，因此也要依靠航道疏浚工程；条件最好的是洋山港，大型船舶可以直达港区，疏浚工程代价相对较低。

土地资源方面，越靠近海岸线、越靠近港口，土地的价值越高。海岸带与内陆区域的一个主要差别是，海岸带土地可能通过围垦得到增加，而内陆区域土地面积不能增加，只能通过空间调整来提高质量，这是海岸带的一个优势。城市的扩大使得土地变成紧缺资源，围垦所获的土地可部分地缓解空间资源压力。在上海，人们根据海岸带资源调查所得的资料，如潮间带断面调查、近岸水域潮汐水文观测、潮滩地形和冲淤等数据，计算出滩涂潜在土地资源潜力。由于长江口流域沉积物入海通量中的一部分被截留，因此三角洲面积逐渐增大，新增的土地通过围垦变成生产和城市建设用地。长江三角洲每年新增的土地成为围垦对象，多年的积累，使得上海市的土地面积在过去 70 多年的时间里从 5 510 km^2 增加到 6 600 km^2。值得注意的是，围垦有一定的限度，如果围垦速度超过滩涂自然生长速度，将对海岸带生态系统产生不利影响。

海岸带演化与资源形成

海岸区域所处的位置是海陆之间物质、能量的汇聚地带（参见第二、第三章内容)，因而形成了丰富的能源和物质资源。

海岸的陆架盆地、三角洲沉积蕴藏着油气和天然气资源，而近岸富集的可再生能源还有风能、潮汐能和波浪能。石油和天然气是现代工业的能源支柱，在自然环境中形成于海洋环境，并富集在沉积盆地中；在陆地上，发现油气田的地方大多是过去的海洋环境，而浅海水域是现今的沉积盆地主要分布地点之一，我国东海陆架上就有多个大型的沉积盆地。风能、潮汐能、波浪能等可以用来发电，潮汐发电站在20世纪就有较多报道，如我国浙江省的江厦电站。除潮汐发电外，目前，国内外在沿海地区(海岸带陆地、浅海区域)还建成了许多风力、波浪发电装置。在不远的将来，海洋可再生能源的开发将随着技术进步得到进一步发展。

在陆架和海岸地区，来自陆地的砂砾质沉积物可能形成巨大的堆积体。多年以来，人类用地球物理勘探的方法来确定砂砾质堆积体的大小和分布范围。在欧洲北海，砂砾质物质已被开采了几十年，用作城市和道路的建筑材料。在我国，砂砾的开采也是一个不小的产业。要注意的一点是，这一资源的开采可能影响河道和近岸水域的地貌景观和生态系统，与其他资源一样，不合理的开采会带来经济损失和环境破坏。

海岸带是最靠近水的地方，但水资源仍然是严峻的问题，水资源短缺的现象并不罕见。上海市地处长江河口，在过去很长一段时期里却是一个缺水的城市，生活用水不足，生产用水短缺。其主要原因可以归结为“水质性缺水”，水体污染造成水处理成本上升，而长江河口的水体经常被入侵的海水混入。解决问题的渠道有多种，如提高污染水体的处理技术能力、发展海水淡化技术等，但不可避免地受到经济可行性的约束，若生产出来的水价格过高，经济上也难以承受。上海市实际上采取的办法是建设河口水库，将长江水与海水隔绝。事情的转机是在宝山钢铁公司水库建设的时候，当时人们正在考虑从内陆长距离引水到宝钢，作为生产用水，因此有关入侵盐水的盐度特征的学术论文受到水库建设者的重视。由此引发了直接使用长江水的可行性论证工作，最终建成的宝钢水库是利用岸边浅滩水域，经高程改造后实现储藏长江河水的功能。受到这一成果的鼓舞，又提出了在另一片更大的浅滩(称为青草沙)建设水库的构想，为此深入研究了青草沙水库所在区域的河口沙洲地貌稳定性、水库取水的时间窗口、咸水入侵的最大不利取水时间长度等问题，最终建成了全球最大规模的河口淡水水库，可供应上海市半数居民的生活用水。这种创造性开发河口淡水资源方法的发展过程在《宝山湖》（何湘，2013）一书中有详细描述。

近岸水域的生物资源十分丰富，鱼、虾、蟹、贝曾经是被大量捕捞的对象。在我国东海，由于过渡捕捞、栖息地破坏等因素，海洋生物资源遭受了相当程度的破坏，一些物种灭绝了，一些重要的经济鱼类如大黄鱼已不能形成渔汛。海洋环境污染和营养物质过渡排放也影响了生态环境的健康，赤潮和海水缺氧现象就是显著的生态恶化标志。因此，减少野捕渔业、保护海洋生态系统已成为必然的趋势。不过，保护海洋并不是要以减少海产品生产为代价，可以通过海水养殖业的发展来保证供应（参见第五章）；海水养殖业是海岸带重要的经济产业之一。

海洋还有丰富的旅游资源，海滩是许多海滨城市吸引游人的亮点，在青岛的石老人海滩、三亚的大东海海滩等地，滩面物质洁净而松软，地面坡度适中，成为旅游胜地。近岸的生物礁和湿地也是重要的生态旅游资源，澳大利亚的大堡礁，还有江苏的海岸盐沼和海南岛的红树林湿地，都是人们所熟知的。

第二节　海港支撑的产业发展

海港吞吐量与海岸带城市的GDP呈正相关关系，表明它对于海洋经济的支撑作用。海港规模取决于海运和腹地条件，因此大型海港与全球各大港口紧密相连，所在的港口城市的腹地面积广大。

海港选址的地貌条件

海港建设对于经济的发展十分重要，一个地方要有能够接纳来自世界各地的大型船舶的港口，才能真正成为具有经济中心地位的海港城市。我国的上海、青岛等就是这样的海港城市。寻找合适的建港地点，是每个海港城市都要遇到的问题，而建港的适宜性往往是由地貌条件所决定的。

海港城市发展的初期阶段都依托一个天然良港而发展。沿着海岸线有不少天然良港，也就是无须进行较多人工干预（航道开挖、疏浚等）就能够提供航道和港口水域的地方，一般是处在海湾和河口的环境。青岛港、大连港是海湾型的天然良港，其海湾水深、面积较大，给船只出入、锚泊、作业提供了足够的空间，而从外海通往港口的水道由于沉积物来源少，海水清澈，再加上潮流的冲刷，海底淤积很少，成为天然的航道。青岛所在的胶州湾有 400 km^2 的面积，足以给众多的船舶提供锚地；其口门约有 3 km 宽，水深达到 50 m 以上，大型船舶可自由进出。河口型的天然良港可以广州珠江、上海黄浦江为代表，港口和航道的空间均由河道提供，码头可依岸而建，泊位易于安排，船舶的避风条件也很好。虽然河流携带入海的悬浮沉积物使水体变得浑浊，但径流和潮流防止了悬沙在主航道落淤，即使有少量淤积也能通过疏浚措施而清理。在以上案例中，天然良港为城市发展提供了极大的支持：海上丝绸之路最早是通往福建泉州的，但广州的港口资源被发现之后，广州很快取代泉州成为海上丝绸之路的起点城市；上海、青岛、大连的城市发展历史都很短，其快速发展主要发生在 19 世纪以来，现在却都是现代城市中的佼佼者。

无论是在海湾或河口，天然良港是以港区水域空间大、水深条件好、无泥沙淤积为基本条件的。随着经济、社会的发展，天然良港被逐渐开发完毕，且随着船舶大型化时代的到来，原来的港口也显出资源条件的不足，此时就需要用人工方法加以改造，在天然条件有缺陷的地方建成“人工良港”。天然良港的基础设施建设要用到海岸工程，而人工良港就更加依赖于海岸工程了，因此，海岸和港口工程迅速发展为一个重要领域（Bruun, P., 1976；李炎保，蒋学炼，2010； Wright, 2017），我们今天所见的大部分港口都是经过人工改造的，天然良港的占比很小。尽管如此，海岸和港口工程仍然要依赖于一定的地貌条件，适合于建港的地点除经典的海湾（包括基岩港湾）、河口之外，还有潮流脊、潮汐汊道、基岩海岸等环境（表 7 - 1）。

有些海湾原先的条件不是最理想的，但通过逐步整治，也能建成大规模的港口。厦门港的历史提供了一个案例。宋代的时候，厦门港只是泉州港的一个外围辅助港。很多年里，厦门港缺乏万吨级以上的泊位，直到 1984 年，才有了 5 万吨级泊位。在此后一段时间，区域经济的发展刺激了海港的扩展，截至 2022 年，厦门港已拥有生产性泊位 182 个，其中万吨级以上泊位共 79 个，含 10

表7-1　海港建设所依托的海岸地貌环境

海岸地貌环境	港航资源特征	工程措施	示例
海湾、基岩港湾	岸线漫长、海湾水域宽广、沉积物淤积少	天然和人工岸线+泊位构建、航道整治	宁波-舟山港、青岛港、大连港、厦门港
河口	天然河道、河岸、河口沙岛	顺岸码头+泊位构建、航道整治+疏浚	上海港、天津港、广州港、深圳港
潮流脊	脊间水道作为航道、脊顶浅水区作为潜在人工岛位置	贴近脊间水道的人工岸线+泊位构建、脊间水道靠岸端泊位构建	南通港(洋口)
潮汐汊道	内测纳潮水域、口门两侧潮汐水道	口门附近顺岸码头+泊位构建、航道整治	洋浦港、汕头港、三亚港
基岩海岸	深水区紧邻岸线	人工岬角+防波堤建筑、人工岸线+泊位构建	日照港、唐山港、秦皇岛港

万吨级以上泊位19个，20万吨集装箱泊位5个，2014年起港口年吞吐量超过2亿吨。厦门港处于基岩港湾海岸，岸线漫长而曲折，潮差较大(平均潮差近4 m)，利用这些条件逐个建设新的泊位并整治航道，是厦门港转化为人工良港的关键。江苏的连云港现在正在扩容，也采用了海湾整治的思路。

天津港是一个人工改造河口自然环境而建成的新港。最初的天津港是最靠近北京的通商口岸，于1860年依托海河入海口的环境而建成，当时水深条件较差，泥沙淤积严重，不适合于大型船舶活动。到1966年，天津港有万吨级以上泊位5个，吞吐量约为500万吨。改革开放之后的快速发展格局与厦门港相似，2005年完成10万吨级航道和大型油码头建设，2013年天津港货物吞吐量突破5亿吨，2014年拥有了20万吨级泊位。天津港的改造与沉积物资源的充分利用有关，对于港口而言，沉积物的淤积往往是一个不利条件，需要通过疏浚来维持港口航道和码头水域，历史上的天津港也深受淤积问题的困扰。但是，如果在改造中将码头的位置放在离岸稍远一点的地方，这时沉积物就不会淤积，反而成为重要的资源，用沉积物充填浅水区域，使其高出水面，形成码头所用的土地，而挖掘沉积物形成的水面则作为航道和码头的水域(图7-1)。正是通过这种方法，天津港的规模得到了很大的提升。

图 7－1　天津港扩建中利用海底沉积物充填海堤内侧区域，形成港口、码头用地（2017 年 5 月 24 日）

图 7－2　上海洋山深水港（2014 年 11 月 14 日）

上海港起源于黄浦江，但这里的条件与天津很不相同。黄浦江是注入长江而非直接入海，因此天津港的改造方式在这里并不适用。作为当今世界第一大港的上海港选择了另一条完全不同的道路，首先是从黄浦江向长江河口转移，于 20 世纪 90 年代在长江口建成了 5 万吨极的泊位，此后于 2005 年建成位于杭州湾的洋山深水港，目前已完成第四期工程，可停泊 20 万吨级的集装箱货轮（图 7－2）。由于有了洋山港，上海港再也不受航道水深条件的限制，吞吐量大增，集装箱货运多年稳居全球第一。不过，洋山港也有一个弱点，即于长江货轮之间不能直接转运（长江货轮不能进入海域、直接抵达洋山港），货物要通过东海大桥才能运上岸。所幸长江口的港航资源还能继续支撑上海港的扩建，未来可通过河口港区的扩建来实现江海联运。

潮流脊是在强劲潮流作用下由砂质物质堆积而成的，由于流体动力学的缘故，脊会逐渐增高，而脊间区域则会被潮流挖掘而形成深槽，因此，利用脊间水道的通航条件，将其连接到近岸水域，又可能建设一定规模的海港。欧洲的北海、我国黄海沿岸都有典型的潮流脊形成，江苏沿岸的辐射沙脊群可能是全球最大规模的潮流脊体系，为此人们曾经提出并探讨过港口建设的方法和技术问题。

潮汐汊道是特殊的海湾，其内部水域较大，而湾口相对狭窄，连接外海和海湾的水道水深较大，因此具有建港的潜力。一个典型的例子是海南岛的洋浦港，它位于海南岛西海岸，有一个约 50 km^2 大的海湾，口门的水道有数百米宽，海湾里面的水深不大，难以用作航道和码头，因此无法像青岛胶州湾那样来建设一个大港。然而，用人工的办法来改造它，利用潮流所维持的口门外水道作为航道，将码头建在口门之外的岸线上，也建成了一个规模不小的港口。

山东半岛的海岸类型主要是基岩海岸，入海河流源近流短，近岸海水清澈。然而由于波浪的影响，直接沿着岸线建设码头并不可行。因此，海港建设要采取在岸外建筑人工岬角和防波堤，将港池置于其内侧，港口工程的工作量较大，对岸线形态的改造也比较剧烈。山东南部海岸的日照港就是以此方式建成的。日照港起步较晚，1986 年才开港运营，当年吞吐量不到 300 万吨，然而 20 年后的 2006 年吞吐量达到 1 亿吨，2018 年更是达到了 3.8 亿吨，拥有 30 万吨级的矿石泊位，在港口的支持下，日照也从一个小县城发展为山东半岛南部的重要城市。

在有些海区，陆架上的水道是与天然岛屿相联系的，因此可利用这一优势建设海港。浙江省的宁波-舟山深水港就是依托基岩港湾中的岛屿-水道体系而建设的。本区域位于杭州湾外部的东南端，岛屿众多，而强劲的潮流在岛屿之间冲刷出许多潮汐水道(图 7-3)。以潮汐水道为航道，大陆和岛屿岸线为泊位建设地点，辅之以工程改造，宁波-舟山深水港在不到 30 年的时间里就发展为超大型港口。岛屿的作用是如此明显，以至于在缺乏天然岛屿的地方人们动脑筋建起人工岛屿，作为码头岸线和货物堆场用地，这样就使得没有深水岸线的地方也有了可以建造深水码头的条件。渤海的曹妃甸港、江苏的洋口港(图 7-4)，都是通过人工岛作为码头区域、利用岸外水道而建成的。

图 7-3　宁波-舟山海域的岛屿-潮汐水道环境(2013 年 6 月 5 日)

图 7-4　江苏洋口港修建人工岛作为码头用地(2010 年 7 月 14 日)

砂质海岸一般不适合于海港建设，但也需要游艇和其他小型船只停靠的小码头。在这个方面，垂直于岸线建造的栈桥是常见的。尤其在旅游景点的砂质海滩，一座栈桥不仅带来乘坐游艇的便利，而且从栈桥的尽头回望海滩和岸线，是一道奇特的风景。北美、欧洲沿海的砂质海滩上栈桥很多(图 7－5)，我国青岛市中山路南端的栈桥也使得这里成为游人的打卡之地。

图 7－5　美国西海岸斯克里普斯海洋研究所附近海滩上的栈桥(2008 年 12 月 6 日)

海上运输

海上运输的成本在所有运输方式中是最低的，但为了保障航行安全，需要解决一系列技术和社会问题。16 世纪以前，航海是高危行业，船只触礁、撞上冰山、遭遇风暴而沉没，此类事故屡见不鲜。在一幅加拿大东部近海的塞布尔岛(Sable Island)标注沉船位置的地图上，密密麻麻地布满了数百艘航船的翻沉地点，五千多人丧生，当地的航行者并非不知晓该岛的存在，但却不了解这个布满流沙的浅滩在风成海流的作用下不断改变形状和位置，使他们对危险猝不及防。这只是无数航海事故的一个缩影，甚至进入 20 世纪，还发生过豪华巨轮“泰坦尼克”号在其首航就与冰山碰撞而沉没的惨剧。早先的船上生活条件很差，营养不良、疾病、晕船造成许多死亡事件，长途航行中出发时人很多，但能安全返回的不多(Paine, 2013)。船员的大批死亡有时只是由于平时难以想到的简单因素，例如维生素 C 的缺乏。

为了降低船舶和人员事故，人们作出了长期的努力。固定航线的建立，可显著减小触礁的概率，因此大航海时代探索新航路成为一件大事。航线确定之后，海上定位技术成为关键，早期用天体图像定位，根据当时观察到的天象确定船的位置，误差较大，后来用仪器计算定位，如根据罗兰无线电信号显示船位，其误差仍有 10^2 m 量级，现在发展到全球定位系统 GPS，这个问题已经完全解决。在靠近海岸处，海底地形复杂，航道也比较狭窄，航标灯是保障安全的重要设施，早期航标灯要靠人力维护，后来逐渐采用自动控制技术，各港口都在礁石、海岸建筑了大量的航标灯（Nancollas，2018）。

对于海上漂浮的冰山、游移不定的浅滩，光靠定位技术还不够，还要有实时探测的能力，才能安全避开；逐渐发展起来的声学仪器、雷达、测距仪等技术使问题得到了解决，如今甚至航标灯也逐渐成为多余。

在茫茫大海，船舶遭遇风暴时无法躲避。为了抵抗风浪，加大船舶尺度、加固船体结构是船舶工业发展的方向，从经济本身来看，这也符合船型的发展需求。船的大小主要考虑安全和最低运输成本，船速不是主要的因素，要在能耗、船上物质损耗、运行时间等方面实现最优化；船舶大型化是一个趋势，因为大吨位船舶能使单位质量物品的运输成本最低。因此，足够坚固的船体，加上足够大的船体，能大大减小风暴损失。但是，除船舶本身外，风暴来临时，如果不能正确应对，再大的船也可能出问题。例如，台风在平面上呈逆时针的涡旋，在台风涡旋之中，船舶应避免横摇，否则容易发生侧翻，另外，船的前进方向如果与大气的流动方向一致，船速将大大加快，不易控制；因此，最佳的方式就是顶风行船，这要求船的位置保持在台风眼的左侧，这个位置所在的半边台风涡旋称为可航半圆（navigable semicircle），而另半边则是危险半圆（dangerous semicircle）。如何能在与台风相遇时正好位于可航半圆，需要台风移动路径的预报信息，现代船舶均具备很强的海洋水文和天气信息采集能力，而且海上天气预报的水平也在不断提高，因此由风暴引发的航行事故已比较少见了。

船舶大型化、自动化对船员的生活也有很大影响。工作环境、生活设施、物资供给、医疗救治的条件得到了根本改善，历史上曾经出现过的疾病、营养不良、晕船现在都不是问题，但心理健康和海盗应对问题仍然存在。大型船舶的船员人数较少，从经济角度减少人数可降低成本，但想象一下，一艘巨轮上全部的船员可能不到十人，而一次航行需要的时间有数十天，船上生活的孤独感由此产生，远离社会又要保持健康的心理状态，这需要坚强的心理素质。此外，航行中如果遭遇海盗，也很难应对，所以在心理上还要加上对海盗的恐惧感。保持足够的通信联系，完善船上的运动、娱乐设施，派出海军编队护航，这些措施对问题的解决有较大的帮助。

海上运输规模的增大还带来一些新的安全问题，尽管按照传统标准，现代的航行已经非常安全，但不可避免的是船舶事故仍会出现。在目前的航运技术和管理条件下，海上事故属于小概率事件，但统计学原理告诉我们，若不断重复，则小概率事件发生的概率将会很高。事实也是如此，大吨位的油轮运送原油的效率很高，但沉船造成的溢油事件也时有发生。应对小概率事件的海上溢油事故，需要有多种预案，利用现代的遥感探测（陆应诚等，2021）、物理围隔、化学或生物清除等技术将其影响限制在较小范围。

海港带动的产业

海岸带城市经济规模（GDP 指标）与港口规模存在着相关性。表 7－2 列出了我国部分港口城市的 GDP、港口货运年吞吐量以及其中集装箱吞吐量的数据，总体上 GDP 与港口吞吐量尤其是集装箱有良好的相关性。有一些离散的数据点，如宁波-舟山深水港、日照港等，可以通过其港口性质来解释，这些港口的散装货物（如矿石、煤炭等）占比很大，体现了国家的运输需求而不是当地经济的规模。集装箱运输量可能更好地反映出当地经济社会发展的水平，因此与 GDP 的相关性更好。

表 7－2　港口规模与海岸带城市经济规模的关系
（据 2020 年网上统计数据）

港口城市	城市 GDP 总值（万亿元）	港口货运年吞吐量（亿吨）	集装箱年吞吐量（万标准箱）
上海	3.9	6.51	4 350
深圳	2.78	2.65	2 655
广州	2.51	6.36	2 136
苏州	2.02	5.54	629
天津	1.4	5.03	1 835
宁波-舟山	1.35	11.7	2 872
青岛	1.24	6.1	2 201
福州	1.0	2.49	338
烟台	0.782	3.3	320

续　表

港口城市	城市 GDP 总值（万亿元）	港口货运年吞吐量（亿吨）	集装箱年吞吐量（万标准箱）
大　连	0.703	3.3	511
唐　山	0.718	7.0	312
温　州	0.685	0.74	101
厦　门	0.644	1.7	1 140
连云港	0.328	2.52	480
湛　江	0.31	1.10	122
威　海	0.302	0.386	100
汕　头	0.27	0.335	159
日　照	0.20	4.96	486
海　口	0.179	1.24	193
秦皇岛	0.169	1.94	134
营　口	0.133	2.38	565
北　海	0.128	0.27	50
丹　东	0.077 9	0.45	9.7

关于上述相关性的机制，港口吞吐量、集装箱业务本身就是 GDP 的组成部分，如上海市的港口 2020 年处理了 6.51 亿吨货物、4 350 万个标准集装箱，海洋交通运输业全年增加值为 648 亿元，约占整个海洋产业 GDP（包括滨海旅游业、海洋交通运输业、海洋船舶工业、海洋化工业、海洋油气业、海洋渔业、海洋电力、海洋生物医药业等）的 25%。如果加上与海运直接相关的海洋船舶工业、海洋科研教育管理服务业中的相关部分，其产值可达 10^3 亿元量级，如果没有港口，GDP 就必然会减少了一部分。

根据《2020 年上海市海洋经济统计公报》，2020 年该市实现海洋生产总值 9 707 亿元，其中主要海洋产业 2 616 亿元，海洋科研教育管理服务业增加值 3 822 亿元，海洋相关产业增加值 3 269 亿元，相当于总 GDP 的四分之一。所涉及的产业有较大一部分是海港物流所带动的。例如，宝钢集团公司年产钢能力约为 2 000 万吨，其产品不是普通钢材，而是高技术含量、高附加值的钢铁产品，用于汽车、造船、油气开采和输送、家电、电工器材、锅炉和压力容器、食品饮料包装、金属制品、高等级建筑等需要特殊材质之处，成为世界 500 强企业。但上海本地并不出产铁矿石，炼钢原料是进口的，以海运方式在上海宝山区的宝钢码头卸货。铁矿石随即被传输到码头不远处的钢厂，加工为不同的产品，之后又从宝钢码头运往世界各地。若非以这种方式来生产，宝钢集团公司的经营成本将大幅度上升，难以与同类企业竞争，便利的港口物流是其顺利发展的必要条件。类似的企业在上海还有很多，分布于港口和内河黄浦江码头周边区域，黄浦江是注入长江的一条小河，虽然不起眼，但货船川流不息，沿江泊位的吞吐量达到每年亿吨之巨。

即便是海洋生产总值统计之外的部分，港口也有很大的支撑作用。在区位理论(location theory)中，这表述为一座城市的自身生产能力和辐射周边区域(称为腹地)的能力。当年海上丝绸之路的终端从泉州转移到广州，除海港自身条件外，腹地的广袤程度也很重要，珠三角的腹地对海上丝绸之路有更大的支撑作用。上海港的腹地包含整个长江三角洲和长江流域，长江航道的输运能力相当于多条重型铁路，还能通往京杭大运河，由此，上海港不仅支持了本地经济发展，也支持了流域尺度的区域发展，作为一种回馈，整个区域也以上海为集散地，人才、资金和物资向河口区域的集聚又进一步促进了上海的发展。

港口带动下的城市发展，表现为各行各业的涌入，对交通、生活设施、农产品补给等提出了更高的要求，因此必然出现与港口相应的城市群。在日本，从东京到横滨，中间已没有真正的乡村地带了，这是东京湾港口拉动腹地的结果；上海港所在的长三角，形成了 20 多个重要城市，其城区有连成一片的趋势，其腹地规模远大于东京湾。

第三节　海岸带围垦与土地利用方式

围垦是增加海岸带空间资源的主要方式之一，最大规模的围垦活动发生在泥质海岸尤其是潮滩区域，其次是大城市周边的水域，还有一部分土地是通过构筑人工岛而获得。但围垦及所获土地的利用不应以生态系统的破坏为代价。

潮间带围垦

泥质海岸上的潮滩环境，坡度缓，靠近高潮位的部分有较厚的泥质沉积层，拥有较大的潮间带面积(参见第二章)。在潮汐作用显著、泥质沉积物供给丰富的地方，潮滩处于不断淤长之中(Gao，2018)，一方面潮滩前缘持续向海推进，另一方面高潮位区域逐渐脱离海水环境而转化为陆地，土地面积因此而扩大。

江苏是我国潮滩面积最大的省份，历史上，由于黄河、长江入海沉积物的供给，潮滩的淤长形成广阔的滨海平原。长江三角洲的堆积也是以潮滩向海推进的方式而进行的，形成大片的三角洲平原。长江沉积物入海之后，在陆架环流作用下沿浙江海岸南下，沿途也堆积了潮滩，因此在总体上属于基岩海岸的浙江也有面积不小的滨海平原。滨海平原和三角洲平原均已脱离海洋环境，只是在极端条件下被海水淹没，如风暴潮发生时，因此只要在高潮位附近建造挡水海堤(见图 7-6 的 A 点)，就能将广阔平原转化为农田，这是围垦的最初级形式。我国东部的江苏、上海、浙江等地，历史上就是用此种围垦的方式来扩大土地面积的。

但是，随着土地资源需求的不断上升，围垦开始向潮间带扩展。在地图上，往往可以看到不同时期的挡水海堤，早先的海堤间距较大，代表潮滩淤长的天然速度，但到了 20 世纪后半叶，海堤间距逐渐缩小，反映出围垦频率的提高，而且围垦几乎完全是在潮间带进行的(见图 7-6 的 B 点、C 点)。这样的围垦会带来一系列问题。首先，将挡水海堤置于潮间带，潮流和波浪的冲击作用强劲，因此大坝要兼有挡水、防浪的双重功能，尤其是保障风暴潮发生时的大坝安全，修筑成本较高。其次，围垦土地的质量会有所下降，特别是对于农业用地而言。潮间带的泥质沉积厚度由陆向海减薄，因此潮间带下部围垦区域的土层很薄；此外，潮间带的平均高程低于邻近的滨海平原，易受洪涝影响，并且在目前海面上升、地面下沉的情况下，洪涝影响进一步放大。最后，围垦可能以生态破坏(如滨海湿地的丧失)为代价，如图 7-6 所示，若起围点为 B

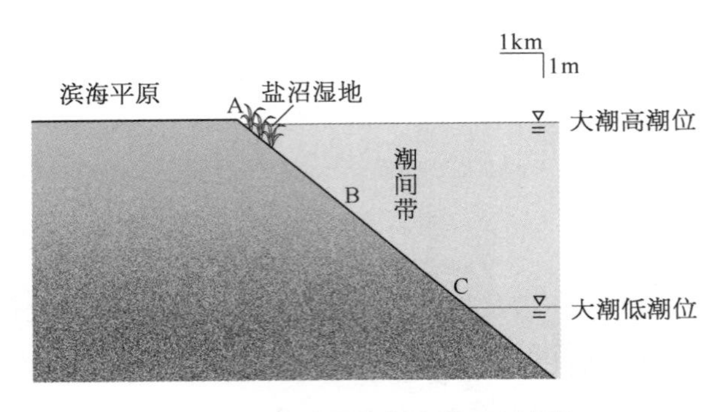

图 7-6　潮滩围垦起点的不同部位

A 为早期历史上的起围点，位于滨海平原外缘；B 为潮间带上部的起围点，盐沼湿地处于被围范围；C 为潮间带下部的起围点，围垦区平均高程较低。注意：水平和垂向比例尺的不同

点，盐沼湿地被围，其生态系统必然消失，而若围点为 C 点，甚至影响到潮间带海水养殖业，使贝类、紫菜养殖无以为继。因此，除围垦的工程可行性、围垦区的土地质量，围垦对滨海湿地生态系统的影响是必须考虑的问题。

但是，潮间带围垦是否可行，不能一概而论。在大范围的海岸区域，基于生态系统的原理，全面的潮间带围垦是不可行的。而在局部范围，潮间带围垦可能带来很高的经济和社会效益，而且其生态系统影响能够得到补偿，因而成为少数的例外。在上海，长江三角洲的生长较长一段时间里维持了传统的围垦行业，但长江流域建筑了近 5 万个水库之后，入海沉积物的数量大为减少，长江三角洲不能继续生长，每年可围垦土地的面积也随之下降。此后，空间资源达到了稀缺的程度，甚至建设新机场的土地都难以安排。在此情形下，人们决定围垦长江口以南的部分潮间带土地建设浦东机场，同时在邻近的河口沙岛“九段沙”建立自然保护区，以修复盐沼湿地生态系统。最终的结果是，机场建成了，生态系统的保护也落实了。浦东机场以南，配套的围垦工程将起位点置于潮间带下部，因此围垦的土地地面高程过低，人们想出的解决方案是构筑一个直径为 2 km 的湖泊(命名为“滴水湖”)，用挖掘出来的沉积物堆高周边土地，而湖泊本身被改造为一个大型淡水湿地，具有健康的生态系统功能。通过有智慧的措施，这里的潮间带围垦在局地尺度上成为可行的工程。在国际上，类似的情形见于欧洲国家荷兰，人们从 13 世纪起就开始围垦土地，此后起围点越来越低，到了 1932 年干脆用拦海大坝一块区域与大海隔开，再排干里面的水，形成陆地。该国三分之一的国土面积就是这样得来的，首都阿姆斯特丹机场的地面甚至位于海面 5.5 m 以下。

海岸带大城市往往处于寸土寸金的境地，在缺乏潮滩环境的地方，填海成为土地增加的主要方式，这些城市的发展在一定程度上也反映在填海的历史上。

如果到了麻省理工学院所在的美国波士顿，一定会被其填海造地的历史所吸引。1630 年建城之初，该城面积只有 3.19 km^2，处于基岩港湾环境，周边为基岩丘陵和多个岛屿。由于港口资源优势，波士顿得到快速发展，土地很快成为紧缺资源，人们选择岸边的浅水区域开始进行小规模的填海。19 世纪启动大规模的填海活动，填筑材料来自本地的丘陵（在填海的同时，又增加平整山地所获的土地），还有外地运入的岩块和沉积物。1922 年以填海方式建成洛根国际机场，目前波士顿作为一个大城市，城区面积早已超过 100 km^2，其中的大部分是填海而来的。

我国香港的城市建设也与填海密切相关（刘蜀永，2019）。这里的环境与波士顿有些相似，基岩山地、岛屿和港湾是基本的地貌形态。香港岛是最初城市建设的地方，与大陆之间有维多利亚港相隔。香港岛是基岩山地，沿着海岸线的平地面积狭小，所以城市依山坡而建，1842 年又启动填海工程以增加土地。1852 年实施“文咸填海计划”，以促进文咸东街一带的城市及港口设施建设；19 世纪后期进行一系列的填海工程，在香港岛坚尼地城到铜锣湾之间围海造地。20 世纪，填海活动延伸到大陆一侧的九龙半岛，截至 2019 年，香港的总面积中有 75 km^2 的土地是通过填海获得的。维多利亚港两侧的填海使港区水域缩小，这一环境变化导致社会的质疑，因此未来的填海活动将更加慎重。香港的机场很值得关注，20 世纪中期以填海方式修建启德机场，其 3.4 km 长的跑道伸入维多利亚港内，影响了港航资源。后来决定放弃启德机场，实施新机场计划，同样以填海方式；1998 年 7 月启德机场停止使用，同时，建在面积达 12.5 km^2 的赤鱲角机场正式通航，拥有 3.8 km 长的跑道。

其他地方，如东京、新加坡，填海活动也深刻地影响了城市历史。填筑人工岛用于机场建设的案例很多，除前述的波士顿洛根国际机场、香港赤鱲角国际机场外，还有日本大阪的关西国际机场、我国澳门国际机场、韩国仁川国际机场（部分填海）、巴林王国的安瓦吉群岛机场等，在建的有大连金州湾国际机场等。填海造地的历史是经济社会发展史的组成部分，未来需要从资源、环境、生态、灾害各个视角对类似的工程项目进行优化，避免其不利影响。

海岸带空间利用优化

从全球范围来看，海岸与河口区域集聚了大部分人口和大都市，是人口分布和经济社会发展的重心所在。在我国，东部沿海是经济规模较大的区域，而最主要的地方又集中于长三角、珠三角、京津唐等少数几个区域。2020 年上海 GDP 总量为 3.9 万亿元(表 7－2)，若全市面积以 6 340 km^2 计，则每亩土地产出了 41 万元。

然而，在繁荣现状背后也有一个深深的担忧：按照目前的发展方式和速度，海岸带的资源、环境、生态、灾害问题凸显。国际政府间学术组织“未来地球计划-海岸”(Future Earth Coasts)认为“海岸带蓝图重绘”应为解决问题的要点。为了理解蓝图重绘的内涵，需要弄清海岸带经济社会发展的内在逻辑。

蓝图重绘的实质是空间利用优化，合理利用自然资源，重建健康生态系统。

首先，新蓝图要十分重视空间资源的合理利用。我国的海岸与河口区域有着城市集聚、人口众多的特征，但在土地利用方面还有改进余地，如在市区、道路、工业区有很多缺乏有效生产生活功能的地块，甚至是废弃的死角地块。未来需要实现城市土地利用精细化，市区扩建、道路和交通要按照汽车社会的要求进行调整，尽量使用立体空间。每一块土地，无论面积多么小，也要发挥其环境、生态功能。

其次，空间资源配置要向代表经济转型方向的高新产业倾斜。例如，传统经济使得长三角地区成为我国经济规模相对较大的地区，但是，受制于自然资源环境条件，传统产业的发展速度必然逐渐放缓；与此同时，人工智能、物联网、生态旅游等新兴产业正在快速发展。为此，需要按照市场经济运行方式，实现空间资源的重新配置。

再次，自然资源保护及能否做到可持续使用将成为未来发展的关键。自然资源的一部分是可再生的(例如树林),一部分是不可再生的(例如岩石、矿物),这两个单元之间,存在着大量过渡类型的自然资源,如果管理得当,它们是可再生的,否则就是不可再生的,例如渔业资源就是如此。扩大可再生资源的比例,在生产活动中力求靠近资源零消耗的目标,是非常重要的。以水资源为例,目前上海的淡水资源可以支撑 2 500 万人口,如要进一步增加人口,水资源是一个制约因素。还有土地资源问题,现在长江三角洲岸线淤积已经停止,甚至进入蚀退状态,需要重点保护土地资源。

最后,资源再紧张,环境压力再大,也要保障生态系统健康。像上海这样的地方,难以让生态系统占据较大的面积,但如果生态系统被破坏,人居环境质量下降,海岸与河口的整体优势将失去。如果上海能够提供一个如何在人口密集区重建生态系统、提升其产品与服务价值的案例,则对全国海岸带都有示范意义。

要注意的是,海岸带是动态的,历史上的人们并非不知晓合理利用自然资源、保持健康生态系统的重要性,因此蓝图重绘是连续、渐进的过程,不是把过去的一切推倒重来。空间利用优化则是以往比较忽视的一点,无论现实的条件多么好,或者多么差,优化都代表着改善的方向。

第四节　生态系统承载力与经济社会发展

海岸带宜居性、物产与交通是决定经济规模的三大条件,而在经济社会发展的现阶段,宜居条件是最重要的,它与生态系统承载力密切相关,这也意味着海岸带经济承载力和生态系统承载力之间的联系。为此,需要明确海洋经济发展与生态系统健康之间的逻辑关系。

海岸带人居环境与经济承载力

从环境条件支配论的观点来看,地理位置和历史发展阶段决定一个地方的经济规模。在农业时代,鱼米之乡有利于经济发展;贸易时代,通商口岸的交通很重要;科技产业时代,通达宜居成为关键。如果这三者兼而有之,则是最有利的。对于现代新兴产业,人居环境具有前所未有的作用,因为这涉及人才对居住地的选择。这里之所以强调人才,是由于他们在重要产业中的地位,其实,我们普通人何尝不想有个好的居住地。

不同时代有不同的新兴产业,而新兴产业的兴起和转移与人才的走向密切相关。任何产业都需要汇聚特定的人才,鲜有高层专业人才居住在某地却工作在另一地的情形,说明他们对居住地的偏好。从职业的角度,在产业所在地点工作是效率最高的,同时工作之余的日常生活,包括商场、餐饮、文化设施(博物馆、音乐厅、歌剧院等)、教育等,也是选择时要考虑的。高层人才在这些方面的需求也比较重视,在现代社会他们不太可能只是机器人、工作狂。什么样的城市具备这些条件?一般而言,是那些物产丰富、文化深厚、环境优美的城市,这些特征相互之间也有相关性,如环境污染、空气浑浊、水质很差的地方,很难在文化上达到深厚的地步。因此,可根据这一相关性来判断哪些地方能够办好何种产业。实际上,人们自然而然也喜好环境优美、空气清新的居住环境,因此,人居环境不仅仅是一个指标,是有实在价值的。

从人居环境角度看,一个地方的经济规模要与生活质量相适应,如果经济规模的扩大不能持续提升生活质量,那么增长的部分将属于无效增长。从有效增长到无效增长,其间会跨越一个阈值,称为经济承载力(economic carrying capacity)。经济增长可以表示为GDP随时间的变化曲线,在固定的产业结构下,初期呈现快速增长,达到一定阶段后将缓慢增长,最后可能进入一个平衡态,而经济承载力可能在平衡态到达之前就已被触碰到了。在可持续发展角度上要考虑这个问题,因为一定产业业态之下经济承载力是固定的,如果不能及时做到新兴产业的转移和更替以增加经济承载力,那么持续发展和生活质量保障就会受阻。如前所述,人居环境决定人才走向,由于经济承载力的水平与产业有关,而后者需要高层人才的支撑,因此一个明确的逻辑关联性就是人居环境好的地方也是经济承载力水平高的地方。

海岸带区域的优势之一是其气候条件和生态条件,相对而言更容易构建良好人居环境。问题是操作层面上应抓住哪些要点,对此研究者们的意见是要以生态系统承载力作为指标。

生态系统承载力与经济承载力的关系

说到海岸带环境，人们经常提到环境容量(environmental capacity)问题，就是考虑在保持良好水质和生态系统健康前提下可容许的人类活动最大物质输入和生态系统改变幅度(参见第四章)。历史上，经济发达的美国旧金山海湾和日本东京湾都有过这样的问题，周边向海湾的污染物排放造成水质恶化，对水域生态系统的不恰当利用则导致生态系统退化。因此，海湾的整体质量就下降了，海湾的宜居环境受到威胁，对湾区的经济发展不利。

环境容量的研究，是试图确定人类排放和干预的限度，所以正确定义的环境容量指标应是客观的，应根据每一个区域的空间范围或水体规模和生态系统特征而建立。由此可以推论，不同大小的区域，环境容量也是非常不同的。

污染物的排放，造成水质下降，影响生态系统特征。例如，营养物质的过度排放使水域的正常营养物质比例被破坏，引发有害藻类暴发。人类活动对生态系统的其他干预，如进行捕捞、水产养殖环境的排放等，也会影响天然生态系统。因此，环境容量在另一个角度上也可以表述为生态系统的问题。与经济承载力相类似，也可以定义生态系统承载力(ecosystem carrying capacity)，即健康生态系统中生物个数和生物量(以种群增长为代表)的阈值。种群增长随时间的变化曲线表现为：在生态系统形成的开始阶段，种群不断增长，然后逐渐达到均衡状态，此后围绕平均值而波动。种群增长有两种形式(Odum, Barrett, 2005)，第一种是指数式增长，到达最大值后发生系统崩溃，此后的曲线回归均衡态，到达最大值之前的形态有如字母J，因而称为J形增长(J-shaped growth)，藻类暴发显示此类方式；第二种是逻辑斯蒂式增长，其曲线以初期的缓慢增长、中期的快速增长、后期缓慢达到均衡态，其形态有如字母S，被称为S形增长(S-shaped growth)，我们人类被认为符合这一方式(图7-7)。在现实环境中，实际的增长形态很可能是介于上述两种端元形态之间。就生态系统承载力的具体定义而言，S形增长曲线的均衡态是“最大承载力”(maximum carrying capacity)，接近于增长的最大值；而与J形增长曲线均衡态对应的数值小于增长的最大值，也就是说，系统不能被允许发展到最大值，生态系统承载力要定义在最大值以下的对应均衡态的数值，称为“最适承载力”(optimum carrying capacity)。这两个数值可用生态系统动力学方法来计算,而任何过渡型的系统,其生态系统承载力位于两者之间。

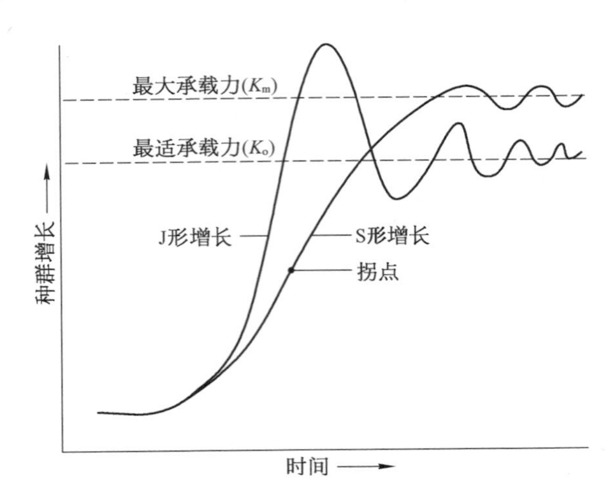

图 7-7 生物种群的 J 形和 S 形增长曲线,可据此定义生态系统承载力(Odum, Barrett, 2005)

宏观上看,经济承载力与生态系统承载力两者之间有 4 种可能的情形。第一,两个阈值均未达到。在这种情形下,原有经济发展的模式可以继续维持。我国 20 世纪的经济发展就是处于这种情况,当时为了发展经济,特别重视所在区域的资源特征,把资源尽可能地开发出来,为经济发展服务,而对生态系统的情况却不太在意。但目前这种情况在我国主要的海岸带区域已不复存在。

第二,两种承载力中,生态系统承载力达到了破坏性的阈值。在这种情况下,经济承载力无论处于什么位置,都需要重新调整。要在生态承载力的约束下,重新构建经济发展曲线,使之符合生态系统健康的要求。目前,我国一些沿海区域已处于这种状态。

第三,两个阈值均已接近或达到。在这种情况下,可能需要对经济和生态系统双边都进行调整,也就是说,一方面要对生态系统进行修复,比如用人工生态系统来替代传统渔业,恢复原来的自然生态系统,或扩大自然生态系统的范围;另一方面,也要对生产生活方式进行调整,包括调整产业结构、交通运输出行方式等。经济承载力是高度动态的,需要以生态承载力为参照经常进行实时调整。

第四，经济承载力阈值达到，而生态系统承载力阈值没有达到。这种情形在目前的海岸区域是很少见的。当然，即便有，也自然而然会由于经济社会的调节而消失，不可持续的生产方式肯定会被改变。与前述三种情形不同的是，由于不受生态系统承载力的制约，生产生活方式的调整有相当大的灵活性，有较多的可选择途径。

上述情形告诉我们，对于海岸带经济的可持续发展，经济承载力和生态系统承载力是两个必须兼顾的指标，而且前者受到后者的制约。为了准确预估指标的取值，需要了解生态系统承载力除所在环境的基本特征之外，还有哪些因素的影响、它们是如何起作用的。

生态系统承载力对系统状态变化的响应

同一个生态系统可以有不同的行为和表现，如植物长势在不同部位和不同季节的差异，这种情形叫作系统的多变性（variability）。从系统论的观点来看，一个系统的特征和行为，是由这个系统的所有影响因素及其变量的定义域（取值的变化范围）所决定的。在这个系统当中，所有的特征和行为，不管有多大的差异，都是由这些影响因素及其变动范围所决定的。还有一个系统变化（change）的概念，是指生态系统的时间序列所显示的差异，如生物多样性量长期变大或变小的趋势、生物量的年代际周期性波动等。系统变化也有不同的机制，概括起来，有两种端元情形：常态系统、系统状态转换，前者有固定的影响因素及其变动范围（自变量定义域），而后者的影响因素和/或自变量定义域是突变的，即一个系统突然增加或减少了影响因素，或者各个变量的定义域突然发生了显著变化。生态系统承载力的预估要考虑针对常态系统和系统状态转换的不同方法。

目前海岸带正在发生的系统状态转换，主要是人类活动引起的，全球气候变化也施加了长期的影响。前文描述的围垦活动改造了局地湿地地貌和水文条件，使其演化方向脱离原有的自然演化格局，生态系统必然受到影响。有些人类活动甚至产生意想不到的后果，例如，江苏海岸设立麋鹿自然保护区，来安置本来已在本地灭绝、后来从外部引进的珍稀物种，然而在没有天敌的条件下，麋鹿数量剧增，很快达到了生态系统健康的阈值。一个与原先很不相同的环境，生态系统承载力也必然不同，不解决自然保护区的承载力问题，麋鹿的保护将会事与愿违。有一个值得借鉴的案例。在瑞典，驼鹿(moose)是一种国宝级动物，体型高大，繁殖力强，所在区域的森林提供了优良栖息地；为了控制其种群数量，管理部门允许每年秋天(繁殖季节之外)猎杀一定数量的驼鹿，通过发放捕猎证书来监控捕猎者的行动，如此，驼鹿数目被保持在优化的范围，从而保障了生态系统的健康。

与全球格局相比，我国人口多，影响特别显著。我们的人均海岸带面积很小，美国的总人口约为我国的1/4，但拥有大西洋、太平洋和墨西哥湾的漫长岸线，东、南、西三面都是海岸带，计算下来，我国人均拥有的海岸线长度不及美国的1/10。海岸带区域的相对狭小能够解释我国沿海城市人类活动的强烈程度，在许多地方，天然岸线已让位给人工岸线，其对未来生态系统承载力的影响需进一步评估。

气候变化的影响主要体现在气温、降水和海面变化。目前的全球变暖可导致生态系统地带性的变化，第五章关于浒苔问题的讨论中提到了这一效应。全球变暖还导致两极冰盖的融化，由此产生的海面上升速度目前约为3 mm a^{-1}，北极地区的冰盖已经大部分融化，仅剩的格陵兰岛冰盖成了尘埃落定之前的最大不确定性因素。假如格陵兰岛冰盖融化，海面将在短时间里上升约6 m，届时岸线位置会不同于现在，生态系统的分布将向陆迁移。气候因素是缓变的，但一段时间之后将有明显的效应，包括改变生态系统承载力的分布格局。

人类活动和气候变化的影响是交织在一起的。一般的情形是系统的影响因素和变量定义域都发生了变化，而且从微变到剧变，中间有很多过渡状态。前述两种端元情形的分析只是初步的，对过渡状态的分析才是获取区域性生态系统变化主控机制信息的具体任务。对系统状态转换进行定量刻画，需要对常态系统的控制方程体系进行改造，不仅要包含原来的影响因素，而且要把新的因素加进去；确定新的边界和初始条件；建立某些系统变量的表达式或者参数方法，如人为因素变量。与物理、化学因素相比，人类活动除物质、能量传输效应之外，还有信息传导的一面，信息传递造成行动，行动造成系统变化，所以，人为因素变量中应包含信息传递的内容。

第五节　海岸带管理

海岸带管理的目标是保障经济社会可持续发展，优化资源、环境、生态、灾害的应对、处理措施，以及人与自然关系。其主要任务是制定海岸带区域经济社会发展规划，发展管理工具（立法、政策等），为发展规划的实施提供资源保障，协调海岸带利益相关者的冲突，应对海岸带系统风险。

海岸带管理的目标和依据

海岸带管理的宏观目标是保障海岸区域的经济社会可持续发展（邱文彦，2000；恽才兴，蒋兴伟，2002；Modak P，2018）。海岸带是经济发展的重心所在，虽然空间范围有限，但人口、城市、财富持续聚集，而且强度很大；自然环境方面，这里是物质、能量的交汇地带，动态性强、变化剧烈。在人与自然关系上，资源、环境、生态、灾害等核心问题长期存在。按照目前的趋势，今后海岸带似乎难以延续以往那样的发展方式。对此有两种选择：一是不加干预，等到发展到无以为继的地步，经济、社会体系必然会崩溃，此后再启动新的发展模式；二是以管理方式进行干预，设计好未来发展的路径，利用多种调控机制，保持平稳发展。如果把海岸带人类社会比喻为生态系统，那么前者就像是正反馈主导的种群J形增长，后者就像是负反馈主导的S形增长（参见图7－2）。多数人倾向于第二种选择，即通过管理来解决问题。于是问题就转化为：如何进行海岸带管理才能实现可持续发展？

几十年来，有不少研究者关注这个问题（Clark，1995；Kay，Alder，1999；Shivlani，Suman，2019）。管理工作的一般原则是针对目标做好规划，提供充分的工作条件，在具体事项上进行组织、协调，并制定危机管控的预案（Koontz，O'Donnell，1976）。海岸带管理也不例外，人们认为，以下几个方面是必不可少的：制定海岸带区域经济社会发展规划和其他专项规划；发展管理工具，主要是立法和政策制定；为发展规划的实施提供服务，主要是资源保障；协调海岸带事务，消除利益相关者冲突；预估海岸带系统的风险，制定应对措施。在此总体框架之下，研究者们认为，管理还需要积累经验，特别是可供借鉴的成功案例(Clark, 1995)；同时，由于管理是针对人的工作，因此也要开展科普、公众参与等活动，鼓励有助于可持续发展的生活方式。管理具有服务性质，需要社会的配合，所以要花费时间，待以时日，人们就能理解可持续发展的重要性和所需条件。所幸管理目标的实现与海岸带正在发生的变化在时间尺度上是匹配的，人类社会还有比较充分的时间和机会。

制定规划是管理的第一步(Alder, Kay, 2005)。在我国，制定海岸带区域经济社会发展规划，以及生态修复、海岸防护等其他专项规划，是政府管理部门的常态化工作，以若干年为周期进行更新。规划制定的趋势是精细化，经济承载力、生态系统承载力是基本的约束，然后才是阶段性发展目标的落实，包括资源配置、基础设施建设等。规划是管理的依据，因此要务实，具有可操作性，还要有长远打算，不能在短期规划中占用过多的资源，否则规划本身都会缺乏可持续性。如前所述，发展意味着产业更新、资源重置，但应避免随意性，历史上已建成的重要基础设施、标志性建筑等，一旦拆毁，可能是文化和财富的破坏。

管理的可操作性体现在立法和政策制定(Wewerinke-Singh, Hamman, 2020)。美国《海岸带保护法》(Coastal Zone Management Act, 1972)是全球各国中最早制定的海岸带法律文件，此后截至2009年进行过11次修订(Botero et al., 2023)，对本领域的研究产生了很大影响，美国、加拿大、澳大利亚、英国、印度等国学者发表了很多研究论文，我国也有不少研究。此后兴起的“海岸带综合管理”(integrated coastal zone management)概念(Cicin-Sain et al., 1998)其实在这份最老的法律中已经被阐述了。海岸带立法为政府管理部门依法行政提供了依据，相比之下，尚未立法的国家在服务沿海管理国家目标的能力上要稍差一些，如在澳大利亚，由于缺乏国家立法，大部分海岸管理权掌握在地方政府手中，政策多变，管理效率较低(Thom, 2022)。另一方面，海岸带事务涉及面广，要想通过一部法律，明确不被允许的事项，也难以一步到位，即便经过多次修订，仍有缺陷，与其他类型的法律有不同的性质。因此，在立法之外，管理工具还包括政策和规定，应用于不同的时间、地点，如海岸带自然保护区管理办法、岸线利用与围填海管控办法、生态补偿办法等内容。

日常管理工作要为管理对象提供服务，海岸带每天发生的事情很多，大多涉及空间资源问题，在重点保障发展规划实施的同时，常态性的空间资源需求也需要满足。生活在海岸带的人群都需要资源，为此相互之间产生冲突不可避免，这些人群被称为海岸带的利益相关者（stakeholders）。海岸带利益相关者之间发生的冲突大多与资源配置有关，通过协调消除冲突是管理者的任务。海岸带管理的危机主要是系统风险，既有自然过程造成的海岸侵蚀、风暴潮淹没、地震海啸等灾害，又有人类自身带来的海上溢油、有害藻类暴发、海产品食品安全等问题，还有未来气候变化的影响（Zanuttigh et al.，2014）。风险管理要有日常的减灾防灾措施，也要有提升海岸带城市韧性的措施（Kousky et al.，2021），韧性（resilience）是指系统对突发的灾害性事件的抵抗能力和遭受灾害后的恢复能力，可能译为“抗击打能力”更为确切。上述的日常管理活动在一定程度上要依靠计算机信息系统，采用人工智能来给出管理决策是未来的发展趋势。

科学研究方面，如前所述，与海岸带有关的问题有：海岸带资源、环境与生态承载力；污染物质循环过程与污染防治；海岸带生态修复方法；海岸带灾害发生及其机理；海岸带演化趋势预测等。将科学原理转化为技术，可以帮助海岸带综合管理的实施。以下两个案例，基于生态系统的管理以及基础设施与海岸工程管理，说明海岸带综合管理对科学技术的依赖性。

基于生态系统的管理

“基于生态系统的管理”（ecosystem-based management）如今是海岸带管理所遵循的原则，在美国《海岸带保护法》里就有论述。此外，大洋渔业资源管理曾遭遇资源衰退的难题，从生态系统视角看，仅仅采取保护关键种属的措施是不够的，需要保护整个生态系统，例如，只是改变酷捕方式，任由鳕鱼的栖息地环境持续恶化，是不能挽救鳕鱼资源的。因此，提出了渔业管理应基于生态系统的理念（Christensen，Maclean，2011；Sheppard，2019c）。如今，这个理念得到了大范围推广，海岸带管理也不例外。

海岸带管理要以生态系统为重点，其理由是，海岸带管理以可持续发展为目标，而这需要经济承载力的提升，这又与经济产业和人才相联系，然后是生态系统承载力的关键作用，这在本章第四节已给出解释，主要强调了生态系统提供的充分条件。必要条件方面，在海岸带区域，生态系统是无可替代的资源，其科学依据是来自环境和生态科学研究。健康的生态系统能够保证其中各个物种的生存和繁殖，但个别物种的生存并不能说明生态系统是否健康，如一些重要物种可以饲养在动物园，即便发生死亡也可从外部再次引进，又如即使在栖息地已经遭受破坏的地方，部分野生动物仍能够继续生存一段时间，长江的白暨豚就是如此。

因此，作为可持续发展的充分和必要条件，生态系统必然占据海岸带管理的核心位置。生态系统作为核心资源，在城市的建成区要维护和增值，在规划的未来开发区也是如此。维护，是保持栖息地的规模和质量。有时，为了说明湿地生态系统的价值，人们用了一个奇特的解释方法：湿地可以吸纳污染物，实际上相当于办了一个污水处理厂，可见其价值之大。按照维护生态系统的目的，这种换算并不能真的实行，难道我们允许让湿地发挥污水处理功能，以其质量下降为代价？增值，是要通过各种途径，提升 Costanza 等(1997)所定义的生态系统的产品和服务价值，如对生态系统进行深入的科学研究，获得新知识，产出学术论文和科普作品，就是其服务价值提升的途径之一。

海岸区域的开发管理，上海的崇明生态岛建设计划具有代表性。崇明岛是全球第一大的河口沙岛，面积有 1 400 km^2，其空间资源在整个上海地区的占比超过 20%。未来的城市肯定会向这里扩展，工厂企业、房地产、娱乐业等都有开发的愿望。但基于生态系统的管理原则，上海市的开发目标首先是将其建成世界级生态岛，保障崇明岛东部的国家级自然保护区、环岛湿地生态系统、岛上森林生态系统和生态廊道的空间，然后根据区域发展规划的优先级，安排其他产业。因此，崇明岛渴望保持较高的区域尺度的生态系统承载力。

由崇明岛的情形可以推论，生态系统价值是否得到提升，其评估需要考虑所在区域的时空尺度和变化趋势。在研究报道中，时常有经济落后地方生态好、经济发达城市生态差的调查结论，这种对比往往是混淆时空尺度和系统演化所导致的。例如，日本是个岛国，为了保护生态，出台了一项管理措施，即把主要的人类活动，包括城市、农田、工业用地等，限制在占国土面较小的一部分，而将大部分土地用于生态修复。经过一些年，人们很容易发现人少的地方生态好、人多的地方生态差，但这个结果应正确解释：原野部分的良好生态正是管理的成效，而人类活动的生态也是区域发展规划的产物，经过进一步优化，正在向好的方向发展。我国的海南岛也有类似的情形，早先被破坏的森林在新的管理制度下逐渐恢复，而海口、三亚等地的快速城市化暂时超过了生态建设的步伐，但后者不能解释为管理的失误。无论在日本，还是我国海南岛，现实中是有管理失误的，但无法用上面提到的数据来证明。

基础设施与海岸工程管理

海岸带区域经济社会发展到今天这一步，是多年开发的结果。早期开发是一个对环境逐渐适应的过程，人们逐渐掌握了一套生存策略，就像各种生物在海岸带找到了生存繁殖之道一样。依靠科学技术，人们从海洋获取了巨量财富（Colazingari，2007），其中基础设施与海岸工程是人们引以为傲的成就。

但随着经济社会发展，资源、环境、生态、灾害、人地关系问题日益复杂化。时至今日，实施新的海岸工程甚至成了海岸带综合管理的难题。

早期开发时，海岸工程具有单一功能的性质。海堤工程就是为了海岸防护，防止风暴潮淹没，防止波浪冲破海堤；河边护岸工程就是为了防洪，防止冲刷塌岸。但现在不同了，海岸带的各个区块、各个地点的空间都各自有主，有不同的用途，工程就不那么容易安排了。所谓牵一发而动全身，一项工程的开工可能会影响到许多利益相关者；因此，工程是否可行，就要权衡相关各方的意见。

以珠江三角洲为例。它是珠江沉积物在一个巨大的海湾中充填而成的，当时海湾中有许多岛屿，沉积物首先围绕岛屿堆积，然后堆积区的面积逐步扩大，岛屿之间的水域缩小，最终成为狭窄的河道，因此珠江三角洲有一个复杂的河网体系（吴超羽等，2006）。三角洲形成并与周边的海湾环境相配合，使得当地经济快速发展。但目前珠江三角洲面积较小（不到 10 000 km^2），一直受洪涝灾害影响，生态建设面积不足等，这些因素开始影响区域发展。为了资源增值的目的，通过工程技术改造河网的可行性被人们所关注。在河口，需要抬高海底高程，防止盐水入侵，以免造成对供水、生态等的不良影响；而河道清淤甚至扩大河道，可以提升通航条件。但上述工程有相互矛盾之处，如何决策，颇费周折。曾经有一段时间，工程是否可以实施是通过工程可行性研究和环境影响评估来决定的，但这种评价方式的不足在于，评价中并没有充分吸收各方的意见和利益诉求。到了今天，珠三角的各种海岸工程，包括对历史上留存的基础设施的改造，实际上都遇到了是否可行的质疑。这就是管理难题的由来。类似的问题在其他区域的海岸也存在，如江苏海岸的生态修复工程、海岸防护工程围垦工程等。

为了科学、合理地实施这些工程，应该要采用更好的协调办法。未来，人工智能方法似乎在解决资源增值问题上是有潜力的。珠江三角洲水网资源涉及多个方面，如：水资源方面，需增加淡水在三角洲的储存空间，保障航运条件；沉积物资源方面，需截留河流入海物质，控制沉积物淤积地点，用于地面高程调节、土地质量提升；生态系统资源方面，需保护淡水、河口、滨海湿地的生态位。以人工智能方式建立复杂水网控制方程，进而获取水网系统的全部可能状态，然后在环境、生态系统健康、灾害风险约束下寻求资源增值的可行通路。乐观地看，人工智能发展到足够强大的那一天，基础设施与海岸工程的管理将不再成为难题。

延伸阅读1

大河三角洲与湾区

海岸区域是经济社会发展的重心所在，这是由该区域的自然条件和现今科技水平决定的。然而，海岸区域内部的差异也不小。我们经常提到的长三角、珠三角，其经济发达的程度相对较高，而有些地方经济发展水平低于内陆区域的也不少。那么，海岸带哪些区域经济发展潜力最高、最值得关注呢？长三角、珠三角是人们提得最多的地方，不少学者也反复论证了大河三角洲的资源优势，这使得人们逐渐形成了一个固定思维方式，即大河三角洲是沿海地区经济发展条件最好的地方。

仅仅根据长三角、珠三角的情况，就能得出这一结论吗？黄河三角洲似乎是个反例，“黄三角”为什么就没有成为经济领先的区域？过去对这个问题有个解释，说是黄河三角洲开发得晚，只要待以时日，加大投入，最终也能成为经济领先区域的。

但是，从全球范围来看，大河三角洲与经济领先事实上并无必然联系。世界上典型的大河三角洲有二十几个，除长三角、珠三角之外，经济领先的不多。在美国，密西西比河三角洲是著名的大河三角洲，然而其经济发展水平是相对较低的，比不上纽约、旧金山等地。在欧洲，多瑙河三角洲也是经济相对落后的区域，所在地区的主要城市都不在三角洲范围之内。亚洲地区大河三角洲最多，大多数还没有摆脱风暴潮、洪水等自然灾害的侵袭，恒河三角洲的风暴潮强度之大、发生频率之高在全球排到第一位。湄公河三角洲的经济发展仍停留在依赖于农业的阶段。可见，大河三角洲本身还不是成为一个经济领先之地的充分条件。

一个有趣的现象是，海岸带经济领先的区域是与海湾相联系的，不一定是在大河三角洲区域。海湾有大有小、形态各异，条件最好的是深入陆地、规模适中的海湾。环太平洋区域有两个显而易见的优良海湾，即美国的旧金山湾和日本的东京湾。这样的地方人们称为“大湾区”。

所谓大湾区，其基本自然资源条件是海湾水域，它既能容纳港口建设、城市建设的用地需求，也能够保障环境优越性和交通便利性。湾区经济发展需要海洋运输条件，所以海湾要能够提供足够长的岸线，用于建设海港码头，还要有支撑船舶停泊的锚地和通行的航道；同时，岸上要有充裕的土地供应，用以生产设施和城市生活区的建设。因此，太小的海湾显然不能满足这些要求。另一方面，对于太大的海湾而言（例如像墨西哥湾、渤海），由于岸线长度与海湾面积的比值随着海湾的增大而减小，而且在风浪的作用下湾内很可能形成巨大的海浪而不利于船舶停泊和港口作业，所以也会失去优越性。

在环太平洋区域，旧金山湾和东京湾这两个湾区都有规模适中的水域，港口资源丰富，能够提供便利的交通条件。其地貌条件稳定，海岸轮廓在过去几千年里没有较大的变化，海湾水深和面积变化缓慢。两个海湾都有面积可观的湿地和生物量丰富的海湾生态系统，对于经济建设和城市生活提供了必要的生态系统服务功能。地处海岸带，又有广大的水域，加之气候宜人，吸引了众多人前来定居和发展。

如果我们稍加对比观察，就能发现长三角、珠三角的发达也是具备“大湾区”条件的。上海的发展与港口、航道条件密不可分。最初，在20世纪初期的万吨轮时代，黄浦江提供了码头条件。后来，海运船舶出现了大型化趋势，上海港迁往长江河口。再往后,长江河口的水深和航道条件又跟不上需要了。幸运的是,邻近的杭州湾港航运资源丰富,它顺利接盘了上海港,如今已成为全球规模最大的集装箱港口。杭州湾的另一个影响可以从局地气候上看出来,长三角的局地气候条件明显好于周边地区。

珠江三角洲的形成演化一直是与所在地的海湾地形相联系的。几千年前,这里是一个大海湾,分布着众多岛屿。随着珠江沉积物的充填,滨海平原围绕岛屿形成并逐渐变大,最终连成一片,演变为今天所见的珠三角。海湾的遗留部分就是"粤港澳大湾区",海湾提供港航资源、珠三角提供土地资源,这个大河三角洲-大湾区复合体是支撑广州、深圳、香港及珠三角城市群的重要条件。

按照以上的分析,可以得出这样一个观点:在当下的科技水平上,大河三角洲并非是经济发达的充分条件,而海湾却是一个独立于三角洲之外自成体系的区域,长三角、珠三角的发达并非仅仅依靠三角洲,而是要依靠三角洲-湾区的耦合条件。

如此说来,"大河三角洲-大湾区复合体"与"大湾区"相比,哪个更有优势?应该是前者。粤港澳、杭州湾两个体系在许多特征上与旧金山湾区和东京湾区有很大的相似性,例如土地及港口资源丰富、滨海湿地面积广大、海湾生态系统生物量丰富、气候宜人、城市群发展迅速等。但在土地资源上,粤港澳、杭州湾两大湾区各自拥有一个大型河口三角洲,即长江、珠江三角洲,而且其土地的肥沃程度在全球都是著名的。因此,相比于旧金山湾和东京湾,我国的两个湾区有大河三角洲为依托,自然资源的优势更为突出。在人力资源的集聚程度上,我国的这两个湾区造就了更大的人口数量、更大规模的城市。人口增长的压力已经导致个别一线城市产生了要控制人口规模的冲动。

在自然灾害因素上,旧金山湾区和东京湾区,处于环太平洋地震带范围,历史上强震频发。随着城市建设规模的增大,越来越多的财富聚集在这两个湾区,一旦发生超强地震,经济损失难以估量,对社会的破坏也是灾难性的。正因为如此,旧金山很早就启动了应对十级超强地震的应对研究,而日本则一直非常注重强震发生机理研究,期待用先进的科学技术来降低地震的负面影响。

与之相比,长三角、珠三角都没有强震的威胁。但也有本区域的问题,一是长江、珠江沉积物入海通量高,它在带来土地资源增长的同时,也造成地貌的不稳定性；二是经常受到台风的正面冲击，而且台风灾害的剧烈程度还受到未来气候与海面变化的影响。

总体上，“大河三角洲-大湾区复合体”的条件要优于“大湾区”，这说明在经济发展最好的区域，也是有内部差异性的。假如把范围放大到整个海岸带，那么经济规模的等级差异就更明显了。大湾区的水域面积为 $10^3 \sim 10^4$ km^2，陆域面积为 $10^4 \sim 10^5$ km^2。相比于大湾区，还有中海湾（水域面积为几百平方千米）、小海湾（水域面积为几十平方千米及以下），有趣的是，中等规模的经济区域正好也对应于中海湾（如胶州湾、厦门湾等），而较小规模的经济区域就是在小海湾地区（如三亚、海口等）。在缺乏海湾条件的地方，经济发展规模是更加靠后的。

综上所述，就经济发展而言，海岸区域内部的差异很显著，而且这种差异是与海湾地貌条件相联系的。更重要的是，若想做好陆海统筹，就必须考虑海湾地貌这个因素。

首先，海湾地貌的重要性告诉我们，在海岸带开发中要保护现有的海湾，不能破坏海湾地貌。过去一段时间，不合理的围垦使海湾面积缩小，湾内淤积加速、水深变浅。今后，不仅不能再延续这样的围垦，而且还要采取积极措施，提高海湾的地貌稳定性。在缺乏海湾条件的地方，岸线开发可以包括合理的围垦工程，但围垦的目标应该是朝着有利于人工海湾形成的方向，而不是相反。

其次，大河三角洲-大湾区复合体的条件虽是最好的，但也受到沉积物入海通量高、地貌变化快的影响。此外，在全球变暖、海面上升的背景下，台风等灾害有加重趋势。未来需要发展保持地貌稳定性和新型海岸防护的技术，辅之以先进的海岸带综合管理措施，保障经济发展所需的自然条件。

最后，海陆统筹要分级进行，按照大河三角洲-大湾区复合体、大湾区、中湾区、小湾区、非湾区等 5 种情况分别处理，湾区面积大小是决定资源规模和经济潜力大小的主要因素：

● 大河三角洲-大湾区复合体：海湾空间尺度为 10^3 km^2，土地空间尺度大于 10^4 km^2（如粤港澳湾区、长三角-杭州湾湾区）。

● 大湾区：海湾空间尺度为 10^3 km^2，对应于区域性经济中心（如旧金山湾、东京湾）。

● 中湾区：海湾空间尺度为 10^2 km^2，经济中心的规模为中等（如青岛、厦门）。

● 小湾区：海湾空间尺度为10^1 km^2，对应于局地经济中心(如海南新村港)。

● 海湾资源缺乏岸段：海湾面积狭小，本地经济规模小，需融入邻近的海岸带经济中心。

根据以上5种情况，合理配置投入，可获得最大的成效；在空间规划和环境与生态保护上，应在地理分区的基础上，制定规划区域边界、容许的开发度、环境承载力等参数、指标，实现陆海统筹的精细管理。

延伸阅读2

大河三角洲潮控地面高程的重要性

全球有数以千计的河流三角洲，其中陆上面积超过10 000 km^{2}的特大三角洲约有20个(Nienhuis et al., 2020)，这些三角洲因其自然资源和人居环境的重要性而受到人们的关注。然而，有趣的是，特大三角洲虽然资源丰富，但拥有区域性经济、文化和社会发展中心城市的情况并不多见。有的三角洲没有较大规模的中心城市，另一些三角洲虽然与大城市相邻，但这些城市要么位于三角洲的邻近流域，要么位于三角洲的上部，离开海岸线有相当的距离。例如，全球第一大河亚马孙河三角洲内没有大城市；越南的湄公河三角洲有胡志明市，但并不位于湄公河流域，且离海岸线较远；恒河三角洲有孟加拉国的达卡和印度的加尔各答，但这两座城市到河口前缘的距离分别约为200 km和100 km。可能唯一的一个例外是长江三角洲，特大城市上海位于三角洲前缘的河口位置，三角洲的顶端还有另一个大型城市南京。由此看来，长江三角洲是很有特殊性的。

要解释上述现象，需要考虑若干因素，如三角洲所处的气候带、港口航道和土地资源的条件、经济社会发展的阶段性等。然而，一个不应忽视的因素是三角洲地面的海拔高度，这是由潮汐条件调节的。世界各地三角洲的潮差在<0.5 m到>10 m之间存在很大差异，因此，陆地高度和潮汐之间的联系意味着生活在三角洲的人类有不同的环境条件。

潮间带环境的地面高程受到潮汐水位的控制。在潮汐作用下，沉积物具有向岸输运并堆积的特点。其中，砂质沉积物堆积在潮间带下部，泥质沉积物堆积在潮间带上部，堆积所达到的最大高程决定于潮差(Gao, 2018)。如果平均大潮潮差为5 m，那么细颗粒沉积物的堆积高程至少能够达到海面之上2.5 m，即平均大潮潮差的一半。实际上，潜在的地面最大高程与最大高潮位相关，因而将高于平均大潮高潮位。以上海为例，这里平均大潮潮差接近5 m，但地面高程可达2.8 m以上。

除潮汐之外，河流洪水事件是否也能抬高地面？河流中上游地区的洪水水位显著高于平常水位，洪水带来泥质沉积物，堆积在河漫滩上部。因此，河流阶地的沉积层表现为粗颗粒物质在下、细颗粒物质在上的二元结构。河漫滩地面的高程随着一次次洪水的作用而提高，最终转化为河流阶地，河流中上游的河畔城市往往建在阶地上。然而，对于三角洲而言，由于河流注入河口湾水域后，水面变得非常开阔，因此洪水水位远低于三角洲中上游区域。在美国密西西比河三角洲，其河口三角洲地面高程很低，并没有因为洪水泛滥而形成地势较高的区域。这就是说，潮汐对三角洲地面高程的控制作用要远大于河流洪水。相比之下，风暴事件的情况有些不同，风暴潮将悬浮的沉积物带到潮间带上部，造成盐沼或红树林的淤积。因此，风暴期间的泥沙堆积有利于地面高程的进一步抬升。

地面高程有很大的环境影响，如盐水入侵、地下水位埋深、三角洲洪涝发生都与此相关。风暴潮是三角洲的重大自然灾害威胁之一。位于孟加拉湾顶的恒河-雅鲁藏布江三角洲，其风暴潮增水最大能够达到7 m量级，历史上频繁引发巨大的自然灾害(Mohit et al., 2018)。

风暴潮灾的规模与地面高程有着明显的关系。这里提供一个简化的算例。假定有未实施海岸防护工程的3个三角洲，其平均大潮潮差分别为5 m、3 m、1 m，其地面高程分别为4 m、2.4 m和0.8 m。再进一步假定风暴潮发生的时间尺度为若干天，而且与特大天文潮同步，这种情况代表风暴潮灾最严重的情况。在风暴潮增水幅度为1～5 m的情形下，这3个三角洲的淹没情况有很大的不同。高程为4 m的三角洲，2 m的增水只造成21%的淹没时段，即便是5 m的增水也不过63%，而2.4 m高程的三角洲，这两个数值分别为41.6%和100%(全部时间淹没)，2.4 m高程的三角洲则在1.5 m增水时就出现全部时间淹没。通常所见的较强增水幅度为2～3 m，与之相关的淹没时间估算表明，地面较高的三角洲，即便在天文大潮期间发生风暴潮，地表淹没的时间也相对较短，造成的损失相对较小；地面较低的三角洲淹没的程度要严重得多，在整个风暴潮期间将被100%的时间淹没。一个三角洲如果连续几天都被水淹没，生活在其中的人们遇到的困难可想而知。

孟加拉湾风暴潮增水常达6 m以上，而世界其他地方风暴潮增水很少超过4 m，这可以解释为何恒河三角洲虽然潮差较大但风暴潮灾仍然很严重。也就是说，虽说三角洲地面高程大，有利于抵御风暴潮，但若风暴潮强度很大，抵御能力就会下降。

与恒河-雅鲁藏布江三角洲不同，在抗击风暴潮这一点上，上海所处的长江三角洲前缘的条件是有利的。本区风暴潮最大增水为3.67 m，考虑到风暴潮与天文潮之间的非线性相互作用，最大风暴潮与最大天文潮一起发生的时候，最高水位为平均海面以上6.77 m处（应仁方，羊天柱，1986），如果不考虑非线性相互作用，而将两个水位简单相加，则最高水位为7.87 m（端义宏等，2004）。无论是哪种情形，4 m左右的地面高程意味着本区地面不会在整个风暴潮期间都被淹没，再加上海堤的防护作用，上海市被风暴潮淹没的概率就大大降低。这样的地貌条件，十分有利于上海的城市建设。

值得指出的是，最大高潮位提供了地面向上加积的可能性，但这并不是决定地面高程的充分条件。许多其他的因素会影响实际的地面高程，如人为抽取地下水、开采地下油气会造成地面沉降；即便没有人类活动影响，由于沉积物的自重和脱水等因素，也能造成地面沉降。事实上，地面沉降是许多低地海岸平原的普遍问题，包括河口三角洲在内。河流上筑坝，使得沉积物供给减少，不能及时补充地面物质亏损；人类对三角洲的不恰当使用，如设计有误的围垦工程，阻止了沉积物的进一步输入，也使得地面高程不能随着三角洲地貌演进而得以提高。

长江三角洲的核心部分是在人们大规模围垦时期之前形成的，因此地势较高。目前，长江三角洲前缘新近围垦的土地已经达不到过去的高程，因而更易受到风暴潮灾害的影响。

以上的分析并非必然导致对大型三角洲的悲观结论，从积极的方面来说，人类对特大三角洲的开发利用有许多可开发的支撑技术。其中重要的一点是提高地面高程。由于地面高程受到潮差的制约，因此在潮差较小的三角洲，地势较高的区域不能自然形成。在这种情况下，三角洲的开发应该如何进行？一方面应该加强地面沉降的管理，降低地面沉降速率（其实，潮差较大的三角洲也需如此）。另一方面，应设法提高地面高程，结合环境整治，把河流三角洲作为一个待开发的资源来看待，进行逐步开发，使得三角洲的一些重要区域能够抬高地面，提升抵御风暴潮灾的能力。另外，人类利用大三角洲有许多配套技术。除了监测海面上升和地面沉降外，三角洲地表高程的时间变化也很重要。然而，文献中关于海拔的详细信息似乎很少（Bomer et al.，2020）。在不处理初始地表高程及其动态的情况下，仅凭地面沉降和海面上升速率并不能提供未来三角洲风险的完整图景，因而应该对地面高程进行高分辨率的监测，以获取实时基础数据。

在地面高程改进方面，长江三角洲的开发历史值得关注（Bao，Gao，2021）。现在的长江三角洲的河网，其密度之高，几乎占据了陆地表面的 1/10。河网从何而来？其中的一些是过去的天然潮汐水道，在围垦过程当中，人们并没有为了扩大土地面积而把这些水道填平，而是保留下这些水道，作为冲淡土地盐分的排水渠道，以及船运的航道。还有大量水道是人工开挖的，其功能与保留下来的潮汐水道相同。在挖掘过程中，产生的沉积物被堆到周边的土地上，一定程度上提高了地面的高程。如果在占总面积 1/10 的水道中，河底高程为−5 m，那么挖掘出来的沉积物至少有 5 m 的厚度，堆积到周边的土地上，能使地面高程平均提高约 0.5 m。类似的做法今天仍在继续，从最近在三角洲前缘的填海可以看出。

当然，这些做法也要符合经济可行性，不破坏生态系统功能。用这种办法改造的新土地，应该有比较高的经济价值，并且为社会所接受。按照经济运行规则，经过循序渐进式的改造，三角洲的地面状况将能得到逐步改善。

第八章
海洋的国际问题

第一节　海洋问题的历史背景

海洋问题经常引起国际争端。早期的问题是关于资源的，先是航运和渔业，然后扩大到海岛、油气、海底矿产等资源。国家海洋权益实际上是资源问题，资源争夺导致诸多冲突，甚至引发战争，但最终仍要走向法律治理途径。如今，国际社会期望在联合国的框架下解决资源冲突，此外还逐渐出现了环境保护、生态系统健康、气候变化适应新问题，这些都关系到人类社会自身的可持续发展。

国家海洋权益争端

在国际海洋公法(public international law of the sea)领域，从1494年《托德西利亚斯条约》(*Treaty of Tordesillas*)到1982年《联合国海洋法公约》(*United Nations Convention on the Law of the Sea*)，488年时间里签订的国际或双边、多边的有关边界划分、海域航行、海底电缆通信、海军基地、海港、海峡管辖、渔业、油气开采、贩奴、溢油、污染近海水体、污染生物资源、生态保护、公海生物资源、公海海底矿产、海上贸易、海洋科学研究、污染物和其他物质倾倒、海上救助等各方面的条约、公约、宣言、协议、协定有很多，在《海洋法》(Churchill，Lowe，1983)一书中列出了138项。其中，在名称中首次出现我国国名的是《中美海上运输协定》(China-USA Agreement on Maritime Transport，1980)。我国于1982年签署了《联合国海洋法公约》。如今，得益于经济社会发展和国际地位的提升，我国积极参与联合国或其他国际海洋事务。

国际海洋公法的目的和功能在于协调不同国家之间的权益(一直到20世纪，其重点都是航海和渔业)，明确各国应负的责任。海洋法有较长的曲折发展历史，而且与海洋军事冲突并存；过去曾经订立的法律文件，有当时的需求，但随着时间的推进，又必须进行修改和补充，例如20世纪60—70年代超级巨轮的出现，导致海上油气资源开发、海上溢油等问题的法律文件制定，而第二次世界大战之后海洋渔业规模的快速扩大导致渔业资源保护的文件制定。总的趋势是，早期国际海洋法文件是基于自然法(natural law)而制定的，因而经常被评论、质疑、修订，现代社会则更多地将惯例法(customary law)与自然法融合，成为国际法的组成部分(Churchill，Lowe，1983)。

在历史上，地中海的威尼斯曾声称对整个大西洋拥有主权。15世纪后期，葡萄牙和西班牙成为海洋强国，两国的国王在瓜分全球大洋(大西洋、印度洋、太平洋、墨西哥湾)和大洋岛屿上发生争端(Mangone，1977)。1494年，为了调节葡萄牙和西班牙争夺新土地的纠纷，教皇亚历山大六世实行仲裁，两国签订《托德西利亚斯条约》，同意在佛得角以西370海里(1海里＝1.825 2 km)处划界，史称“教皇子午线”，此线以东“新发现土地”属于葡萄牙，以西划归西班牙。这里对“新发现土地”的定义，其实从自然法角度看是不成立的，因为在葡萄牙、西班牙人到来之前，就可能有其他人来过，按理也应考虑那些人的利益。

《托德西利亚斯条约》作为法律文件很快招致其他国家的不满。1578年，美国、英国人通过麦哲伦海峡进入太平洋，遭到西班牙的抗议，而此时，葡萄牙宣称对西大西洋和印度洋拥有特权。1598年，荷兰与葡萄牙发生冲突，荷兰法学家格罗蒂乌斯(Hugo Grotius，1583—1645)提出葡萄牙无权占用海洋，沿岸国可对部分水域拥有主权，但别人可以无害通过，这一主张在现在的法律里面仍有影子，表述为“无害通过”原则。后来荷兰法学家宾克斯胡克(Cornelius van Bynkershoek，1673—1743)又进一步主张，陆地武器可达到之处可设为主权外界。当时岸炮的最大射程为3海里，法国、比利时、荷兰、德国等国同意3

海里为领海范围,北欧各国认为应更大一些,西班牙在1760年选择了6海里,1958年冰岛提出12海里要求。沿海国家应有一定的领海范围,这个主张被各国所接受,《联合国海洋法公约》的规定是12海里。从自然法、惯例法角度进行的讨论有不少,例如:

● 格罗蒂乌斯提出海上自由航行主张,1608年著《海洋自由论》,1625年著《战争与和平法》。

● 威尔伍德(英国)(William Welwod,1578—1622)认为英国、爱尔兰拥有渔业权专属性,1613年著《海洋法概览》。

● 弗莱塔(西班牙)要求维护西班牙的海上利益,1625年著《论西班牙王国对亚洲的正义统治权》。

● 塞尔登(英国)(John Selden,1584—1654)认为海洋是英国不可分割的组成部分,1635年著《海洋锁闭论》。

● 宾克斯胡克认为领海应与陆地武器可达范围相联系,1702年著《论海上主权》。

● 瓦泰勒(瑞士)(E de Vattel, 1714—1767)主张海峡应允许无害通过,无论处于哪个国家的领海,1758年著《万民法:或自然法原则适用于国家和主权者之间的行为和事务》。

上述学者的意见不同程度、不同方式地被现代的国际海洋法所采纳,如格罗蒂乌斯的自由贸易和航行主张、威尔伍德的资源专属性、塞尔登的海洋主权概念、宾克斯胡克的领海宽度建议、瓦泰勒的海峡无害通过原则等。19世纪《巴黎宣言》(1856)、海牙和平会议(Hague Peace Conferences, 1899、1907)达成的各项公约、伦敦海战法规宣言(London Declaration Concerning the Laws of Naval War, 1909)均提出了12海里领海的主张,但没能阻止第一次世界大战的爆发。1930年,国际联盟(League of Nations,存在于1920年1月10日—1946年4月18日)的47个会员国出席在海牙举行的国际法会议,重启近海水域主权和无害通过等问题,后来因为第二次世界大战而中止讨论。第二次世界大战之后,1945年10月24日联合国成立,国际联盟随后宣布解散,其财产和档案移交联合国。不久之后,以联合国宪章为依据成立了国际法委员会,领海制度的建设纳入了联合国的轨道。海洋权益被重新讨论,渔业资源方面,美国提出对整个大陆架拥有主权,而缺乏大陆架的国家则提出200海里。

1982 年最终形成的《联合国海洋法公约》，将海洋约 40%的面积归属于沿岸国家的领海、毗连区、专属经济区、大陆架等，其余部分归入公海，属于全人类共有，在操作层面上反映出“海洋自由论”和“海洋锁闭论”的理念。

第二次世界大战已经过去了 80 年，在海洋权益方面，国际海洋公法制度是避免海上战争冲突的一条途径。由于海战需要巨额资金投入，且人员伤亡惨烈，因此国际海洋公法具有重要意义。在人类历史上的 3 000 年里（截至 2006 年），发生的战争无数，《海战》一书记述了公元前 1210 年至公元 2006 年间的 89 次海战（Grant, 2008），早期缺乏战损情况的记录，13 世纪首次被记录，此后的记录表明，海战双方投入的战舰可达到数百艘以上，投入兵力数万到数十万人，一次战斗阵亡人数成千上万，价值巨大的战舰可能在瞬间沉入海底。虽然国际海洋公法制度实际上并没能阻止战争，但未来和平解决海洋权益冲突应该是国际社会的首选。

现代海洋环境、生态及气候问题

国际海洋问题以海洋权益为首，但从 20 世纪 60 年代起，环境、生态、气候问题越来越多地成为联合国、各国政府和民间组织关注的主题（McCormick, 1989）。对此蕾切尔·卡森的《寂静的春天》（*Silent Spring*）（Carson, 1962）起了震撼性的推进作用。

卡森（Rachel Carson, 1907—1964），美国海洋生物学家，出生于宾夕法尼亚州的一个农民家庭，曾在约翰霍普金斯大学、马里兰大学、伍兹霍尔海洋生物实验室、美国渔业与野生动物管理委员会工作，她的有关海洋生物的科普著作《海风吹拂之下》（*Under the Sea-wind*, 1941）、《我们周围的海洋》（*The Sea around Us*, 1951）和《海洋边缘》（*The Edge of the Sea*, 1955）深受读者喜爱。《寂静的春天》描述了使用农药 DDT 引发的环境问题，农药不仅杀死害虫，也杀死生态系统中的其他物种，而这些物种本来是可以遏制害虫的。卡森根据生态系统原理，说明为了一时的农业产量而使用农药，最终结果将是生态系统被毁坏、环境污染、人类健康受损、农业难以为继。她的论证与农药制造商、农场主的短期利益相冲突，但引起了当时的社会共鸣，激发了全球环境保护的浪潮（Lytle, 2007）。

卡森以前的时代，人们就已提出环境和生态的问题。英国是早期的工业化国家，19 世纪工业快速增长，城市空气污染严重；伦敦的烟雾被用作污染的象征，人们离家上街办事，返回时鞋上积了厚厚的烟灰。对于环境污染，当时就发出了经济如此发展是否可持续的质疑(Clapp, 1994)。同样在英国，当时的人们还关心动植物的命运，认为动植物有其权利，不应被人类随意处置(Thomas, 1983)。这个理念与我们在第七章讨论的问题有所不同，从经济社会发展的角度需要保护生态系统，但这里说的保护动植物是从伦理角度来阐述的，如何对待生态系统不仅仅是事关人类自身发展。事实上，人类通过“保护区”方式减缓生态系统损失是有传统的，古代就有宗教色彩的避难所概念，是指“鸟类、野生动物等繁殖和保护的地方”；波斯人建造过最早的公园，印度人专门划出了一些用于保护自然的区域；进入 19 世纪之后，国家保护区的建立已很普遍，如 1872 年的美国黄石公园、1879 年加拿大落基山脉部分地区、1898 年的南非克鲁格国家公园、1925 年的比利时维龙加国家公园、1935 年的美国佛罗里达州海洋保护区等(Gillespie, 2007)。

《寂静的春天》发表之前，为何人们对环境、生态的关切未能引爆全球的关注？这与多个因素有关。首先，早期全球经济发展水平较低，生存成为最迫切的需求，虽然有英国这样的先发国家，但世界整体上并没有感受到英国的环境状况，也难以意识到环境保护的重要性。其次，科学技术发展的水平在当时不足以解决环境保护问题，如果不开垦土地、不砍伐森林、不捕获大量的海洋鱼类，把生态系统保护起来，那么人类的日常衣食住行怎么解决？只有到了农业生产足够先进，有能力将生态系统的产品和服务价值变现，才能停止对环境的破坏。卡森时代，生物学和生态学、农业科学、化石能源的开发技术等，已经能做到这一点，但就在此前不久的时候却是难以想象的。最后，全球化进程使得信息更加畅通，若非通信的发达，人们怎么知道杀虫剂制造商为了盈利而破坏农业生态系统、最终生态系统的毁坏又使得杀虫剂的使用变得毫无意义？人们弄清了农药、农田产量、天然生态系统、人居环境之间的关系，才有发表看法的能力。因此，20 世纪 60 年代，审视环境和生态问题的整个社会条件已经具备，卡森点燃的火焰是恰逢其时。

此后，人们的注意力还拓展到气候问题，环境和生态保护在气候变化下成效如何？人居环境未来将怎样受到气候的影响？气候变化是否引发更加剧烈的自然灾害？这些问题与环境和生态都是相关的。20 世纪 70 年代，人们担心不久的将来冰期会再次光临，农业生产下降、燃料供给不足，如何度过冰期的干冷？但不久，又出现了全球变暖的看法，引发新的担心。如今，“应对气候变化”已成了国际热点。

通过国际法途径，协调全球的行动，以解决环境、生态、气候问题，是 20 世纪 60 年代以来国际社会的努力方向（Gillespie，2007；Zacharias，2014；Daud，Saiful，2018）。联合国、政府间组织、各国政府合作制定了不少行动计划、公约，并据此设定目标，明确资金投入的指向；它们都是针对全球的，而不是仅仅针对海洋。人们习见的计划和公约、目标任务以及运行方式举例如下：

- 联合国教科文组织《人与生物圈计划》（*The Man and the Biosphere Programme*，MAB）：1971 年启动，1995 年设立，但没有订立公约等法律文件，构建“生物圈保护区”，以实现遗传资源保护。
- 《国际重要湿地特别是作为水禽栖息地公约》（*Convention on Wetlands of Importance Especially as Waterflow Habitat*）：1971 年订立，通常简称为《拉姆萨尔公约》（*The Ramsar Convention*），评选“国际重要湿地”。
- 世界自然保护联盟、联合国教科文组织等《世界遗产公约》（*The World Heritage Convention*，WHC）：1972 订立，构建“世界遗产名录”（包括世界自然遗产和文化遗产），申报条件要求高。
- 南极研究科学委员会《南极条约》（*Antarctica Treaty*）：1959 年签署，1961 年生效，构建“南极海洋特别保护区”，根据《保护南极动植物议定措施》（1964）、《南极海豹保护公约》（1972）、《南极海洋生物资源保护公约》（1980）、《南极矿物资源活动管理公约》（1988）和《南极环境保护议定书》（1991）等法律文件而执行。
- 国际海事组织（International Maritime Organisation，IMO）：根据《防止海洋油污染国际公约》（1954）、《海上人员安全公约》（1960）、《指定特别区域和确定公共安全保障区准则》（1991）等文件，鉴别“海洋特别敏感区”，目标是免受国际航运可能带来的威胁。
- 联合国粮农组织和国际渔业组织的各种协定：根据《世界渔业罗马共识》（1995）、《负责任渔业行为守则》（1995）、《国际捕鲸管制公约》（1946、1956、2016）等文件，通过设置禁渔期等措施保护特定的海洋物种。

• 联合国《21 世纪议程》(*Agenda in the Twenty-First Century*)：1992 年通过，确定全球尺度的可持续发展目标，列出相应的任务，由联合国协调进行。

• 巴黎气候协定(*The Paris Agreement*)：在《联合国气候变化框架公约》(1992)、《京都议定书》(1997)基础上，2016 年签署，目标是要将全球平均气温较前工业化时期上升幅度控制在 2℃以内，明确不同国家的义务。

《人与生物圈计划》的目标是通过“生物圈保护区”的建立，系统化地原地保护生物遗传资源。此项工作的倡议于 20 世纪 60 年代中期由科学家提出，1968 年联合国教科文组织以合理利用和养护生物圈资源的科学基础为主题召集政府间专家会议，确认保护遗传资源、濒危物种、栖息地和生态系统的必要性。1970 年，提出此项工作的方式是遴选“生物圈保护区”，1995 年批准该计划，确认生物圈保护区的核心功能是遗传资源保护、国际监测网络和地方可持续发展。

《拉姆萨尔公约》旨在通过“国际重要湿地”的设立，保护水禽栖息地。迁徙水鸟的栖息地往往跨越多个国家的范围，因此其保护需要国际合作。列入名单的既有淡水湿地，也有滨海湿地(低潮时水深不超过 6 m)。1971 年，在伊朗的拉姆萨尔召开“湿地及水禽保护国际会议”，该公约获得通过。《拉姆萨尔公约》于 1975 年 12 月 21 日生效，此后缔约国数量逐年上升，至今大多数国家已经加入，我国于 1992 年加入该公约。公约规定，每年的 2 月 2 日被定为世界湿地日。

《世界遗产公约》的订立缘起一系列事件，首先是埃及建造阿斯旺大坝的事件，该工程将淹没古埃及阿布辛贝神庙等古迹，1959 年，联合国教科文组织发起了国际保护活动，将寺庙拆迁，异地保护。接着，1965 年，人们建议设立世界遗产信托基金，负责管理世界上最重要的自然和人类文化遗址。最后，1971 年，由美国为首提交了《世界自然大会公约》草案，得到了联合国教科文组织和国际非政府组织联盟等的支持，1972 年获得通过。“世界遗产名录”是《世界遗产公约》的产物，入选后可获得联合国教科文组织的资助，但同时要求所在国家承担保护义务；入选门槛很高，在各国建立的保护区或保护对象中有资格列入世界遗产名录只有不到 1%，目标是保护具有突出普遍价值遗产地中的佼佼者。

《南极海洋生物资源保护公约》(简称《南极公约》)从 1962 年开始酝酿，拟设立“特别保护区”，此后又主张将南极洲及其周围海域指定为“第一个世界公园”,由联合国管辖;1980 年订立《南极海洋生物资源保护公约》,确定保护目标;1991 年订立《马德里议定书》,定义了 8 种不同类型的保护区。《南极条约》的宗旨是:为了全人类的利益,南极应永远专用于和平目的,不应成为国际纷争的场所与目标。截至 2006 年,有 45 个国家加入了《南极条约》,其中 29 个是协商国。我国于 1983 年加入《南极条约》组织,1985 年被接纳为协商国。

《21 世纪议程》是 1992 年 6 月 3 日至 14 日在巴西里约热内卢召开的联合国环境与发展大会通过的重要文件之一,是“世界范围内可持续发展行动计划”,涉及各国政府、联合国组织和发展机构、非政府组织和独立团体。其主题是经济、社会的可持续发展,在资源和环境方面,包括水土资源可持续利用、生物多样性保护、土地荒漠化防治、大气层保护和固体废物的无害化管理等目标。我国于 1994 年通过《中国 21 世纪议程》,为我国 21 世纪人口环境与发展重绘蓝图。

《巴黎气候协定》给出了全球共同追求的气候变化指标,按照拟控制的平均气温上升幅度,得出全球温室气体排放达到峰值、21 世纪下半叶实现温室气体净零排放的计算值。对于不同国家,设立共同但有区别的责任原则、公平原则和各自能力原则,鼓励向绿色可持续的增长方式转型,促进发达国家继续带头减排并加强对发展中国家提供财力支持,通过市场和非市场双重手段,推动所有缔约方共同履行减排贡献。这些方面是有一定积极意义的,但也应注意,关于温室气体对气候变化的影响,科学研究结果还有很大的不确定性(详见第九章)。

环境、生态、气候问题的重新思考对传统价值观的冲击很大,如对环境健康的重要性、技术遗产的继承、经济发展的新模式、人与环境的关系等;同时,也对地球科学的走向产生了影响,提高研究结论的可靠性成为科研成果应用的关键。

第二节 《联合国海洋法公约》

历经 30 多年的酝酿、谈判,《联合国海洋法公约》于 1982 年获得通过(联合国第三次海洋法会议，1996）。这是有史以来最为完整的国际海洋法文件，吸收了历史文献中的合理内容，兼顾联合国所有成员国的海洋权益，综合法学和自然科学的智慧，因而产生了巨大影响。但它仍然需要在执行中进一步完善，如涉及大陆架、边缘海的部分，还应融合新的科学和历史文化研究结果。

《联合国海洋法公约》的制定

海洋法的法理基础包括历史上存在过的国际公约、国际惯例、各国所能接受的国际法原理、法庭裁决和专家著述（Churchill，Lowe，1983）。如前所述，国际联盟时期的1930年海牙会议已有制定海洋国际法的动作，但没有结果。虽然如此，联合国成立之初就设立国际法委员会，1948年选举34位国际法专家担任委员，重启海牙会议业已开展的公海和领海立法工作。国际法委员会在1949—1956年多次举行会议，讨论了公海、邻海毗连区、大陆架法律地位等问题，1956年联合国提交了涵盖当时所有重要海洋问题的详细报告。此后，联合国以“联合国海洋法会议”的方式，推进立法工作。

1958年，第一次联合国海洋法会议召开，86个国家出席。通过了4个公约：领海与毗连区公约、公海公约、大陆架公约、渔业与公海生物资源养护公约。讨论的要点有领海宽度的沿岸基线绘制方法，12海里毗连区实施海关、财政、移民、卫生管制，海峡的无害通过权利等。前3个公约获得与会国家的批准，但对渔业与公海生物资源养护公约有较多争论。本次会议遗留的问题是领海宽度仍未达成一致。此时的思路与国际联盟似乎有些相像，即构建多个公约，每个公约针对一个较小范围的问题。

1960年联合国在日内瓦召开第二次海洋法会议，继续讨论领海宽度和渔业界限，提出6海里领海加6海里渔业区域的建议，但未获通过。第三次海洋法会议原本是要讨论深海海底问题的，但许多国家认为深海海底资源应为“人类共同财产”，因此不宜讨论各个国家的单独权益，而且新加入联合国的独立国家要求重新审视1958年通过的4个公约。因此，1970年举行的联合国大会作出决定，要制定一份综合性的国际公约。面对如此复杂的问题，此后的第三次联合国海洋法会议开成了马拉松会议，共有11期，直至1982年《联合国海洋法公约》获得通过。

1973 年联合国第三次海洋法会议第一期会议在纽约召开，重组了海床委员会，又形成了多个相对松散的工作组。很快，人们发现工作规模的扩大使得逐项投票表决的机制变得不可操作，因此同意按照“最大认同条款”的探寻流程来推进，无须正式投票。从 1975 年起，此流程被正式采用，几年后完成一系列谈判文档，对多个问题的意见趋向于一致，如领海宽度、领海法律制度、毗连区、大陆架、专属经济区、公海、科研和环境管理等，而对深海海床则仍有分歧。1982 年就《联合国海洋法公约》表决时，结果为 130 票赞成、4 票反对、17 票弃权。此后，不定期举行《联合国海洋法公约》缔约国会议，处理后续问题，最近的第三十三次缔约国会议于 2023 年 6 月 12—16 日在联合国总部召开。

1983 年，《联合国海洋法公约》中文本由海洋出版社出版。后来再次出版其中文和英文的合订本（联合国第三次海洋法会议，1996），并附定于 1994 年 11 月生效的“联合国海洋法公约关于执行第十一部分的协定”。

《联合国海洋法公约》的主要内容

《联合国海洋法公约》分为 17 个部分、320 条、9 个附件。第 1 部分为“序言”，简短地介绍了公约中所用术语的定义，但对正文中与科学术语不一致的定义（如大陆架）没有进行解释。接下来的第 2～15 部分是有关缔约国的海洋权益、责任和管理方法的 14 项法律制度。第 16 部分是缔约国的行为规范，有 5 条。最后，第 17 部分是相关机构、操作办法、仲裁、公约的生效和执行办法的规定。9 个附件提供了涉及公约执行的有关海洋环境信息、工作背景、操作性层面的运行办法等内容，大多是在 1973—1982 年间准备的附加材料。

公约的 14 项法律制度可分为三大内容：归属于沿岸国家的自然资源的范围、归属于人类共有的公海、环境保护与海洋科学研究活动。

首先，将占据总面积 40％的海洋区域按照领海、内水、毗连区、专属经济区、大陆架等进行划分[图 8－1(a)]，对所在范围的资源进行切割。各个范围的定义和资源分配方式如下：

● 领海（territorial sea）：最大宽度定为 12 海里，量算方法是从基线开始绘制其向海一侧的 12 海里距离的包络线，此包络线与基线之间的范围为领海；基线是最大低潮线位置的连线，可适当拉直，河口两侧可相连作为基线，海湾之处湾口也可以作为基线，但与河口不同的是湾口距离不得超过 24 海里[图 8-1(b)]；各国可在此范围内确定各自的领海范围；在领海范围内，所在国家行使全部主权，如海关、财政、移民、卫生等，他国船只可以无害通过。

• 内水(internal waters)：基线以内直到海岸线的范围，按照基线位置原则，如胶州湾就属于我国的内水，但南海北部湾不可能属于内水，因为其湾口宽度超过 24 海里。

• 海峡(straits)：涉及国际航行的海峡，如果航行的目的是从一个位于公海或专属经济区水域穿越到另一个这样的水域，且穿越海峡的航道为最便利者，则所有船舶和飞机均享有通行权利，以无害通过方式；为保障航行安全，海峡沿岸国可指定海道或规定分道同行制；马六甲海峡是国际航行海峡的典型案例。

• 毗连区(contiguous zone)：从基线开始最远不超过 24 海里的范围，沿海国在毗连区内可行使管制，包括惩治在领土、领海内实施的违法行为。

• 专属经济区(exclusive economic zone)：基线以外 200 海里以内的范围，沿海国拥有海底和水层资源使用权、人工岛建设、海洋研究和环境保护管辖权。其他国家有航行和设置海底电缆的权利。

• 大陆架(continental shelf)：大陆架如果延伸至 200 海里以外，则要测算其范围，200 海里外的一定沉积物厚度点的连线或陆坡底的连线，连线的每一

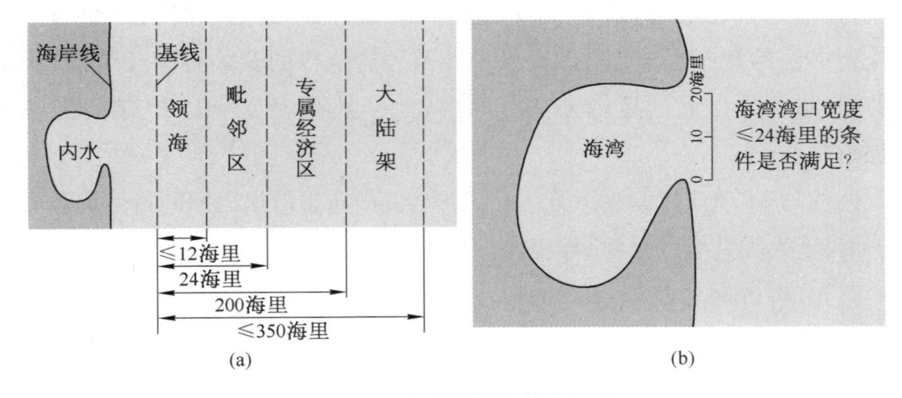

图 8-1　海洋划界的基本概念

(a) 领海、内水、毗连区、专属经济区、大陆架的定义；(b) 海湾基线位置的特殊性——所允许的最大连接尺度为 24 海里

段长度不超过 60 海里，但无论如何，不得超越 350 海里宽度或者 2 500 m 等深线以外的 100 海里宽度范围。沿海国对大陆架的权利是开发海底矿物或其他非生物资源以及定居生物资源，但开采时要向联合国缴纳一定的费用。

上述划分方案总体上是易于理解的，但也要注意以下几点。① 有关"大陆架"的定义与海洋地质学给出的定义(参见第三章)不同，前者是以沉积物厚度和陆坡底部地形为判据，目的是为了海底矿产资源管理的便利，而后者是基于大陆架地形的。值得指出，公约中的大陆架界限也需要详尽的海洋地质学数据才能确定。② 群岛国是另一个值得关注的问题，按照公约的规定，一个有多个岛屿构成的国家，也有基线、领海、内水、毗连区、专属经济区、大陆架的定义，但基线测算办法与大陆国家不相同，例如基线的长度放宽到 100 海里，甚至基线总长的 3%部分可达到 125 海里，基线的位置受控于岛屿分布形态而不是大潮低潮位。③ 如果一个国家在领海之外拥有海岛，那么该岛也拥有领海、内水、毗连区、专属经济区、大陆架，其基线位置的确定与该国沿岸一致。④ 只有通过狭窄通道才能与大洋相连的、缺乏公海面积的海域称为封闭海或半封闭海，如地中海、黑海。沿岸国在行使权利、履行义务时应采取合作方式解决资源争端。⑤ 没有海岸线的国家称为内陆国。内陆国有出入海洋和过境的权利，也有使用海港等的同等权利。⑥ 海洋权益的历史性问题，公约对此未进行深入讨论，但也暗示有些情形需要考虑历史因素。

其次，将海洋约 60%的面积归入公海，规定其资源属于全人类共有。公海的空间对所有国家开放，但必须用于和平目的，贩奴、海盗等违法行为则予以禁止。对于国际海底区域的资源，设立国际海底管理局，对区域内的资源开采等事务进行管理。该管理局已制定一整套管理办法和程序，各个国家如要参与资源勘探，需提出申请，批准后方能实施。按目前的规定，海底矿产勘探区作业完成后，应向联合国提交勘探报告，区域内的一半资源交还联合国，另一半再分为两半，一半归勘探国开发，另一半勘探国可付费开发，因此勘探国由于其勘察工作的贡献而获得 1/4 资源的免费开采权。

最后的一部分针对海洋环境保护、科学研究、海洋技术发展等问题，给出指导性的建议，特别是对欠发达国家提供科技援助的问题。海洋环境保护方面，各国应针对其领海、毗连区等管辖水域，以及公海水域，履行保护环境的义务，采取防止污染的措施，谨慎对待污染物倾倒和排放、引入新物种，鼓励全球性或区域性合作，交换研究资料，对发展中国家提供技术援助，如遭受环境损害，可起诉并获得赔偿。科学研究方面，各国都拥有研究海洋的权利，沿岸国应准许在其专属经济区和大陆架内进行不违反规定的科学研究，但进行科学研究不能成为权利主张的法律依据（如日本对钓鱼岛群岛进行的科学考察不能作为岛屿归属的依据），获得的数据、资料应向沿岸国提供，需建立国际合作框架。海洋技术发展方面，建立国家和区域性海洋科学和技术中心，在联合国管理机构局指导之下工作，提供技术训练和教育、训练设施和装备援助，派遣技术专家，帮助发展中国家。在上述方面，若出现冲突，应在国际合作、和平利用海洋的原则下，和平解决争端，必要时可采取第三方调解、强制程序（国际海洋法法庭、国际法院、仲裁法庭、特别仲裁法庭）等办法。

《联合国海洋法公约》的进一步完善

一个国家的海洋国土面积究竟有多大？这个问题涉及领海、专属经济区、大陆架区域范围的划分，在相当程度上要依靠《联合国海洋法公约》来解决。并且，联合国“国家管辖范围以外的海床和洋底区域及其底土以及该区域的资源为人类的共同继承财产，其勘探开发应为全人类的利益而进行”主张的可行性也需要先解决各国的海洋国土问题。我国是该公约的签约国，因此负有维护其地位的责任，并且作为联合国安理会常任理事国对公约的进一步完善，使之具有完备的可操作性，能够公正解决相关的国际海洋争端问题也负有责任。

划界有许多影响因素，是一项旷日持久的工作。例如，关于西太平洋区域划界的障碍，涉及自然条件、资源分布、经济发展水平、区域历史、国际关系、划界谈判的技术性等难题（Johnson，Valencia，1991）。这些问题妥善解决之前，虽然本区域多个国家都提出了各自的划界主张，但实际的划界谈判是难以成功的。划界中的资源和经济利益是关键（Ress，1990）；美国在公约问题上所持的立场就与此相关（Mangone，1977；Cicin-Sain，Knecht，2000）。仅就本区的自然条件这一项，就有不少与“边缘海”形成演化相关的问题。

在公约酝酿和成文之时，我国紧邻的黄、东、南海的特殊性尚未被国际科学界所深入认识，因此在公约中没有充分体现。现在我们知道，东亚地区的边缘海(从鄂霍次克海、日本海、东海到南海的一系列串珠状海盆)是全球海洋演化历史上的重要现象(参见第二章),对边缘海的地球物理过程和演化机制、地貌特征形成过程、海盆沉积及油气资源形成、海盆生产系统特征及控制因素、周边陆地所受极端事件(地震、海啸、火山喷发、风暴等)影响等要素对于《公约》的实施有重要影响。例如,当涉及边缘海盆洋壳性质和扩张中心位置、陆源沉积物厚度、海岸地貌变迁时,划界就可能产生多解性、欠公正,这正是黄、东、南海划界实践上经常遭遇的困难;这不仅是地球系统科学的问题,也是公约实施所面临的现实问题。

自从提出"边缘海"概念(Kuenen, 1950)以来,这一研究方向受到了学术界的持续关注。进入21世纪,我国南海的构造地质演化受到了很大的关注,人们开展了海洋地质、地球物理、地球化学研究,其应用目标中含有依据公约进行划界工作的科学支撑。但自然科学的研究成果如何转化为海疆权益的应用成果,到目前为止还是一个巨大的挑战。需要以理、工、文融合的方式,研究《联合国海洋法公约》实施所需解决的问题,例如:

● 珊瑚岛礁环境特征与自持力提升,如岛礁的地质演化特征(地质构造背景、生物造礁作用、波浪与风暴作用等后期改造);岛礁周边水域的物理海洋(潮汐、环流、水面波浪、内波等)条件;岛礁周边水域空间资源特征及用以进行食物和淡水生产的基础设施设计。

● 我国边缘海的资源潜力,如边缘海沉积盆地形成与油气资源规模的探测与计算方法;海底扇与生物礁油气资源形成过程;天然气水合物资源总量与分布格局;生物资源(捕捞业、养殖业、海洋药物、基因资源等)现状与动态;岛礁空间资源利用现状与潜力;旅游资源及开发利用潜力(海南岛旅游岛建设等)。

● 边缘海环境、生态保护,如边缘海环境演化过程及现状;珊瑚礁生态系统动力过程;岛礁潮间带生态系统演化(底栖生物、海草床、红树林、海岸沼泽等);海岸、陆架与边缘海盆生态动力耦合过程;岛屿生物多样性及其控制因素;人工生态系统过程及其可持续性;海岛生态系统与环境稳定性等。

● 根据公约划分"大陆架"的沉积物依据,如边缘海区沉积物来源与运移;东海及冲绳海槽沉积体系特征及分布;南海周边陆域的入海通量及演化;南海陆地、岛礁的"陆架"特征与沉积体系形成;边缘海主要沉积体系的规模、空间分布和演化历史;海底峡谷和海底扇的沉积物源汇特征等。

• 全球变化背景下的边缘海区域人类社会适应模式，如岛礁区海面变化影响和对策；边缘海未来台风(包括南海形成的局地台风)特征；岛礁区应对台风灾害事件的管理系统和工程设计依据；气候与海面变化下岛礁港口及其他基础设施功能的维持；岛礁管理体系等。

•《联合国海洋法公约》的自然科学和法理基础，如"大陆架"等概念体系与海洋科学概念的关系；边缘海地质特征与公约概念体系的可操作性问题；历史性因素的定义及其认定流程；依据边缘海研究成果的公约修订与完善建议等。

总体而言，像《联合国海洋法公约》这样的复杂法律文件难以一次性完成到位，其中各项条款的逻辑关系、科学性、可操作性需要在执行中逐步完善。可以预见，它将在未来经受多次修改，最终有可能为全部国家所接受并遵循。

第三节　全球海洋保护的呼声和行动

卡森《寂静的春天》出版之后，"拯救海洋"的呼声逐渐高涨，全球社会高度关注。一方面，海洋科学研究者论证了环境和生态危机的状况，联合国和其他组织提出了可持续发展的解决方案，刚性的管理措施有助于转变发展模式；另一方面，经济发展水平也是海洋环境和生态系统保护能否成功的关键。

拯救海洋

卡森(Carson, 1962)的主张很清晰：人类和自然界的微妙平衡体现在环境和生态系统上，我们必须认识到其价值，才能减少破坏。但实际的情形是，人类长期以来并不太重视，相反，已经造成了不小的破坏，以至于需要疾呼"拯救海洋"(Jeffreys, 1995)。

大量污染物年复一年排入海洋，造成水质恶化、近海低氧-缺氧现象、有害藻类暴发(参见第四章的描述和机制分析)。海洋渔业资源被滥用、酷捕，再加上生态位、食物网破坏，使得生态系统遭受损害(参见第五章的分析)。20世纪70—90年代大量文献刻画了海洋污染和资源破坏的事实。然而，这还不足以消除人们的疑惑：海洋这么大，怎么可能被人类所轻易破坏？从科学视角看，我们首先要明确所涉及的问题是什么时空尺度，此后可以通过海洋变化的速率来估算达到巨变所需的尺度，最后可以评估我们对变化后果的可接受程度。在 10 a 以内的时间里，人们确实不会感受到很大的变化，每天海滩上的景象都差不多，菜场里的海鱼也都很相像。但经过简单的估算，我们就能得知以目前的变化速率会导致什么样的结果。

自工业革命以来，人类在 100～300 a 时间里向海洋排放的污染物至少影响了 10%海岸带水域，我国的渤海、长三角和珠三角水域水质明显下降，缺氧范围扩大，赤潮频发，以至于国家每年都要以环境公报的形式报道环境情况。如果按照线性关系来预测未来趋势，那么 1 000～3 000 a 后上述状况将覆盖整个海岸带水域。考虑到污染物浓度受到海流扩散的影响，线性关系可能高估，但即使采用保守一些的对数关系，较强污染影响的范围也将在 10^4 a 尺度上达到全部近岸水域，而在 Ma 尺度上将覆盖全球大洋。我们人类的全部历史有 2 Ma 长度，此前并未造成太多的污染，而在第三个 Ma 将要发生如此大的变化，并且在世界文明历史的尺度上海岸带水域将全部处于污染状态，这似乎是难以被未来的人类所接受的。

海洋生态系统的变化也很快。全球海洋捕捞的产量在 20 世纪 40 年代后期为 18 Mt，转眼在 50 年后就上升到了 800 Mt，另外还有未计算在内的 24 Mt 的近岸渔业产量(Jeffreys, 1995)。关于我国渤、黄、东海的鱼类变化，中国海洋大学的鱼类学家陈大纲教授曾告诉我们，在他数十年的研究生涯里已经目睹了多个物种的消失；据报道，中国对虾、海蜇、海鲈鱼、半滑舌鳎等已从渤海湾消失多年，近年来试图以人工增殖放流方式恢复资源，而过去夏季进入长江产卵的东海鲥鱼、刀鱼以难觅踪迹，野捕大黄鱼也变得十分稀少。在全球范围，海洋生态系统中的物种灭绝的认定是一项困难的工作，某个物种在某一区域的消失不一定表示在全球范围的消失，但评估研究表明，仅东太平洋热带水域的濒危物种就有约 200 个(Polidoro et al., 2012)。晚更新世以来确认已灭绝的海洋大动物有 15 种，但究竟有多少已灭绝的物种尚不能确定(Vermeij, 1993b)。

未来，如果环境和生态条件进一步退化，则列入濒危物种名单的数目将快速上升。假定所有海洋物种中每 100 年有 10 个物种灭绝，会对生态系统产生什么影响？在地质历史上，产生新物种的平均时间尺度为 1 Ma，因此这意味着灭绝的速率要高出 1 000 倍。据此计算，1 Ma 后灭绝将达到 10 万种，而整个海洋目前已知的总数约为 20 万种，即 50%灭绝比率，与地质历史上发生的主要灭绝时间相当。若将假定值下降至每 100 年灭绝 1 个物种，1 Ma 后的灭绝比率也有 5%。人类历史的第三个 Ma 中，如此显著的生态系统变化是令人震惊的。

综上所述，卡森和后来众多研究者的担心不是多余的。虽然当下人类社会还不至于由于环境和生态危机而崩溃，但其变化速率高，未来的风险已经显现。人们确认情况的严峻性，而且这是一个国际问题，任何国家都难以单独解决。

解决方案

明确全球海洋保护的必要性之后，接下来需要制定解决问题的方案。20 世纪后期人们提出的对策，包括理论原则、管理措施（立法和规划等）、公众教育、绿色技术、经济转型等内容。

首先，全球海洋保护是一个国际政治问题，需要在联合国指导下来应对。联合国属下的世界环境与发展委员会发表调研报告（World Commission on Environment and Development, 1987）指出，当下全球各国的发展模式是不可持续的，表现为资源衰竭、环境恶化、生态破坏、自然灾害加剧，发展中国家与发达国家贫富差距加大，温室气体排放导致海面上升，而军备竞赛进一步消耗资源。该报告确认环境和气候是国际政治问题，为此需要酝酿一个联合国可持续发展计划，即后来形成的《21 世纪议程》，以新的理念和模式处理资源、食物、生态系统、能源供给、工业与城市问题，实现可持续发展。这个问题的国际政治性质，被表述为“生物圈政治”（Rifkin, 1991）。在国际安全上，过去的安全概念导致个人更加脱离自然环境，城市与自然环境更加隔离，片面强调国家的防卫能力，结果使人类居住的环境越来越不安全了。因此，新概念要将环境安全纳入。《生物圈政治》的作者认为，生物圈政治融合了战后的经济公正性运动、环境运动（包括动物权利、可持续农业等）和联合国政治改革运动，重在对生态资源的保护，把地球理解为一个活的生命体，因此要改变现行的政治经济学格局。过去是为了分配资源而建立权力关系，今后要为了生态健康的目的而调整权力关系，寻求生态系统的可持续性。

“海洋可持续发展”是在全球人口爆炸、资源短缺、环境和生态恶化的背景下提出的一个理念。按照传统的生活模式，少则一个世纪，多则几百年，海洋将无法继续支撑下去，而环境污染和生态系统的崩溃最终也会导致人类生活方式的崩溃，所以很多年前一些学者就提出了“拯救海洋”的呼吁。然而，对于这个理念的内涵，人们的理解有较大的差异。不少学者试图给它下一个定义，到目前为止，定义已给出了很多，但其含义却仍然模糊，其内涵主要有以下几点。

第一，经济和社会要有新的运行模式，人们要追求新的高品位生活。市场和商品价值要有新的计算方法。比如说，超市出售人工养殖大黄鱼，传统上其价格是由生产成本和利润、再加一点市场竞争因素而决定的。实际上，生产过程还涉及对养殖环境的影响，为了治理养殖水域环境、补偿生态损失，必须追加一些资金投入，这也应计入成本。在生活方式上，过去人们在客厅里摆放珊瑚或贝壳，被认为是一种高雅的方式，但如果家家都这么做，那么整个海南岛沿岸的珊瑚就会被破坏殆尽；从生活品位上说，每个人如果能实际地看到现实生态环境中的珊瑚，则要比观看到桌上的死珊瑚骨骼更加愉悦，所以参观海洋馆或进行实地考察比收藏珊瑚、贝壳更有品位。

第二，要有得当、有效的管理措施，如《联合国海洋法公约》、国际环境法(Gillespie，2007；Wewerinke-Singh，Hamman，2020)的法律文件支撑和《21世纪议程》等总体规划文本。环境和生态的破坏，往往是由于管理细节的失误而造成的，因此精细化管理极为重要，渔业资源的破坏作为一个重点案例被分析(Jeffreys，1995)。在《联合国海洋法公约》的总体框架中，公海为全人类所有，但这个原则在执行时却走偏了，人们过度强调大洋部分的自由捕捞，这些鱼是无主的，因此可以随意滥捕。他们对捕捞获得的利益有兴趣，但对生态系统培育缺乏兴趣。虽然管理部门对捕鱼所用的技术、最大捕获量、进入渔场的限制等都有规定，但在捕捞证的发放上过于宽松，导致大量渔船涌入，酷捕状况严重。不当捕捞方式也对鱼类产生了很大的影响，如网眼过小破坏了幼鱼生长周期。海岸带渔业在管理放任的情形下资源被迅速滥用和破坏，但在海岸带水域纳入个人资产的措施下，资源的拥有者会善待渔业资源，因此起到保护作用。

第三，公众教育的主要目标是转变公众的生活方式。阐明科学研究所确定的基本事实和背后的机制，可以帮助人们弄清为何传统经济是不可持续的、有何后果、为何环境和生态需要保护，从而以新的生活态度来对待自然界。例如，海岸上的美丽珊瑚，若被摆放在每家的客厅里，那么就意味着热带沿岸珊瑚礁的破坏，所以最好还是留在原地，少量采集的标本应满足真正的科学研究，对珊瑚有兴趣，可去博物馆参观，喜欢珊瑚，可购买一件人工替代品，人们一旦接受这样的教育，对自然环境的态度必然会发生转变。此外，科学以外的教育方式也很重要，如从伦理角度指出动植物也有与我们人类一样的生存权，甚至应该被尊重，也能获得不少的赞同。这种说法显然与第七章中为了发展经济而需要保护生态系统的论证思路、前述的可持续发展条件的论证均不相同。

第四，发展绿色技术，替代原有的海洋工程，有助于海洋保护。海洋经济开发涉及许多基础设施建设，如钻井平台、港口码头、海堤、桥梁等。传统工程方法主要是基于物理学的，使用大量的人工材料（钢材、水泥等），抗击水流、波浪等自然力的冲击。传统工程在两个方面可能影响环境和生态：一是人工材料的制造本身要消耗物质资源，改变环境，影响其中的生态系统，如铁矿和石灰石开采改变山体形态；二是物理结构加入海洋环境，可改变所在地点的物理、地球化学和生物生长环境。如果此类工程过多，则会产生累加的效应，而如果其中的一部分可少用或不用人工材料，则会减少其负面影响。第三章里提到的绿色海堤技术（高抒等，2022）就是绿色技术的一个案例。此外，生产过程也应根据绿色技术原理，减少能源和原料损耗，并且减缓对所在地点的环境影响，如一座化工厂看上去貌不惊人，没有液体气体泄露，而另一座生产同样物品的工厂却烟囱林立，四处冒烟，这就是绿色和非绿色技术的差别。

第五，围绕环境和生态的经济转型要纳入区域发展规划。人们的观念和生活方式一旦改变，商品结构也会随之而变，生产什么、生产多少、质量如何，均需要市场调整，这是一种经济转型。但是，绿色 GDP 概念带来的转型有着更加深刻的影响。绿色 GDP 是从传统意义上的 GDP 中扣除由于环境污染、自然资源退化等因素造成的损失成本后的生产总值。例如，滨海湿地具有产品和生态系统服务价值，如果利用该地来建造化工厂，那么在化工厂的总收入中要扣除一块作为对滨海湿地价值的补偿，因此这项经济制度是有利于滨海湿地保护的。出于经济上的考虑，经济转型会朝减少对环境、生态影响的方向发展，也因此形成了发展新技术的驱动力，使得转型变得更加明显。

海洋保护与经济发展的互动关系

以牺牲环境健康换取经济增长是不可持续的，但经济增长却是海洋保护本身是否可行的关键因素。一个经济社会发展落后的地方，海洋保护的目标也会落空。我们可以从滩涂渔业与市场、生态系统健康关系的一个案例来说明。

江苏海岸有着宽广的潮间带湿地，落潮后出露的滩涂宽达 6 km 以上。当地有一个悠久的传统，要在低潮期间到滩涂上捕获鱼虾蟹贝，其实是近岸滩涂渔业的一种形式，当地人称之为“赶小海”。在如东海岸一个叫作北坎的地方，形成了赶小海活动的固定形式：一条供拖拉机通行的路从海堤一直延伸到滩涂的核心部位，低潮位之前人们搭乘拖拉机下滩，到达作业地点时潮水恰好退去，人们开始忙碌起来[图 8-2(a)]。几个小时后，潮水开始上涨，人们带着渔获返回海堤[图 8-2(b)]，此时前来收购的鱼贩们早已在堤上等候，文蛤、泥蟹、小虾、弹涂鱼等，就地完成交易[图 8-2(c)]。在沿海省份的其他地方，赶小海的活动也很普遍[图 8-2(d)]。

问题是每天从滩涂上新长出的鱼虾蟹贝是否足以维持赶小海活动？什么因素控制了赶小海的人数？赶小海对潮间带生物和生态系统产生什么影响？这些问题对于潮间带生物能否在这个环境生存至关重要。

支撑赶小海活动的生物量 M 与潮滩初级生产 P 之间的关系可表示为（两者的单位均为 t/a，即每年产出的物质量）：

$$M = kP \tag{8-1}$$

式中 k 代表生态系统中营养级转换的系数。潮间带的初级生产主要是来自盐沼湿地，部分来自涨潮时的外海输入。

另一方面，赶小海的年产量 L、赶小海的人数 N、人均年产量 Q 之间的关系为

$$L = NQ \tag{8-2}$$

由此可见，如果 $L < M$，则赶小海活动是能维持的。赶小海作为一种经济活动，每个人从中所得应与当地的平均收入水平有关，如果他们的收入低于此水平，则从业人数将减少，反之将增加。因此，赶小海的人数实际上决定于当时

(a) (b) (c) (d)

图 8-2 我国沿海地区的潮间带渔业

(a) 滩面拾取文蛤(2013 年 8 月 5 日);(b) 江苏如东海岸赶小海的人们(北坎海堤,2012 年 8 月 18 日);(c) 江苏如东海岸北坎海堤赶小海结束时的海产品交易现场(2012 年 8 月 18 日);(d) 广东雷州半岛赶小海归来的场景(2022年7月12日;广东海洋大学李高聪惠赠)

市场情况。若生产者人均收入为 G、渔获产品的单价为 S,则有如下关系:

$$NG = SL \tag{8-3}$$

从中可以看出,如果要让从业人数及其收入与 SL 之间达成平衡,则要么价格稳定和产量上升,要么产量不变(即市场需求不变)价格涨落,要么价格上涨产量下降。后一种情况在资源枯竭的时候最容易发生,如长江刀鱼在极为罕见时,价格升到了天价,此时捕捉刀鱼虽然产量很低,但仍会有人去做此事,这其实是生态系统崩溃的标志(即 $L>M$ 的情形)。

现在假设当地的经济发生了变化,使得全社会平均收入高于赶小海的收入，并且在改变生活方式的社会风尚下人们愿意保护湿地生态而不愿吃高价的滩涂渔产品，此时，根据式(8－3)，从业人员将会减少，因为他们会倾向于转到收入更好的岗位去工作。当经济发展到足够好，最终所有的从业人员都会离开，赶小海将成为历史，潮间带的生态系统所受的干扰将会消失。上述滩涂“赶小海”与市场、生态系统健康的关系表明，若经济发展水平低下，则赶小海将始终是当地人的一种生计，潮间带生态系统所受的压力将逐渐增大直至系统崩溃；而若经济发展到一定水平并持续发展，则赶小海的人数将下降直至消失，潮间带生态系统将恢复其自然状态。

第四节　海洋保护区制度的建立和完善

我国有很多重要的珊瑚礁、红树林、盐沼湿地、基岩岛屿等独特景观，已按照国家级自然保护区和地方自然保护区的形式给予保护。这是重要海洋环境和生态系统保护的刚性管理措施的组成部分。国际上也早已建立相关的制度，如根据《拉姆萨尔公约》设立“国际重要湿地”、根据世界遗产公约设立“世界自然遗产地”等，这些制度是针对全球陆地和海洋的，对海洋保护区(marine protected areas)建设具有重要意义。

自然保护区、国际重要湿地和世界自然遗产地

我国对自然保护区建设极为重视，1956年全国人民代表大会就提出了建立自然保护区的问题，1994年颁布《中华人民共和国自然保护区条例》。建设了第一批国家级自然保护区和地方级自然保护区(包括省、市、县三级)。我国的自然保护区内部大多划分成核心区、缓冲区和外围区：核心区严禁外来干扰；缓冲区可准许进入从事科学研究观测活动；外围区可进行科学试验、教学实习、参观考察、旅游，以及驯化、繁殖珍稀、濒危野生动植物等活动，还可有少量居民点和旅游设施。在批准建设的国家级自然保护区有多个属于海洋保护区，其中与滨海湿地环境相关的占多数。

在国际上，保护区的目标和类型有多种。国际重要湿地的遴选是依据湿地的典型性、稀有性或独特性，或者在支撑湿地和水禽生态系统上的国际重要性，具体的定性、定量标准有9条。我国于1992年签约加入《拉姆萨尔公约》后，快速推进湿地保护事业，到2022年拥有901个国家湿地公园、600多个湿地自然保护区、2 000多个地点，《中华人民共和国湿地保护法》也于2022年6月1日起施行。我国湿地自然保护区中有60多个已入选“国际重要湿地”。与国际重要湿地相比，世界自然遗产地有更高的标准，尽管如此，我国也已经拥有了滨海湿地类型的世界自然遗产地；2019年批准的世界自然遗产中国黄(渤)海候鸟栖息地(第一期)涵盖了盐城沿海滩涂珍禽国家级自然保护区和大丰麋鹿国家级自然保护区。

我国部分与海洋环境相关的国家级自然保护区的批准年份、地理位置、面积、保护对象、国际重要湿地/世界自然遗产地情况如下所列：

• 天津古海岸与湿地国家级自然保护区(1992)：天津市滨海地区，240 km^2，贝壳堤、牡蛎滩古海岸遗迹和滨海湿地。

• 黄河三角洲国家级自然保护区(1992)：山东省东营市，1 020 km^2，新生湿地生态系统和珍稀濒危鸟类，国际重要湿地(2013)。

• 长岛国家级自然保护区(1982)：位于山东省烟台市，33.5 km^2，珍稀动物和候鸟迁徙停歇地。

• 滨州贝壳堤岛与湿地国家级自然保护区(2006)：山东省滨州市，290 km^2，贝壳堤岛和滨海湿地。

• 荣成大天鹅国家级自然保护区(2007)：山东省威海市，70 km^2，大天鹅和湿地生态系统。

• 昌黎黄金海岸国家级自然保护区(1990)：河北省秦皇岛市，300 km^2，沙丘、沙堤、潟湖、林带和海洋生物等构成的砂质海岸景观。

• 大连斑海豹国家级自然保护区(1997)：辽宁省大连市，4 480 km^2，斑海豹及其生态环境，国际重要湿地(2002)。

• 城山头海滨地貌国家级自然保护区(1989)：辽宁省大连市，9 km^2，海岸地貌。

• 辽宁蛇岛老铁山国家级自然保护区(1980)：辽宁省大连市，60 km^2，蛇岛、候鸟及其生态环境。

●辽宁双台河口国家级自然保护区(1988)：辽宁省盘锦市，850 km^2，丹顶鹤、白鹤、河口湾湿地生态系统，国际重要湿地(2004)。

●九段沙湿地国家级自然保护区(2005)：上海市，420 km^2，珍稀动植物及湿地生态系统。

●崇明东滩鸟类国家级自然保护区(2005)：上海市，242 km^2，水鸟和湿地生态系统，国际重要湿地(2002)。

●盐城沿海滩涂珍禽国家级自然保护区(1992)：江苏省盐城市，1 648 km^2，丹顶鹤等珍禽及沿海湿地生态系统，国际重要湿地(2002)，世界自然遗产中国黄(渤)海候鸟栖息地(2019)。

●大丰麋鹿国家级自然保护区(1997)：江苏省大丰市，520 km^2，野生麋鹿，国际重要湿地(2002)，世界自然遗产中国黄(渤)海候鸟栖息地(2019)。

●南麂列岛海洋国家级自然保护区(1990)：浙江省温州市，200 km^2，贝类藻类生态系统，国际重要湿地(2002)。

●浙江象山韭山列岛海洋生态国家级自然保护区(2011)：浙江省宁波市，485 km^2，大黄鱼、鸟类等动物及岛礁生态系统。

●厦门珍稀海洋物种国家级自然保护区(2000)：福建省厦门市，220 km^2，中华白海豚、文昌鱼、白鹭。

●深沪湾海底古森林遗迹国家级自然保护区(1992)：福建省晋江市，31 km^2，海底古森林、古牡蛎礁遗迹。

●漳江口红树林国家级自然保护区(2003)：福建省漳州市，15.7 km^2，红树林湿地生态系统，国际重要湿地(2008)。

●内伶仃岛—福田国家级自然保护区(1988)：深圳、珠海、香港、澳门四地之间，6.1 km^2，岛屿和红树林生态系统。

●珠江口中华白海豚国家级自然保护区(2003)：广东省珠海市，460 km^2，中华白海豚栖息地。

●广东南澎列岛国家级自然保护区(2012)：广东省汕头市，238 km^2，海底地貌与重要珍稀濒危海洋动物与渔业种类近海生态系统，国际重要湿地(2015)。

●惠东港口海龟国家级自然保护区(1985)：广东省惠州市，18 km^2，海龟及其产卵繁殖地，国际重要湿地(2002)。

●湛江红树林国家级自然保护区(1997)：广东省湛江市，135 km^2，红树林，国际重要湿地(2002)。

• 徐闻珊瑚礁国家级自然保护区(2007)：广东省徐闻县，96 km^2，珊瑚礁及生态系统。

• 雷州珍稀水生动物国家级自然保护区(2012)：广东湛江雷州市，312 km^2，珍稀海洋生物及其栖息地，珊瑚礁、海藻场与红树林。

• 广西山口红树林国家级自然保护区(1990)：广西壮族自治区合浦县，53 km^2，红树林生态系统，国际重要湿地(2002)。

• 广西北仑河口国家级自然保护区(2000)：广西壮族自治区 20 km^2，红树林生态系统，国际重要湿地(2008)。

• 三亚珊瑚礁国家级自然保护区(1990)：海南省三亚市，85 km^2，珊瑚礁及其生态系统。

• 海南东寨港国家级自然保护区(1986)：海南省海口市，17 km^2，红树林，国际重要湿地(1992)。

• 铜鼓岭国家级自然保护区(2003)：海南省文昌市，86 km^2，热带常绿季雨矮林生态系统、海蚀地貌、珊瑚礁。

• 大洲岛国家级海洋生态自然保护区(1990)：海南省万宁县，70 km^2，金丝燕和海岛生态系统。

上述国家级自然保护区中有 14 个也同时属于国际重要湿地。应注意的是，国家级自然保护区和国际重要湿地的遴选标准并不重合，因此地方级自然保护区也可入选国际重要湿地，如广东省汕尾市海丰湿地(海丰鸟类省级自然保护区)、上海长江口中华鲟湿地自然保护区于 2008 年被批准为国际重要湿地，天津市北大港湿地自然保护区于 2020 年入选(左平，2023)。另外，广州市海珠国家湿地公园、广东深圳福田红树林湿地、广西北海滨海国家湿地公园于 2023 年世界湿地日这一天入选国际重要湿地。可以预计，今后我国的国际重要湿地还将持续增加。

保护区之外地貌与环境保护的重要性

海洋保护区制度建立之后，国际社会和政府管理部门均会投入资金，力求达到海洋保护的目的。那么，这是否意味着海洋保护区以外的地方可以放松保护措施甚至随意开发资源？答案是否定的。国际重要湿地的持续增加，说明现有的保护区还不能充分满足需求，海洋保护区需要继续提升和完善。尚未列入国际重要湿地的地点不等于不重要，也不等于未来不能列入。如果开发活动缺乏严格的管控，就可能造成难以挽回的损失，海南岛西北部海岸的案例可以说明这一点。

海南岛西北部以基岩海岸为特征。基岩海岸是坚硬岩层直接与海浪接触的海岸，经常伴随着高耸的悬崖（Trenhaile，1987；Sunamura，1992）。有的地方的基岩是来自火山喷发的熔岩。在热带区域，基岩海岸还往往是珊瑚礁生长的地方，我们已经知道，珊瑚礁是生物礁的一种主要类型（Fagerstrom，1987）。在我国，既有火山岩基岩海岸，又有珊瑚礁的地方不多，主要分布在琼州海峡两岸。海南岛西北部是巍峨的火山海岸，岸边生长着珍贵的珊瑚物种。

20 世纪 80 年代，科研人员前往海南岛洋浦港做野外工作，任务是对交通部委托的洋浦港建设作可行性调查。洋浦港周边的火山海岸和珊瑚礁很快引起了他们的注意。现场踏勘中，他们在洋浦港以北的德义岭和神尖有了重要发现。

德义岭是一座玄武岩火山，海南岛北部在全新世时期有过大规模的火山喷发，形成了众多火山口和大面积的玄武岩台地。德义岭火山口为一直径约 250 m 的凹地，雨季时里面有短暂积水。当时正值旱季，积水都干涸了。整个山岭的地势是东缓西陡，除西南部范围之外，到处可见玄武岩块，可见当时的熔岩是流向北、东、南三个方向的。往西是海岸的方向，离开植被稀疏的火山口往西，这里的地面上并不出露玄武岩，而是层状堆积体，层厚达几厘米，呈现出“水平层理”，物质为粗砂、细砂，分选较差，颗粒有棱有角。这不是水环境中形成的沉积层，而是火山凝灰岩。可以想见，当时熔岩喷发时正好伴随着东北向的大风，于是喷出的颗粒物落下来集中在火山口的西南侧堆积。

离开火山口不久，凝灰岩消失了，地面上重新被玄武岩所取代。莲花山以西的海边有一座灯塔，其南面就是地图上所标注的“神尖”。远远看去，神尖是一座只有十几米高的小山丘，像一个海蚀柱，孤独地挺立在海蚀崖前。等到科研人员走近时，发现海蚀崖壁上出露的地层不是火山岩，而是海滩沉积！

在神尖四周观察，海滩沉积的特征是再明显不过了，沉积构造为平行层理，是典型的海滩堆积，而且其中含有大量的贝壳碎屑。神尖的顶部堆积体较坚硬，色红，似乎被高温烘烤过。海滩沉积被抬升了十多米，这应该是与火山喷发有关。可以想象，玄武岩浆曾在海滩上流淌，与海水接触后发出巨响，整个海岸一片雾气；再后来，火山物质继续上涌，把海滩沉积体顶了起来。然后，波浪又拍打在相对较软的海滩沉积体上，形成了海蚀崖和海蚀柱。

向学校报告这里的情况之后，南京大学的几位老师迅速来到这里，采集了神尖剖面上的样品，分析了其中所含贝壳的年龄，揭示了历史上发生的那一幕(曹琼英等，1984)。

当目光从神尖转向脚下的海滩和浅水区时，有了更加惊人的发现。海滩上布满了珊瑚碎屑，有些地方还有胶结的海滩岩，这是含碳酸钙的颗粒相互黏结在一起而形成的。滩面上的珊瑚碎块暗示水下一定生长着许多珊瑚。步入水中，即刻发现了一个神奇的水下世界！千姿百态的珊瑚生长在岩块上，还有一种过去未曾亲眼见过的珊瑚，它们有着扁平状的骨骼外形，平躺在岩块上，从圈盘的中心向周围放射状地伸出直立的薄片，像一朵朵盛开的花朵。没有想到，它们是没有根的，并不固着在一块岩石上，而是飘浮的。可以想见，如果有较大的波浪，它们一定会随着波浪水流漂移，这与其他种的珊瑚是大不相同的。事后查阅文献才得知，这种珊瑚称为“石芝”(参见图 6－13)，在海南岛是珍稀的物种。

但海岸开发改变这里的生态和景观。26 年后的 2010 年 3 月 27 日，重访神尖海岸，这里机器轰鸣，工人们正在用推土机把地面用一道道堤坝隔离起来，这不仅是对珊瑚礁生态的损坏，而且整个海岸的景观都要消失了。在围垦现场，有一些遗留的海滩堆积物，完全是由珊瑚碎屑组成的[图 8－3(a)]，按照骨骼的类型至少有几十个物种，可以想象这里的珊瑚世界曾经是多么繁荣！神尖，那座海滩沉积物构成的小山，现在怎么样了？“那就是神尖！”向着施工人员手指的方向看去，果然，是记忆中的神尖，但此时它已经不是被海滩、海蚀崖和珊瑚礁所环绕，而是孤零零地围在堤坝之中[图 8－3(b)]。神尖具有极高的审美和科学价值，如果能在围垦区内保护下来，今后必然成为本区的一个著名景点，成为所在园区的“镇园之宝”。海南岛火山-珊瑚海岸的自然遗产理应得到保护，留传给我们的后代。

对待海岸自然遗产，我们应时刻提醒自己，没有不值得保护的荒原，只有尚未建成的自然保护区、国际重要湿地、世界自然遗产地，没有已经保护得完美无缺的海洋保护区，只有需要不断研究、揭示出更多价值的生态系统。

(a)

(b)

图 8-3　海南岛西部海岸围垦的影响(2010 年 3 月 27 日)

(a) 原先生长珊瑚礁的水域被围垦;(b) 围垦工地上的神尖遗迹

江苏海岸湿地与自然遗产保护

盐城黄海湿地是我国首次申报成功的滨海湿地类型世界自然遗产。遗产地的正式名称为“中国黄(渤)海候鸟栖息地(第一期)”,含本区域的 5 个保护区,处于潮滩环境,其盐沼和滩涂湿地为东亚-澳大利西亚候鸟迁徙提供停歇地、换羽地和越冬地。遗产地第二期的申报正在进行中,最终将构成东亚-澳大利西亚迁徙候鸟的完整保护区。

潮滩是潮汐作用占主导地位的海岸类型之一,由潮上带(大潮高潮位以上)、潮间带(大潮高潮位至大潮低潮位)和潮下带(大潮低潮位以下)等三部分组成,其坡度很缓(Amos, 1995)。潮滩全世界广为分布,而盐城的潮滩有何独特之处?

强潮海岸与巨量物质供给

盐城所在的江苏中部海岸属于强潮海岸,最大潮差达到 9.4 m(出现在如东地区)。它与潮间带较缓的坡度相结合,将产生涨落潮时段进出潮间带的巨大水量,这意味着强劲的潮流。沉积物在这种水动力条件下发生剧烈运动,表现为潮滩所在区域的水体悬沙浓度上升,而高悬沙浓度的水体可以造成潮滩的高沉积速率。

这里也是细颗粒物质供给丰富的区域,历史上长江和黄河的沉积物都在本区入海,因此潮滩沉积物输运和堆积作用活跃,形成了宽广的潮滩(Gao, 2018)。在自然状态下,江苏海岸潮滩最宽的地方达到12 km以上。所以这一类潮滩以潮流速度大、悬沙浓度高、堆积速率高为特征。

沉积物的因素也可以影响潮滩形态,主要的控制变量是沉积物供给总量和粒度组成。沉积物供给总量较大的情况下,潮滩淤长速率较高,表现为高潮水边线迅速向海推进,而若沉积物供给率较低,则水边线推进变换。因此,在相同的潮差下,有快速淤长和缓慢淤长的潮滩。中国江苏中部海岸,在接受黄河入海沉积物的727年(1128—1855年)时间里,岸线推进了约50 km,相当于每年推进约70 m。

物质粒度组成,即物质来源中泥和砂的占比,对潮滩的形态有很大影响。在泥质物质占比较高的情况下,出于物质守恒的原理,由于砂质物质堆积于潮间带的下部(总体上也是潮滩的下部),因此潮滩上部的泥层就会相对较厚(Gao, 2009)。极端情形下,若外来物质完全是泥质沉积物,那么潮间带下部的砂质滩面可能缺失,整个潮间带被泥质沉积物所取代(Amos, 1995)。在这种情况下,潮间带的宽度较小,使得潮流流速也降低,细颗粒物质能够沉降。另一种极端情形是外来物质缺失泥质沉积物,此时,粗颗粒砂质物质的堆积使得潮滩上部由于缺乏泥质沉积而缓慢推进,而下部推进较快,潮间带宽度加大。虽然这两种极端的情况在自然界都有实例,但更多出现的是两个端元类型之间的过渡状态,是沉积物泥砂占比的空间和时间变化多样化的结果。江苏中部海岸的潮滩就是典型的过渡类型,在潮流作用下,潮滩下部(即潮下带和潮间带下部)为分选良好的砂质沉积,而潮间带中上部则为较厚的泥层,最上部为泥质沉积的盐沼(Gao, 2018)。

潮滩地貌与沉积的分带性

由于沉积分异作用,从潮间带的上部到潮下带沉积物的组成可以很不相同，因此在同一个潮滩体系中，可能形成很显著的地貌差异，因而也可以对此进行地貌单元的划分。江苏中部海岸明显地可以分为4种地貌类型：盐沼湿地、泥滩、泥砂混合滩、粉砂细砂滩。

盐沼湿地位于潮间带的最上部。值得注意的是，潮汐作用所能达到的最高部位是大潮高潮位，而实际情况是盐沼湿地最大高程往往会超出这个范围，其原因是风暴增水作用。风暴发生时，水位可超过大潮高潮位，导致细颗粒物质堆积于此高程之上。这个部位在平常天气下很难被海水淹没，因此主要的盐沼植被被淡水植物如芦苇（*Phragmites australis* (Cav.) Trin. ex Steud.）等所取代。进入潮间带，其上部仍然有一个范围是符合盐生植物生态位的。在这种情况下，盐生植物成为盐沼湿地的主要植物，如盐地碱蓬（*Suaeda salsa* (L.) Pall.）、英国米草（*Spartina anglica* Hubb.）和互花米草（*Spartina alterniflora* Loisel）。

在盐沼湿地外围的潮间带上部区域可以出现泥滩，无论大潮或小潮期间，此处均堆积泥质沉积物。再往下，有泥砂混合滩，这是由于大小潮的水动力条件差异所导致的堆积（Gao，2018）。大潮期间，砂质物质可被输运到此堆积，而小潮期间只有泥质物质堆积；从小潮转换到大潮的变化中，潮流作用逐渐加强，因此部分泥质沉积可被后续的大潮潮流所冲刷，因而在这个地带可以形成许多冲刷现象，如长条形或椭圆形冲刷坑。潮间带中下部，由于潮流较强，因此在一般悬沙浓度条件下难以发生泥质沉积物净堆积，高潮憩流期间堆积的泥质沉积会被后续的落潮流所侵蚀。这个地带以分选较好的砂质沉积为特征。低潮线附近，如果坡度加大，这些物质还可能受到低潮憩流期间波浪作用的改造，分选性进一步提高。

地貌单元的平面分布水平，实际上是垂向分异的表现。潮滩垂向分带性也在沉积单元上得到反映（图8-4）。从潮上带到潮下带，沉积物具有粒度分异；随着潮滩的逐渐淤长，沉积带也向海迁移。因此，潮滩上部的垂向层序中，展示出潮间带自上而下不同部位的沉积特征。在江苏海岸，潮间带上部的钻孔里依次可见盐沼、泥质纹层、泥砂互层层理、小型交错层理等沉积构造，代表不同地貌带的产物，分别对应于盐沼湿地、泥滩、泥砂混合滩、粉砂细砂滩。这样的沉积层序作为典型的潮滩层序，在地质剖面中是易于识别的（Reineck，Singh，1980）。

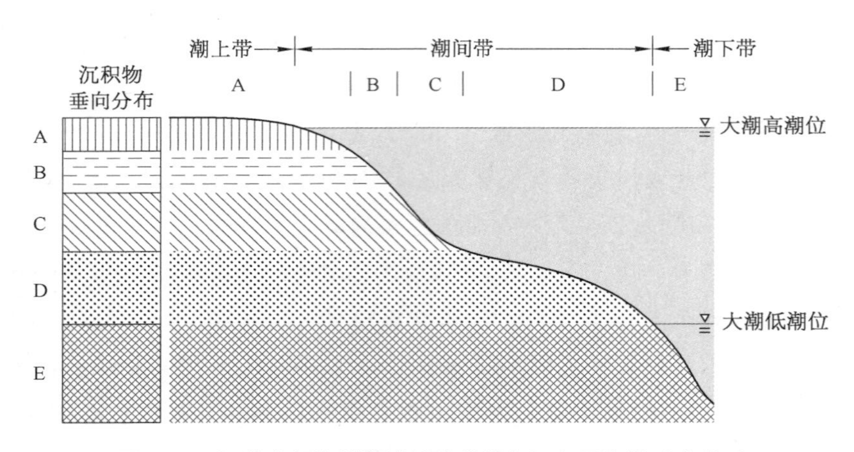

图 8-4　江苏中部海岸潮滩地貌分带与沉积层序的对应关系

A 为盐沼沉积；B 为泥质沉积；C 为泥砂混合沉积；D 为砂质沉积；E 为潮下带泥砂混合沉积

另外一个不可忽视的因素是潮汐水道体系的形成。它可发育成完整的排水系统，从潮间带上部开始，一直延伸到潮间带下部，形成一个复杂的树枝状体系。最终排入低潮线的是规模最大的潮汐水道，宽度可达 $10^1 \sim 10^2$ m 量级。次一级的水道注入主水道，可能由多个分叉级别，规模较小的水道通常称为潮水沟(tidal creeks)。潮汐水道的地貌形态也是有分带性的。在潮间带的上部，由于潮水沟切入泥质沉积物之中，因此其形态呈现出窄深形，经常发育有曲流形态。而在砂质沉积区域，水道通常呈现宽浅型，曲流形态逐渐被微弯或顺直形态所取代，入海位置相对稳定。上游潮水沟和砂质沉积潮汐水道之间的水道，有多种形态，有的横向摆动剧烈，形成突岸边滩沉积和凹岸陡坎；有的涨落潮流不一，形成尖角状弯曲；有的由于潮沟摆动造成局地的较大坡降而形成垂直于高一级别水道的新水道，并快速发展溯源侵蚀。这些现象在泥砂混合滩最为显著，潮滩沉积可以被剧烈改造，沉积层中的贝壳碎屑以蚀余沉积的形式聚集为贝壳滩。潮汐水道的沉积不同于前述滩面沉积，表现为各种侵蚀面、边滩倾斜沉积和高角度弯曲层理等，在沉积层序中能够识别出来。在空间上，潮汐水道沉积主要分布于水道摆动活跃的部位。

除垂向分带性之外，地貌、沉积分带也存在于侧向上，主要是沿岸方向上发生的潮盆系列。如果潮滩沿岸分布的范围较广，那么潮滩将由于自身地貌沉积演化的过程而分离为多个潮滩盆地，它们以潮水沟上部的分水岭为界，每一个潮滩盆地均与一个完整的潮汐水道体系相对应，类似于河流的流域盆地。所不同的是河流来自流域的分水岭区域，而潮滩盆地的水来源于潮汐。由于潮滩盆地在涨潮期间接纳一定量的潮水，因此也可称之为纳潮盆地。在这个盆地范围里，落潮期间所有的含悬沙水体都倾向于输入潮汐水道，尤其是在落潮的后期。这种输运过程与滩面形成鲜明对比。在涨潮时段，如果滩面被潮水淹没，那么滩面水流是沉积物输运和地貌改造的主要动力，但在落潮时段，由于“滩面归槽水”的作用，潮汐水道对地貌和沉积产生了很大的影响。总体效应是使涨潮沉积物向分水岭运动并堆积，造成分水岭附近地势的抬高，而潮汐水道入海口成为地势最低的地方。中、低潮位潮汐水道活动的整个范围内，底床的垂向加积速率要低于邻近滩面，因为这里悬沙的净输运是由陆向海的，正好与无潮汐水道的滩面相反。最终，潮滩盆地的宏观地形（表征为面积-高程曲线）达到一个与盆地大小相对应的均衡态。

潮滩地貌沉积演化

潮滩是一种淤积环境，淤长的快慢决定于沉积物供给的速率。外来物质供给率高，淤长就快，否则淤长就较为缓慢。如果沉积物供给率和泥沙占比为恒定，潮滩会如何演化？最终出现什么产物？基于物质守恒和原始倾斜地面假设的模拟结果显示，在潮滩演化的初期岸线推进较快，泥质和砂质沉积的分界线位置较高，潮间带的坡度较小；随着潮滩不断向海推进，由于泥砂比为固定数值，因此泥砂分界线的位置逐渐下移，造成潮间带的坡度加大，并由于水深的增加，向海推进后岸线淤长速率也降低了，滩面坡度则逐渐增大（Gao，2009）。这种演化的趋势最终表现为潮滩的生长极限，也就是说，在一定的沉积物供给和泥沙组分条件下，潮滩达到一定规模之后将缓慢生长，甚至不再继续生长，因为坡度的逐渐增大会引发波浪作用的增强，而波浪作用所造成的细颗粒沉积物输运方向与潮滩是相反的，将遏制泥质沉积物的堆积。当潮汐作用与波浪作用达到平衡的时候，潮滩就不能再继续向前淤长了。根据目前的水动力、沉积物输运堆积条件，江苏中部海岸潮滩的岸线将继续推进 10^1 km 量级，然后达到其生长极限。

如果沉积物供给中断，潮滩剖面将如何响应？此时沉积物出现亏损，整个潮滩体系就开始进入衰退阶段。既然潮汐作用导致沉积物向岸运动，潮滩为何会转淤为冲，其机制如何？答案是沉积物供给的中断破坏了潮汐作用能够持续占优的条件，而波浪作用却逐渐活跃起来(Gao, 2018)。换言之，潮滩转淤为冲不是立刻发生的，而是要经历几个不同的阶段。

(1) 初始阶段。沉积物在潮流作用下继续向岸搬运。由于失去了物源，潮流的搬运对象是原本已经堆积在潮下带的物质，潮下带从此由汇变源，潮下带物质损失使水深加大，不再能够有效消耗波浪的能量。于是波浪就能够传播到潮间带，对物质输运格局产生影响，即把潮滩的细颗粒物质带向岸外。波浪作用活跃起来，开始冲刷潮间带下部的粉砂细砂滩。

(2) 侵蚀发展阶段。由于波浪冲刷，潮间带中下部物质大量损失，其范围持续变窄。与此同时，潮间带上部深水过小，波浪不能传入，涨潮流带来的悬沙继续沉降，高潮位水边线继续推进，造成潮滩“下冲上淤”的现象(Yang et al., 2020)，加剧潮间带宽度的减小趋势，潮间带中下部侵蚀范围随之扩大。

(3) 全面侵蚀阶段。随着剖面的持续变陡和后退，波浪侵蚀作用达到潮滩上部，潮滩的泥质沉积部分遭受侵蚀。泥质物质在波浪作用下完全不能停留原地，受到整体的冲刷，岸线快速后退。如前所述，其形式通常是泥质沉积的基部被淘蚀，上覆块体崩落，形成冲刷陡坎(Kamphius, 2000)。如果潮滩堆积体里不含有任何较粗颗粒，则冲刷陡坎后退的机制可使泥质沉积体损失殆尽。此类冲刷陡坎不同于淤长岸段的盐沼边缘陡坎，表现在陡坎长距离持续后退、高度不断增加、潮间带物质亏损，岸线侵蚀后退所产生的地貌类似于基岩海岸的海蚀崖后退。江苏北部废黄河三角洲就是一个实例，1855 年黄河北归渤海，细颗粒沉积物中断，岸线转淤为冲，此后一直后退了 17 km(任美锷, 2006)。在有些区域，潮滩堆积体含有较粗的砂和贝壳碎屑等物质，经过波浪淘洗，以砂质海滩或贝壳堤的形式残留于高潮位附近。江苏海岸潮滩岸线历史上经历过长时间的后退，在海岸平原上形成的贝壳堤(Wang, Ke, 1989)成为潮滩曾经发育继而遭受侵蚀的证据。

沉积物供给中断后，潮滩剖面便经受波浪改造，最终产物将不再是潮滩，而是波浪地貌。这也暗示均衡剖面的概念只适用于砂砾质海滩，潮滩淤长阶段和蚀退阶段的剖面截然不同，似乎不具备产生均衡剖面的负反馈机制。

目前江苏中部海岸处于沉积物供给中断的情形，因此上述的地貌演化正在发生，这对于自然遗产保护是一个巨大的挑战。此前，潮滩的淤长也对盐城沿海滩涂珍禽国家级自然保护区的环境稳定性形成挑战，盐地碱蓬湿地地面淤高，减少了潮间带生物生产，影响鸟类的食物供给。原来的问题尚未解决，新的问题又出现了，潮间带中下部的侵蚀同样导致潮间带生物生产减少。未来世界自然遗产地的可持续性取决于环境稳定程度，如何防范高潮位淤积和中低潮位侵蚀带来的潮间带面积减小是核心科学问题。

第九章
海洋与全球气候变化

第一节　气候变化及其研究历史

从器测数据、历史文献记载、生物生长、地貌特征、沉积记录的分析可知，气候变化有不同的时间尺度。100 ka 的变化称为第四纪冰期-间冰期周期，此外还有 10 ka 级以下的周期，对人类社会的影响很大。其形成受到太阳辐射天文周期和海陆分布的制约，而洋流作用、温室气体排放、火山喷发等则提供了具体的主控机制。目前，人们最为关注的气候变化有两条通道：一是热能水汽传输，二是温室气体，后者与人类活动有关。

气候变化：概念与定义

什么是气候变化？一般是指在较长时间序列中气温、降水、湿度、光照等天气要素显示出来的周期变化。天气要素随时都在发生变化，如一天里的气温周期性变化。通常情形下年的时间尺度以内的这种短周期变化不称之为气候变化。发布两个月后的天气情况，是天气预报的范畴，不是气候变化预测的任务。

气候变化是针对时间的，至少要在大于年的时间尺度上，天气要素数据才能显示出气候变化。此外，地球的圆球形态决定了天气和气候还有空间变化，不同的纬度地带、离开海洋的远近，都会造成这种变化。在气候的时间尺度上，是用气候带这个概念来表达空间变化的，热带、亚热带、温带，还有地中海型气候等，是气候带的具体示例。在同一气候带内，气温、降水、湿度、光照等的变动范围是一定的，这与农业的关系特别密切，所以为农业服务的地理区划要以气候带为依据(任美锷等，1992)。

气候变量的时间序列可进行一些基本的数据处理，使之显示宏观特征。计算平均值是常用的办法，平均值可以按照天、月、季节和年的尺度来计算。例如，在年的尺度上，一个地点每年各产生一个平均气温、平均降水量、平均湿度、平均太阳辐射强度值。表达 10^2～10^3 a 的气候变化时，采用年平均值足以显示其细节；若要表达更大时间尺度的气候变化，则可使用更长时段的平均值，如 10^2 a 平均值。如果所用的数据覆盖一个区域，则需要先求出区域上的空间平均值，然后计算时间平均值。从气候变量的时间序列，可以分析气候变化格局。

总体上来说，时间序列可以分解为两部分(图 9－1)。一部分是长期的变化趋势，表现为增长、减小或平稳形态；第二个部分是波动部分，有一定的振幅和波长。当然，振幅和波长都有可能随着时间而变化的，称之为强度和频率的时间变化。以上两个部分叠加在一起，就是我们实际看到的气候变化。在理解日常生活中的天气现象时，应注意“变化”即表示趋势，也包含强度和频率变化。说到南方冬季大雪现象，人们会问，全球变暖为何会有这么大的降雪？对于此类疑问，需要从强度和频率变化方面解答：平均气温上升属于“变化”，气温的变幅增大也是，因此在全球变暖的情况下，虽然平均气温呈上升趋势，但由于变幅加大也可出现寒冷的冬天。

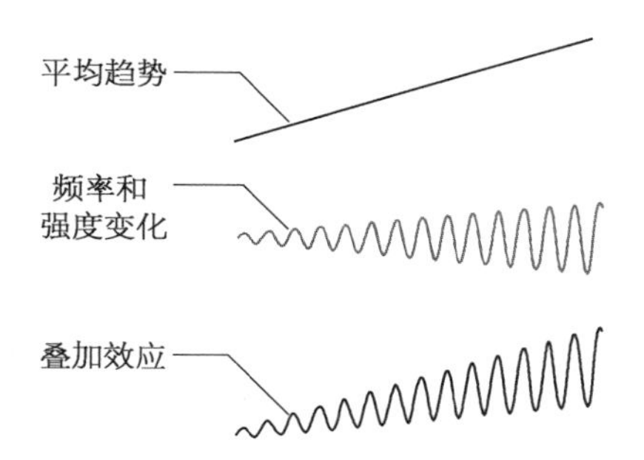

图 9－1 气候变化的趋势性、周期和强度及其叠加效应示意图

极端气候事件常见于报道。极端事件是否代表气候变化，要看极端事件本身的频率、强度情况。在气候稳定的时候，极端事件也会发生，如台风和暴雨。但在时间序列上，极端事件只是周期性(可带有一定随机性)地出现，其强度和频率稳定。但是，当气候发生变化，极端事件的频率、强度也随之变化，因此，如果某地多年来最大台风强度很少超过 12 级，但突然出现大于 15 级的台风频发现象，就应考虑是否是气候变化所导致的。一般情形下，把天气事件随意解释为全球变暖、变冷、变湿、变干，是缺乏依据的。

气候变化有不同的时间尺度，也可能是不同时间尺度变化叠加的结果。联合国政府间气候变化专门委员会(The Intergovernmental Panel on Climate Change, IPCC)提供的过去400 ka全球气候变化记录(图9-2)显示，主要变化周期为100 ka，最暖和最冷时期的温度差约为10℃，目前是处于温暖的一端，而最冷时期平均气温可下降10℃，那时地表的很大一部分面积可形成冰川或冰盖。同时，在100 ka周期内还有次一级的变化，其周期为10 ka量级，温度变幅为2～6℃。因此，气候变化研究首先要明确时间尺度，图9-2所示的是晚第四纪冰期-间冰期周期气候变化，周期为10～100 ka；在第六章，我们曾讨论过更为久远的地质史上的气候变化，其周期达到了10～100 Ma。

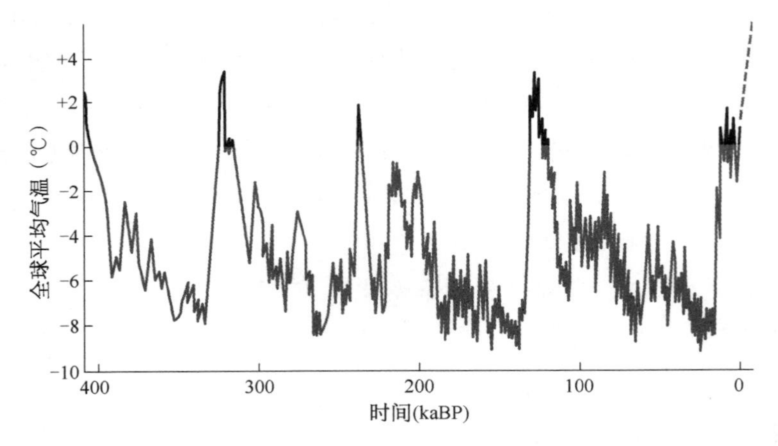

图9-2　联合国政府间气候变化专门委员会第4次报告(2007)给出的过去400 ka的全球平均气温变化(原始数据来源于Petit et al., 1999)

我们人类的历史记载较短，第四纪冰期-间冰期周期的时间要长得多，那么当初是如何意识到地球上曾经出现过长期气候变化的？回顾近200 a的气候变化研究历史，可以得到答案。

长期气候变化的证据

气候变化在我们人类生活的时间尺度上就能感受到。器测时代已有100～

200 a历史，早期主要通过气象站定时记录气温、降水、风速等要素，后来观测技术逐步改进，使用气球、飞艇、飞机观测高空数据，最后到 20 世纪 70 年代发展出卫星遥感技术，数据采集越来越完整，时空分辨率越来越高。在此期间，全球发生的多次短期变化都被记录在案，例如 20 世纪 10～30 年代的北极区域变暖(贝尔格，1947)、20 世纪末以来的全球变暖，以及近期的变暖短暂停滞(Caesar et al.，2018)，这些现象都是从器测数据中直接可见的。

把时间拉长到人类历史时期，气候信息可以从历史文献中气候情况记载、生物特征、地理环境特征记录等材料中提取(龚高法等，1983)。我国历史文献非常丰富，地方志、官方关于天气和灾害的记录(洪涝、风暴潮等)、个人记载(日记、笔记、游记、诗文集等)，其中信息量很大，但当时所用的语言表达主要是定性的，与现今语言有一些差别，但可以通过编码技术和相关分析，转化为天气要素数据。动植物生长与气候密切相关，如树轮的宽窄代表生长条件，它与气温、降水等因素相关；植物的生长节律或物候(新叶长出、开花、结果、落叶等)，其起始、结束时间、花和果的大小多少、植株形态等均受到当年气候的影响；生物生长的范围变化受控于生态位，而后者与气候有关，因此，也可以建立生物特征与天气要素之间的相关关系，竺可桢(1973)曾根据物候等数据，结合历史记载，探讨了我国 5 ka 的气候演变史。地理环境特征记录的分析也能获得有价值的信息，如我国清代的各河流流域都有地方官员提交的关于洪水受灾情况的奏折，将整个长江流域各地的奏折汇总后，可以发现长江洪水变化具有 60 年的周期性，这体现了梅雨强度的周期性(Gao，Wang，2008)。

以上数据的局限性在于时间序列过短，因时间尺度不够大，不能包含较大幅度的气候变化记录。正因为如此，在很长一段历史时期里，人们并不知道在更早的时候，曾经有过难以想象的剧烈气候变化。而长期气候变化的信息是从地貌和沉积记录获得的。

最早的发现始于欧洲阿尔卑斯山冰川遗迹的研究。19 世纪 30 年代及其以后，阿加西斯(Louis Agassiz，1807—1873)测量了冰川流动的速度，描述了冰川携带的沉积物(冰碛物)的特征，将分布于山谷冰川末端、边缘和并流中间的冰碛物分别命名为终碛、侧碛、中碛。根据这个堆积模式，他发现了许多现已消亡的冰川遗迹，据此推论，过去的冰川作用范围更大，那个时期属于冰期，而现在冰川规模小得多，属于间冰期(Agassiz，1838)。后人继续研究表明，不同的冰川遗迹有多期，形成于第四纪的不同时期(Penck, 1953)。由此建立了第四纪冰期-间冰期气候变化的概念。

阿尔卑斯山冰川遗迹无形中解决了别的地方的一个难题。地处英国北方的苏格兰，现在气候温和，适合于人类居住。19世纪初，当地人发现他们脚下的土壤比较特别，是颗粒很细的泥与大小形态不一的砾石的混合物，于是请教地质学家，谁知地质学家也被问住了，因为现实环境里很难解释此类土质的形成(Croll, 1889)。后来传来了阿尔卑斯山的研究结果，问题迎刃而解：泥砾石混合物是冰碛物，苏格兰的大地曾经被冰所覆盖。当时的冰川、冰盖就位于苏格兰高地，而冰碛物堆积于其边缘的海岸地带。与阿尔卑斯山相对照，人们逐渐发现，苏格兰史前曾经多次被冰盖所淹没，冰盖是大面积分布的巨厚冰层，比冰川的规模大得多。接着又生出了一些担忧：今后冰盖是否会重返旧地，再次覆盖人们居住的村镇？在这一问题驱动下，气候变化成为当时的时尚问题，不仅仅是地质学家，物理学家、化学家、生物学家，几乎所有的学科都加入进来，一直延续至今。

按照冰碛物的线索，研究人员很快发现，18 ka之前，欧洲和北美大陆大部分被冰雪所覆盖，这是最近一次冰期，所以其冰碛物保存良好。这个大冰盖可以解释不少过去难以解释的现象，如英国高度达500 m的山丘上沉积物含有海相贝壳，但这个时期海面并未达到此高度，用冰盖运动就易于说明了：来自欧洲大陆的冰盖，向西运动，经过北海的时候掘蚀海底，将海底物质转化为冰碛物，并推到山顶发生堆积(Croll, 1889)。这项研究传到我国，也吸引了众多的学者，李四光(1937)发现了庐山的冰川遗迹，此后又开展了我国西部地区现代冰川的大规模研究。

但冰碛物作为研究材料，也有其局限性：陆地很容易受到侵蚀过程的影响，因而冰期-间冰期的信息难以保存完整。于是人们转而研究地层中的沉积记录，试图建立时间序列。陆地沉积含有植物碎屑，通过种属鉴定，可确定植物的分布格局；另一方面，植物生长具有地理地带性，因此当地层中出现本来不属于当地的物种信息时，就可以判断气候条件的变化(Wallace, 1880)。关于动植物分布范围受到的气候影响，仙女木(*Dryas*)是一个典型案例，它是加拿大极圈地带的一种植物，夏季开出美丽的花，然而在13.8 kaBP和12.8—11.6 kaBP两个时期，仙女木生长范围向较温暖的地方扩展，研究者们由此发现了两次气候转冷事件。

海洋中环境稳定的地方可形成连续的沉积层序，可用于年代测定和气候信息提取。海水中氧同位素浓度与气候变化引发的海面变化有关，因此可用于构建气候变化的指标。到了20世纪70年代，人们成功地从深海沉积的氧同位素分析中获得了100 ka周期气候变化的确证(Hays et al.，1976)。图9-2所示的400 ka的全球平均气温变化也是以类似方法获得的(Petit et al.，1999)。在这一点上，海洋不仅是全球气候变化的参与者，也是其见证者。

长期气候变化的机制

英国学者克罗尔(J. Croll)可能是提出长期气候变化受控于海洋的第一人(参见本章“延伸阅读”部分)。他认为，长期气候变化有两个条件、一个机制，即天文周期、海陆分布、海洋环流机制(Croll，1875；1889)。天文周期的例子很多，地球自转一周24小时，产生昼夜周期；地球围绕太阳一周，需要365天，所以有年周期、季节变化。在更大尺度上，地球轨道偏心率(earth's eccentricity)每100 ka完成一个周期，地轴倾角(axial tilt)变化有41 ka周期，而地球相对于太阳运动的轨道平面和南北轴方位(precession of axis)也有23 ka的周期变化，还有其他的周期性变化，这些都影响太阳能通量和太阳辐射直射点位置，进而影响气候。

海陆分布影响海洋和大气的状态。现在的海洋，南北半球很不同。南半球陆地较小，海洋东西连通性好。北半球分布着地球上的主要陆地，太平洋、大西洋东西向互不连通，但各自南北向连通。因此南北半球的气候有所不同，南半球更加温和一些。假如把北半球的大洋改成东西向连通，南北不连通，那么气候就会大不同。可以想象海陆分布影响气候的一种极端情形：如果两极地区没有陆地，只有海洋，那么冰雪就难以积累起来，这是因为海水是流动的，冰雪不能固定在同一个地方，也就无法增厚。目前的地球，南极是大陆，北极虽然是海洋(北冰洋)，但周边有大片陆地，是可以形成冰盖的。要注意的是，尽管在地质历史上百万、千万乃至亿年的时间尺度上海陆分布经常发生变化，但在100 ka以内，海陆的位置变化不太明显，可以看成是固定的。

海洋有物理、化学和生物过程，克罗尔提出与物理过程相联系的洋流运动能提供冰期-间冰期变化所需的热能收支格局和水汽物质来源(Croll, 1875)。洋流将热能和水体输往高纬和极地海区，使得热能在全球海洋分布相对比较平均，若非如此，热带海洋的海水越晒越热，而高纬和极地的海水越来越冷，就不会有现在的气候。伴随着海水运动，相对较热的水体所到之处，大气中的水汽含量随之上升，可以增大降水量。克罗尔没有重点关注的是化学和生物过程，海洋中有大量生物生长，不停地发生太阳热能、水汽和二氧化碳的传输、转换，而这些能量和物质都是与气候动态密切相关的。

关于洋流输送导致冰盖形成演化的具体情形，塞尔维亚科学家米兰科维奇(Milutin Milanković, 1879—1958)在其著作《太阳辐射造成的热现象及其数学理论》(1920)和《地球日照与冰期问题》(1941)中，特别关注太阳到地球的远近变化(100 ka 周期)、太阳光直射地面的范围和地点(23 ka、41 ka 周期)的效应(Cvijanovic et al., 2020)。地球表面接收的太阳热能与太阳的远近和阳光入射角度有关，因此天文周期提供了气候变化的能量条件，这与克罗尔(Croll, 1875)的理解相同。

米兰科维奇提出冰期的高纬度驱动理论，认为在高纬地区，降水表现为降雪，而如果冰雪融化量小于降雪，就会逐渐累积起来，而且冰雪改变了下垫面，使得热量平衡格局朝着有利于冰雪积累的方向发展；天文周期正好提供了上述条件。400 ka 气候记录(图 9-2)显示：与太阳能通量变化曲线相比，几种周期的变化确实存在，而且气候记录曲线显示上升和下降的不对称性(上升快速、下降缓慢)，快速变暖和缓慢变冷，反映出冰盖中的冰量是逐渐积累的，而全球降温需要冰盖发育到足够大，这些特征均与米兰科维奇理论相符。冰雪积累一旦发生，就能逐渐长成大型冰盖，冰盖在重力的作用下向纬度较低的方向运动，最后可覆盖整个大陆的大部分地区，地球进入冰期。对此，克罗尔(Croll, 1889)已经论证过了。

上述海洋作用、冰盖形成机制是形成冰期-间冰期周期的第一条通道，以太阳能的传输转换为核心。20 世纪后期，人们正在担心地球是否将要进入下一个冰期(参见图 9-2 所示的 400 ka 趋势)之时，关于气候变化的第二条通道即温室气体效应引起了热议(Dessler, 2021)。这是从大气物质视角得到的分析结果，与植物暖房一样，大气尤其是其中的甲烷、二氧化碳等气体可以截留太阳能。基于这一假说，主流的观点转为“全球变暖”，二氧化碳作为重要的温室气体组分，人为排放的数量巨大，人类排放的物质却导致对自己不利的气候变化，这种看法很有吸引力，为此投入的研究力量举世罕见。

上述的两条通路并非气候变化的全部（Emerson，Hedges，2008）。在地质历史上，火山喷发、小行星碰撞等极端事件对气候的影响也很大（参见第六章）。纪录片《地球起源》（How the Earth Was Made）介绍，冰盖消融与火山活动之间的关系还可能引发气候变化。大西洋北部的冰岛，12 ka 年前冰盖消融，数千米后的冰盖重压移除后，火山喷发加剧，到 1783 年及此后的一段时间，剧烈喷发的物质中含有大量二氧化硫气体，喷发总量达到 10^8 t 量级，在空气中形成红色浓雾，遮挡了阳光，使欧洲发生寒冷气候；1789 年法国大革命的发生可能就与此次寒冷气候事件有关，而且此次事件在世界其他地方，如印度和日本，也导致了气候紊乱，可能造成了全球 200 万人的死亡。

进入 21 世纪，以全球气候模型为核心的学科融合研究成为主流（Neelin，2010；Goosse，2015），虽然此前气候模型的研制早就开始了（Kutzbach，1985；Alcamo，1994）。在识别出气候变化的各个可能的通道之后，目前的问题是我们正在面临的气候变化主控机制是什么，回答了这个问题，未来的气候变化趋势和人类社会的应对方案就有了科学依据。在此之前，应对气候变化在很大程度上成为国际政治问题（参见第八章）。全球气候模型计算结果的可靠性是复杂系统数值模拟的难点（Winberg，2010），需要较长时间才能克服。

第二节　海洋热能和水汽传输的效应

大洋环流造成大规模的热能、水汽传输，使全球热能趋向于均匀分布，从而调节气候。在冰盖形成方面，海洋水汽传输增大降雪，因而有利于冰盖生长。间冰期初期，大洋环流可使中纬度区域增温，导致冰盖快速融化。南北半球的海陆分布不同，因而海洋的效应也不同，对北半球的影响相对较大。海洋对气候变化的响应既有正反馈，也有负反馈，分别对气候变化起到了推进和遏制作用。

大洋环流的热能和水汽传输效应

关于海洋对于气候的影响，总的来说，太阳辐射提供了海水长距离运动的主要动能，而洋流使得气温、降水在各地分布得更加均匀一些。大洋环流有两种方式：一是热带海域水温升高、水位抬升，如西太平洋暖池的情形，使得低纬地区的水体向高纬地区运动；二是太阳辐射造成大气密度的空间分布差异，引发大气运动，就产生了风，而风吹在海面上，也能使海水流动起来，这就是风成流（参见第三章）。

平面环流的方向在南北半球有别，这是地球自转造成的现象。大致以赤道为界，北半球的环流是顺时针方向的，而南半球的环流是逆时针方向的。在太平洋，赤道附近水流向西运动，我国东面的西太平洋水流向北（称为黑潮），然后经由日本海岸、加拿大和美国东海岸返回赤道水域。大西洋也有类似的水流，其西部沿美国东海岸北上的水流称为墨西哥湾流（或简称湾流）。受黑潮和湾流影响的地方，其气候要比同纬度的地方更暖和一些，比如日本海岸有着相对湿润温和的气候，英国南部地处北纬 51°，却以常绿树为特征。降水方面，黑潮和湾流携带的水汽在沿程逐渐释放，到达大洋东边时，自北向南降水逐渐减少，因此在北半球的大陆西岸，从北到南逐渐变得干旱，从温哥华到西雅图、旧金山、洛杉矶，或者从英国到法国、西班牙、葡萄牙，都可看到这种现象。总体上，洋流给中纬度海岸区域带来温暖气候。

大洋环流对气候变化的影响体现在热能、水体输送与大气的关系上，靠近极地的区域与前述的中低纬区域的情形有显著不同（Stommel, 1958）。极地区域最大的特点是接收的太阳能和向太空辐射损失的能量很不平衡，虽然若无海洋的补偿地表气温会更低，但大洋环流带来的热能不足以改变低温的特征，在极地为陆地所占据的情形下尤其如此。重要的一点是，环流带来的水汽以降雪的形式降落地面，在为冰盖生长提供物质的同时，加大了太空辐射损失。在气候变冷的背景下，大洋环流的热能、水汽传输是冰盖生长的必要条件，这是自克罗尔以来研究者们一直阐述的“极地热能耗散、降雪促进冰盖”的冰期形成机制。

冰期结束之后，太阳辐射逐渐增强，大洋环流的强度也随之上升，使得中纬地区海岸增温，于是冰期中形成的大规模冰盖此时就快速融化了。这可以解释图 9－2 中的冰盖生长时间长但融化时间短的现象。这似乎是代表了正反馈作用：洋流增强导致冰盖融化，而冰盖越融化，越能提高洋流的强度。

关于海洋与气候之间的反馈机制是多样化的。正反馈在一定的阶段出现，但负反馈过程控制了周期性变化的范围。冰期发生时，气候变冷会导致大洋环流变弱，因此水汽传输强度也下降、冰盖生长变慢。在“全球变暖”状态下，仅从热量输送的角度看，海洋给极地区域带来了额外的热能，似乎会进一步加剧变暖趋势，但深入的分析需要考虑以下负反馈过程。

首先，这部分热能对极地增暖起多大作用。假如极地是裸露的地面，地面增温将比较显著，而如果地面为冰雪，则阳光将被大量反射到太空。此外，冰雪地面还有一个作用，就是加大向太空的辐射，冰面温度虽然较低，但相对于外太空却是很高的，因而造成辐射损失。海洋传入额外的热能，是否会破坏冰雪覆盖的地面？在极地区域，水汽转化的是降雪，在气候变暖的背景下，新降落的雪可能在夏季全部融化，不过它却产生了减缓原有冰盖融化的作用。可以想象，如果没有新的降雪补充，原有冰盖的融化会快得多。

因此，海洋的热能和水汽输往极地，虽然热能有所增加，但降雪也增加了，其综合的结果是有利于保持或减缓冰盖损失，而冰盖的存在则使海洋新输入热能的增温效果大打折扣。这就是说，全球变暖加剧海洋输送，但加剧的输送又反过来减缓全球变暖，这是一种负反馈机制。

其次，海洋作用的另一个效果是垂向环流对气候变暖的响应。海洋平均水深约有 4 km，暖水在表层流向高纬和极地区域，并在流动中逐渐降温，最终发生下沉，从底层返回低纬地区。下沉海水的温度约为 4℃，其密度高于周边水温，这是沉降和垂向环流发生的原因。海洋向极地的持续输送依赖于垂向环流。然而，极地区域的变暖可导致冰盖融化加剧，而融化的淡水是低密度的，如果大量覆盖在海洋表层，则会占据原本环流可以到达的地方；海水不能到达周边水体密度较低的地方，那么下沉就不会发生，从而阻断垂向环流（Caesar et al.，2018），极地区域重回热能入不敷出的状态，变暖趋势因而得到遏制。

海洋热能和水汽输送与高纬区域冰盖消长的关系清晰地表明了 100 ka 冰期-间冰期周期的形成机制。另一方面，地球环境多样化的反馈过程也告诉我们，气候系统中正反馈或负反馈起作用的条件决定了驱动力周期能否清晰地显示。我们可以再次分析图9-2,最近四个100 ka的天文周期中,系统中的各种因素恰好也给出了100 ka的响应周期,但这不意味着在任何条件下都会显现这一周期。在100 ka周期之下,已知的天文周期很多,如有41 ka、23 ka等,然而在图中这些周期显得比较模糊。另外,100 ka周期本身表现为锯齿状形态,气候变冷是逐步的,而变暖是突然的,这说明它与驱动力的周期曲线形态(偏心率应近于正弦曲线)并不完全一致。周期性驱动力并不一定产生完全一致的相应周期,这在自然系统中是一个普遍的现象。响应模式是多种多样的,可能完全响应、部分响应,甚至不响应。举例而言,如果海陆分布的条件不理想,那么在地球的高纬地区就缺乏形成冰盖的条件,或者高纬地区的陆地形状不理想,使得冰盖缺乏扩大的潜力。在这些情形下,冰期的发展就受到限制,甚至在气候记录中不出现这样的周期。事实上,在400 ka以前的第四纪的其他更早的地质历史时期,100 ka周期的气候变化并非时时清晰可见(Haq et al., 1987; Haq, Schutter, 2008),也说明了这一点。

地球南北半球差异对气候变化的影响

海洋具有热能水汽输送效应,但它对长期气候变化所起的作用与海陆分布格局有关。地球的南半球和北半球在海陆分布上有很大的差异,因此,海洋过程在这两地形成的效应也会有相应的差异。那么,这种差异对气候变化有多大影响?全球气候特征是由北半球还是南半球决定的?两个半球各起到什么样的作用?

两个半球两极附近陆地分布、海洋连通性差异巨大。地球历史上,大部分陆地曾经分布于南半球,但现在大陆主要是在北半球。北极所在的北冰洋本身是海洋,但围绕着北冰洋有大片60°N的高纬度陆地,向中低纬地区延伸很远,欧亚大陆、美洲大陆都是如此,还有距离北极很近的格陵兰岛。南半球的情况完全不同,南极及周边区域被大陆所占据,但陆地的范围限于70°S以南的高纬地区。向着海洋方向,虽然60°S以上的区域面积很大,但都被海洋所占据。

海洋的连通性方面,南大洋是全部连通的,印度洋、大西洋、太平洋都在这里汇合,而且围绕着南极大陆形成了绕极洋流(Deacon, 1984),海洋面积占比大。相比之下,北半球的大洋南北联通、东西不连通,太平洋和大西洋被陆地分为两个隔离的区域(Stommel, 1987),海洋环流被限制在各自的海域,海洋面积占比小。

以上两点差异导致海洋环流机制的结果非常不同。北半球大洋的连通性虽然较差,但以湾流和黑潮为代表的洋盆尺度的环流足以将大西洋和太平洋的热带水汽输往北方,在65°N左右的陆地上形成冰雪堆积。在天文周期的有利条件下,这些冰雪就开始累积起来。随着冰盖厚度的增大,数千米厚度的冰盖在重力的作用下向纬度较低的方向运动,跨越广阔的欧亚和美洲大陆,最后到达了30°N左右的位置,冰盖生长的潜力得到充分发挥。南半球的情形完全不同,南大洋接收来自大西洋、太平洋、印度洋的热能和水汽,其热能限制了南极洲周边海冰区的扩展(Goosse, 2015),其水汽提供了南极冰盖所需的冰雪供给,然而受到南极大陆范围的约束,增高到极限的冰盖却不能向外扩张,当抵达海岸线附近的时候,冰盖脱落进入海洋,随后被海水融化。因此,南极冰盖的界限只能到达70°S附近。可以推论,南半球在冰期时的气候受海洋的主导,冰盖的影响主要被限制在南极洲的陆地,气候的变冷是北半球影响所致。

现在的南北半球气候很不相同,南半球的南极洲冰盖在间冰期仍然基本保持完好,海洋连续输送热能,而北半球除格陵兰冰盖外,其他的冰盖全部消融,随着全球变暖格陵兰冰盖也有融化的趋势(Devilliers et al., 2021),海洋影响难以深入到内陆,气候受到陆地季风的影响。因此,南半球的气候要温和得多。冰期时,南半球的自然条件与现在相差不远,但北半球却有天翻地覆的变化,平均气温大幅度下降,陆地被大面积压上了数千米厚的冰盖。显然,冰期-间冰期尺度的气候变化主要是体现在北半球,从沉积记录中获取的信号也是代表北半球的。

冰期时的大洋环流

大洋环流提供了气候变化的机制,而气候变化也影响大洋环流的格局。与现在(间冰期)的海洋相比,冰期时的海洋有一些可能的变化。首先,随着气温的下降,海水温度也会下降,尤其是表层水温。其次,随着大量水体逐渐被转移到冰盖,洋盆的水体体积下降,海面随之下降,大面积的浅海区域出露为陆地,海洋范围缩小,陆架环流消失,大洋环流被限于深水区。再次,水体体积下降使得盐度有所提高，不仅如此，海水中的其他溶解物（如有机质和溶解营养物质）也会提高。最后，生态位的变化需要生态系统结构功能的调整，离开浅水区转向深海，生物适应需要时间，因此可能造成生物量下降、食物网结构变化。除此之外，还有许多其他的变化。

大洋垂向环流主要是由于温度、盐度分布引起的斜压效应，当水层中的密度分布发生颠倒时，垂向环流会随之改变。如果密度高的水体位于下层，那么水层结构稳定，目前洋盆的总体特征就是如此，经过长期的动力调整，斜压效应引发的环流格局已被固定，如表层水向高纬水域运动、地层水向低纬运动。但冰期的时候，表层海水的密度突然增大，就可能发生垂向运动的事件，地层水上浮到表层，而表层水下沉到底部。在有的海湾，由于与外部交换不畅，间冰期的时候地层水会稳定地停留于底部，此种情形被描述为“上下不通透”，而冰期时会出现“上下通透”的情形（Rohling et al., 2015）。当通透事件发生时，氧气浓度较高的表层水进入深层，可造成沉积物中有机质的氧化，而原先的水底处于还原环境，有机质保存完好。在沉积层序中，有机质含量出现与氧化时间相关的周期性变化，由此揭示出通透事件的发生（图 9-3）。

图 9-3　碳酸盐沉积剖面（对角焦距离为 1.5 m）

深色层为水层上下交换差、有机质含量高的堆积体；白色层为水层上下通透、有机质含量低的堆积体

与现在的情形相比，冰期的环流由于能量减少、大陆边缘水深变化而弱化，并导致一系列环境效应。80～65 ka 之前的末次冰期期间，代表海洋经向热能输运的大西洋经向翻转流浅化，因此大西洋深处的富碳水体不再参与全球尺度的垂向循环，形成一个深海碳库（Yu et al., 2016）。末次冰期的其他时段，如 25 kaBP～60 kaBP 期间，大西洋经向翻转流的强度振荡明显，且其减弱均对应于相对较冷的时段，这会对陆地的冰川活动产生影响（Henry et al., 2016）。

我们熟知的湾流和黑潮在末次冰期也呈现弱化状态。针对湾流通过佛罗里达海峡的情形，研究者用底栖有孔虫的氧同位素比率信息恢复末次盛冰期的海水密度结构，然后用来计算湾流输水量，结果表明，当时佛罗里达海峡两岸的海水密度差减小，湾流输运强度减弱（Lynch-Stieglitz et al.，1999）。此外，由于大陆冰盖的影响，湾流的宏观流路也发生变化，比现今显著偏南，环流范围缩小（Keffer et al.，1988）。在黑潮区，由于末次冰期陆架地形的改变和淡水径流注入，黑潮流路受到很大影响，与黑潮主流相伴的涡旋强度减弱（Xu，Oda，1999；Timmermann et al.，2004；Yu et al.，2009）。

第三节　海洋与大气温室气体

人类排放的温室气体主要有二氧化碳和甲烷。海洋在全球碳循环中占据重要地位，在吸收大气二氧化碳上，海洋生物碳泵效应滞后于人类排放，但在长时间尺度上能够移除一大部分大气二氧化碳。海洋还以天然气水合物的形式封存着巨量的埋藏甲烷。因此，如果能将人类排放控制在合理或最佳范围，海洋可有效调节大气温室气体浓度。

温室气体排放与海洋生物固碳作用

与冰盖形成演化并行的气候变化机制是温室气体通道。大气中能够造成太阳能滞留的气体称为温室气体，如二氧化碳、甲烷。地球气候的维持依赖于温室气体，但过高的浓度则造成大气升温，这就是全球变暖。虽然大气二氧化碳的系统观测到1960年才开始实施，温室气体的气候变化效应在19世纪后期已经被提出来了（Arrhenius，1896）。

目前，人们判定已经出现了温室气体浓度过高的情况，主要是由于我们人类使用化石燃料（煤、石油、天然气）、向大气排放二氧化碳的结果。20世纪以来，人类使用化石燃料的规模越来越大，如今的二氧化碳排放接近于每年释放10 BMT（1 BMT＝10^9 t）碳。另一种温室气体甲烷也受到人们关注，主要来自农业排放,尤其是水稻田。大气现场观测记录了二氧化碳和甲烷浓度分别在1960年、1980年以来的上升状况(图9-4)。但是,图9-4所示的情形本身还不足以说明温室气体浓度已经过高,因为气候变化是多通道的,温室气体浓度导致快速气候变化,冰盖动态导致冰期-间冰期变化,现在实际发生的应是两种变化的耦合结果,单凭温室气体浓度不能判断。按照图9-2的气候变化曲线,我们现在将进入冰期,这种变化带来的问题并不亚于全球变暖的问题。主张目前温室气体浓度过高的依据是全球变暖正在发生,而且根据排放强度和趋势的估算,不久的将来全球气温将上升到危机水平。但反对者则认为,这一计算结果是不可信的,需要重新评估;根据甲烷排放的历史研究,有的研究者认为正是人类种植水稻数千年,才无意中成功地延缓了冰期的到来,若非如此,我们现在已经进入冰期了(Ruddiman, 2008)。这场科学争论目前尚无结束的迹象,尽管从尽早防范的角度,人们认为应该按照近期将出现过暖的情境来准备应对方案(详见本章第四节)。

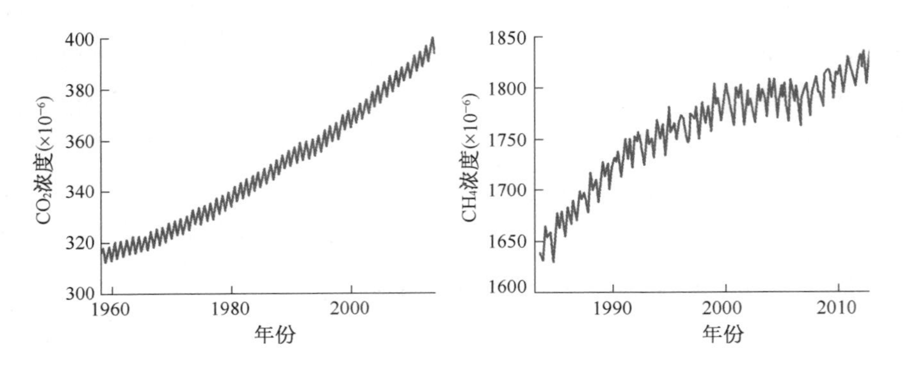

图9-4 1960年、1980年以来大气二氧化碳和甲烷浓度的上升趋势(Goosse, 2015)

现在我们换个角度来看这个问题。不妨假定大气排放二氧化碳过量,那么以海洋在全球碳循环中的重要地位(Emerson, Hedges, 2008),海洋生物碳泵(参见第四章)在吸收大气二氧化碳上会有多大效应?

全球海洋生态系统的初级生产摄取的碳为20 BMT,是二氧化碳排放量的2倍(Libes, 2009)。粗看起来,初级生产规模之大,足以消耗掉部分排放量,但应注意,初级生产总量是长期演化的结果,在海洋表面面积不变的情况下,难以大幅度增加。人类排放是额外加入系统的物质,没有它,海洋初级生产似乎也应是这个规模。

如果海洋生态系统发生变化，上述情形是否会有不同？如果气候变暖、海面上升、化学风化作用加强，初级生产得到进一步提升是可能的。气候变暖使物种生态位得到扩展，一些生物生产高的物种得以分布到更大的范围；海面上升淹没一部分陆地，扩大海岸带水域的面积；在气候变暖条件下，流域的化学风化作用得到加强，产出更多的氮、磷物质，加上河流流量的增加，营养物质入海通量也增加。这样，在栖息地面积、气候带、营养物质均得到改善的情况下，生物生产增加是可以期待的。但上述条件也有不确定性，尤其是在人类活动对海岸带加大压力（Ferrera，2017）的背景下，生态系统能否持续提高生物生产，是个未知数。

应该指出，单纯增加营养碳的供给，并不一定能大幅度提高生物生产。海水含有溶解气体，包括二氧化碳；其浓度与大气-海面上的物质交换有关，大气中的组分可通过海面向下扩散，其通量与大气中的组分浓度有关，当大气二氧化碳浓度上升，向下的通量就提高了。如此看来，人类排放通过增大大气二氧化碳浓度，也就增大了海水溶解二氧化碳含量。这样，是否就促进了光合作用？根据雷德菲尔德比率，光合作用需要一定的碳、氮、磷比率，只增加碳，不增加氮、磷，就限制了光合作用；即使是对于那些不遵循雷德菲尔德比率的浮游植物，最初生物生长也许得到加速，但在二氧化碳浓度持续增高的情况下最终仍会出现氮、磷限制。因此，大气二氧化碳浓度增加的最显著后果可能并不是生物生产增加，而是从浅层到深层海水全面的二氧化碳浓度增加，原先的酸碱度平衡被改变：碳酸根离子数量增加造成海洋酸化（Ocean acidification），表现为海水 pH 的下降（Gattuso，Hansson，2011；Eisler，2012）。酸度提高，碳酸钙被溶蚀的强度提高，因此对许多带碳酸钙介壳的海洋生物有害，文献中报道的珊瑚白化、牡蛎养殖区牡蛎幼体介壳被腐蚀等现象被认为与海洋酸化有关。

综上所述，海洋生物碳泵难以对大气二氧化碳浓度上升做出即刻反应，但当温室气体效应导致环境条件变化（气候变暖、海面上升、化学风化作用加强等）之后，初级生产总量上升，海洋生物碳泵效应增大。如果人类社会能够有意识地保护生物栖息地，改进生态系统健康，也会有利于海洋生物固碳作用的加强。因此，可以这样认为，作为一种自然系统行为，海洋生物固碳作用的调整滞后于人类排放，但在长时间尺度上最终能够移除一部分大气二氧化碳。

海洋缓冲温室气体作用的机制

如上所述，生物固碳作用是有可能随着环境变化而得到提升的，但这还不是海洋生物碳泵的全过程(Williams, 2011; Hansell, Carlson, 2002)。新固定下来的碳，如颗粒态和溶解态有机质，其去向决定了海水碳库的动态。关于海洋碳循环，颗粒态物质(包括有机质和碳酸盐物质)下降到海底成为沉积物的一部分，这一过程比较缓慢，但是随着时间尺度的延长逐渐形成了地球表面最大的碳库；而溶解态有机质的一部分进入深层水体，有些不易被生物所重新使用，另一些可以重新矿化(Joint, Morris, 1982)，但进入深层海洋之后，由于垂向环流的时间尺度较长，这一部分物质在重新出现在海水上层之前没有机会进入生态系统。以上两点在第四章已经讨论过了。现在的问题是，新加入的物质去了哪里？似乎仍然是上述的两条途径。如能确定沉积物和深层海水两个碳库的增量，也就明确了海洋是如何发挥缓冲温室气体作用的。

虽然我们还不能准确量化以上两个增量，但对其数量级做出预估，是有利于了解海洋碳库的总体特征的。假定增量与原先的通量处于同一量级，那么沉积物碳库每年增加 0.5 BMT，深层海水有机质碳库每年增加 1.0 BMT。显然，这还不足以平衡每年新增的大气二氧化碳。如果加上海水二氧化碳气体增量(即导致海洋酸化的那部分)，则三个数值的总和似乎超过人们过去预估的海洋年吸收量 1.6 BMT(Libes, 2009)。有关两个碳库动态的研究仍在进行，弄清海洋碳库的潜力对今后应对气候变化的管理、规划具有重要意义。

海洋地层中还有天然气水合物，它主要是甲烷和水的混合物，在低温高压的条件下甲烷和水形成冰状的物质。在自然界，俄国科学家早年在西伯利亚的地层中发现了这种物质，后又在实验室合成了这种冰状物质。后来，美国科学家在海洋中大陆坡地区(水深 500～1 300 m 范围)广泛发现了天然气水合物。据估算，圈闭在天然气水合物中的甲烷作为一种潜在的能源，其储量超过了油气资源的总量。目前天然气水合物尚未被开采利用，主要是由于开采成本过高。此外，人们还担心甲烷的环境效应，作为一种温室气体，海洋中的甲烷如果由于自然过程(如海平面下降)和人类活动(如能源开采)而释放出来，有可能对全球气候变化产生巨大影响(Kennett et al., 2003)。

地球气候工程的海洋因素

人类向大气排放二氧化碳,似乎能够造成显著的气候变化效应。这触发人们思考另外一个问题:根据温室效应,如果人类控制向大气排放二氧化碳的总量,也就是控制大气二氧化碳浓度,似乎就能控制气候的变暖或者变冷。如果气候变暖就少排放一些二氧化碳,反之则多排放一些,如果这一点能做到,人类就能够维持一个稳定的气候,气候变化带来的问题不就迎刃而解了吗?未来无论是全球变暖,还是冰期来临,都可以在这个框架下化解。

在“应对气候变化”成为一个热议的话题时,社会上的语境已经非常强调人类活动的作用。20世纪初人们提出全球变化的概念,主要是用来说明自然因素造成的地球历史上的环境变化,而如今,这个概念主要是指自然过程和人类活动共同作用下的近期变化。因此,这个想法自然而然被正式提出,作为应对气候变化的方案之一,其概念被表述为“地球气候工程”(earth engineering fro climate change)。如美国哥伦比亚大学地球科学系学者在《地球气候的过去与未来》(Ruddiman, 2008)一书中总结了有关气候变化的各种假说,提出了人类以工程措施改造气候的大胆设想。

人们很快对这个概念做出了响应,试图研究其工程可行性(Hamilton, 2013)和社会影响(Blackstock, Low, 2019)。一项如此复杂的工程必须首先在技术上是可行的,而且是人类社会所能负担的,若非如此,对技术就要进行优化,再进一步评估。如此反复迭代之后,才可能最终实施。

就一般流程而言,如果将地球气候工程看成是一项严肃的工程,那么首先要过科学关,要有科学原理作为基础,然后才有根据科学原理所设计的结构和流程,它们受到自然和社会条件的约束。目前,地球气候工程的科学原理仅仅依靠温室效应是不够的。

首先,气候变化涉及的因素很多。前述的冰期-间冰期变化的海洋过程通道,以及较短时间全球变暖的人类排放大气二氧化碳通道只是气候变化的两类充分条件。但是,我们目前实际上面临的气候变化,其主控机制是什么?科学界尚未得出可靠的答案(Singer, Avery, 2006)。在两条通道之外,如前所述，还有火山喷发等别的通道。因此，实际的气候变化是多种因素共同作用的结果。在这样一个复合的气候变化情形下，目前所处的阶段是什么？哪些因素占据主导地位？在不同的阶段，主控因素会发生变化吗？这些问题还仅仅是针对气温的，如果加入降水、云雾、风力等其他要素，问题的复杂性将更加明显。

其次，即便经过研究确认大气二氧化碳浓度能够控制气候的稳定性，也存在所需浓度能否为社会所承受的问题。为了达到稳定气候的目的，拟采取的工程措施是发展能够控制大气二氧化碳浓度的技术。例如，准确评估大气物质收支平衡之后，可以通过人工排放强度控制所需的浓度。当然，另一种可能也存在，即大气二氧化碳浓度在适合于人类的变动范围内并不能使气候长期保持稳定。

对于人类社会，二氧化碳浓度并非越高越好，也并非越低越好。我们目前认为浓度太高，要降低，但如果太低也有风险。大气二氧化碳浓度较高的时期，气候也较温暖(Friedlingstein, 2015)，那么海洋生物旺发也应与此相关；然后，旺盛的海洋生物活动可能消耗掉全部大气二氧化碳，使得生物活动难以为继，这可能导致生物灭绝，大气二氧化碳缺失导致温室效应丧失，造成气候变冷。二氧化碳浓度的约束条件是，除了让气温稳定，二氧化碳的浓度也要有利于地球的生态系统和人类生活(Ferrera, 2017)。这个问题也尚未解决。

因此，虽然地球气候工程是一个浪漫而有前景的想法，但在现阶段，还缺乏可行性。由于这个原因，地球气候工程没有被作为当下人类应对气候变化的选项。这是一个需要长期研究的问题，或许未来大冰期真的来临时，人们能够回答上面提出的问题，那时就能制定地球气候工程计划来抗击全球的寒冷冬天。

第四节　应对气候变化的海洋视角

人类面对的资源、环境、生态、灾害问题很多，从时间尺度角度看，海岸带经济发展、环境与生态保护、应对气候变化的紧迫性依次上升，但制定规划的优先次序却正好相反。应通过综合管理，将三项任务融为一体。应对气候变化的近期重点是海洋碳库增汇、极端事件防范、城市与基础设施改进。

可持续性发展问题的时间尺度

气候变化特征如何，有什么机制，这是科学问题，但气候变化是有利还是不利，这是社会问题，要看具体情况。在我国历史上，气候变暖有利于农业生产，因而有利于社会稳定，而王朝更替、北方部族入侵事件均与气候变冷时期相联系；对于有些区域，可能结果很不相同，由于人体结构和环境敏感性的关系，气温上升使人呼吸困难，环境出现剧变，因此会认为变暖是一件坏事。就全球而言，气候变化的效应主要是针对环境和生态变化的，弄清这些效应是科学研究的任务，而如何应对，则是管理问题，需要通过规划、设计、方案制定来处理不同的问题。

应对气候变化有许多方面，如节能减排、发展低碳经济、加强环境和生态意识等。更为贴近公众生活的一个方面是，对于气候变化有哪些表现、造成什么后果、如何预测或预报等问题，人们应有充分的了解。日常生活秩序是长期调整的结果，但在气候变化条件下日常生活会受到干扰，这些变化通常可以用平均值和围绕平均值的变化幅度来表示，而更重要的是后者。一个地方的年平均气温上升零点几度也许不起眼，但是它可以带来极端天气变化幅度的增大；平均气温稍有上升，我们就可能感受到特别炎热的夏天、特别强的台风、特别大的暴雨暴雪、特别严重的旱情等。

气候变化引起的海洋变化，在海岸带区域特别容易感受到，也是这个区域的管理重点。海面变化、风暴潮强度-频率变化、生态系统变化时期外在表现，应对洪涝、海岸侵蚀、生态系统崩溃等灾害，成为海岸带区域的任务。此外，在碳达峰、碳中和等针对全球的应对措施中，我国已制定 2030 年碳达峰（大气碳排放达到峰值）和 2060 年碳中和（碳排放与碳埋藏持平）目标，对此海岸带区域负有重任，一方面这里是经济发展的重心所在，使用的煤、石油、天然气最多，因此削减排放的压力最大；另一方面，如前所述，要利用海洋碳汇来平衡一部分排放，提高海洋生物生产、增加海洋沉积和水体碳库是关键，而这又是集中在海岸带区域。

上述任务与海岸带区域的经济发展、环境与生态保护任务相重叠。在时间尺度上，经济发展规划在十年尺度上制定，而具体任务要落实到年内，每年都需要完成具体的经济发展指标，如经济承载力、投入产出关系、社会财富增加值等。环境与生态保护涉及的时间尺度中等，其规划要考虑大于十年的时期，分阶段实现改进的目标，如人居环境建设、国际湿地保护、生态系统健康提升等，这是因为环境与生态系统演化的时间尺度通常可以达到 $10^1 \sim 10^2$ a，因此所采取的措施要与这个尺度相适应。海岸带气候变化的时间尺度最长，其系统行为和演变过程的全面展示需要百年甚至更长的时间，因此，需要制定相应时间长度管理规划。就时间的紧迫性而言，以上三项任务，经济发展最为迫切，环境与生态保护为次，应对气候变化的任务持续时间最长。

但是，紧迫性不一定等同于重要性，以上三个方面的重要性是具有同等地位而且相互关联的。长期气候变化影响海岸带环境和生态，进而影响人居环境和产业发展。从规划的技术层面看，时间尺度越大的事项越需要先行制定规划。如果先制定近期规划，而后制定长远规划，很可能出现两者之间的冲突，导致规划不可执行。例如，国际自然遗产地建设规划涉及的时间尺度大，如果邻近地方的近期土地利用规划先行制定，就可能造成遗产地建设的空间被挤占。如果先制定长远规划，再制定近期规划，情况就不同，近期规划可以纳入长期规划的范畴，避免相互冲突。因此，在规划制定上，应对气候变化的规划应先进行，然后依次是环境与生态保护规划和近期经济社会发展规划。

根据规划，再确定具体任务或项目，可保证实现目标的时间节点。其中有些任务是有涵盖关系的，海岸带应对气候变化的任务与环境与生态保护、经济发展部分任务的兼容关系举例如下：

• 提高海洋生物生产：扩大海岸带生态系统空间(与人居环境、自然保护区建设兼容)；蓝碳碳库扩容(与国际重要湿地、世界自然遗产地建设等项目兼容)。

• 增加海洋沉积和水体碳库：提高海水颗粒态、溶解态有机质浓度(与污染治理、海湾水质提升等工程兼容)。

• 洪涝灾害防护：水网、堤防、地面高程调整(与城市生态建设、土地利用等兼容)。

• 海岸侵蚀防护：生态或绿色海堤建设(与海岸带生态修复、海岸带生态旅游等兼容)。

● 生态系统风险管理：污染物和营养物排放控制、生态位构建（与污染治理、城市生态建设等兼容）。

因此，海岸带不同时间尺度的规划应按照综合管理的思路，纳入一个有机整体，兼顾经济和社会发展、环境与生态保护、应对气候变化，获得投入-产出的最佳效益。

海洋极端事件防范

在全球变暖背景下，我国海岸带有其特殊的应对策略：在一些西方国家开始采取向陆退却、避开因海面上升带来的灾害风险的时候，我国沿海开发方兴未艾，经济规模增大，并在看得见的未来将继续利用海岸带空间资源。因此，海面上升、风暴潮加剧将使我国海岸带越来越多的资产置于自然灾害的威胁之下。未来，海岸带应对气候变化的重点之一，是提高极端事件防范能力，并制定防灾减灾预案。

以风暴潮、海啸等极端事件为代表的自然灾害对海岸带的影响很大（Shroder et al., 2014）。即便在不发生气候变化的情形下，极端事件也时有发生。因此，人们逐年来按照海岸带防护的工程规范建设了较为坚固的海堤，在全世界范围内海岸防护的能力逐步得到了提高。早年的时候，灾害损失很大，而现在已经有明显的降低趋势（Madsen, Jakobsen, 2004）。

气候变化情形下，极端事件的特征也会相应变化。全球气候变暖带来海面上升，并伴随着可能的风暴潮加剧（Goldenberg et al., 2001; Emanuel, 2005）。针对这一特点，海岸带防护要有新的预案（Bullock, Haddow, 2009）。对原有的海堤工程可能需要加固，以适应未来的极端事件。联合国政府间气候变化专门委员会制定了 21 世纪的海面变化曲线，显示到 21 世纪末全球海面将上升 30 cm，具体到不同的海岸地点，这个数值还有较大幅度的增减。海面上升主要是冰盖融水使海水体积增大所造成的。随着全球变暖，风暴潮特征也会发生变化。在我国，风暴潮主要是由台风引起的，台风的移动路径和强度有地理地带性。冬季的台风主要发生在我国南部沿海，然后随着春夏秋季节变化，台风登陆地点逐渐北移，秋季以后经常在江苏海岸以及更北的区域登陆。台风的强度和出现频率分布也有地理地带性。我国山东以北海岸总的来说台风登陆的强度相对较弱，而福建、浙江的强度相对较大。这种地理地带性在气候稳定的时候是可以预测的，因为在此情形下气候带位置比较稳定，人们可以根据一定的设计参数来构建海岸防护体系。然而，在全球变暖的条件下，风暴潮的地理地带性格局会发生改变，所以就会出现多种可能性，例如，在任何地点，登陆台风所引发的风暴潮可以增强、减弱或持平。而且随着气候变化的进程，地理地带性的变化也可以持续发生。这样一来，风暴潮特征就会与原先不同。为了应对新的风暴潮，海岸防护体系需要进行调整。例如，在上海和浙江沿岸，风暴潮的强度似乎有加剧的趋势，尽管其出现频率没有大的变化；为此，沿海地区对原有海堤实施了加固工程，提高防范风暴潮的标准，使其能够防范200年一遇规模的风暴潮。由于海面上升的原因，现今200年一遇标准的海堤可能在若干年以后就难以保持，如降低为只能防范100年一遇的风暴潮。为了保持海堤的防护标准，未来还应该根据海面上升和风暴变化的情况，追加额外投入，以确保海堤的防护能力。

由于海堤建造的目的是为了防止风暴潮带来的海水淹没以及海浪对海岸带土地的冲刷、侵蚀，因此海堤要能够抵挡海潮和波浪的冲击。这样一来，海堤本身也容易受到极端事件的损坏，未来对海堤实施保护也很重要。海堤本身是一项投资巨大的工程，一旦毁坏，经济损失巨大。在应对海洋变化的情况下，保护海堤的具体措施是建设生态或绿色海堤，将传统海堤工程与海岸的生态系统相结合。利用生态系统耗散波浪和水流能量的能力，将海岸带生态系统如盐沼湿地、生物礁、红树林等布置在海堤前缘，这样就能够起到保护海堤的作用。绿色海堤的最大优势是在加强海岸防护的同时，海岸带生态建设也得到了促进（高抒等，2022）。盐沼湿地等属于蓝碳生态系统（海洋生物吸收大气中的二氧化碳并使海洋碳库增汇的那部分碳称为蓝碳），有助于人居环境改进、海岸带碳库增汇。

海岸带城市和基础设施

一些位于海岸平原的城市，由于其经济中心的地位，需要在应对气候变化中得到重点保护。虽然海堤可以保护城市免受风暴潮的冲击，但海岸带环境在海面上升的过程中会发生逐步的改变，尽管海面每年只上升几毫米，但多年累积之后，地下水水位逐渐抬升、咸水随着地下水入侵到海岸带平原，市区被洪涝淹没的风险越来越大。咸水入侵还会影响到城市的淡水供给。对于这种缓慢变化的情景，如不保持足够的警惕，城市安全将受到很大的威胁。

当代城市也是许多大型基础设施所在，如重要建筑、地铁系统、桥梁和道路系统等。当初设计的时候，这些基础设施是经过安全检查的，但随着环境的变化，可能会出现不少的安全隐患。基础设施的设计应充分考虑到未来的海面上升情境，确保在出现内涝等情况时保证交通的畅通和安全。

未来的城市规划应充分考虑气候变化所带来的环境变化，在海面变化的时间尺度上逐步地对市区进行改造。例如，提高市区重要地段的地面高程，这不仅可防范内涝，还能提升土地的质量，使其拥有更大的价值。同时，也能够增加城市的水面面积，用于湿地生态建设和其他的用途。我国的海岸带城镇，如上海周边地区的市镇，当初结合城市建设，形成了结构复杂的河网（图 9－5）。这些河网其实与历代改善土地质量的举措有关，将挖出来的泥堆到地面，抬升地面高度，在构建陆地的同时，河网也得到改造，使之形成水运通航条件。建在水网边的城镇，环境优雅，人居条件好。这一智慧很值得我们学习。结合应对气候变化的需求，也可以这种方式，进一步改进城市的土地质量和水系连通性。更多投入、突然进行是难以奏效的。但是如果长期坚持，每年的投入虽然不大，但是在有规划的情形下，能够逐年改造，最后达到提升城市安全的目标。

(a)

(b)

图 9－5　上海市历史上在河网边建造的市镇

(a) 召稼楼(2018 年 10 月 28 日)；(b) 金泽(2020 年 8 月 23 日)

经过周密设计并重建的海岸带城市，能确保在21世纪海面上升的条件下依然能够保持正常的城市发展。更加长远地看，海岸带城市是否最终会被迫放弃？这取决于南极洲和格陵兰岛冰盖的消融状况。南极大陆冰盖在整个第四纪中，从来没有彻底消融过，也就是说，这个地方在间冰期也能保证冰盖生长。时至今日，冰盖生长的格局跟冰期的时候并没有很大的差别。正如克罗尔(Croll, 1889)所描述的，大陆中心部位持续降雪，积累到相当大的厚度，于是在重力作用下，冰盖向四周扩展，最后在陆架区脱落成为冰山。因此，未来南极大陆冰盖消失的可能性较小。不确定的因素是格陵兰岛冰盖，它如果消融则全球海面将升高约6 m，这会是一个比较严重的事件。但从目前的情况看，格陵兰岛冰盖何时消融，还没有定论。尤其是格陵兰岛的地形，一端靠近极地，冰盖可以那个地方为基础，保留一定的规模，也就是说它并不会完全消融。未来这段时间里，海岸带的城市如果设计得当，又经过长期建设，是有可能成功生存的。现实世界中已有一个案例，荷兰有很大一部分土地位于海面之下，但依靠海堤和排水工程，一直生存至今。

延伸阅读

气候变化的物理机制

在气候变化研究的历史上，克罗尔(James Croll, 1821—1890)是一位独特的学者。这位英国学者出身于农家，中学毕业后在村里干农活，自学物理学和哲学。后来到格拉斯哥和爱丁堡的大学工作，1861年发表第一篇学术论文，此后的28年里发表许多重要论文，出版了多部专著。

他的研究主题广泛，其中许多与气候变化有关，如气候变化的原因；冰盖融化和海面上升；利用偏心率预测未来气候；轨道岁差、偏心率和倾角的复合效应；冰期地质年代；地质时期的剥蚀速率；洋流和南北半球温差；气候变化的反馈过程；太空温度及其与地球物理的关系；极地温和气候的原因(Thompson, 2021)。他以其冰期的天文学理论而闻名，还有对地球系统中反馈作用重要性的深刻见解。克罗尔最重要的著作是《气候与时间》(Croll, 1875)和《气候与宇

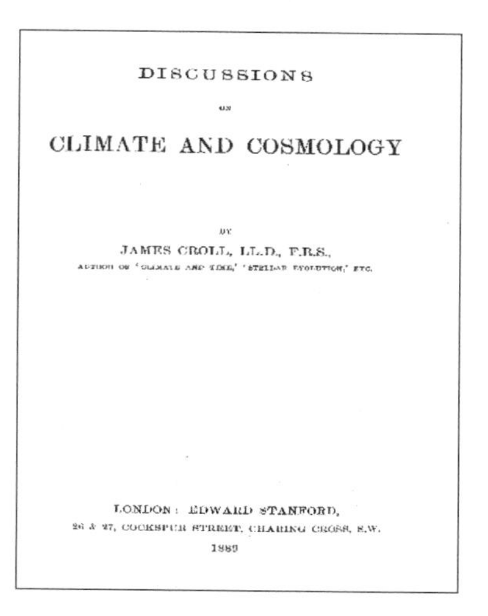

DISCUSSIONS

ON

CLIMATE AND COSMOLOGY

BY

JAMES CROLL, LL.D., F.R.S.,

AUTHOR OF 'CLIMATE AND TIME,' 'STELLAR EVOLUTION,' ETC.

LONDON: EDWARD STANFORD,

26 & 27, COCKSPUR STREET, CHARING CROSS, S.W.

1889

图 9-6　克罗尔所著的《气候与宇宙学讨论》的书影及其扉页*

宙学讨论》(Croll, 1889)，后者包含了对前者的解释和许多新的观点，本书共19章，第1章为引言；第2～3章回复对《气候与时间》一书的评论；第4章讨论赤道大气冬天还是夏天温高的问题；第5章讨论北极地区冰盖与陆地高程的关系；第6～8章是对于华莱士《岛屿和生命》(Wallace, 1880)一书观点的回应；第9～10章探讨极地温度和气候的物理原因；第11章讨论北极间冰期；第12章为北极地区动植物分布；第13～14章为南极冰盖的物理条件；第15章讨论冰川移动的原因；第16章探讨太空温度及其对地面物理过程的影响；第17～18章是关于太阳热能的起源和年代；第19章讨论星云的可能起源。以下是本书与气候变化直接相关的第1～16章的摘录(第17～19章为宇宙学内容，摘录时略去)，阐述天文周期和海陆分布为条件、大洋环流为机制的长期气候变化理论体系，从中可以看出他在学术思想上是一位多么超前的学者。

(一) 关于长周期气候变化

冰期的物理原因、地质时期长期气候变化的原因是重要的问题，但以往的解释均未能成功。如将温暖期归因于地热，地热导致海水升温，再导致降水增

* 1988年10月至1993年2月，我在英国南安普顿大学海洋学系攻读博士学位。学校附近有几家旧书店，其中有一家售价最低，每本书只卖20～50便士，我是那儿的常客，不时能淘到好书，《气候与宇宙学讨论》就是花50便士买到的。这本100多年前的学术巨著从此伴随着我。能够时时与气候变化研究的前辈对话，是一种十分独特的感受。

加，于是冬天的冰雪夏天不能融化，引发冰期；地球在宇宙中运行，经过温度高或低的宇宙空间，引发冰期-间冰期气候变化；大气成分变化，如二氧化碳含量变化；地球接收的太阳能的变化；山地高程引发冰的堆积，造成冰期；海陆变化格局，不同海陆分布导致不同的冰雪堆积条件；地球自转轴变化；地质历史上的极地海陆环境变化；海洋热量向极地的输送，以及云、风和蒸发的综合作用；中新世等暖期极地陆地下沉；地球轨道偏心率增加；洋流强弱变化，赤道完全被陆地占据，洋流受阻，气温降低；大气向极区的热量输送。这些看法都难以解释。人们看到剧烈现象，就天然地倾向于用剧烈原因去解释，其实，缓慢事件经过长期作用也可以形成剧烈现象。

(二) 关于长期气候变化的物理理论

《气候与变化》一书指出，冰期是由于地球轨道偏心率背景下多种物理因素共同作用的结果。对此，天文学方面的批评较少，但对物理因素方面的批评较多，尤其是洋流机制。现在大多数接受了，但仍然存在不同意见，主要是针对水汽、雾、云对冰雪产出和堆积的影响。

批评者认为，本书纯数学的调查分析过少。但是，面对冰期这样的复杂问题，难道不是首先应该厘清物理机制？目前，太阳距离的远近对地球气温的影响有多少，尚无法准确计算。宇宙温度为－237°F或绝对温度为222°F，而地球为521°F，所以这额外的299°F是太阳能贡献的结果。此假定对我的理论有正面的影响，如果宇宙温度假设得更低，太阳能的变化就更能说明问题。关于气流传输的热量，我认为有限，但批评者认为上升气流将给周边气体加热，于是可继续向北输送。这个说法有误，计算和观察均表明高空很冷。还有一个疑问是：为何海洋温度要高于陆地？本书的表达其实是，除非有特定的原因，根据热量平衡本身，海洋的平均温度应高于附近的陆地。在热带、温带或高纬区域，由于洋流的作用，热量被重新分布，这是必须考虑的。海洋吸收热能比陆地快，海洋对水汽蒸发的作用高于陆地，陆地辐射热能快，而海洋却吸收热能，水汽阻挡热能向太空辐射，但陆地没有这一功能。

(三) 关于长期气候变化的物理理论的其他批评

关于高纬区域地面积雪的影响，它导致近地面气温下降，甚至夏天也降雪而不是降雨。照在冰雪上的阳光会被反射向天空，吸收部分的热量用于融化而非升温。冰雪冷却大气，造成云雾，降低太阳能输入，因而水汽可扮演不同的角色。关于偏心率变化的效应，批评者认为无论偏心率大小，夏天多出来的热量冬天又减回去了，仍然是平衡的，但核心问题是，在任何一个地点，降雪量和融雪量的对比决定了雪是否会堆积，这不只是受到太阳能收支的影响，地形、云雾、雨量、水汽也起作用，多种因素共同决定了雪线位置。

上述因素在冰期中的作用是，大的偏心率加上远地点，冬季将较长、较冷。温带一些区域的降雪量增加，于是雪线逐年下降，最终形成冰盖。由此可推论，近日点的夏天也难以是炎热的，因为冰盖可产生更多的云雾，加大降水量，减少日照辐射。此时墨西哥湾流也会受到阻滞，于是更有利于冰期的发展。

关于物理因素之间的相互作用，冰期时候，各种因素均有利于冰雪积累，且它们之间的相互作用也是如此。物理学里电磁相互作用是互为因果，随着时间的推进，部分能量损失，于是相互作用强度下降。但在冰期问题上起作用的因素不同，因素之间可能相互强化。在我们的研究案例里，各因素的影响都朝向同一方向，而且其效应还因为相互作用而提高了。偏心率上升，冬季气温下降，降雪导致气温下降，再导致雾的产生，然后阻断太阳能入射。此后，融雪能力下降，积雪量增加，雾的存在使气温下降、降雪上升，于是导致雾的进一步上升，这些都是正反馈过程。

(四) 关于赤道地区大气温度

处于近日点的1月，赤道气温并不高于7月，这个观察事实遭到了质疑，但实际的测量结果就是这样，原因在于海陆分布。大陆分布在北半球，冬夏温度差高于南半球。不考虑偏心率也是北半球气温高于南半球，如果没有偏心率，这个差异会更大。对赤道大气有什么影响呢？大气从两个半球进入赤道，来自温带，7月的气温高于1月，因此北半球的冬夏季变化不能为南半球所中和。北半球主导了气温，10 ka前冬天位于远日点，将会强化偏心率效应，更暖的夏天、更冷的冬天，更加主导赤道地区的气温。

(五) 格陵兰岛和南极大陆的冰盖

格陵兰岛冰盖顶部高层大于7 000英尺，但不等于陆地本身高程大。由于被冰覆盖，真实的陆地高程不清楚，但目前没有存在高山的证据。相反，有迹象表明这是冰盖堆积而成的高地。南极洲直径大于3 000英里，面积有两个澳大利亚那么大。学者们认为不可能是成片的高地，边缘还有大片冰块的脱落，中间的冰就更厚了，所以不大可能在核心部位有巨大的高地。边缘冰块经过长时间、长距离从冰盖中心部位搬运而来,但到达边缘时,沉积构造却保存良好。若途中地势起伏大,断不能做到这一点。有人认为南极的降雪应集中于大陆边缘地区,但实际上南极大陆周边均为大洋,可接受四面八方来的水汽,所以中心部分也有较大的降水量。无论冬夏,南极大陆的冰都是越积越多的,最终溢出为漂浮的冰山。

(六) 关于华莱士对物理理论的意见

华莱士的著作《岛屿和生命》很有价值,但其中有些意见值得商榷。关于远日点冬至的效应,华莱士说,冰期时北半球冬天气温要低35°F,夏天气温要高60°F,理由是目前夏天气温低于平均气温,冬天气温高于平均气温。但目前的情形是由夏季远日点、冬季近日点造成的。但如果他的数据是对的,那就要假定目前的夏天气温低于平均的数值要在冬天高于此平均的值上再加上25°F,这是不对的。

关于寒冷的积累,华莱士在冰雪对气候的效应中说,降水和降雪不同,这正是我的理论。这涉及冰雪、水汽、洋流三个因素。由于这些原因,近日点夏天不会比现在更热,相反,会更冷一点。

高地大降雪量与冰期,这两点是有利条件,但并非必要条件。格陵兰岛降雪量就不大,关键是只要未全部消融,就会逐渐积累起来,达到冰期的条件。那时,冰量达到均衡状态,中心堆积和边缘损失达到平衡,而中心地区的冰的厚度必然较大。高地地形也不是必要条件,现实中可观察到高度较低处的雪线,这仍然是冰雪的平衡问题。高纬地区如果没有水汽,冰盖向宇宙的辐射失去热量,冰点就靠近海面,而西伯利亚夏季温暖,南方使冰雪融化,其原因其实是降雪量不足的缘故。

《气候与变化》中提出的理论不是针对地质历史上所有气候变化的,而是针对我们现在看到的冰期-间冰期变化的。按照该理论,偏心率最大时并非必然导致冰期,需要一系列因素的配合。正因为如此,我把它称之为物理理论而非偏心率理论。关于地理条件,其实华莱士和我本人的理论都强调了海陆分布因素,洋流就与海陆分布等条件有关,冰期时湾流减弱,往南北球的水流加强,就是地形的作用。与华莱士的不同点在于,我认为目前地理条件就可以造成冰期-间冰期变化,而他认为要有海陆分布变化、地形变化等地理变化才行。

（七）关于华莱士对物理理论意见的进一步评论

从物理学视角看，进动导致冬至位于远日点，从而冰雪累积。对此，华莱士认为要天文、物理、地理三个因素均配合才行。天文偏心率和进动导致两个半球变化交替出现 21 ka 周期。其实，物理因素是直接的，其他两个因素是配合的，地理只是条件而非原因。对于特定的事件需要区分原因和必要条件。海面变化是冰期引发的，而不是海面变化导致冰期。要点是远日点夏季变为远日点冬季时，物理过程随之变化。华莱士认为，如果两者互变、地理条件不变，仍然有冰期-间冰期，我的回答是这是由于物理过程变化所起的作用，而且，如果三种因素合起来导致一个半球冰的增加，另一个半球冰的减少，并且两个半球都有冰的堆积，那么当两者互换的时候，三种因素就会合起来导致间冰期发生。

华莱士还问，远日点夏季和冬季互换的时候，洋流格局不变，又会怎么样呢？这个假定同样是不可能的。洋流的改变需要极区与赤道的温度差变化，而此时又要求极地的冰发生变化，问题是如果洋流不变，极地的冰况也不会变。

11 ka 前北半球处于冰期，南半球稍微暖和一点，就像现在北半球较暖而南半球较冷一样。冰期时气温低于现在 10～15°F，墨西哥湾流也比较弱，同时南半球则应较热，古森林的存在就是证据。

（八）华莱士见解的地质学和古生物学事实

华莱士提出，由于进动缘故，南北两个半球每 11 ka 要更新一次近日点、远日点的冬夏季，如要引发全面气候变化，必须要有部分区域有冰盖，这是对的。冰期之内会出现次一级的间冰期吗？四季皆春的情况会出现吗？按照物理因素理论上是会的，地质古生物学证据也有。Geikie(1874)在其《史前的欧洲》中说，上新世之后冰期气候增多，温和气候在更新世中期达到高点，之后又有不太温和的几个阶段。在他的概念里，更新世就是个大冰期，其中有寒冷和温和气候的多次交替。证据来自动植物，地层记录显示地理地带性的不同变化，有些时期比现在还要温和。因此，华莱士所说的连续冰覆盖有误，寒冷事件之间是有温和期的，这与我的物理因素说相符。

识别间冰期早期气候特征的难点在于，以目前的知识，要证明过去有更温和的间冰期，这很难，但要证明并非如此，则更加不可能。沉积记录被冰盖所毁，证据也就一并消失了。融冰的水流进一步冲走生物地层的证据，即便找到生物化石，其年代测定也难。更新世有多少次间冰期呢？可能有五次，然而还有许多未考虑到的因素。不仅有 21 ka，也有其他周期等。地质学寻找证据的努力才刚刚开始。

(九) 极地温和气候的物理原因

由于海陆分布、地球轨道椭圆率变化、地球自转轴变化等原因，极地冰盖之下有曾经植被茂盛的地层。假设地球上赤道与极地接收的太阳辐射能比率为 12∶5，太空绝对零度为 −461°F，赤道为 80°F，即绝对温度为 541°F，因此，极地为其值的 5/12，也就是 225°F，如此两极温差为 316°F。但根据已发表的研究结果，太空温度为 −239°F，这样赤道绝对温度只有 319°F（太阳辐射所致），因此赤道和极地只有 186°F 温差了。升温或降温的速率与热能输入量是什么关系？尚未有合适的公式。问题在于实测温度差只有约 80°F，远小于 186°F 或 316°F，说明存在着从赤道到极地的热能输送通道，是大气或者洋流，主要是后者，如湾流和其他流系。如果湾流全部进入北冰洋，格陵兰岛冰盖就会融化。湾流向北分为两支，一支向着北冰洋，另一支在亚速尔群岛折向东，减少了北向的通量。而如果全部北上，则如今西北欧的气温会下降。风成洋流的输运是主要的，因为海洋自身的正压和斜压效应均不能导致如此强度的输送。

(十) 极地温和气候原因的进一步讨论

第三纪偏心率的气候影响是，北半球没有冰期-间冰期周期，但气候波动仍然存在。第三纪有冰期吗？许多人认为没有，尽管有不少证据，但不足以得出结论。偏心率变化、地理条件、物理因素，三者缺一不可。2.50 Ma、0.85 Ma 之前，偏心率的条件具备，所以要考虑的是后两者。在偏心率时间分布表中，符合大冰期的有 16 次，它们是否都有冰期，或者其中有一些会有，这仍然取决于后两者，但目前关于这个问题尚无结论。英国南部该时代地层中未找到冰期迹象，但这不能证明冰期没有，地层证据缺失可能是由于根本就没有形成过，德国的北部就是如此。虽然没有沉积记录，但人们还是发现了以前没有认识到的地貌和其他证据，说明曾经被冰盖作用过。同样的道理，格陵兰岛等地未找到冰碛物，这也不能说明志留纪到第三纪都未曾有过冰期。

关于第三纪冰盖作用，阿尔卑斯山中新世地层中的混杂砾石，有的个体很大，且有磨圆现象，这是冰作用的证据。巨砾来自意大利一侧，其堆积与水环境有关；这一层位的有机质很少，与上下层位均不同。始新世冰盖作用的证据还有瑞士的复理石堆积，位于阿尔卑斯山北侧。若用偏心率来解释，则可用来给中始新世和上中新世的冰盖作用时期定年。（这里阐述的似乎是天文年代学方法，说明克罗尔的见解是非常超前的。）

（十一）北极区域的间冰期

在极区，有冰是正常条件，间冰期是异常条件，而后者留下的地层记录很少。尽管如此，不能得出间冰期不存在的结论。西伯利亚猛犸象（Mammoth）生存于与现今很不相同的环境，其化石在西伯利亚北部被大量发现。现在该区域寒冷、缺乏食物，大动物是难以生存的。当时在猛犸象生活的区域应该有大片树林，已经发现的埋藏树干有两类：一类生长轮窄，为本地生长；另一类生长轮宽，由河流从南部搬运而来。实地考察显示，许多目前无法生长的树木在当地有大量的埋藏，保存完好。除树木外，还有大量淡水或陆生贝壳，也提供了证据。

猛犸象在欧洲各国都有发现，生存条件与西伯利亚是一样的，植物的情况也是如此，所发现的贝类生长于湿润环境，这些都符合间冰期的特征。

冰期到来时，猛犸象不能在北方生活，但不意味着它就此灭亡，还可以迁移至南方生活，虽然数量可能减少，而当气温再次温暖的时候，又可以北上，但猛犸象最终的灭绝是值得研究的。

格陵兰岛有过无冰的时期吗？华莱士认为，其冰盖之所以生存，是因为北冰洋寒流从岛屿的两侧流过，如果去掉这股寒流，则可能成为森林覆盖之地。格陵兰岛每年积雪 2 英寸，若绕岛寒流减弱，自然可以使这 2 英寸积雪消融，不过气温上升或墨西哥湾流的强度再增大一点，也能达到这个目的。

（十二）北极区域动植物分布

冰后期，原先被冰盖覆盖的北极岛屿为何能恢复动植物呢？一种看法是，需要有一块陆地相连，但洋流也能起到联通的作用。洋流输送植物，浮冰输送动物，来自斯堪的纳维亚群岛的动植物有一定的机遇进入原先的冰盖区。

（十三）南极冰盖的物理条件

南极的冰盖有多厚？其中心部位必定是相当厚的。“挑战者号”考察的人员认为，冰下的地底温度在冰点以上，因此冰盖底部有河流不断侵蚀冰盖本身，阻止其不断加厚，这与“中心部位最厚，向外流动并最终断入大洋成为冰山，冰量平衡决定其最大厚度”的看法很不相同。目前尚无中心区的冰厚数据，虽然边缘处脱落的冰层厚度是已被观察到的。所幸，南极大陆各处条件相近，均是一面靠海，一面为陆，从冰盖中心向外有各向同性的特点，这使得问题大为简化。

冰盖厚度达到 1 400 英尺就必然遭受底部融蚀，这种看法是不对的。有些地方边缘脱落的冰山，其厚度就大于这个数字。在南大洋，曾报道了厚度大于 1 400 英尺的 12 处冰山。地质学证据中厚度大于 1 400 英尺的例子很多，如北美大陆冰盖厚度在新英格兰为 6 000 英尺，在圣劳伦斯河与哈德森海湾之间有 12 000 英尺以上。瑞士冰川的冰层厚度为 2 000～3 000 英尺。

关于南极大陆冰盖的温度，热能主要来自大气、地面以下和压实作用。地下的热能通量较小，只能影响很薄的一层，而冰层处于不断运动中，难以大规模融化。另外，冰点与压力有关，假如冰厚为 1 400 英尺，则冰点将下降至 31.5°F。来自大气的热能不能影响到底部，如果这部分热能全部被冰盖表层所吸收，那么下部冰盖的温度不应该大大高于表层的平均温度。若热传导将热能带入内部，则内部的温度必然低于上部。如果考虑辐射，那么它导致的热能损失要大于太阳能造成的升温，而后者以 32°F 为限，因此表层温度必然是低于此值，辐射使表层冰的温度低于下部。夏天表层融冰可导致水流渗入，造成热能输送，在南极大陆，这种夏季融化现象并不明显，因此南极冰盖表面不像格陵兰岛那样有冰面河流形成。总之，表层温度对下层的影响不大。至于压实和摩擦效应，重力可造成压实，但即使顶层冰被压至底部至顶层的一半处，其热能也只能使冰温上升 2°F，作用是有限的。可见无论下部冰的实际温度如何，以上三种因素对其温度的后续改造均有限。那么是什么决定了下层冰的温度呢？主要是冰盖上部的平均温度。下层的冰最初曾经位于上层，所以 100 a 前堆积在表面的冰，100 a 后基本上决定了此时埋藏于下部的冰的温度。表层冰受到风的影响而降温，天空辐射也导致降温，表层冰在夏天短暂升温，因此总体上保持在冰点以下。由此我们知道，南极的冰温不会比北极低很多，这里气温低于冰点，所以表层的冰的温度不会比气温高很多，下层冰也必然在冰点以下。瑞士就不同了，这里的气温与冰点相当，此时冰体压实所提高的温度，或由于压力增大而造成的冰点降低，就会成为融冰的机制。

(十四) 南极冰盖形成的物理条件(续)

压实和摩擦的融化作用均很有限，因此冰盖从中心向外减薄，无法归因于此因素。根据物质守恒原理，从中心向外扩散，直径越来越大，向四面八方扩散，必然越向外越薄。中心点应靠近南极点，从这点出发，可以给出各个不同年龄的冰层的原始位置以及它们运动过的距离。例如，表层可能是 100 a 前降落的雪，来自几英里外，而底层则可能是 100 ka 前的，从冰盖中心迁移而来。大陆冰盖从中心到边缘，重力导致向外的移动，而且移动的冰是透底的，因为在冰架边缘可见从上到下一致的堆积层，冰盖中心部分于是成为重力作用点，也是冰最厚的地方。

无论降雪的平面分布如何，不影响中间厚、向外减薄的格局。探险队发现，南极周边的雪日很多，估计有的地方降雪量可达每年 30 英尺之厚。从地形上看，南极也有利于周边水汽向中心聚集。南极冰盖的移动速率可用以估算降雪，若降雪量已知，也可用以计算移动速率。据计算，格陵兰岛降水量为 12 英寸，南极大陆的降水量大概要高出不少，主要以降雪的形式，因此以冰的形式入海也就不难理解了。假定降水量为 1 英尺，入海冰量为 6 英寸，又假定冰盖是在 70°S 范围之内，那么总面积有 5.94×10^{6} 平方英里，于是 6 英寸厚度的冰量为 82.8×10^{12} 立方英尺，区域的周长为 45.3×10^{6} 英尺。假定边缘冰层厚度为 1 400 英尺，因而移动速率应为每年 1 300 英尺，即以冰山形式进入海洋的冰为 82.4×10^{12} 立方英尺，的确接近于 6 英寸厚度的冰量。每年实测的速率常高于每年 1 300 英尺，曾测到过每年 4 英里的速度，格陵兰岛冰川流动速度也超过每年 1 300 英尺。这说明中心要有较大厚度，否则难以提供运输的动力，而如果要保持一定的厚度，那么输入量必定等于输出量。可根据收支的关系给出降雪量、输出量、中心冰厚度、边缘冰厚度、冰层运动速度等变量之间的关系，重演整个冰盖形成的演化历程。

(十五) 冰川流动的再冻结成因

冰川塑性流动受到冰川自重和再冻结作用的影响。我在《气候与变化》一书中根据法拉第原理解释了再冻结现象：边缘正在融化的两块冰，相碰之后可冻结到一起。冰层中有许多空隙，融化和冻结可能经常发生，从而改变冰的整体密度。冰面上阳光导致的融化也会伴随再冻结。同样的道理，运动中的冰也会产生空洞和再冻结，使重力发挥更大作用。冰川在进入低洼区后可再次在另一侧上升，甚至在上升坡度较大处发生。再冻结的做功方式是：用于融化的热能来自太阳辐射＝再冻结消耗的热能＋冰川运动消耗的动能。

（十六）太空温度对陆地物理过程的影响

太空温度是一个被忽视的因素。高纬地区本地的热平衡必须界定，然后才能评价湾流带去的热量造成了怎样的升温。局地热平衡包括：太阳辐射、洋流输入、与太空的热交换。研究者给出的太空温度为－224～－239°F，问题在于，绝对零度是在－461°F，那么太空温度真有那么高吗？因此，与太空的热交换需要重新预估。40 多年前，人们认为即使没有太阳，地球表面温度也能比太空高不少，其原因是水汽的存在；但如果没有太阳，也就没有了水汽。太阳辐射的计算也要重新考虑。在温室情形下，热辐射与温室玻璃的厚薄有关，在温度较低的时候尤其如此。对于大气接收的太阳辐射与太空辐射的关系，近地面大气与温室情形相类似。

参考文献

鲍俊林. 2015. 15—20 世纪江苏海岸盐作地理与人地关系变迁. 上海：复旦大学出版社，342.

贝尔格. 1991. 气候与生命(第二版).王勋，吕军，译. 北京：商务印书馆，598.

曾昭璇，梁景芬，丘世钧. 1997. 中国珊瑚礁地貌研究. 广州：广东人民出版社，474.

陈炎. 1996. 海上丝绸之路与中外文化交流. 北京：北京大学出版社，340.

陈鹰，黄豪彩，瞿逢重，等. 2018. 海洋技术教程(第 2 版). 杭州：浙江大学出版社，338.

陈宗镛，甘子钧，金庆祥. 1979. 海洋潮汐. 北京：科学出版社，198.

大连水产学院. 1987. 贝类养殖学. 北京：农业出版社，392.

董美龄. 1963. 中国浒苔属植物地理学的初步研究. 海洋与湖沼，5：46 - 51.

端义宏，高泉平，朱建荣. 2004. 长江口区可能最高潮位估算研究. 海洋学报，26(5)：45 - 54.

冯士筰，李风岐，李少青，1999. 海洋科学导论. 北京：高等教育出版社，524.

冯士筰. 1982. 风暴潮导论. 北京：科学出版社，241.

高抒. 2018. 走向蓝色海洋. 北京：中国文史出版社，283.

高抒，贾建军，于谦. 2022. 绿色海堤的沉积地貌——生态系统动力学原理：研究综述. 热带海洋学报，41(4)：1 - 19.

高抒，李家彪. 2002. 中国边缘海的形成演化. 北京：海洋出版社.

高抒，全体船上科学家. 2011. IODP 第 333 航次：科学目标、钻探进展与研究潜力. 地球科学进展，26：1290 - 1299.

宫崎正胜. 2014. 航海图的世界史. 朱悦玮，译. 北京：中信出版社，278.

龚高法，张丕远，吴祥定，等. 1983. 历史时期气候变化研究方法. 北京：科学出版社.

管晨，郝雅，侯承宗，等. 2021. 绿潮迁移过程中环境要素与浒苔藻体生物学特征的相关性分析. 海洋与湖沼，52：114 - 122.

国际地质对比计划第 200 号项目中国工作组. 1986. 中国海平面变化. 北京：海洋出版社，280.

海洋科学战略研究组. 2012. 未来10年中国学科发展战略：海洋科学. 北京：科学出版社，194.
何培民. 2019. 中国绿潮. 北京：科学出版社，438.
何湘. 2013. 宝山湖. 上海：上海大学出版社，379.
姜旭朝，张继华. 2012. 中国海洋经济演化研究(1949－2009). 北京：经济科学出版社，286.
金德祥，程兆第，林钧民，等. 1982. 中国海洋底栖硅藻类(上卷). 北京：海洋出版社，323.
金德祥，程兆第，刘师成，等. 1992. 中国海洋底栖硅藻类(下卷). 北京：海洋出版社，448.
李家彪，高抒. 2003. 中国边缘海岩石层结构与动力过程. 北京：海洋出版社，238.
李家彪，高抒. 2004. 中国边缘海海盆演化与资源效应. 北京：海洋出版社，295.
李健. 2021. 中国海水养殖模式. 青岛：中国海洋大学出版社，576.
李四光. 1937. 冰期之庐山. 李四光全集(第2卷). 武汉：湖北人民出版社，395－486.
李四光，朱森. 1932. 南京龙潭地区地质指南. 国立中央研究院地质研究所，13.
李炎保，蒋学炼. 2010. 港口航道工程导论. 北京：人民交通出版社，189.
联合国第三次海洋法会议. 1996. 联合国海洋法公约. 北京：海洋出版社.
廖卫华，邓占球. 2013. 中国中生代石珊瑚化石. 合肥：中国科学技术大学出版社，224.
林春明，张霞. 2017. 江浙沿海平原晚第四纪地层沉积与天然气地质学. 北京：科学出版社，238.
林英锡，黄柱熹，武世忠，等. 1992. 中国石炭纪珊瑚文集. 长春：吉林科学技术出版社，184.
刘焕亮，黄樟翰. 2008. 中国水产养殖. 北京：科学出版社，1178.
刘明. 2010. 我国海洋经济发展现状与趋势预测研究. 北京：海洋出版社，133.
刘蜀永. 2019. 简明香港史. 广州：广东人民出版社，418.
刘文亮，何文珊. 2007. 长江河口大型底栖无脊椎动物. 上海：上海科学技术出版社，203.
陆人骥. 1984. 中国历代灾害性海潮史料. 北京：海洋出版社，295.
陆应诚，刘建强，丁静，等. 2021. 海洋溢油光学遥感原理与应用实践. 北京：科学出版社.
齐钟彦. 1998.中国经济软体动物. 北京：中国农业出版社，325.
邱文彦. 2000. 海岸管理：理论与实务. 台北：五南图书出版公司，497.
曲克明，杜守恩. 2010. 海水工厂化高效养殖体系构建工程技术. 北京：海洋出版社，369.
任美锷，杨纫章，包浩生. 1992. 中国自然地理纲要(第三版). 北京：商务印书馆，430.
任美锷. 1986. 江苏省海岸带和海涂资源综合调查报告. 北京：海洋出版社，517.
戎嘉余，方宗杰. 2004. 生物大灭绝与复苏：来自华南古生代和三叠纪的证据. 合肥：中国科技大学出版社，1100.
三杉隆敏. 1968. 海のシルクロードを求めて. 大阪：創元社，247.
山东海洋学院. 1985. 海水养殖手册. 上海：上海科学技术出版社，656.
沈嘉瑞，刘瑞玉. 1957. 我国的虾蟹. 北京：中国青年出版社，99.
宋海棠，俞存根，薛利建，等. 2006. 东海经济虾蟹类. 北京：海洋出版社，145.
孙文心，江文胜，李磊. 2004. 近海环境流体动力学数值模型. 北京：科学出版社，416.
王冠倬. 2000. 中国古船图谱. 北京：生活读书新知三联书店，365.
王广策，王辉，高山，等. 2020. 绿潮生物学机制研究. 海洋与湖沼，51：789－808.
王静，王毅超，王洪淑，等. 2021. 我国新记录绿潮物种 Ulva laetevirens 的比较叶绿体基因组学研究. 海洋与湖沼，52：1201－1213.

王俊杰，于志刚，韦钦胜，等. 2018. 2017年春、夏季南黄海西部营养盐的分布特征及其与浒苔暴发的关系. 海洋与湖沼，49：1045－1053.
魏格纳. 1986. 大陆和海洋的形成. 北京：商务印书馆，411.
吴超羽，包芸，任杰，等. 2006. 珠江三角洲及河网形成演变的数值模拟和地貌动力学分析：距今6000－2500a. 海洋学报，28(4)：64－80.
夏邦栋. 1986. 宁苏杭地区地质认识实习指南. 南京：南京大学出版社，278.
夏章英. 2014. 海洋环境管理. 北京：海洋出版社，248.
徐凤山，张素萍. 2008. 中国海产双壳类图志. 北京：科学出版社，336.
薛鸿超，顾家龙，任汝述. 1979. 海岸动力学. 北京：人民交通出版社，511.
薛允传，贾建军，高抒. 2001. 山东半岛月湖潮汐水位特征. 海洋科学，25(2)：32－35.
杨世民，董树刚. 2006. 中国海域常见浮游硅藻图谱. 青岛：青岛海洋大学出版社，267.
杨文卿，孙立广，杨仲康，等. 2019. 南澳宋城：被海啸毁灭的古文明遗址. 科学通报，64(1)：107－120.
应仁方，羊天柱，1986. 上海防洪水位研究中吴淞台风暴潮数值计算与可能最高潮位的分析. 海洋学报，8(4)：423－428.
余克服. 2018.珊瑚礁科学概论.北京：科学出版社，578.
俞建章，林英锡，时言，等. 1983. 石炭纪二叠纪珊瑚. 长春：吉林人民出版社，357.
宇田道隆. 1980. 海洋科学史. 北京：海洋出版社，592.
袁东星，李炎. 2021. 启航问海——厦门大学早期的海洋学科(1921—1952). 厦门：厦门大学出版社，170.
恽才兴，蒋兴伟. 2002. 海岸带可持续发展与综合管理. 北京：海洋出版社，168.
张惠荣. 2009. 浒苔生态学研究. 北京：海洋出版社，196.
赵焕庭. 1999. 华南海岸和南海诸岛地貌与环境. 北京：科学出版社，528.
郑元甲，陈雪忠，程家骅，等. 2003. 东海大陆架生物资源与环境. 上海：上海科学技术出版社，835.
中国社会科学院考古研究所. 1999. 胶东半岛贝丘遗址环境考古. 北京：社会科学文献出版社，236.
竺可桢. 1973. 中国近五千年来气候变迁的初步研究. 中国科学，16(2)：168－189.
左平. 2023. 中国国际重要湿地全记录. 济南：齐鲁书社，410.
Agassiz L. 1838. Upon glaciers, moraines, and erratic blocks: Address delivered at the opening of the Helvetic Natural History Society at Neuchatel. The Edinburgh New Philosophical Journal, 24: 864－883.
Alcamo J 1994. Integrated modelling of global climate change. Drdrecht: Kluwer, 328.
Alder J, Kay R. 2005. Coastal planning and management. Boca Raton: CRC Press, 400.
Allen J R L. 1970. Physical processes of sedimentation. London: Allen and Unwin, 248.
Allen P A, Allen J R. 2005. Basin analysis (2nd edition). Oxford: Blackwell, 549.
Amos C L. 1995. Siliciclastic tidal flats// Perillo G M E. Geomorphology and sedimentology of estuaries. Amsterdam: Elsevier, 273－306.
Anderson R N. 1986. Marine geology: a planet earth perspective. New York: John Wiley, 328.

Apel J R. 1987. Principles of ocean physics. London：Academic Press，634.

Arias A H，Botte S E.2020. Coastal and deep ocean pollution. Boca Raton：CRC Press，352.

Armstrong H A，Brasier M D. 2005. Microfossils (2nd edition). Oxford：Blackwell，296.

Arrhenius S. 1896. On the influence of carbonic acid in the air upon the temperature of the ground. Philosophical Magazine，41：237 - 276.

Atkinson A，Siegel V，Pakhomov E A，et al. 2009. A re-appraisal of the total biomass and annual production of Antarctic krill. Deep-Sea Research I，56：727 - 740.

Banerjee A，Słowakiewicz M，Saha D. 2022. On the oxygenation of the Archaean and Proterozoic oceans. Geological Magazine，159：212 - 219.

Bao J L，Gao S. 2021. Wetland utilization and adaptation practice of a coastal megacity：a case study of Chongming Island，Shanghai，China. Frontiers in Environmental Science，9：627963.

Bao J L，Gao S，Ge J X. 2019. Salt and wetland：traditional development landscape，land use changes and environmental adaptation on the central Jiangsu coast，China，1450 - 1900. Wetlands，39：1089 - 1102.

Barker P F，Thomas E. 2004. Origin，signature and palaeoclimatic influence of the Antarctic Circumpolar Current. Earth-Science Reviews，66：143 - 162.

Benton M J. 2015. When life nearly died：the greatest mass extinction of all time. New York：Thames & Hudson，304.

Bianchi T S，Canuel E A. 2011. Chemical biomarkers in aquatic ecosystems. Princeton (USA)：Princeton University Press，392.

Bishop P L. 2000. Pollution prevention：fundamentals and practice. Boston：McGraw-Hill，699.

Blackstock J J，Low S. 2019. Geoengineering our climate：ethics，politics，and governance. London：Routledge，290.

Bomer E J，Wilson C A，Hale R P，et al. 2020. Surface elevation and sedimentation dynamics in the Ganges-Brahmaputra tidal delta plain，Bangladesh：Evidence for mangrove adaptation to human-induced tidal amplification. Catena，187：104312.

Boon J D. 2004. Secrets of the tide：tidal and current analysis and predictions，storm surges and sea level trends. Chichester：Horwood，212.

Bosak T，Knoll A H，Petroff A P. 2013. The meaning of stromatolites. Annual Review of Earth and Planetary Sciences，41：21 - 44.

Botero C M，Milanes C B，Robledo S. 2023. 50 years of the Coastal Zone Management Act：the bibliometric influence of the first coastal management law on the world. Marine Policy，150：105548.

Briggs D E G. 1994. Species diversity：land and sea compared. Systematic Biology，43：130 - 135.

Brownworth A，2014. The sea wolves：a history of the Vikings. Crux Publishing，300.（中译本：拉尔斯・布朗沃斯，2016. 维京传奇. 豆研，陈丽译. 北京：中信出版集团，262.）

Bruun P. 1976. Port engineering (2nd edition). Houston：Gulf Publishing，438.

Bruun P. 1978. Stability of tidal inlets. Amsterdam: Elsevier, 510.

Bullock J A, Haddow G D. 2009. Global warming, natural hazards, and emergency management. Boca Raton: CRC Press, 304.

Burton J D, Liss P S. 1976. Estuarine chemistry. London: Academic Press, 229.

Caesar L, Rahmstorf S, Robinson A, et al. 2018. Observed fingerprint of a weakening Atlantic Ocean overturning circulation. Nature, 556: 191 - 196.

Carson R. 1962. The silent spring. Boston: Houghton Mifflin, 368.

Carter R W G. 1988. Coastal environments: an introduction to physical, ecological and cultural systems of coastlines. London: Academic Press, 617.

Cartwright D E. 1999. Tides: a scientific history. Cambridge: Cambridge University Press, 292.

Chase J, Leibold M. 2003. Ecological niches: Linking classical and contemporary approaches. Chicago: University of Chicago Press, 213.

Chen C T A. 2009. Chemical and physical fronts in the Bohai, Yellow and East China seas. Journal of Marine Systems, 78: 394 - 410.

Christensen V, Maclean J. 2011. Ecosystem approaches to fisheries: a global perspective. Cambridge: Cambridge University Press, 325.

Churchill R R, Lowe A V. 1983. The law of the sea. Manchester: Manchester University Press, 321.

Cicin-Sain B, Knecht R W. 2000. The future of U.S. ocean policy: choices for the new century. Island Press, 398.

Cicin-Sain B, Knecht R W, Jang D, et al. 1998. Integrated coastal and ocean management: concepts and practices. Island Press, 517.

Clapp B W. 1994. An environmental history of Britain since the industrial revolution. London: Routledge, 288.

Clark J R. 1995. Coastal zone management handbook. Boca Raton: CRC Press, 720.

Clark R B. 1986. Marine pollution. Oxford: Clarendon Press, 215.

Cochlan W P. 2008. Nitrogen uptake in the Southern Ocean. // Capone D G, Bronk D A, Mulholland M R, et al. Nitrogen in the marine environment, Amsterdam: Elsevier, 569 - 596.

Colazingari M. 2007. Marine natural resources and technological development: an economic analysis of the wealth from the oceans. Routledge, New York 256pp. (有中译本)

Collinder P. 1955. A history of marine navigation. New York: St. Martin's Press.

Corrales X, Preciado I, Gascuel D, et al. 2022. Structure and functioning of the Bay of Biscay ecosystem: A trophic modelling approach. Estuarine, Coastal and Shelf Science, 264: 107658.

Costanza R, d'Arge R, de Groot R, et al. 1997. The value of the world's ecosystem services and natural capital. Nature, 387: 253 - 260.

Cramer K L, O'Dea A, Clark T R, et al. 2017. Prehistorical and historical declines in Caribbean coral reef accretion rates driven by loss of parrotfish. Nature Communications,

8：14160.
Croll J. 1875. Climate and time in their geological relations：a theory of secular changes of the earth's climate. London：Edward Stanford，632.
Croll J. 1889. Discussions on climate and cosmology. London：Edward Stanford，327.
Crowley R. 2008. Empires of the sea：the siege of Malta，the battle of Lepanto，and the contest of the center of the world.（中文版：罗杰・克劳利. 2014. 海洋帝国——地中海大决战. 陆大鹏，译. 北京：社会科学文献出版社，350.）
Crowley R. 2015. Conquerors：how Portugal forged the first global empire.（中文版：罗杰・克劳利. 2016. 征服者：葡萄牙帝国的崛起. 陆大鹏，译. 北京：社会科学文献出版社，480.）
Curray J R，Emmel F J，Moore D G. 2002. The Bengal Fan：morphology，geometry，stratigraphy，history and processes. Marine and Petroleum Geology，19：1191 - 1223.
Cvijanovic I，Lukovic J，Begg J D. 2020. One hundred years of Milanković cycles. Nature Geoscience，13：524 - 525.
Dame R F. 2011. Ecology of marine bivalves：an ecosystem approach (2nd edition). Boca Raton：CRC Press，283.
Dance S P. 1992. Eyewitness handbooks - shells. London Dorling Kindersley.（中译本：丹斯. 2005. 贝壳. 北京：中国友谊出版公司，255.）
Darwin C R. 1859. The origin of species. London：John Murray，502.（中译本：达尔文. 2007. 物种起源. 谢蕴贞，译. 北京：新世界出版社，384.）
Daud H，Saiful K，ed. 2018. International marine environmental law and policy. London：Routledge，276.
Davidson A. 2012. North Atlantic seafood. Devon (UK)：Prospect Books，512.
Davis R A Jr. 1985. Coastal sedimentary environments (2nd edition). Berlin：Springer-Verlag，716.
Davis R A Jr，FitzGerald D M. 2004. Beaches and coasts. Malden (USA)：Blackwell，419.
Davis R A Jr. 1983. Depositional systems：a genetic approach to sedimentary geology. Englewood Cliffs (New Jersey)：Prentice-Hall，669.
Davis R A Jr. 1994. Geology of Holocene barrier island systems. New York：Springer-Verlag.
Day J W Jr，Gunn J D，Folan W J，et al. 2007. Emergence of complex societies after sea level stabilized. EOS，88(15)：169 - 170.
De Lange G J，Thomson J，Reitz A，et al. 2008. Synchronous basin-wide formation and redox-controlled preservation of a Mediterranean sapropel. Nature Geoscience，1：606 - 610.
Deacon G E R. 1984. Antarctic oceanography：the Antarctic circumpolar ocean. Cambridge：Cambridge University Press，180.
Deacon M B. 1978. Oceanography：concepts and history. Stroudsburg (Pennsylvania)：Dowden，Hutchingson & Ross，394.
Deacon M B. 1971. Scientists and the sea，1650 - 1900：a study of marine science. New

York: Academic Press, 445.

Defant A. 1960. Physical Oceanography (Ⅰ). New York: Pergamon Press, 598.

Defant A. 1961. Physical Oceanography (Ⅱ). New York: Pergamon Press, 729.

Dessler A E. 2021. Introduction to modern climate change (3 edition). Cambridge: Cambridge University Press, 288.

Devilliers M, Swingedouw D, Mignot J, et al. 2021. A realistic Greenland ice sheet and surrounding glaciers and ice caps melting in a coupled climate model. Climate Dynamics, 57: 2467 - 2489.

Dietrich G. 1963. General oceanography: an introduction. New York: John Wiley, 588.

Dietz R S. 1961. Continent and ocean basin evolution by spreading of the sea floor. Nature, 190: 854 - 857.

Dietz R S, Holden J C. 1970. Reconstruction of Pangea: breakup and dispersion of continents, Permian to Present. Journal of Geophysical Research, 75: 4943 - 4951.

Dyer K R. 1986. Coastal and estuarine sediment dynamics. Chichester: John Wiley, 342.

Eisler R. 2012. Oceanic acidification: a comprehensive overview. Boca Raton: CRC Press, 260.

Eisma D, de Boer P L, Cadee G C, et al. 1998. Intertidal deposits: river mouths, tidal flats, and coastal lagoons. Boca Raton: CRC Press, 525.

Emanuel K. 2005. Increasing destructiveness of tropical cyclones over the past 30 years. Nature, 436: 686 - 688.

Emerson S R, Hedges J I. 2008. Chemical oceanography and the marine carbon cycle. Cambridge: Cambridge University Press, 461.

Eulenfeld T, Heubeck C. 2023. Constraints on Moon's orbit 3.2 billion years ago from tidal bundle data. Journal of Geophysical Research - Planets, 10.1029/2022JE007466.

Evans P G H, Raga J A, ed. 2001. Marine mammals: biology and conservation. London: Kluwer, 626.

Fagan B. 2017. Fishing: how the sea fed civilization. New Haven: Yale University Press, 346.(中译本：布莱恩·费根. 2019. 海洋文明史：渔业打造的世界. 李文远,译. 北京：新世界出版社,384.)

Fagerstrom J A. 1987. The evolution of reef communities. New York: John Wiley, 600.

Farhat M, Auclair-Desrotour P, Boué G, et al. 2022. The resonant tidal evolution of the Earth-Moon distance. Astronomy & Astrophysics, 665: L1.

Ferrera I, 2017. Climate Change and the Oceanic Carbon Cycle: Variables and Consequences. Apple Academic Press, 304.

Filippidi A, Triantaphyllou M V, De Lange G J. 2016. Eastern-Mediterranean ventilation variability during sapropel S1 formation, evaluated at two sites influenced by deep-water formation from Adriatic and Aegean Seas. Quaternary Science Reviews, 144: 95 - 106.

Fingas M. 2016. Oil spill science and technology (2nd edition). Amsterdam: Elsevier, 1078.

Fischer H B, List E J, Koh R C Y, et al. 1979. Mixing in inland and coastal waters. New

York: Academic Press, 483.

Fisher J, Lockley R M. 2012. Sea-birds. Harper Collins, 336.

Fotedar R K, Phillips B F. 2011. Recent advances and new species in aquaculture. New York: John Wiley, 430.

Friedlingstein P. 2015. Carbon cycle feedbacks and future climate change. Philosophical Transactions of the Royal Society A373: 20140421.

Gao S. 2007. Modeling the growth limit of the Changjiang Delta. Geomorphology, 85: 225 - 236.

Gao S. 2009. Modeling the preservation potential of tidal flat sedimentary records, Jiangsu coast, eastern China. Continental Shelf Research, 29: 1927 - 1936.

Gao S. 2018. Geomorphology and sedimentology of tidal flats. // Perillo G M E, Wolanski E, Cahoon D, et al. Coastal wetlands: an ecosystem integrated approach (2nd edition). Amsterdam: Elsevier, 359 - 381.

Gao S, Collins M B. 2014. Holocene sedimentary systems on continental shelves. Marine Geology, 352: 268 - 294.

Gao S, Du Y F, Xie W J, et al. 2014. Environment-ecosystem dynamic processes of *Spartina alterniflora* salt-marshes along the eastern China coastlines. Science China Earth Sciences, 57: 2567 - 2586.

Gao S, Wang Y P. 2008. Changes in material fluxes from the Changjiang River and their implications on the adjoining continental shelf ecosystem. Continental Shelf Research, 28: 1490 - 1500.

Garrison T S. 1993. Oceanography: an invitation to marine science. Wadsworth, 560.

Gattuso J P, Hansson L, ed. 2011. Ocean Acidification. Oxford: Oxford University Press, 326.

Geikie J. 1874. The great ice age and its relation to the antiquity of man. London: W. Isbister, 575.

Gerlach S A. 1981. Marine pollution. Berlin: Springer-Verlag, 218.

Gilbert B. 1994. Aquaculture: biology and ecology of cultured species, London: CRC Press, 415.

Gill A E. 1982. Atmosphere-ocean dynamics. London: Academic Press, 662.

Gillespie A. 2007. Protected areas and international environmental law. Leiden, The Netherlands: Koninklijke Brill, 318.

Godin G, 1972. The analysis of tides. Toronto: University of Toronto Press, 264.

Goldenberg S B, Landsea C W, Mestas-Nuñez A M, et al. 2001. The recent increase in Atlantic hurricane activity: causes and implications. Science, 293: 474 - 479.

Goosse H. 2015. Climate system dynamics and modelling. New York: Cambridge University Press, 358.

Grant R G. 2008. Battle at sea. New York: Dorling Kindesley, 360.

Grilli S T, Zhang C, Kirby J T, et al. 2021. Modeling of the December 22nd 2018 Anak Krakatau volcano lateral collapse and tsunami based on recent field surveys: comparison

with observed tsunami impact. Marine Geology, 440: 106566.
Gulland J A. 1971. The fish resources of the ocean. West Byfleet, UK: Fishing News Books, 255.
Haflidason H, Lien R, Sejrup H P, et al. 2005. The dating and morphometry of the Storegga Slide. Marine and Petroleum Geology, 22: 123 - 136.
Hallam A. 1992. Phanerozoic sea-level changes. New York: Columbia University Press, 266.
Hamilton C. 2013. Earthmasters: the dawn of the age of climate engineering. New Haven: Yale University Press, 259.
Hand K P. 2011. On the coming age of ocean exploration. // Brockman M, Future science: cutting-edge essays from the new generation of scientists. Oxford: Oxford University Press, 2 - 15.
Hansell D A, Carlson C A. 2002. Biogeochemistry of marine dissolved organic matter. Amsterdam: Elesevier, 807.
Haq B U, Hardenbol J, Vail P R. 1987. Chronology of fluctuating sea levels since the Triassic. Science, 235: 1156 - 1167.
Haq B U, Schutter S R. 2008. Chronology of Paleozoic sea-level changes. Science, 322: 64 - 68.
Hardy D. 1991. Scallop farming. Oxford: Blackwell, 237.
Haslett S K. 2000. Coastal systems. Routledge: London, 218.
Hays J D, Imbrie J, Shackleton N J. 1976. Variations in the earth's orbit: pacemaker of the ice ages. Science, 194: 1121 - 1132.
Heezen B C, Ewing M. 1952. Turbidity currents and submarine slumps, and the 1929 Grand Banks earthquake. American Journal of Science, 250: 849 - 873.
Heezen B C, Hollister C D. 1971. The face of the deep. New York: Oxford University Press, 659.
Henry L G, McManus J F, Curry W B, et al., 2016. North Atlantic ocean circulation and abrupt climate change during the last glaciation. Science, 353: 470 - 474.
Hess H H. 1962. History of ocean basins. // Engel A E J, James H L, Leonard B F, Petrologic studies: a volume to honor A. F. Buddington. Geologicla Society of America, 599 - 620.
Hewson J B. 1951. A history of the practice of navigation. Glasgow: Brown.
Ho T C, Mori N, Yamada M. 2023. Ocean gravity waves generated by the meteotsunami at the Japan Trench following the 2022 Tonga volcanic eruption. Earth, Planets, and Space, 75: 25.
Hodgson D M, Flint S S. 2005. Submarine slope systems: process and products. London: The Geological Society of London, 225.
Hoelzel A R. 2002. Marine mammal biology: an evolutionary approach. Oxford: Blackwell, 432.
Hofmann E E, Friedrichs M A M, 2002. Predictive modeling for marine ecosystems. //

Robinson A R, McCarthy J J, Rothschild B J. The sea (volume 12). New York: John Wiley, 537 - 565.

Horikawa K. 1988. Nearshore dynamics and coastal processes. Tokyo: University of Tokyo Press, 522.

Hutchinson G E. 1978. An introduction to population biology. New Haven: Yale University Press, 260.

Ingmanson D E, Wallace W J. 1989. Oceanography: an introduction (4th edition). Wadsworth, 511.

Ivan Z, Anthony K, Hugh R S, et al. 2022. Greenstone burial-exhumation cycles at the late Archean transition to plate tectonics. Nature Communications, 13: 17893.

Iwasaki T, Parker G. 2020. The role of saltwater and waves in continental shelf formation with seaward migrating clinoform. Proceedings of the National Academy of Sciences, 117: 1266 - 1273.

Jackson D W T, Short A D. 2020. Sandy beach morphodynamics. Amsterdam: Elsevier, 793.

Jeffreys K. 1995. Rescuing the oceans. // Bailey R. The true state of the planet. New York: Free Press, 295 - 338.

Jia Y, Li D W, Yu M, et al. 2019. High- and low-latitude forcing on the south Yellow Sea surface water temperature variations during the Holocene. Global and Planetary Change, 182: 103025.

Johnson B W, Wing B A. 2020. Limited Archaean continental emergence reflected in an early Archaean 18O-enriched ocean. Nature Geoscience, 13: 243 - 248.

Johnson D W. 1919. Shore processes and shoreline development. New York: John Wiley, 584.

Johnston D M, Valencia M J. 1991. Pacific Ocean boundary problems: status and solutions. Dordrecht (Netherlands): Martinus Nijhoff Publishers, 219.

Joint I R, Morris R J. 1982. The role of bacteria in the turnover of organic matter in the sea. Oceanography and Marine Biology Annual Review, 20: 65 - 118.

Jones E J W. 1999. Marine geophysics. Chichester: John Wiley, 466.

Jones G. 1968. A history of the Vikings. London: Oxford University Press, 520.

Joseph A. 2011. Tsunamis: detection, monitoring and early-warning technologies. Burlington MA: Academic Press, 436.

Jumars P A. 1993. Concepts in biological oceanography: an interdisciplinary primer. New York: Oxford University Press, 384.

Kamphius J W. 2000. Introduction to coastal engineering and management. Singapore: World Scientific.

Karig D E. 1971. Origin and development of marginal basins in the western Pacific. Journal of Geophysical Research, 76: 2542 - 2560.

Kastens K A, Manduca C A, Cervato C, et al. 2009. How geoscientists think and learn. EOS Transactions, AGU, 90(31): 265 - 266.

Kay R, Alder J. 1999. Coastal planning and management. London: Taylor & Francis, 400.
Keffer T, Martinson D G, Corliss B H. 1988. The position of the Gulf Stream during Quaternary glaciations. Science, 241: 440 - 442.
Keith M. 2001. Evidence for a plate tectonics debate. Earth-Science Reviews, 55: 235 - 336.
Kelner M, Migeon S, Tric E, et al. 2016. Frequency and triggering of small-scale submarine landslides on decadal timescales: analysis of 4D bathymetric data from the continental slope offshore Nice (France). Marine Geology, 379: 281 - 297.
Kennett J P, Cannariato K G, Hendy I L, et al. 2003. Methane hydrates in Quaternary climate change. Washington DC: American Geophysical Union, 216.
Kennett J R. 1982. Marine geology. Upper Saddle River (New Jersey): Prentice Hall, 813.
Kershaw S. 2000. Oceanography: an earth science perspective. Cheltenham (UK): Stanley Thornes, 288.
King C A M. 1972. Beaches and coasts (2nd edition). London: Edward Arnold, 570.
Knoll A H, Javaux E, Hewitt D, et al. 2006. Eukaryotic organisms in Proterozoic oceans. Philosophical Transactions of the Royal Society B: Biological Sciences, 361: 1023 - 1038.
Komar P D. 1996. Beach processes and sedimentation (2nd edition). Englewood Cliffs (New Jersey): Prentice-Hall, 544.
Koontz H, O'Donnell C. 1976. Management: a systems and contingency analysis of managerial functions (6th edition). New York: McGraw-Hill, 824.
Kousky C, Fleming B, Berger A M. 2021. A blueprint for coastal adaptation: uniting design, economics, and policy. Island Press, 314.
Kuenen Ph H. 1950. Marine geology. New York: John Wiley, 568.
Kurlansky M. 1997. Cod: a biography of the fish that changed the world. (中译本：马克·科尔兰斯基. 2017. 鳕鱼往事. 韩卉,译. 北京：中信出版集团,245.)
Kurlansky M. 2002. Salt: a world history. New York: Penguin, 498.
Kutzbach J E. 1985. Modeling of paleoclimates. Advances in Geophysics, 28A: 159 - 196.
Lalli C, Parsons T R. 1997. Biological oceanography: an introduction (2nd edition). Amsterdam: Elsevier, 320.
Lamb H. 1932. Hydrodynamics (6th edition). Cambridge: Cambridge University Press, 738.
Langeraar W. 1984. Surveying and charting of the seas. Amsterdam: Elsevier, 612.
Le Pichon X, Francheteau J, Bonnin J. 1973. Plate tectonics. Amsterdam: Elsevier, 300.
Lee D O'C, Wickins J F. 1992. Crustacean farming. Oxford: Blackwell, 392.
Levathes L. 1994. When China ruled the seas. Oxford: Oxford University Press. (中文版：李露晔. 2004. 当中国称霸海上. 邱仲麟,译. 桂林：广西师范大学出版社,248.)
Levinton J S, 2001. Marine biology (2nd edition). Oxford University Press, New York, 515.
Li J, Shang Z, Wang F, et al. 2021. Holocene sea level trend on the west coast of Bohai Bay, China: reanalysis and standardization. Acta Oceanologica Sinica, 40(7): 198 - 248.

Libes S M. 2009. An introduction to marine biogeochemistry (2nd edition). Amsterdam: Academic Press, 909.

Lin M W, Yang C J. 2020. Ocean observation technologies: a review. Chinese Journal of Mechanical Engineering, 33: 32.

Link J S, Fulton E A, Gamble R J. 2010. The northeast US application of ATLANTIS: a full system model exploring marine ecosystem dynamics in a living marine resource management context. Progress in Oceanography, 87: 214 - 234.

Lisitzin E. 1974. Sea level changes. Amsterdam: Elsevier, 286.

Little C. 2022. The art of waves. New York: Ten Speed Press, 240.

Liu J P, Milliman J D, Gao S, et al. 2004. Holocene development of the Yellow River's subaqueous delta, North Yellow Sea. Marine Geology, 209: 45 - 67.

Lobban G S, Harrison P J, Duncan K J. 1985. The physiological ecology of sea weeds. Cambridge: Cambridge University Press, 242.

Longhurst A R. 2006. Ecological geography of the sea (2nd edition). London: Academic Press, 560.

Lowery C M, Leckie R M, Bryant R, et al. 2017. The late Cretaceous Western Interior Seaway as a model for oxygenation change in epicontinental restricted basins. Earth-Science Reviews, 177: 545 - 564.

Lynch-Stieglitz J, Curry W B, Slowey N. 1999. Weaker Gulf Stream in the Florida Straits during the Last Glacial Maximum. Nature, 402: 644 - 648.

Lynett P, Liu P. 2002. A numerical study of submarine landslides generated waves and runups. Proceedings of the Royal Society of London (A), 458: 2285 - 2910.

Lyons T W, Anbar A D, Severmann S, et al. 2009. Tracking euxinia in the ancient ocean: a multiproxy perspective and Proterozoic case study. Annual Review of Earth and Planetary Sciences, 37: 507 - 534.

Lytle M H. 2007. The gentle subversive: Rachel Carson, Silent Spring, and the rise of the environmental movement. Oxford: Oxford University Press, 277.

MacCready P, Geyer W R. 2010. Advances in estuarine physics. Annual Review of Marine Science, 2: 35 - 58.

Madsen H, Jakobsen F. 2004. Cyclone induced storm surge and flooding forecasting in the northern Bay of Bengal. Coastal Engineering, 51: 277 - 296.

Major D, Juhola S. 2021. Climate change adaptation in coastal cities. Helsinki University Press, 189.

Mangone G J. 1977. Marine policy for America: the United States at sea. Lexington Books, 370.

Mann K H, Lazier J R N. 2006. Dynamics of marine ecosystems: biological-physical interactions in the oceans (3rd edition). Malden (MA): Blackwell, 519.

Marean C W, Bar-Matthews M, Bernatchez J, et al. 2007. Early human use of marine resources and pigment in South Africa during the Middle Pleistocene. Nature, 449: 905 - 908.

Marr J C. 1970. The Kuroshio：a symposium on the Japan Current. University of Hawaii (Honolulu)：East-West Center Press，614.

Martin S. 2004. An introduction to ocean remote sensing. Cambridge University Press，Cambridge，426.

Marty B，Avice G，Bekaert D V，et al. 2018. Salinity of the Archaean oceans from analysis of fluid inclusions in quartz. Comptes Rendus Geoscience，350：154 – 163.

Maury M F. 1855. The physical geography of the sea. New York：Harper & Brothers，274.

McConnell A. 1982. No sea too deep：the history of oceanographic instruments. Bristol：Adam Hilger，162.（中译本：安尼塔·麦康尼尔. 1993. 没有深不可测的海：海洋仪器史. 葛运国，译. 北京：海洋出版社，246.）

McCormick J. 1989. The global environmental movement. London：Belhaven Press，259.

McKee A. 1967. Farming the sea. London：Souvenir Press，314.

McKenzie D P. 1972. Plate tectonics and sea-floor spreading：simple geometric ideas have led to a profound understanding of continental motions and the creation and destruction of sea floor. American Scientist，60：425 – 435.

Miall A D. 1984. Principles of sedimentary basin analysis. New York：Springer-Verlag，490.

Middleton G V，Hampton M A. 1976. Subaqueous sediment transport and deposition by sediment gravity flows. // Stanley D J，Swift D J P. Marine sediment transport and environmental management. New York：John Wiley，197 – 218.

Miller K G，Kominz M A，Browning J V，et al. 2005. Phanerozoic record of global sea-level change. Science，310：1293 – 1298.

Millero F J. 2014. Chemical oceanography (4th edition). London：CRC Press，591.

Milliman J D，Farnsworth K L. 2011. River discharge to the coastal ocean：a global synthesis. Cambridge：Cambridge University Press，384.

Minato M. 1955. Japanese Carboniferous and Permian corals. Tokyo：The Japan Society for the Promotion of Science，202.

Mitsch W J，Gosselink J G. 2000. Wetlands (3rd edition). New York：John Wiley，920.

Modak P. 2018. Environmental management towards sustainability. Boca Raton：CRC Press，317.

Modelski G，Thompson W R. 1988. Seapower in global politics，1494 – 1993. Seattle：University of Washington Press，394.

Mohit A A，Yamashiro M，Hashimoto N，et al. 2018. Impact assessment of a major river basin in Bangladesh on storm surge simulation. Journal of Marine Science and Engineering，6：99.

Moll A，Radach G. 2003. Review of three-dimensional ecological modelling related to the North Sea shelf system，I：models and their results. Progress in Oceanography，57：175 – 217.

Murray J D. 1993. Mathematical biology (2nd edition). Berlin：Springer-Verlag，767.

Murphy E J，Hofmann E E，Watkins J L，et al. 2013. Comparison of the structure and function of South Ocean regional ecosystems：the Antarctic Peninsula and South Georgia. Journal of Marine Systems，109－110：22－42.

Muscolino M S. 2009. Fishing wars and environmental change in late imperial and modern China.（中译本：穆盛博.2015. 近代中国的渔业战争和环境变化. 胡文亮，译. 南京：江苏人民出版社，218.）

Mutaqin B W，Lavigne F，Hadmoko D S，et al. 2019. Volcanic eruption-induced tsunami in Indonesia：a review. Earth and Environmental Science，256：12023.

Nancollas T. 2018. Seashaken houses：a lighthouse history from Eddystone to Fastnet.（汤姆·南科拉斯.2022. 寻找灯塔：建筑、自然与人类的集体记忆. 陈鑫媛，译. 北京：北京联合出版社，259.）

Neelin J D. 2010. Climate change and climate modeling. New York：Cambridge University Press，300.

Fennel W，Neumann T. 2004. Introduction to the modeling of marine ecosystems. Amsterdam：Elsevier，330.

Nicolas A. 1995. The mid-ocean ridges：mountains below sea level. Berlin：Springer，200.

Nienhuis J H，Ashton A D，Edmonds D A，et al. 2020. Global-scale human impact on delta morphology has led to net land area gain. Nature，577：514－518.

Noller J S，Sowers J M，Lettis W R. 2000. Quaternary geochronology：methods and applications. Washington DC：American Geophysical Union，581.

O'Connor S，Ono R，Clarkson C. 2011. Pelagic fishing at 42,000 years before the present and the maritime skills of modern humans. Science，334：1117－1121.

Odum E P，Barrett G W. 2005. Fundamentals of ecology (5th edition). Belmont (California)：Thomson Brooks/Cole.［中译本：奥德姆，巴雷特. 2009. 生态学基础(第 5 版).陆健健，王伟，王天慧，等译. 北京：高等教育出版社，535.］

Olson H C，Drabon N，Johnston D T，2022. Oxygen isotope insights into the Archean ocean and atmosphere. Earth and Planetary Science Letters，591：117603.

Owens P N，Walling D E，Leeks G J L. 2000. Tracing fluvial suspended sediment sources in the catchment of the River Tweed，Scotland，using composite fingerprints and a numerical mixing model. // Foster I D L，Tracers in geomorphology. Chichester：John Wiley，291－308.

Paine L. 2013. The sea and civilization：a maritime history of the world.（中译本：林肯·佩恩.2017. 海洋与文明. 陈建军，罗燚英，译. 天津：天津人民出版社，744.）

Palin R M，Santosh M. 2021. Plate tectonics：what，where，why，and when? Gondwana Research，100：3－24.

Palin R M，Santosh M，Cao W，et al. 2020. Secular change and the onset of plate tectonics on Earth. Earth-Science Reviews，207：103172

Parker B，2010. The power of the sea.（中译本：布鲁斯·帕克.2014. 海洋的力量. 徐胜，张爱军，等译. 北京：海洋出版社，304.）

Parmar S，Sharma V K，Singh V. 2023. Microplastics in marine ecosystem：sources，risks，mitigation technologies，and challenges. Boca Raton：CRC Press，228.

Pauly D, Zeller D,. 2016. Global atlas of marine fisheries: a critical appraisal of catches and ecosystem impacts. Island Press, 497.

Penck W. 1953. Morphological analysis of land forms. London: Macmillan, 429.

Pereira L, Neto J M. 2014. Marine algae: biodiversity, taxonomy, environmental assessment, and biotechnology. Boca Raton: CRC Press, 398.

Pernetta J C, Milliman J B. 1994. Global change: LOICZ - IGBP implementation plan. Report 33, The Royal Swedish Academy of Sciences, 215.

Petit J R, Jouzel J, Raynaud D, et al. 1999. Climate and atmospheric history of the past 420,000 years from the Vostok ice core, Antarctica. Nature, 399: 429 - 436.

Pickering K T, Hiscott R N, Hein F J. 1989. Deep-marine environments: classic sedimentation and tectonics. London: Unwin Hyman, 416.

Pilson M E Q. 2013. An introduction to the chemistry of the sea (2nd edition). Cambridge: Cambridge University Press, 544.

Pinet P R. 1992. Oceanography: an introduction to the planet Oceanus. St. Paul: West Publishing Company, 571.

Piper D J W, Aksu A E. 1987. The source and origin of the 1929 Grand Banks turbidity current inferred from sediment budgets. Geo-Marine Letters, 7: 177 - 182.

Planavsky N J, McGoldrick P, Scott C T, et al. 2011. Widespread iron-rich conditions in the mid-Proterozoic ocean. Nature, 477: 448 - 451.

Plummer C C, McGeary D, Carlson D H. 2003. Physical geology (9th edition). New York: McGraw-Hill, 574.

Polidoro B A, Brooks T, Carpenter K E, et al. 2012. Patterns of extinction risk and threat for marine vertebrates and habitat-forming species in the Tropical Eastern Pacific. Marine Ecology, 448: 93 - 104.

Pond S, Pickard G L. 1983. Introductory dynamical oceanography. Oxford: Pergamon Press, 329.

Priddle J, Nedwell D B, Whitehouse M J, et al. 1998. Re-examining the Antarctic Paradox: speculation on the Southern Ocean as a nutrient-limited system. Annals of Glaciology, 27: 661 - 668.

Proudman J. 1953. Dynamical oceanography. London: Methuen, 409.

Provencher J F, Borrelle S, Sherley R B, et al. 2019. Seabirds. // Sheppard C. World seas: an environmental evaluation (2nd Edition). London: Academic Press, 133 - 162.

Pugh D T. 1987. Tides, surges and mean sea-level. Chichester: John Wiley, 472.

Radach G, Moll A. 2006. Review of three-dimensional ecological modelling related to the North Sea shelf system, Ⅱ: model validation and data needs. Oceanography and Marine Biology Annual Review, 44: 1 - 60.

Rasmussen A R, Murphy J C, Ompi M, et al. 2011. Marine reptiles. PLoS ONE, 6(11): e27373.

Raymont J E G. 1980. Plankton and productivity in the oceans (2nd edition) (Volume 1: Phytoplankton). Oxford: Pergamon Press, 489.

Raymont J E G. 1983. Plankton and productivity in the oceans (2nd edition) (Volume 2: Zooplankton). Oxford: Pergamon Press, 824.

Reading H G. 1986. Sedimentary environments and facies (2nd edition). Oxford: Blackwell, 734.

Rebesco M, Hernández-Molina F J, Van Rooij D, et al. 2014. Contourites and associated sediments controlled by deep-water circulation processes: state-of-the-art and future considerations. Marine Geology, 352: 111 - 154.

Reineck H E, Singh I B. 1980. Depositional sedimentary environments (2nd edition). Berlin: Springer-Verlag, 549.

Richter C, Roa-Quiaoit H, Jantzen C, et al. 2008. Collapse of a new living species of giant clam in the Red Sea. Current Biology, 18: 1349 - 1354.

Rifkin J. 1991. Biosphere politics: a new consciousness for a new century. London: Harper San Francisco, 388.

Riley J P, Chester R. 1976. Chemical oceanography (Volumes 5～6). London: Academic Press.

Riley J P, Chester R. 1978. Chemical oceanography (Volume 7). London: Academic Press, 508.

Riley J P, Chester R. 1983. Chemical oceanography (Volume 8). London: Academic Press, 398.

Riley J P, Skirrow G. 1975. Chemical oceanography (Volumes 1～4). London: Academic Press.

Rintoul S R, Hughes C W, Olbers D. 2001. The Antarctic Circumpolar Current system. International Geophysics, 77: 271 - 302.

Robinson I S. 2004. Measuring the ocean from space. New York: Springer-Praxis, 669.

Rohling E J, Marino G, Grant K M. 2015. Mediterranean climate and oceanography, and the periodic development of anoxic events (sapropels). Earth-Science Reviews, 143: 62 - 97.

Rohr T, Richardson A J, Lenton A, et al. 2022. Recommendations for the formulation of grazing in marine biogeochemical and ecosystem models. Progress in Oceanography, 208: 102878.

Rubin E S, Davidson C I. 2001. Introduction to engineering and the environment. Boston: McGraw-Hill, 696.

Ruddiman W F. 2008. Earth's climate: past and future (2nd edition). New York: W H Freeman, 388.

Ruppert E E, Fox R S, Barnes R D. 2004. Invertebrate zoology: a functional evolutionary approach. Belmont (USA): Brooks/Cole, 963.

Schlee S. 1973. The edge of an unfamiliar world: a history of oceanography. New York: E. P. Dutton, 398.

Schreiber E A, Burger J. 2001. Biology of marine birds. Boca Raton: CRC Press, 741.

Seibold E, Berger W H. 1990. The sea floor: an introduction to marine geology (2nd

edition). Berlin: Springer-Verlag.
Shanmugam G. 2021. Mass transport, gravity flows, and bottom currents: Downslope and alongslope processes and deposits. Amsterdam: Elsevier, 608.
Shepard F P. 1948. Submarine Geology. New York: Harper & Brothers, 348.
Shepard F P. 1949. Dangerous currents in the surf. Physics Today, 2(8), 20 - 29.
Shepard F P. 1973. Submarine geology (3rd edition). New York: Harper & Row. (中译本：谢帕德.1979. 海底地质学. 梁元博，于联生，译. 北京：科学出版社，448.)
Shepard F P. 1977. Geological oceanography. New York: Crane, Russak Co., 214.(中译本：谢帕德.1981. 地质海洋学：海岸、大陆边缘和深海底的演化. 苏宗伟，译. 北京：科学出版社.)
Shepherd J, Bromage N. 1989. Fish farming. Oxford: Blackwell, 404.
Sheppard C. 2019a. World seas: an environmental evaluation (2nd Edition; V.1: Europe, the Americas and West Africa). London: Academic Press, 912.
Sheppard C. 2019b. World seas: an environmental evaluation (2nd Edition; V.2: The Indian Ocean to the Pacific). London: Academic Press, 932.
Sheppard C. 2019c. World seas: an environmental evaluation (2nd Edition; V.3: Ecological issues and environmental impacts). London: Academic Press, 666.
Shivlani M P, Suman D O. 2019. Coastal zone management. Oxford: Oxford University Press, 292.
Shroder J F Jr, Ellis J, Sherman D. 2014. Coastal and marine hazards, risks, and disasters. Amsterdam: Elsevier, 592.
Shubin N. 2009. Your inner fish. New York: Vintage Books, 237.
Shubin N, Daeschler E B, Jenkins F A. 2006. The pectoral fin of *Tiktaalik roseae* and the origin of the tetrapod limb. Nature, 440, 764 - 771.
Shumway S E, Burkholder J M, Morton S L. 2018. Harmful algal blooms: a compendium desk reference. Chichester: Wiley, 699.
Simpson J H, Sharples J. 2012. Introduction to the physical and biological oceanography of shelf seas. Cambridge: Cambridge University Press, 466.
Singer S F, Avery D T. 2006. Unstoppable global warming: every 1500 years. Rowman & Littlefield. 260.
Smith S V. 1984. Phosphorus versus nitrogen limitation in the marine environment. Limnology and Oceanography, 29: 1149 - 1160.
Southard J B, Stanley D J. 1976. Shelf-break processes and sedimentation. // Stanley D J, Swift D J P. Marine sediment transport and environmental management. New York: John Wiley, 351 - 377.
Soutter E L, Kane I A, Huuse M. 2018. Giant submarine landslide triggered by Paleocene mantle plume activity in the North Atlantic. Geology, 46: 511 - 514.
Steenbeek J, Buszowski J, Chagaris D, et al. 2021. Making spatial-temporal marine ecosystem modelling better - a perspective. Environmental Modelling and Software, 145: 105209.
Stevenson C J, Feldens P, Georgiopoulou A, et al. 2018. Reconstructing the sediment

concentration of a giant submarine gravity flow. Nature Communications, 9: 2616.

Stewart R H. 1985. Methods of satellite oceanography. Berkeley: University of California Press, 360.(中译本：斯图尔特.1991. 空间海洋学. 徐柏德，沙兴伟，译. 北京：海洋出版社，275.)

Stommel H M. 1958. The Gulf Stream: a physical and dynamical description. Berkeley: University of Clifornia Press, 202.

Stommel H M. 1987. A view of the sea: a discussion between a chief engineer and an oceanographer about the machinery of the ocean circulation. Princeton (USA): Princeton University Press, Princeton, 165.

Stopford M. 2008. Maritime economics. London: Routledge, 793.

Stow D A V, Bowen A J. 2006. A physical model for the transport and sorting of fine-grained sediment by turbidity currents. Sedimentology, 27: 31 - 46.

Strahler A N, Strahler A H. 1998. Modern physical geography (2nd edition). New York: John Wiley, 567.

Strogatz S H. 2001. Exploring complex networks. Nature, 410: 268 - 276.

Sudhakar K, Mamat R, Samykano M, et al. 2018. An overview of marine macroalgae as bioresource. Renewable and Sustainable Energy Reviews, 91: 165 - 179.

Sun Q, Wang Q, Shi F, et al. 2022. Runup of landslide-generated tsunamis controlled by paleogeography and sea-level change. Communications Earth and Environment, 3: 244.

Sunamura T. 1992. Geomorphology of rocky coasts. Chichester: John Wiley, 302.

Sverdrup H U, Johnson M W, Fleming R H. 1942. The oceans: their physics, chemistry, and general biology. Englewood Cliffs (New Jersey): Prentice-Hall, 1087.

Sverdrup K A, Duxbury A C, Duxbury A B. 2005. Introduction to the world's oceans (8th edition). New York: McGraw-Hill, 514.

Szalaj D, Torres M A, Veiga-Malta T, et al. 2021. Food-web dynamics in the Portuguese continental shelf ecosystem between 1986 and 2017: unravelling drivers of sardine decline. Estuarine, Coastal and Shelf Science, 251: 107259.

Talling P J, Clare M, Urlaub M, et al. 2014. Large submarine landslides on continental slopes: geohazards, methane release, and climate change. Oceanography, 27(2): 32 - 45.

Tarbuck E J, Lutgens F K. 2006. Earth science (11th edition). Upper Saddle River NJ: Pearson Education, 726.

Taylor F S. 1952. The world of science (3rd edition). London: William Heinemann, 1064.

Tett P B. 1990. The photic zone. // Herring P J, Campbell A K, Whitfield M, Maddoek L. Light and life in the sea. Cambridge: Cambridge University Press, 59 - 87.

Thom B. 2022. Coastal management and the Australian Government: a personal perspective. Ocean and Coastal Management, 223: 106098.

Thomas K. 1983. Man and the natural world: changing attitudes in England 1500 - 1800. Oxford: Oxford University Press, 425.

Thompson R. 2021. Croll, feedback mechanisms, climate change and the future. Earth and Environmental Science Transactions of the Royal Society of Edinburgh, 112(3 - 4):

1 - 19.

Thumann H V. 1994. Introductory oceanography (7th edition). Prentice-Hall Macmillan, 570.

Tidwell J H. 2012. Aquaculture production systems. London: Wiley-Blackwell, 439.

Timmermann A, Justino F, Jin F F, et al. 2004. Surface temperature control in the North and tropical Pacific during the last glacial maximum. Climate Dynamics, 23: 353 - 370.

Tomczak M, Godfrey J S. 1994. Regional biological oceanography: an introduction. Oxford: Pergamon, 422.

Tooley M J, Jelgersma S. 1992. Impacts of sea-level rise on European coastal lowlands. Oxford: Blackwell, 267.

Trenhaile A S. 1987. The geomorphology of rock coasts. Oxford: Clarendon Press, 384.

Tyrrell T. 1999. The relative influences of nitrogen and phosphorus on oceanic primary production. Nature, 400: 525 - 531.

Uyeda S. 1978. The new view of the earth: moving continents and moving oceans. New York: W. H. Freeman, 217.

Vail P R, Mitchum R M, Todd R G Jr, et al. 1977. Seismic stratigraphy and global changes of sea level. // Seismic stratigraphy - applications to hydrocarbon exploration. Payton C E. American Association of Petroleum Geologists Memoir, 26: 49 - 212.

Vallino J J. 2000. Improving marine ecosystem models: use of data assimilation and mesocosm experiments. Journal of Marine Research, 58: 117 - 164.

Vallis G K. 2017. Atmospheric and oceanic fluid dynamics: fundamentals and large-scale circulation (2nd edition). Cambridge: Cambridge University Press, 946.

Vasconcelos C, McKenzie J A. 1997. Microbial mediation of modern dolomite precipitation and diagenesis under anoxic conditions (Lagoa Vermelha, Rio de Janeiro, Brazil). Journal of Sedimentary Research, 67: 378 - 390.

Veizer J, Prokoph A. 2015. Temperatures and oxygen isotopic composition of Phanerozoic oceans. Earth-Science Reviews, 146: 92 - 104.

Vermeij G J. 1993a. A natural history of shells. Princeton (USA): Princeton University Press, 216.(中译本：费尔迈伊. 2002. 贝壳的自然史. 上海：上海科技教育出版社，241.)

Vermeij G J. 1993b. Biogeography of recently extinct marine species: implications for conservation. Conservation Biology, 7: 391 - 397.

Von Arx W S. 1974. An introduction to physical oceanography (2nd edition). London: Addison-Wesley, 422.

Von Bertalanffy L. 1950. An outline of general system theory. British Journal for the Philosophy of Science, 1: 134 - 172.

Walker G. 2004. Snowball earth. London: Bloomsbury, 269.

Wallace A R. 1880. Island life. London: MacMillan, 526.

Walter R C, Buffler R T, Bruggemann J H, et al. 2000. Early human occupation of the Red Sea coast of Eritrea during the last interglacial. Nature, 405: 65 - 69.

Wang P，Li Q. 2009. The South China Sea：paleoceanography and sedimentology. Berlin：Springer，506.

Wang Y，Ke X. 1989. Cheniers on the east coastal plain of China. Marine Geology，90：321 - 335.

Webber H H，Thurman H V. 1991. Marine biology（2nd edition）. New York：Harper Collins，424.

Wegener A. 1915. Die entstehung der kontinente und ozeane（The origin of continents and oceans）. Sammlung Vieweg，Braunschweig，94.

Wegener A. 1929. Die entstehung der kontinente und ozeane（4th edition）. Braunschweig：Sammlung Vieweg，231.

Welander P. 1981. Numerical prediction of storm surges. Advances in Geophysics，8，315 - 379.

Wells N. 2012. The Atmosphere and ocean：A physical introduction（3rd edition）. Chichester：John Wiley，424.

Weston K，Jickells T D，Carson D S，et al. 2013. Primary production export flux in Marguerite Bay（Antarctic Peninsula）：linking upper water-column production to sediment trap flux. Deep-sea Research - Part Ⅰ，75：52 - 66.

Wewerinke-Singh M，Hamman E. 2020. Environmental law and governance in the Pacific：climate change，biodiversity and communities. London：Taylor and Francis，328.

White J. 2017. Tides：the science and spirit of the ocean. San Antonio：Trinity University Press，335.（中文版：乔纳森-怀特. 2018. 潮汐-宇宙星辰掀起的波澜与奇观. 丁莉，译. 北京：北京联合出版公司，382.）

Williams R G. 2011. Ocean dynamics and the carbon cycle：principles and mechanisms. Cambridge：Cambridge University Press，434.

Winsberg E. 2010. Science in the age of computer simulation. Chicago：University of Chicago Press，168.

Woodroffe C D. 2002. Coasts：form，process and evolution. Cambridge：Cambridge University Press，623.

World Commission on Environment and Development. 1987. Our common future. Oxford：Oxford University Press，383.

Wright L L. 2017. Sea level rise，coastal engineering，shorelines and tides. New York：Nova Science Publishers，328.

Wu Y，Fan D D，Wang D L，et al. 2020. Increasing hypoxia in the Changjiang Estuary during the last three decades deciphered from sedimentary redox-sensitive elements. Marine Geology，419：106044.

Xu X，Oda M. 1999. Surface-water evolution of the eastern East China Sea during the last 36,000 years. Marine Geology，156：285 - 304.

Yang H S，Hamel J F，Mercier A. 2015. The sea cucumber Apostichopus japonicus：history，biology and aquaculture. Amsterdam：Elsevier，478.

Yang S L，Luo X X，Temmerman S，et al. 2020. Role of delta-front erosion in sustaining salt marshes under sea-level rise and fluvial sediment decline. Limnology and Oceanography, 65: 1990 - 2009.

Yang S, Youn J S. 2007. Geochemical compositions and provenance discrimination of the central south Yellow Sea sediments. Marine Geology, 243: 229 - 241.

Yu J, Menviel L, Jin Z D, et al. 2016. Sequestration of carbon in the deep Atlantic during the last glaciation. Nature Geoscience, 9: 319 - 324.

Yu H, Liu Z, Berné S, et al. 2009. Variations in temperature and salinity of the surface water above the middle Okinawa Trough during the past 37 kyr. Palaeogeography, Palaeoclimatology, Palaeoecology, 281: 154 - 164.

Zacharias M. 2014. Marine policy: an introduction to governance and international law of the oceans. London: Routledge, 336.

Zanuttigh B, Nicholls R J, Vanderlinden J P, et al. 2014. Coastal risk management in a changing climate. Amsterdam: Elsevier, 671.

Zenkovich V P. 1967. Processes of coastal development (English edition). London: Oliver and Boyd, 738.

Zhang J, Gilbert D, Gooday A J, et al. 2010. Natural and human-induced hypoxia and consequences for coastal areas: synthesis and future development. Biogeosciences, 7: 1443 - 1467.

Zhao X. 1993. Holocene coastal evolution and sea-level changes in China. Beijing: China Ocean Press, 214.

Zhu Y, Li Q, Lu J, et al. 2022. The oldest complete jawed vertebrates from the early Silurian of China. Nature, 609: 954 - 958.

Zhu Z Y, Wu H, Liu S M, et al. 2017. Hypoxia off the Changjiang (Yangtze River) estuary and in the adjacent East China Sea: quantitative approaches to estimating the tidal impact and nutrient regeneration. Marine Pollution Bulletin, 125: 103 - 114.

索　引

D

E

F

G

H

J

K

Q

R

S

T

W

X

Y

Z

图　版

图 5－2　海岸带环境与生态特征

(a) 江苏如东地区互花米草盐沼(2010 年 7 月 11 日)；(b) 江苏盐城地区盐地碱蓬盐沼(2005 年 10 月 24 日)；(c) 江苏盐城海岸盐沼附着于互花米草植株生长的牡蛎(2021 年 11 月 16 日)；(d) 江苏海门地区牡蛎礁(2007 年 4 月 22 日)；(e) 江苏连云港地区海滩沙蟹觅食痕迹(2013 年 8 月 14 日)；(f) 天津海岸埋藏牡蛎礁(2006 年 6 月 28 日)；(g) 海南岛东寨港红树林(2016 年 1 月 20 日)；(h) 海南岛黎安港水下植被海草床(2013 年 9 月 4 日)

图 6-9 南京地区海相碳酸盐沉积特征

(a) 幕府山采矿区揭示的古生代石灰岩地层；(b) 江苏园博园的古生代石灰岩地层；(c) 汤山矿坑公园古生代石灰岩地层；(d) 江南水泥厂附近的石炭纪石灰岩；(e) 汤山矿坑公园石炭纪“黑白相间”石灰岩地层；(f) 阳山碑材景区二叠纪石灰岩中的化石

图 6-11　南京仙林地区三叠纪碳酸盐岩的典型特征

(a) 扭曲层理薄层灰岩；(b) 红色层面肉红色薄层灰岩；(c) 瘤状灰岩；(d) 蠕虫状灰岩

图 6-10　南京仙林地区早三叠纪薄层石灰岩地层剖面之一，位于南京大学仙林校区西南，显示层厚为 0.2～0.7 m 的周期性堆积形态，每一层内均有次级的层理（厚度为 cm 级）和纹层（厚度小于 mm 级）

图 6-12　南京六合方山地区的玄武岩柱状节理（2005 年 10 月 1 日）